精細圖解！
建築結構學

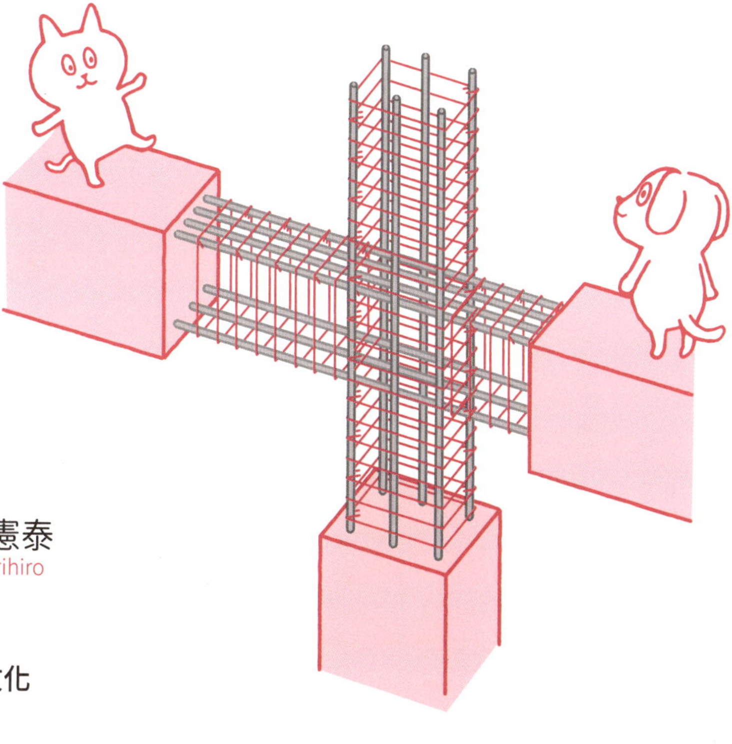

江尻憲泰
Ejiri, Norihiro

瑞昇文化

CONTENTS 目次

第1章 結構的基礎知識

001	建築結構	建築當中的結構指的是什麼？	008
002	結構的鑑賞力	來提昇結構的鑑賞力吧！	014
003	結構材料	掌握建築材料的特性	018
004	主要結構材料	為何使用鋼鐵、混凝土、木材來當作構材呢？	022
005	何謂結構荷重	依照作用力的方向與時間，結構荷重會產生差異	038
006	各種結構荷重	作用於建築物的結構荷重有哪些種類？	042
007	結構種類	有哪些應該先掌握的結構種類？	066
008	結構形式	只透過樑柱來支撐，真的安全嗎？	070
009	主要的結構形式	人們經常使用的結構形式的特徵為何？	074
010	各種結構形式	除此之外，還有哪些結構形式？	088
011	耐震・制震・免震	在建築物中，有哪些用來對抗地震的結構呢？	104

第 2 章 結構力學

column

- 在建築結構中可以使用特殊材料嗎？
- 比較身邊常見的物體與建築物的重量
- 小型結構——無論是什麼東西，都有結構
- 透過知名建築來學習作用力的方向與結構

012 建築的單位——建築結構中所使用的SI單位指的是？ 114
013 力量的平衡——在計算力量的平衡時，什麼是必要的？ 118
014 力量與應力——在用來支撐結構荷重的橫樑上，會承受什麼樣的力量？ 126
015 應力的公式——在應力公式中，最重要的是哪個？ 144
016 應力的相關原理——何謂應先透過結構計算來了解的法則・定理？ 156
017 應力度——應力度指的究竟是什麼？ 164
018 應力計算——計算應力時，會使用什麼方法？ 172
019 靜定・靜不定——何者為靜定結構？ 176

110 102 065 036

第 3 章 結構計算

020 應力的計算方法 何謂能簡單算出應力的方法？ 180

021 彈塑性 結構材料一旦降伏，會變得如何？ 192

022 2次設計（極限強度設計） 地震時，建築物是安全的嗎？ 204

023 特殊的計算方法 何謂把地震和風納入考量的計算方法？ 212

column 用來表示應力狀態的「莫爾圓」 170

column 剛性地板是什麼樣的地板？ 228

024 截面計算 什麼是截面計算？ 232

025 木造結構的截面計算 木造結構的樑柱設計重點 236

026 RC結構的截面計算 RC結構的樑柱設計重點 252

027 鋼骨結構的截面計算 鋼骨結構的樑柱設計重點 260

column 「樓」與「層」的差異 286

004

第 4 章 地基

- 028 地基的種類 — 需要注意的脆弱地基中，有什麼東西？ 288
- 029 基礎的種類 — 基礎的種類應如何挑選？ 296
- 030 差異沉陷 — 沉陷的建築物與土壤液化的地基很危險？ 304

column 日本結構設計的歷史 310

第 5 章 耐震設計

- 031 耐震補強 — 老舊建築能夠安全地使用嗎？ 312
- 032 RC結構的耐震補強 — 何謂適合RC結構的耐震補強措施？ 320
- 033 木造結構的耐震補強 — 何謂適合木造結構的耐震補強？ 328
- 034 鋼骨結構的耐震補強 — 何謂適合鋼骨結構的耐震補強？ 334

column 將歷史建築連接到未來——耐震性能評估與保存・運用的方法—— 340

005

第6章 結構實務

在「建築確認手續」中，結構設計師的職責是什麼？ 344

只有結構設計一級建築師才能設計的建築物 348

035 建築確認手續

036 結構設計一級建築師

column 何謂「結構計算途徑」？ 360

結語 361

索引 362

※本書是對2014年所發行的『修訂版最有趣的建築結構入門』的內容進行大幅修改後，重新編輯而成的作品。

006

第1章 結構的基礎知識

建築結構

001

建築當中的結構指的是什麼？

建築的結構相當於人類的骨頭。與骨頭的差異在於，有的結構看得見，有的結構看不見。

建築結構與身體的「結構」相同!?

許多人對「結構」這個詞帶有幕後英雄般的印象。在一般的說明中，「建築結構」會被比喻成生物的骨頭，供水、排水與電路管線、設備會被比喻成血管或消化器官，窗戶與裝潢則會被比喻成皮膚。我認為許多人即使聽了說明，還是無法理解建築結構。

到處都有「結構」!?

在生物當中，有些昆蟲具有外殼結構，獨角仙就是代表之一，有些生物的皮膚非常堅硬，宛如犀牛角般，皮膚的強度與「結構」相等。在建築結構當中，有的「結構」會如同人類骨頭那樣，隱藏在內部，有的「結構」看得見，有些部分既是裝潢建材，也是用來支撐建築物的「結構」。玻璃窗的豎框雖然不是建築物本身，但卻是一種能

008

建築結構的主要元素

透過各種「結構」，才能支撐建築物！

- 地板
- 屋頂
- 骨架（結構）
- 柱子
- 橫梁
- 斜撐（brace）
- 基礎
- 飾面材料（外牆）

外牆也是一項半結構性要素，能保護內部空間不受風吹。

保護內部空間不受風吹的「結構」。

另外，由於書架能夠對抗地球的重力，支撐很重的書籍，所以可以說是很出色的「結構」。用來支撐海報的小圖釘與自動鉛筆的筆芯等物也是小型的「結構」。在日常生活中，「結構」無所不在。

從內側來支撐建築物的建築結構也一樣，依照樑柱的尺寸，有些結構會顯露在外。大家在鋼筋混凝土結構的建築物內擺放家具時，曾經有過覺得柱型結構很礙事的經驗嗎？乍看之下，結構是幕後英雄，但「結構」也會影響到日常生活。在希臘神殿內，柱子並非只被用來支撐屋頂，同時也是一項被設計成柱狀的藝術作品。其實，結構並不是幕後英雄，而是會出現在各種地方。

結構設計師會運用力學、數學、經驗來設計出能夠對抗重力、地震等外力，以確保安全性的「結構」。像這樣地，「結構」存在於我們身邊的各處。我認為，應該可以將「藉由對抗外力而打造出來的可運用空間」定義成「建築結構」吧。

建築結構理論的發展

雖然結構理論從上古時代就已存在，但從16世紀到17世紀，發展得很迅速。

阿基米德
（西元前287年左右～
西元前212年）

李奧納多・達文西
（1452～1519）

伽利略・伽利萊
（1564～1642）

艾薩克・牛頓
（1642～1727）

→ 現代

槓桿原理
利用槓桿原理來思考力量的平衡。

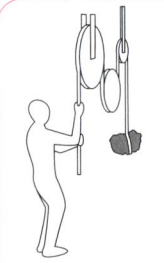

起重的原理
他提出的方法為，運用滑輪來使力量達到平衡，藉此來搬起更重的石頭。達文西多才多藝，也是一名建築師。

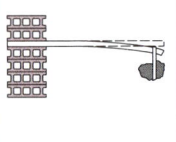

橫樑的實驗
他想出了透過橫樑的實驗來進行計算的方法。「進行實驗，思考理論」這種想法成為了現代的技術基礎。

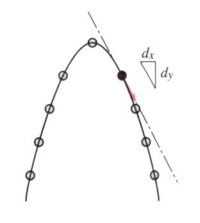

微分・積分
他透過微分・積分來導出樑柱的理論公式，解開了振動方程式，奠定了現代建築工學的基礎。

日常生活中存在著很多「結構」。大家對於建築結構的印象，是否產生變化了呢？

010

結構設計就是要設計出「安全」的結構！

「結構設計」沒有明確的定義。「建築設計」隨著時代而逐漸細分，形成了名為「結構設計」的領域。許多結構設計事務所開始活動的時間是在二戰之後，歷史並沒有那麼久。目前的現狀為，依照結構設計師，業務內容會產生差異。話雖如此，大部分都有相同的共識。那就是，工作目標在於，設計出能夠對抗重力、地震、風等外力的「安全」結構。「安全」也包含了「火災發生時的逃生路線」、「環境荷爾蒙等關於人體健康的事項」，結構設計師負責的工作則是，設計出「即使受到重力、地震、風力影響，建築物也不會損壞」的結構。

「結構設計」的業務內容

要如何設計安全性呢？現代的電腦技術很發達。在建築基準法中，許多關於安全性的技術規則已被制定成法律條文。電腦能夠計算應力，並一邊核對數量龐大的規則，一邊確認安全性。不過，結構設計師會把交給電腦計算的部分稱作「結構計算」，與「結構設計」做出區別。

那麼，「結構設計」的工作內容是什麼呢？

為了確保安全，在樑柱這些骨架部分中，只要加入很多斜撐（brace），強度就會提升。不過，若因為加入斜撐而變得無法裝設門或窗戶的話，就無法發揮作為建築物的作用。結構設計師要和建

日常生活中的「結構」

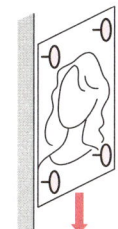

能夠對抗重力，支撐海報的小圖釘，正是不折不扣的「結構」。

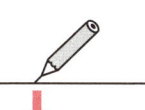

對抗著筆壓的鉛筆筆芯也是一種小型「結構」。

結構設計的業務與其流程

結構設計的業務內容並非只有進行結構計算，製作結構圖。
還包含了從結構設計到現場監督管理等各種業務。

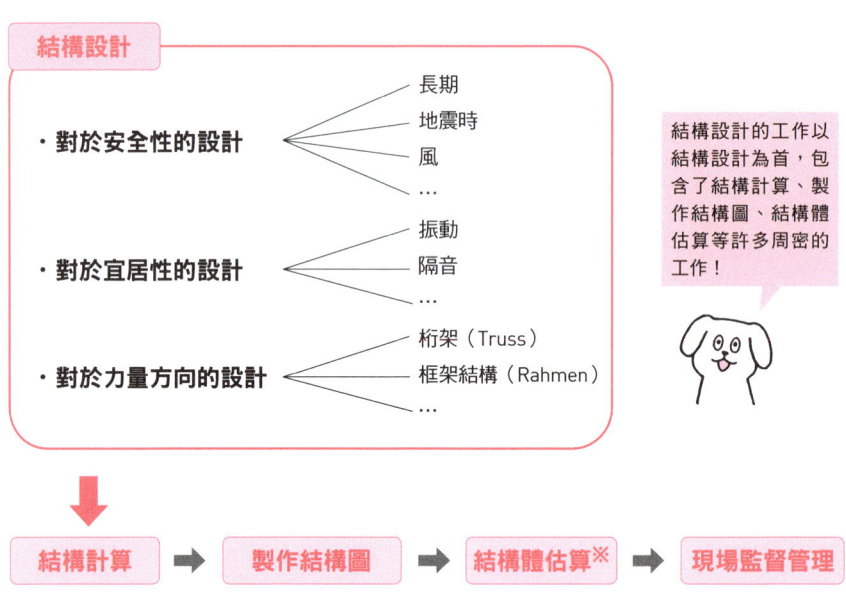

結構設計的工作以結構設計為首，包含了結構計算、製作結構圖、結構體估算等許多周密的工作！

※最近，會由估算公司來負責。

何謂結構計算？

主要為計算出結構荷重與應力，以及斷面安全性的計算。最近，人們經常會使用電腦來進行計算，而且也常把交給電腦計算的部分稱作「結構計算」。

在結構計算中，雖然結構力學與材料力學的知識很重要，但這部分的工作會交給電腦來負責，所以即使不知道那些知識，還是能夠進行計算。不過，電腦的計算結果未必是正確的。在進行結構設計・計算時，基本上還是要具備結構力學與

築設計師一起思考「在何處加入斜撐，效率會最好」這個問題，並進行調整。另外，也要依照建築物的用途來思考，看是要為了確保大地震時的安全性而設計成柔性結構的建築物，還是要一味地使建築物變得堅固，抑制振動，確保耐震安全性。在結構設計師當中，也有許多人會與建築設計師・設備設計師一起合作，一邊思考各種系統，考量安全性，一邊調整構材截面，從結構層面來設計出藝術性很高的建築物。

結構設計師的角色定位

身為「設計師」的一份子,結構設計師會與建築設計師、設備設計師一起扮演重要的角色。

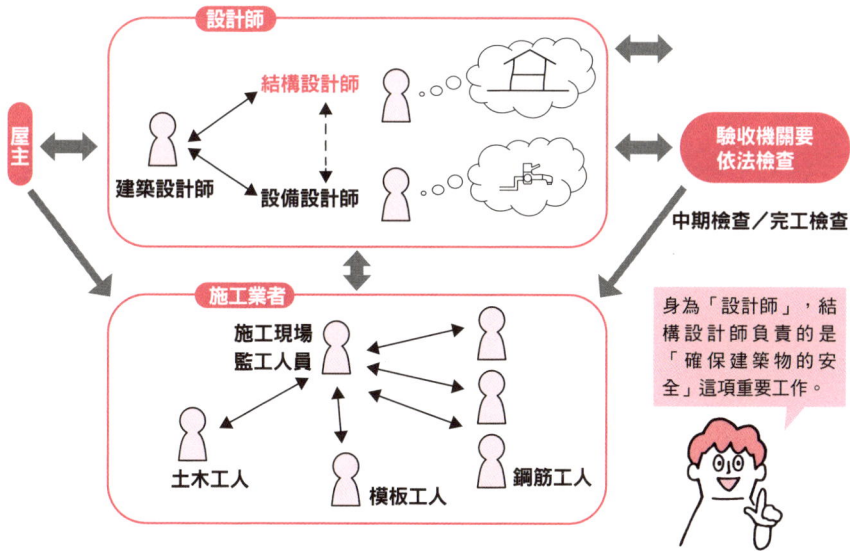

身為「設計師」,結構設計師負責的是「確保建築物的安全」這項重要工作。

材料力學的知識。

結構的鑑賞力

002 來提昇結構的鑑賞力吧！

當外力來自上方（垂直方向）與橫向（水平方向）時，力量會如何流動呢？讓自己能夠想像出那種畫面吧。

依照結構荷重或外力，「力量的流動」會如何變化？

人們往往會認為，建築結構屬於工程學領域，可以清楚地劃分1和0。但是，只要逐漸學習結構後，就會發現無法透過1或0來簡單做出結論的鑑賞力會變得非常重要。

掌握「力量的流動」！

在河川中，流經中央的水較多，河岸的水量較少，在轉彎處，水流會產生變化，內側的水流湍急，外側的水流則較緩慢。與「河川的水流」相同，「力量的流動」當然也會產生變化。

據說，只要熟悉結構設計後，就會了解「力量的流動」。由於地球上的所有物體都會受到重力影響，所以只要將物品搬進建築物內，建築物在支撐物品時，就必須對抗重力。

簡單地說，結構荷重會從地板傳到小樑，再從

014

建築結構的主要元素

垂直荷重的力量流動方向

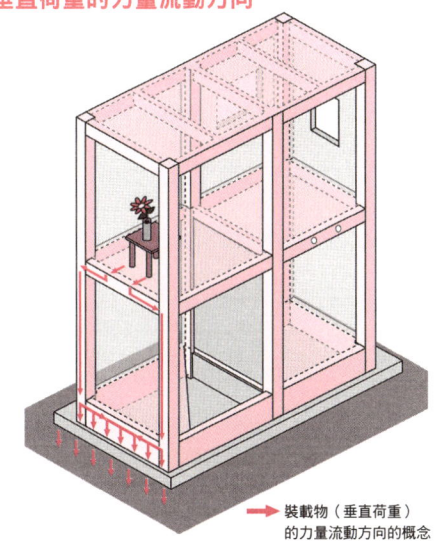

裝載物（垂直荷重）
的力量流動方向的概念

桌子的重量 （垂直荷重）
↓
① 地板
↓
② 橫梁
↓
③ 柱子
↓
④ 地梁
↓
地基

垂直荷重與水平荷重的力量傳遞方式（力量流動方向）不同。去理解結構荷重和外力是如何在建築物內傳遞的吧！

水平荷重的力量流動方向

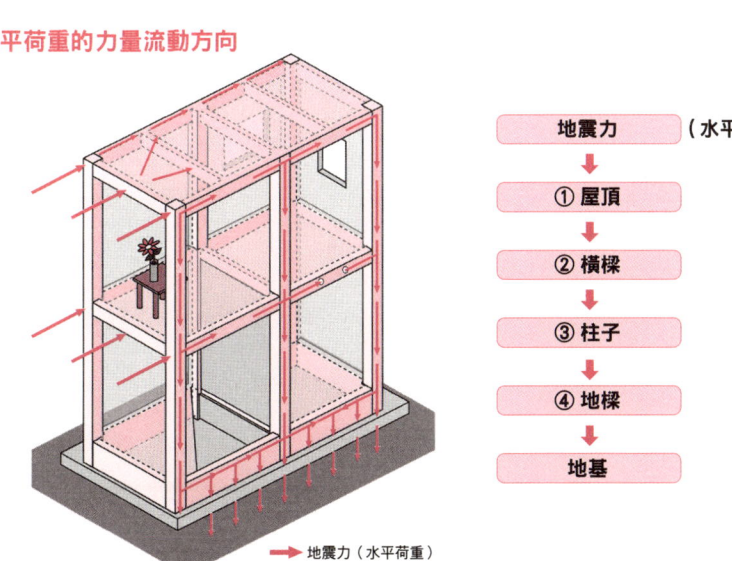

地震力（水平荷重）
的力量流動方向的概念

地震力 （水平荷重）
↓
① 屋頂
↓
② 橫梁
↓
③ 柱子
↓
④ 地梁
↓
地基

培養結構的鑑賞力

在薄鐵板上加上重物

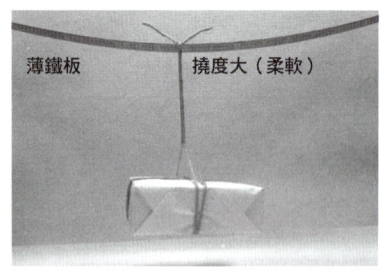

薄鐵板　撓度大（柔軟）

當鐵板的斷面很小時，就會大幅彎曲。即使是相同的結構荷重，當構材斷面較大時，撓曲量會較小。在培養結構的鑑賞力時，最好試著用身邊的各種東西來進行測試。雖然同樣都是扶手，但形狀各有不同，有粗有細，按壓時的感覺也各有差異。

在厚鐵板上加上重物

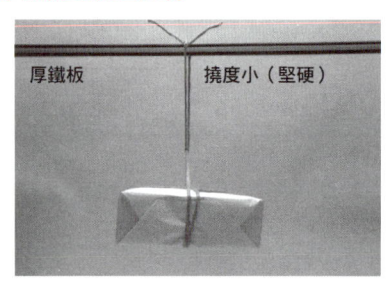

厚鐵板　撓度小（堅硬）

試著以構材斷面作為一個例子，就會發現，撓曲量會大幅改變對吧！

要設想結構損壞時的情況

結構設計師不僅要思考「力量的流動」，還要一邊想像建築物最後會如何損壞，一邊進行設計。

小樑傳到大樑，然後傳到柱子，最後從基礎傳遞到地基。也許有人會覺得，什麼嘛，很簡單啊。麻煩的部分在於，只要受到力量與溫度變化的影響，材料就會變形。依照結構荷重的大小與負荷位置，樑柱的變形程度會產生變化。另外，依照樑柱的大小・強度，力量的流動量也會產生變化。

明明必須安全地打造建築物，但卻要考慮到損壞時的情況，也許有人會覺得這是怎麼回事。不過，從提升安全性的觀點來看，一邊想像建築物的損壞方式，一邊設計，是很重要的。自然災害是無法100％預測出來的，也許會有比想像中更大的外力對建築物產生作用。另外，由於建築物會隨著時間而劣化，所以構材的性能也許會變得比想像中還要低。

那麼，要如何進行設計呢？一言以蔽之，為了守護人命，所以要去思考怎樣才能避免讓地板掉

016

建築基準法是合理的觀點

落。雖然柱子一旦被折斷，地板就會掉落，但在橫樑中，即使邊緣部分損壞，只要橫樑還能懸掛在柱子上的話，地板就不會掉落。因此，一般會設計成，橫樑會比柱子先損壞。只要調整柱子與橫樑的大小，就能設計出橫樑會先損壞的結構。

順便一提，在日本的建築基準法中，設想的情況為，建築物不會因中小規模的地震而損壞，在大地震發生時，建築物即使部分損壞，還是能夠保護人命。雖然沒有明文規定，但這是簡單易懂的合理觀點。

構材

003 掌握建築材料的特性

材料有很多種，像是木材、混凝土等，重點在於，要先理解各種材料的特性後，再去挑選材料。

決定建材時，要從了解材料做起！

在日本，被當成建築結構來使用的材料很有限。主要材料為木材、鋼鐵、混凝土這3種。首先，我們必須要熟悉這3種材料的特性。

木材、鋼鐵、混凝土的特性

從結構層面來看，「材料的強度、在高荷重狀態下的變化、最終損壞方式」很重要，除此之外，也會對建築的環境、施工方法等造成很大的影響。因此，不僅要學習比重、熱傳導率、線性熱膨脹係數等材料特性，也必須事先學習適合材料的連接方式等相關知識。

一般來說，人們往往會認為，木材是自古以來所使用的材料，鋼鐵與混凝土則是新材料。不過，這3種材料其實都是歷史很悠久的材料。進入20世紀後，鋼鐵與混凝土的計算方法與技術進

018

木材、鋼材、混凝土的特性

比較數值,掌握各種材料的特性,是理解結構的第一步〔※1〕。

	木材	鋼材	混凝土
單位重量(比重)	8.0[kN/m³]〔※2〕(0.8)	78.5[kN/m³](7.85)	23[kN/m³](2.3)
楊氏係數(※3)	$8\sim14\times10^3$ [N/mm²]	2.05×10^5 [N/mm²]	2.1×10^4 [N/mm²]
蒲松比	0.40〜0.62	0.3	0.2
線性熱膨脹係數	0.5×10^{-5}	1.2×10^{-5}	1.0×10^{-5}
基準強度(※4)	$F_c=17\sim27$ [N/mm²] $F_b=22\sim38$ [N/mm²]	$F_c=235\sim325$ [N/mm²]	$F_c=16\sim40$ [N/mm²]
長期容許應力度	彎曲應力 8.0〜14 [N/mm²] 拉伸應力 5.0〜9.0 [N/mm²] 壓縮應力 6.5〜10.0 [N/mm²]	彎曲應力〔※3〕 157〜217 [N/mm²] 拉伸應力 157〜217 [N/mm²] 壓縮應力〔※3〕 157〜217 [N/mm²]	拉伸應力 0.5〜1.3 [N/mm²] 壓縮應力 5.3〜13.3 [N/mm²]

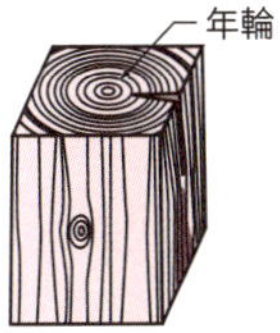

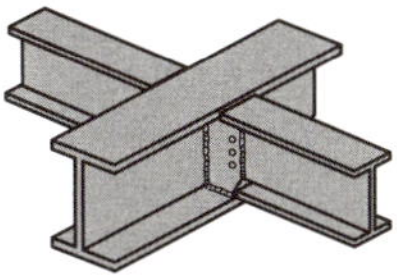

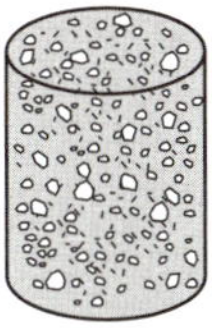

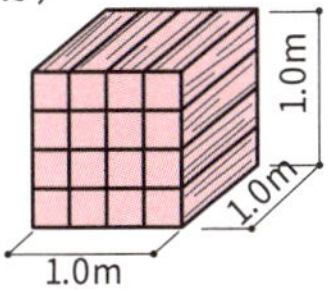

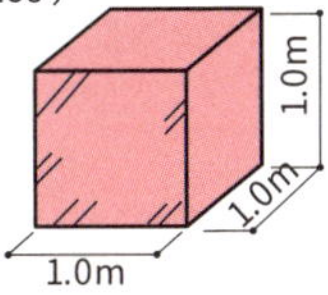

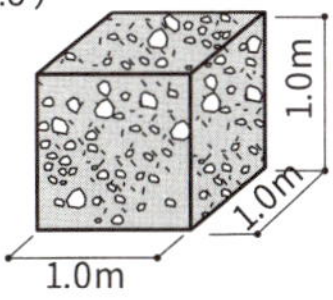

※1:數值為一般常用材料的大致基準。
※2:在實務上,會充分留意安全性,將數值設定得比實際密度更大。
※3:參閱P156〜158
※4:沒有出現挫屈(buckling)或局部挫屈的情況

事先掌握木材、鋼材、混凝土這些基本建材的特性吧!

掌握建築材料的特性

其他建築結構材料

混凝土磚（空心磚）

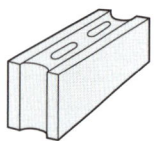

常用於圍牆。

石材

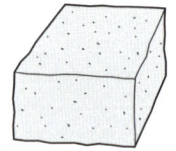

在歐洲的古老建築中很常見。

泥土（土牆）

採用土牆時，會把泥土當成建材來用。

薄膜

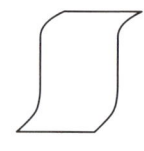

會用於大型空間的結構

不鏽鋼

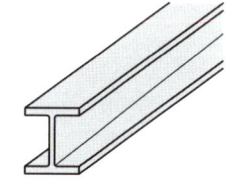

非常耐用，近年開始被用於建築中。

鋁

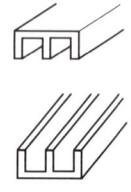

金屬材料。重量輕，容易加工。

步了。雖然在技術上，木造技術的發展稍慢，但在最近20年之間，木造技術進步得很快。

在日本，木材是人們自古以來就會使用的建材。在現代，許多獨棟住宅是採用木造結構工法的木造建築，木材被使用在小規模的建築中。近年來，木結構的計算方法持續進步，木材也開始被使用在高層建築中。

鐵與混凝土也是歷史悠久的材料

鐵（鋼鐵）的歷史非常古老，大約是從19世紀末開始，才正式被用於建築物中。由於強度高，具備延展性，所以會被使用在大跨距建築與摩天大樓中。混凝土也是很古老的材料之一，與鋼鐵組合而成的鋼筋混凝土結構約有100年的使用歷史。由於與鋼鐵搭配在一起，所以發展得很快，在日本，大部分的集合住宅都是鋼筋混凝土結構的住宅。

用來確保安全性的標準

用於建築材料的強度與特性，必須盡可能地固

JIS標準與JAS標準

JIS標準  使用鋼鐵等鐵類材料時的標準。舉例來說，對於「JIS G 3101」這項標準編號，要依照規定加上「一般結構用軋延鋼材」這個名稱與「SS330」這項材料編號來表示強度與特性。

JAS標準  使用木材時的材料標準。在此標準中，制定了「結構用加工木材應以針葉樹作為材料」等定義、強度、性能，以及甲醛釋出量等的合格標準。

在設計建築時，若使用了數值不一致的材料的話，為了確保安全性，必須以強度最小的材料來進行設計，而且很不划算。另外，當材料的剛性有很大差異時，力量可能會集中在堅硬的材料上。因此，要制定建材的標準。

在日本的建築基準法中，關於鐵類材料，會使用JIS標準（日本產業規格），關於木材類材料，則會使用JAS標準（日本農林規格）。從結構材料的觀點來看，重點不僅是「標準的統一」，強度（容許應力度）的規定也很重要。

主要構材

004

為何使用鋼鐵、混凝土、木材來當作構材呢？

只要了解各種材料的特性，就能明白那些材料為何會被當作建築構材。

經常用於大型建築物的鋼鐵

鐵的歷史很古老，可以追溯到千年之前。以前被稱作「鐵（iron）」，由於會出現「脆性破壞」的現象，所以不適合用於大型結構體。現在，鐵變成了成分經過調整的「鋼鐵（steel）」。艾菲爾鐵塔被興建而成的19世紀後半，正好是從鐵轉變為鋼鐵的過渡期。

鋼鐵的強度如何？

鋼鐵的最大特徵終究是強度。抗壓強度約為混凝土的10倍。由於其特性在於，強度很高，所以很難在建築施工現場進行加工，要先在工廠內進行加工後，再運送到施工現場進行組裝。

在工廠內，主要加工方法為「淬火」和「退火」。「淬火」是透過加熱、冷卻鋼鐵來提昇硬度與強度的方法。「退火」則是，將鋼鐵加熱，維持

022

人類使用鐵的歷史

人類開始使用鐵的時間，可以追溯到5000年前。
在1600年前，人類已建造出高純度的鐵製柱子。

在日本，正式開始將鋼鐵運用在建築中的時間是在第2次世界大戰之後。

西元前3000年
鐵製的首飾
（鐵製串珠）

人類製造出鐵之前的物品。人們認為，製造方法為，將隕鐵加熱後，透過用槌子敲打等方式來製作而成。

西元415年
德里鐵柱

位於印度古達明納塔內的沒生鏽鐵柱。含鐵量的純度高達99.72%。

1889年
艾菲爾鐵塔

為了世界博覽會，耗費2年2個月的時間，使用熟鐵建造而成的高塔。建成時的高度為312.3公尺。

1894年
秀英舍印刷工廠

日本首座鋼骨結構建築。由造船工程師若山鉉吉所設計。地上3層樓，地下1層樓，高度36尺（1尺約為30.3公分）。因為1910年的火災而全部燒毀，重建後，又因1923年的關東大地震而倒塌。

鋼鐵也有缺點

在某個溫度，藉此來改善可加工性，去除內部歪斜情況的方法。

不過，由於鋼鐵的比重比木材和混凝土來得大，所以幾乎不會被當成實心構材來使用。為了一邊減輕重量，一邊確保性能，所以會使用箱形（箱形斷面）或H形斷面的構材。另外，由於是在工廠內被製造出來，所以材料的性質均勻，品質很高，而且經過很仔細的管理，所以製造出來的構材的精確度很高也是其特徵。

不過，由於鋼鐵的熱傳導率很高，容易導熱，所以在寒冷地區，必須充分注意隔熱。另外，由於鋼鐵不會燃燒，所以往往被認為對火災有很強的抵抗能力。不過，溫度一旦上昇，鋼鐵就會軟化，變得無法支撐結構荷重，所以會非常危險。因此，必須採用能夠防止溫度上昇的防火被覆材（防火包覆材）。由於鋼鐵的強度很高，所以能夠將斷面縮小，不過因為採用防火被覆材或隔熱材，所以斷面經常會變得與鋼筋混凝土構材一樣大。

鋼鐵的主要特性

鋼鐵的特性如下：
①比木材、混凝土來得重。
　（比重7.85。混凝土為2.3，木材為1.0以下）
②難以加工。很耗費工夫。
③熱傳導率高，容易導熱。
④強度很高。
⑤雖然不會燃燒，但溫度一旦上昇，就會軟化。
⑥與木材、混凝土相比，材料的性質較均勻。
⑦會生鏽（因接觸水或氧氣而氧化）
⑧具有延展性（如同橡膠那樣地伸長的性能）

很重（比重很大）

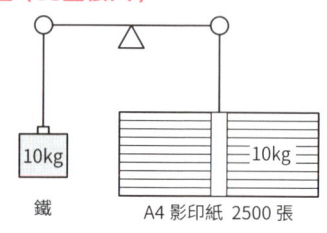

鐵　　A4影印紙 2500張

溫度一旦上昇，就會軟化

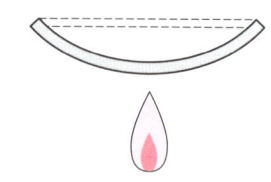

熱傳導率高

平底鍋

會生鏽

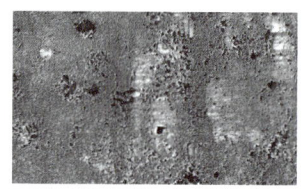

> 在鋼骨結構中使用H形鋼的原因為，強度・剛性都很高，而且重量較輕

另外，也不能安心地認為鐵「不會損壞」。鐵會因為水與空氣而開始生鏽。生鏽情況一旦變得嚴重，表面就會如同雲母那樣地開始剝落，斷面也可能會出現缺損情況。對於外露部份，必須採取充分的防鏽對策，或是在設計時把缺損情況納入考量，採取必要措施。

被當成建築構材來使用的鋼材，一般會使用JIS標準材料。主要的標準材料包含了，建築結構用軋延鋼材（SN鋼材）、一般結構用軋延鋼材（SS鋼材）、焊接結構用軋延鋼材（SM鋼材）、建築結構用碳鋼管（STKN鋼材）、一般結構用碳鋼管（STKN鋼材）等。材料的標示方法會如同「SS400」等那樣，前半為用來表示材料種類的字母，後面會搭配上用來表示材料強

024

鋼材的形狀

鋼材具有各種形狀。依照標準，尺寸要符合規定，所以必須透過「鋼材表」來進行確認。

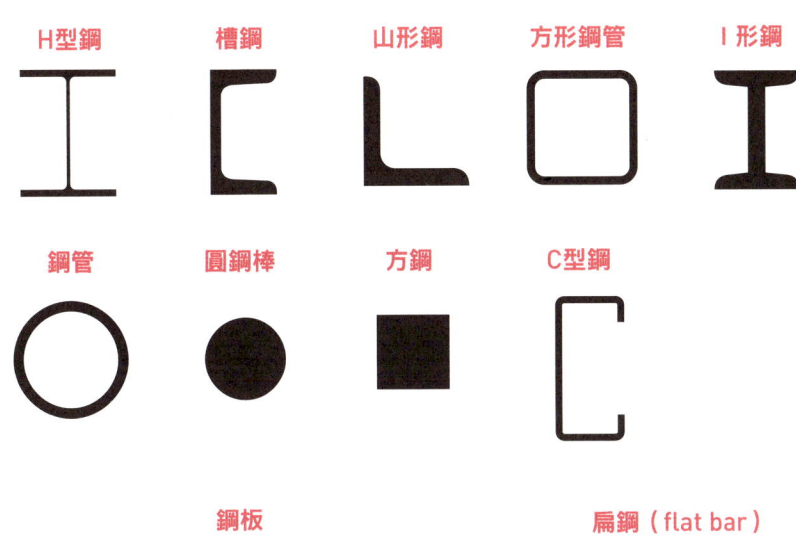

結構鋼（型鋼）的特性與種類

與其他建材相比，鋼鐵的強度與剛性都很高，是一種比重非常大的材料。鋼鐵與木材、混凝土一樣，只要將其當成方形斷面材，就會成為非常重要的構材。材料費會上昇，起重時也會很辛苦。因此，要運用「強度與剛性都很高」這項特性，將鋼鐵軋延成H型或L型等形狀，或是把鋼板折彎，將其當成結構鋼來使用。

鋼材的形狀包含了H型鋼、I形鋼、山形鋼、槽鋼、鋼管、扁鋼、圓鋼棒、鋼板等。一般來說，會使用符合JIS標準的軋延鋼產品。軋延鋼的特性為，由於並非完全是板狀，所以邊緣部

鋼鐵不是單純的鐵，由於會加入各種成分，進行各種調整，所以才能製造出具有各種特性的鋼鐵材料。挑選材料時，必須要考慮到使用方式、使用環境、施工性等。

度的數字。而且，依照材料種類，標示方式也會改變。有時也會加上用來標示焊接性的A、B、C這些字母。

鋼材的標準

建材的日本與國際標準如下所示。

JIS	日本產業規格
ISO	國際標準化組織
BS	英國標準
DIN	德國標準化學會
ANSI	美國國家標準協會
ASTM	美國材料和試驗協會國際組織

H型鋼的尺寸標示方式如下。

H－00×00×00×00×00
　　↑　↑　↑　↑　↑
　　H　B　t₁　t₂　r

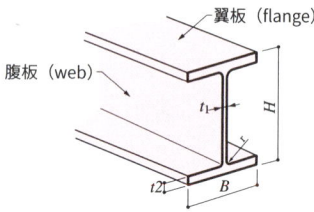

結構鋼有很多優點對吧。不過，也必須多留意形狀確認等。

鋼材的類別與使用範圍

鋼材等的類別		主要使用範圍
建築結構用軋延鋼材	SN 400 A	用於無法期待塑性變形性能的部位、構材。不會用於需進行焊接的結構強度主要部件。
	SN 400 B SN 490 B	用於一般的結構部位。
	SN 400 C SN 490 C	包含進行焊接加工時的情況，用於板厚方向會承受很大拉伸應力的部位、構材。
建築結構用軋延圓鋼棒	SNR 400 A SNR 400 B SNR 490 B	用於錨定螺栓（anchor bolt）、鬆緊螺旋扣（turnbuckle）、螺栓等
一般結構用軋延鋼材	SS 400	用於SN標準鋼材中沒有的鋼材
焊接結構用軋延鋼材	SM 400 A SM 490 A SM 490 B	SN鋼材的補充材料
建築結構用碳鋼管	STKN 400 W STKN 400 B STKN 490	用於管桁架結構的構材、鋼管鐵塔、建造物、梁穿孔
一般結構用碳鋼管	STK 400 STK 490	用於STKN鋼材的補充材料
一般結構用方形鋼管	STKR 400 STKR 490	用於BCP（冷沖壓成型方鋼管）、BCR（冷軋成型方鋼管）的補強材料
一般結構用輕量型鋼	SSC 400	用於用來裝設飾面材料的次要構材、建造物

（本表是根據『建築鋼骨結構設計基準與其解說』（建設大臣官房官廳營繕部監修）（『建築鉄骨設計基準・同解說』（建設大臣官房官庁営繕部・監修））製作而成）

鋼材有許多種類，各自有規定的使用範圍。好好地記住此表格的內容，選擇適合的鋼材吧！

026

混凝土的歷史

西元前2589年左右
（埃及）
金字塔

接縫部分使用了石灰（混凝土）。

西元128年（羅馬）
萬神殿

圓頂（dome）是使用混凝土建造而成。

1908年（第一期工程）
小樽港

日本最早興建的混凝土結構體。

> 人們之所以長年使用混凝土是有理由的

混凝土具有非常悠久的歷史，人們以前就將其當成金字塔的接縫材料來使用。在歐洲，萬神殿的圓頂部分也是很有名的混凝土結構。在日本的歷史較新，進入明治時代後，技術才從歐洲被引進到日本。

分會變得傾斜。

另外，在H型鋼當中，腹板與翼板的交會處會有光滑的內圓角（fillet）。在處理結構鋼（型鋼）時，必須事先掌握正確的形狀。

當要使用的構材為JIS標準中沒有的尺寸時，有時也會運用鋼板或扁鋼，將其組合成一個材料。在這種情況下，會如同「BH」那樣，在名稱之前加上「build（B）」這個用語，來和結構鋼做出區別。

混凝土的材料

由骨料、水泥、水混合而成的新鮮混凝土，一旦變硬後，就會形成混凝土。

新鮮混凝土

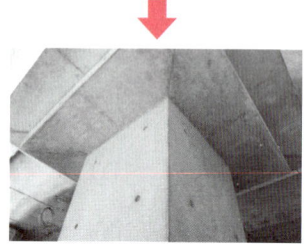

混凝土的主要特性

混凝土的特性如下
①由骨料（礫石．沙子）、水泥、水所製作而成。
②雖然與鋼鐵相比，比重較小，但以結構體來說，算是很重（比重2.3。鋼筋混凝土為2.4。鋼鐵為7.85）。
③不會燃燒。
④能夠形成複雜的形狀。
⑤品質非常仰賴現場的施工。
⑥中性化反應（不會變成鹼性）。
⑦承受拉伸應力的能力較弱（容易產生裂縫）
⑧比熱很大（不容易變溫暖，也不容易變冷）

重量很重

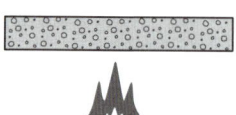

不會燃燒

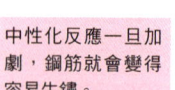

能夠形成複雜的形狀

中性化反應（Carbonation）

廢氣等會使混凝土表面持續產生中性化反應

中性化反應一旦加劇，鋼筋就會變得容易生鏽。

承受拉伸應力的能力較弱

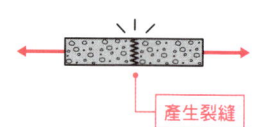

產生裂縫

028

混凝土的種類與工法

種類	特徵
普通混凝土	使用普通骨料（礫石、碎石、高爐石碴等）的混凝土
快速強度混凝土（RSC）	能夠快速獲得強度的混凝土
巨積混凝土（Mass Concrete）	用於如同水壩那樣的大型斷面的混凝土。在部分混凝土中，可能會因為水泥的水化熱所導致的溫度上升而產生有害的裂縫。
夏季混凝土（在夏季施工的混凝土）	這種混凝土採用了特殊措施，能防止因氣溫升高而導致水分迅速蒸發等不良影響。
防凍混凝土	這種混凝土採用了特殊措施，能防止耐久性因凍結、溫度下降而減少。
水密性混凝土（防水混凝土）	這種混凝土能夠用於水壓會產生作用的場所。
高爐石混凝土	由於氯化物遮蔽性能與化學抗性很高，所以具備出色的化學耐久性，能對抗鹽害作用、鹼骨料反應等。
場鑄混凝土	在結構體建設場所內，組裝鷹架‧模板，在施工現場澆灌混凝土。也叫做「現澆混凝土」。
預鑄混凝土（precast concrete）	為了能夠在現場組裝‧設置，所以事先在工廠等處製造出來的混凝土產品。或者是使用這種混凝土的工法。
纖維強化混凝土（Fiber Reinforced Concrete）	在混凝土構材中使用合成纖維或鋼纖維等來製作而成的混凝土。被簡稱為「FRC」。把連續纖維當成紡織品，纏繞或黏在混凝土上來增強性能的產品叫做「連續纖維強化混凝土」。混入裁切成數公釐至數公分的短纖維來增強性能的產品則叫做「短纖維強化混凝土」。

混凝土的最大特徵

北海道的小樽港的護岸擋土牆是最古老的混凝土結構，建造於距今約100年前。另外，人們並非一開始就把鋼筋和混凝土組合在一起，有時也會使用竹子來代替鋼筋。而且，在鋼筋形狀方面，一開始使用的是方形與橢圓形的棒狀鋼筋，不久後也開始使用圓形棒狀鋼筋（鋼棒），現在還會使用異形鋼棒（竹節鋼筋），這種鋼筋的周圍有凹凸起伏。

新鮮混凝土是由沙子、礫石、水泥、水所混合而成。水泥是由石灰岩所製成，沙子、礫石、水則是自然產物，所以老實說，新鮮混凝土是很環保的建材。不過，在現在的新鮮混凝土中，為了改善施工性，減少水量，使其成為密實的混凝土，所以會添加少量的藥品。

混凝土的最大特徵在於，能夠在建設現場自由地施工。只要能把模板材料帶進去，無論是什麼樣的場所，都能進行施工。

鋼筋混凝土的歷史

說到鋼筋混凝土的話，大多會用在建築物或橋樑等，不過，一開始並不是使用在建築物中！

鋼筋混凝土的誕生前夕
（1850年）

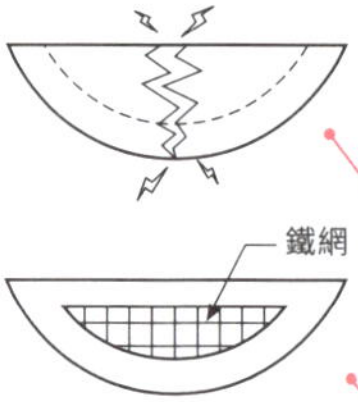

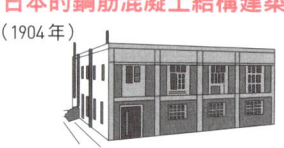

法國人蘭伯特（J. L. Lambot）把砂漿塗在編成船型的鐵網上，製作出一艘船。

- 只有混凝土的話，強度較弱。
- 鐵網
- 加上鐵網的話，就能提升強度。

鋼筋混凝土的發明
（1867年）

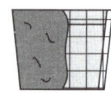

法國人莫尼耶（Joseph Monier）發明了透過鐵網來補強水泥砂漿花盆的方法。

日本的鋼筋混凝土結構建築
（1904年）

在佐世保海軍工廠內，由真島健三郎所設計的幫浦小屋，是日本最古老的鋼筋混凝土結構建築。

現代的鋼筋混凝土結構建築
（2010年1月4日啟用）

這是高度828公尺的哈里發塔。到636公尺為止的部分為鋼筋混凝土結構（混凝土幫浦澆灌高度636公尺。163層樓），更上方的部分則是鋼骨結構。

能夠彌補彼此缺點的鋼筋混凝土結構

鋼筋混凝土結構迅速發展的時間是，被稱作泡沫經濟期的1980年代後半～90年代初期。在那之前，高層建築幾乎都是鋼骨結構，在泡沫經濟期，高層大樓的需求遽增，具備出色隔音性能。

另外，由於重量很重，所以完工後的建築物具備良好隔音性能，也常用於集合住宅。不過，由於要在工地現場進行施工，所以品質管理會很辛苦。混凝土材料的調配方法、工地現場與工廠之間的距離、工地現場採用的澆灌方法、當天的天氣、氣溫等，各種因素都會影響品質。裂縫的產生與單位水量有關，雖然盡量用較少的水來施工會比較好，但水量較少的話，就會比較不易填入模板中。畢竟還沒變硬的混凝土，真的宛如生物那樣。

030

鋼筋混凝土的主要特性

雖然大多與混凝土差不多，但由於搭配使用了鋼筋，所以特性會有所差異。

①鋼筋能透過保護層厚度來確保防火性能‧耐久性

3公分的覆蓋厚度具備2小時的防火性能、30年的耐久性。

「保護層厚度」指的是，從鋼筋表面到混凝土表面的最短距離。

②混凝土能透過鹼性來保護鋼筋

透過混凝土的鹼性，能夠在鋼筋周圍製造出鈍態保護膜，防止鋼筋氧化。

③鋼筋能夠承受拉伸應力的強度，防止混凝土產生裂縫

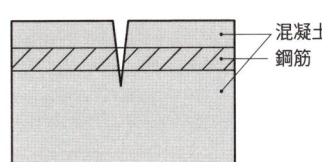

混凝土
鋼筋

鋼筋混凝土也具備「熱傳導率會稍微變大（透過鋼筋來導熱）」這項特性。

④混凝土與鋼筋的線性熱膨脹係數大致相同

鋼筋混凝土的最大特徵

鋼筋混凝土的最大特徵在於，「線性熱膨脹係數大致相同」與**「混凝土承受壓縮應力，鋼筋承受拉伸應力」**。實際上，雖然混凝土本身在某種程度上能夠承受拉伸應力，但由於拉伸強度低，品質不穩定，所以在計算上會忽略這一點。

混凝土一旦出現裂縫，往往會被立刻判斷為有瑕疵，但由於在計算上忽略了會影響抗裂性能的拉伸應力，所以當然會產生裂縫。不過，即使在某種程度的計算上，能夠容許細微裂縫，但有時還是會出現漏水等實際損害，所以「先掌握混凝土的特性後再進行設計」是很重要的事。

鋼筋混凝土與鋼筋的差異

鋼筋混凝土結構與鋼骨結構不同，很難製造出採用旋轉接點（參閱P123）的細節，在大部分的情況下，樑柱的接合部分等處的施工都是採用剛性

的鋼筋混凝土結構，成為高層建築‧摩天大樓的主流。

031　為何使用鋼鐵、混凝土、木材來當作構材呢？

連接法（參閱P.123）。另外，與鋼骨結構相比，鋼筋混凝土結構的品質比較參差不齊，也具有「會呈現出收縮等複雜情況」的另一面。

此外，鋼骨具有「延展性」這項有利於對抗地震的特性，但在鋼筋混凝土結構中，若構材長度較短的話，就容易引發脆性破壞，所以在設計上必須多加留意。

隨著研究有所進展而開始被重新審視的木造建築

日本的木造建築具有非常古老的歷史。法隆寺據說建造於西元607年，是現存最古老的木造建築，其中一部分仍保持千年以前的狀態。不過，人們開始對木造建築進行工程研究則是在20～30年前，比鋼骨結構和鋼筋混凝土結構的歷史來得新。以往在設計木造結構時，會配置很多斜撐或土牆來確保壁量。在這30年間，專家整理了關於

「木材的壓縮應變（compressive strain）與承重牆在地震發生時的情況」的觀點，變得能夠進行定量計算。

從木材特性中發現的優點與缺點

木材的最大特徵在於容易加工。雖然強度約為鐵的1/20，但也因為強度低，所以能使用人力來加工。另外，木材的連接也很簡單，透過釘子、黏著劑、螺絲，就能以人力的方式來施工。由於加工很簡單，因此以前的人不使用釘子等金屬類，而是透過榫頭等方式來組裝木材。

不過，由於木材是自然的產物，所以品質不均，依照產地、森林的維護情況、樹木本身的生長環境（南北方等），材質會有所差異。由於木品質不均，所以在施工後會出現彎曲或扭曲的情況。

強度很仰賴含水率。由於剛裁切好的木材的含水率為60％以上，所以若要當成建材來使用的話，要讓含水率降到20％以下。另外，當細胞膜之間的水全都消失後，含水率會達到約12％（平衡

木材的主要特性

木材的特性如下。
①與鐵、混凝土相比,重量很輕(會漂浮在水中。比重在1.0以下)。
②容易加工(能夠以人力方式來切斷。透過黏著劑、釘子、木工螺絲,就能輕易連接)
③熱傳導率很小。
④會因水或藥水而腐朽。另外,容易受到白蟻等昆蟲的侵蝕。
⑤種類很多,特性也不同。
⑥依照含水率,強度會產生變化(水分愈少,強度愈高)。
⑦由於樹木是以輪狀的方式生長(年輪),所以依照裁切方式,木材的性質會有所差異。
⑧每塊木材都不一樣(與鐵、混凝土相比,品質差異較大)
⑨木材具有異向性(依照長度方向與圓周方向,剛性與強度會有所差異)。

很輕
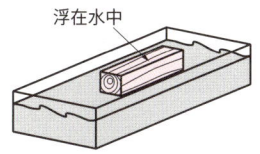

容易加工
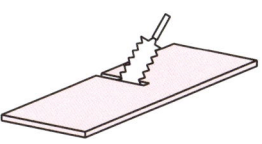

熱傳導率很小

能夠裁切
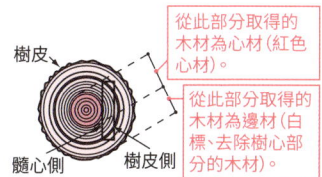

會燃燒

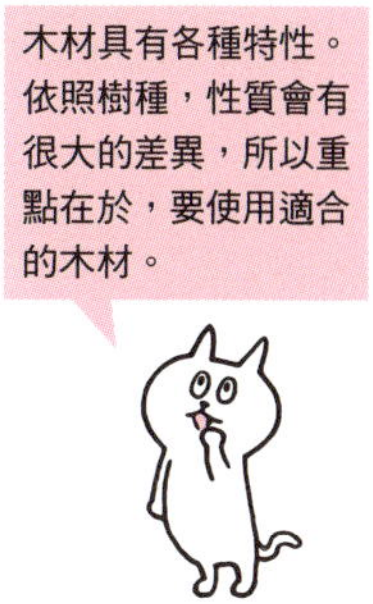

木材具有各種特性。依照樹種,性質會有很大的差異,所以重點在於,要使用適合的木材。

木材的構造

・心材 距離木材斷面的樹心很近的部分,帶有紅色。
・邊材 距離木材斷面的樹皮很近的木質部,帶有白色或黃色,含有許多樹液。

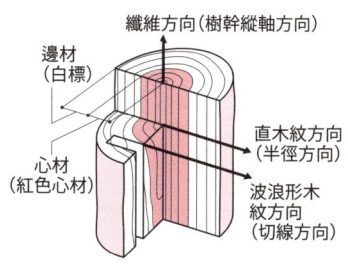

木造建築在這20年間有很大的進步。了解木材的優缺點後,來挑戰新的木造建築吧!

033　為何使用鋼鐵、混凝土、木材來當作構材呢?

花旗松木

強度高，加工性也很好。由於樹脂（脂類）含量多，所以容易長白蟻。被大量進口到國內。

日本鐵杉

雖然強度較低，但耐久性良好。木材很白，螺釘保持力很高。也有許多加拿大與北美產的鐵杉。

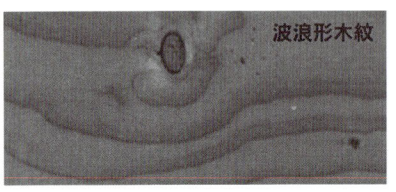
波浪形木紋

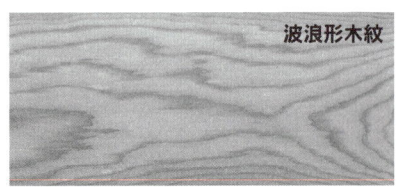
波浪形木紋

直木紋

直木紋

何謂木材的結構特性

在結構力學上，木材具有2個特徵。第1個特徵為，容許較大的變形幅度。由於施工誤差與材料之間的縫隙比其他結構來得大，所以木材在變形之後，才會發揮結構強度。

另一個特徵則是，壓縮應變（compressive strain）。在混凝土或鋼骨結構中，局部變形並沒有那麼重要，但由於木材的剛性很小，局部會產生

木材的最大缺點在於，容易腐朽與遭受蟲害。木材遭到昆蟲侵蝕就會損壞，當木材碰到水，反覆處於乾燥與潮濕環境中的話，就會腐朽。與其他材料相比，耐久性較差。不過，木材的修補很簡單，只要好好維護的話，就能一直維持下去。最近，關於「要製作成什麼樣的規格才能提昇耐久性呢？」的研究有所進展，木材的耐久性應該會逐漸接近鋼骨結構與鋼筋混凝土結構吧。

含水率）。乾燥程度一旦低於平衡含水率的話，細胞壁內的水分就會流失到外部，使強度下降，所以要多留意這一點。

034

結構材料的主要樹種

樹木的種類很多，大致上可以分成針葉樹和闊葉樹。如同下述那樣，一般住宅的結構材料絕大多數會使用針葉樹。

杉木

在日本非常多見。柔軟且容易加工。從以前就被當成建材來使用。

日本扁柏（檜木）

材質細緻，性質均勻，強度、耐久性都很高。加工性也很出色。被當成高級材料來使用。

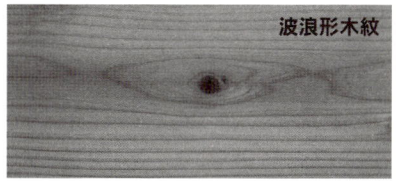

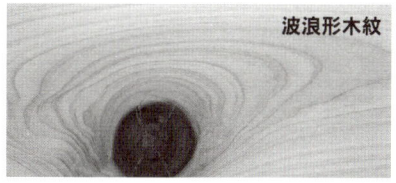

很大的變形，所以該變形會對整體的變形產生影響。

035　為何使用鋼鐵、混凝土、木材來當作構材呢？

column

在建築結構中可以使用特殊材料嗎？

科技發展日新月異，各種材料被研發出來，另一方面，即使是舊有的材料，只要改變觀點，也有許多材料能夠當成結構材料來使用。即使無法用於建築的主結構，但在使用時只要考慮到運用場所，將來那些材料也許會變得能夠當成建材來使用。

具有可能性的特殊材料

展覽品與建築不同，限制很少，所以可以在各種結構體上進行挑戰。我以結構工程師的身分參與了一項研計畫。在該計畫中，人們使用碳纖維、鈦、FRP（玻璃纖維強化塑膠）、由廢棄材料粉末製成的發泡材、聚氨酯發泡材、聚乙烯（PE）、壓克力、竹子等各種材料來製作結構體，我實際感受到，在這世上還有很多材料也許能夠當作建材。雖然壓克力的強度很高，但潛變（Creep）情況很嚴重，而且只要切開後就會變白，所以若要將其恢復成透明狀態的話，會很辛苦。聚乙烯（PE）對於藥水的抗性較強，有效的黏著劑很少。由於各種材料的特性都不相同，所以必須一邊掌握該材料的特性，一邊進行設計‧製作。

目前，讓我感受到最多可能性的材料是竹子。由於竹子1～2年就會成長，所以是一種固碳速度快，而且對環境友善的材料。雖然在日本沒有獲得認可，但在世界上的許多國家，已經被當成建材來使用。竹子也有許多種類，中南美洲有瓜多竹，孟加拉有博拉克竹，都被人們當成建材來使用。在日本，雖然孟宗竹等竹子具有成為建材的潛力，但孟宗竹等竹子容易裂開。

另外，土壤在外國被當成建材，但在日本卻不太使用。雖然在日本，木造住宅的部分結構可以使用土牆，但在外國，人們會更加積極地使用土磚來建造住宅。雖然獲得建築基準法認可的磚頭等不太常被使用，但具備作為結構材料的潛力。隨著分析技術的進步，各種材料的運用潛力應該都會比以前來得高對吧。試著環視身邊的材料吧。

各種結構材料

說到建築物的結構材料的話，雖然木材、鋼筋混凝土、鋼鐵等很具有代表性，但人們也在嘗試把各種材料當成新的結構材料。

玻璃

PE（聚乙烯）

土壤

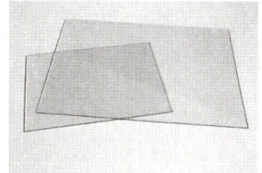

聚氨酯發泡材

FRP（玻璃纖維強化塑膠）

竹子

> 竹子生長在世界各地。在日本，竹子雖然不是獲得認可的建材，但在許多國家，竹子已被當成建材來使用，是一種很有效的材料。

持續擴展的複合材料

ETFE（氟塑膜）袋＋空氣

把由膜結構所構成的塊狀物堆疊而成的砌體結構。空氣也能成為結構的例子。

FRP＋紙蜂巢板

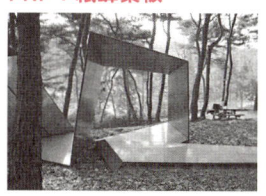

使用FRP把紙蜂巢板夾住，製成三明治板。再將這種板材組合成折板結構。

蜂巢是蜂巢結構的例子。

土＋竹子（編竹夾泥牆）

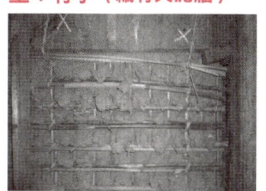

傳統的土牆結構。

聚氨酯發泡材＋繩索

先使用繩索來製作基底，再將發泡材噴塗上去。

碳纖維絞線＋板材

透過不規則分布的紋線來使桌子變得穩固。

037

005 何謂結構荷重

依照作用力的方向與時間，結構荷重會產生差異

大致上可以分成，朝垂直方向作用的力量、朝水平方向作用的力量、長時間產生作用的力量、短時間產生作用的力量。

用力推

依照作用力的方向差異，會形成垂直荷重與水平荷重

各種外力會作用在建築物上。外力也被稱作荷重。荷重的作用方向會出現差異，像是朝垂直方向（上下方向）作用的荷重，以及朝水平方向作用的荷重。另外，依照作用時間的差異，還可以分成不斷產生作用的荷重，以及暫時產生作用的荷重。依照作用方向的差異，主要可分成**垂直荷重**與**水平荷重（水平力）**。依照作用時間，則可以分成**長期荷重**與**短期荷重**。重點在於，要適當地評估這些荷重，確保建築物的安全性。

垂直荷重的種類

垂直荷重也包含了各種類型。由於重力會對地球產生作用，所以建築物會朝垂直方向（正確來說，是朝著地球中心）產生荷重。在建築領域中，此荷重叫做**固定荷重**。

038

垂直荷重與水平荷重（水平力）的代表

垂直荷重

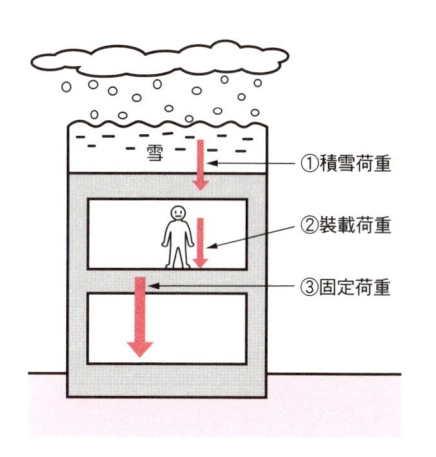

①積雪荷重
②裝載荷重
③固定荷重

荷重的歷史①

牛頓發現「地心引力」
（1665年）

據說契機是，看到蘋果從樹上掉落。這也是垂直荷重概念的誕生瞬間。

水平荷重（水平力）

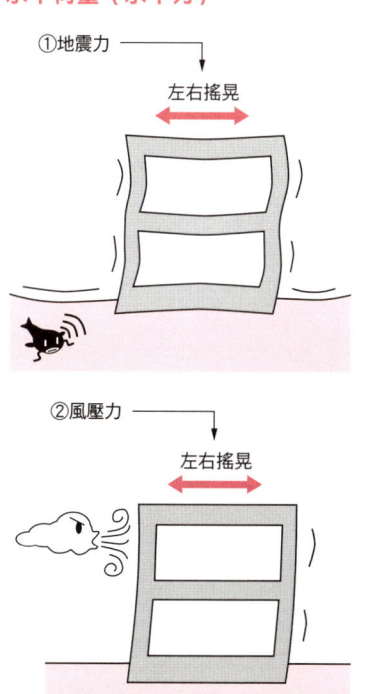

①地震力　左右搖晃

②風壓力　左右搖晃

荷重的歷史②

佐野利器發表「住宅耐震結構理論」
（1915年（大正4年））

他所提出的觀點為，在計算地震時作用在建築物上的水平力F時，要用「係數（震度）k」來乘以「建築物的自重W」。後來，他提出了「震度法」來作為耐震設計法，水平荷重（地震力）的概念首次出現在歷史上。

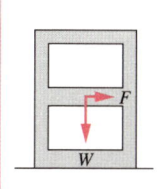

$$F = kW$$

$$k = \frac{地震的最大加速度}{重力的加速度}$$

039　依照作用力的方向與時間，結構荷重會產生差異

其他外力

除了垂直荷重與水平荷重以外,其他會作用於建築物的外力包含了,①因為地基或地下水而施加在基礎上的土壓‧水壓、②當物體產生碰撞或人在室內跳躍時所產生的衝擊荷重(impact load,衝擊負載)、③當構材因為陽光的熱能或冷暖溫差等而出現膨脹、收縮現象時所造成的溫度應力(熱應力)、④機器設備等物移動時的振動所造成的循環荷重(repeated load)。

土壓‧水壓

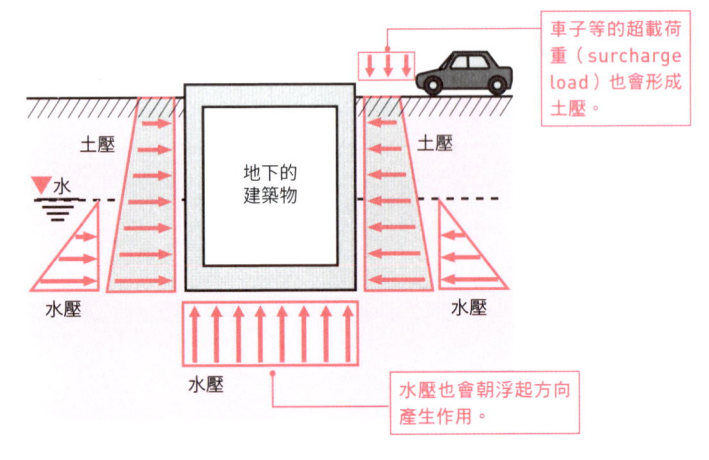

車子等的超載荷重(surcharge load)也會形成土壓。

水壓也會朝浮起方向產生作用。

衝擊荷重(impact load,衝擊負載)

交通護欄受到撞擊時,會藉由產生變形來減緩車內的人所受到的衝擊力。另一方面,藉由抑制護欄的變形程度,就能確保人行道上的行人的安全。

變形 δ　力量 P　質量 m

溫度應力(熱應力)

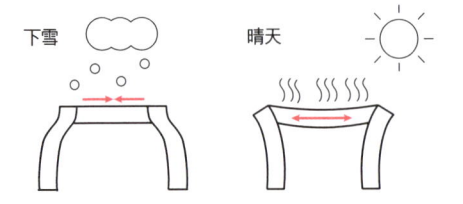

來自各個方向的各種外力會對建築物產生作用對吧。在設計結構時,也要同時考慮到這些外力!

下雪　　晴天

040

荷重的搭配方式

進行結構計算時,要先透過固定荷重（G）、裝載荷重（P）、地震力（K）、風荷重（W）各自的特性來考慮搭配方式,再進行設計。

一般區域

長期	$G+P$
短期	$G+P+K$
	$G+P+W$

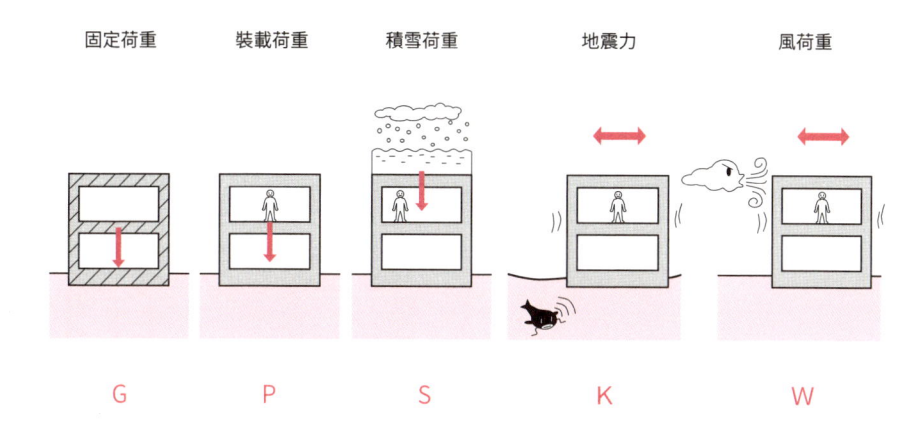

固定荷重	裝載荷重	積雪荷重	地震力	風荷重
G	P	S	K	W

水平荷重的種類

建築物一旦完成後,家具就會被搬進去,這種能夠移動的荷重被稱作裝載荷重,與固定荷重有所區別。在日本的北部地區,建築物會積雪,積雪荷重也是垂直荷重。

水平荷重還可以分成許多種類。日本地震很多,許多人應該都有過「建築物左右搖晃後,物品從架子上掉落」的經驗吧。近年,大規模地震也很常見,也許有人曾親眼目睹摩天大樓劇烈搖晃的瞬間。

橫向搖晃的荷重是水平力（水平荷重）,地震力是水平荷重之一。每年有許多颱風會侵襲日本。當颱風接近時,只要把手貼在窗戶上,就會得知玻璃窗已因風力而變形。風力也可能會把屋頂的瓦片或招牌吹走。這種風力所造成的荷重叫做風荷重（風壓力）。

041　依照作用力的方向與時間,結構荷重會產生差異

006 作用於建築物的結構荷重有哪些種類？

各種結構荷重

以風力、地震所造成的荷重為首，作用於建築物的荷重包含了許多種類。

結構計算的基礎「固定荷重」是不會變動的數值，也叫做靜荷重

在設計建築物的結構時，一開始必須先掌握固定荷重。由於作用力的方向總是固定，不會變動，所以也被稱作**靜荷重**（Dead Loads：DL）。

符合固定荷重的物體

固定荷重包含了，柱子、橫樑、地板等結構體、外牆、地板、天花板等飾面材料等的荷重。雖然設備的荷重也被包含在裝載荷重中，但在設置重量特別重的設備時，有時也會將其當成固定荷重來看待，所以必須多留意。此外，管線、防火被覆材（防火包覆材）的荷重等，也被包含在固定荷重中。

固定荷重的計算方法

在計算固定荷重時，要注意構材與飾面材料的

042

何謂建築物的固定荷重

在計算固定荷重時，要計算實際使用到的構材的荷重。

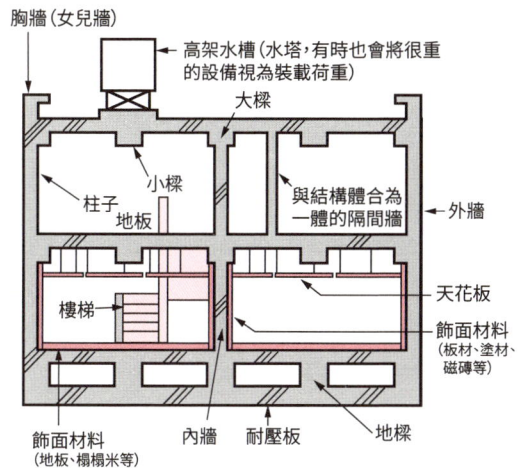

（圖：建築物剖面，標示胸牆（女兒牆）、高架水槽（水塔，有時也會將很重的設備視為裝載荷重）、大樑、小樑、柱子、地板、與結構體合為一體的隔間牆、外牆、樓梯、天花板、飾面材料（板材、塗材、磁磚等）、飾面材料（地板、榻榻米等）、內牆、耐壓板、地樑）

材料的比重

	材料名稱	比重
石材	花崗岩（御影石）	2.65
	大理石	2.68
	板岩（slate）	2.70
水泥	普通的波特蘭水泥	3.11
金屬	鋼	7.85
	鋁	2.72
	不鏽鋼	7.82
木材	杉木	0.38
	日本扁柏（檜木）	0.44
	日本鐵杉	0.51

結構材料的單位重量

木材	8 [kN/m^3]
鋼鐵	78 [kN/m^3]
混凝土	23～24 [kN/m^3]

（輕質混凝土 17～21 [kN/m^3]）

每單位重量。主要結構材料的每單位重量如下所示。

日本建築基準法施行令第84條當中規定了建築物的部分、類別與各單位面積的荷重，並記載了各種荷重。在實際的設計中，為了依照實際情況來計算結構，所以要參考廠商的目錄與資料等來計算所使用到的構材的荷重。

在計算結構時，荷重非常重要。首先，在學會計算應力之前，先好好地掌握荷重感吧。

> 在結構設計中，掌握荷重感是基礎中的基礎！

043　作用於建築物的結構荷重有哪些種類？

屋頂・地板・牆壁的固定荷重

屋頂的每單位面積的荷重實例

飾面材料	簡圖（尺寸單位：mm）	屋頂面 1㎡的重量（N/㎡）
防水膜工法	防水膜，厚度2 ― ① 平整砂漿，厚度30 ― ②	① 40 ② 600 合計 640
鍍鋅鋼板瓦棒型屋頂板	瓦棒型鍍鋅鋼板，厚度0.6 ― ① 毛氈 ― ② 水泥板，厚度15 ― ③ 椽子（斜樑木）― ④ 桁樑（母屋，輕鋼骨）― ⑤ ※1	① 60 ② 10 ③ 90 ④ 30 ⑤ 70 合計 260
日式黏土瓦屋頂（引掛棧瓦，背面有突起的波浪型屋瓦，能避免屋瓦滑落）	引掛棧瓦（有黏土層）― ① 屋頂底板 ― ② 椽子（斜樑木）― ③ ※2	① 790 ② 100 ③ 40 合計 930

※1：施行令中的規定為200N/m²（包含基底材與椽子，不包含桁樑）。

※2：施行令中的規定為980N/m²（包含基底材與椽子，不包含桁樑）。

地板的每單位面積的荷重實例

飾面材料	簡圖（尺寸單位：mm）	地板表面 1㎡的重量（N/㎡）
鋪設地毯	方塊地毯，厚度7	60
鋪設榻榻米	榻榻米，厚度55 ― ① 襯板，厚度12 ― ② 木造軸組結構基底材 ― ③ ※3	① 200 ② 80 ③ 40 合計 320

※3：施行令中的規定為340N/㎡（包含地板與地板橫木）。

牆壁的每單位面積的荷重實例

飾面材料	簡圖（尺寸單位：mm）	牆面 1㎡的重量（N/㎡）
石膏灰泥	石膏灰泥，厚度3 ― ① 砂漿，厚度20 ― ②	① 60 ② 400 合計 460
防火隔間牆（1小時）	鋼製中間柱（stud）― ① 矽酸鈣板，厚度8×4 ― ② ※4	① 260 ② 100 合計 360

※4：會依照牆壁高度來增減鋼製中間柱的重量。

在掌握建築物的重量感時，首先要了解身邊物體的重量，詳情請參閱P65。

出處『能夠活用建築物荷重指南的設計資料』（『建築物荷重指針を活かす設計資料1』）（日本建築學會，2016年）

044

建築基準法當中所規定的裝載荷重

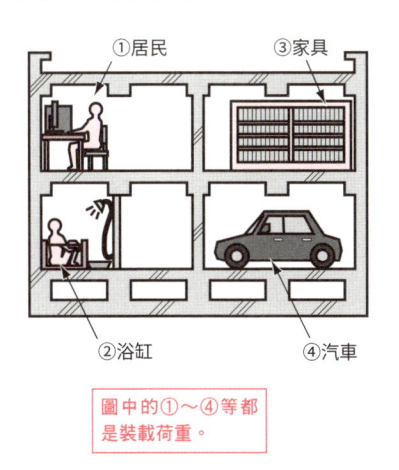

何謂建築物的裝載荷重？

①居民
③家具
②浴缸
④汽車

圖中的①～④等都是裝載荷重。

右表的內容會出現在一級建築師的考試中喔！好好地記住吧。

結構計算專用的裝載荷重（施行令第85條）

結構計算的對象 房間的種類		A 計算地板、小樑的結構時（N/㎡）	B 計算大樑柱子、基礎的結構時（N/㎡）	C 計算地震力時（N/㎡）
(1)	住宅的起居室、非住宅建築中的寢室或病房	1,800	1,300	600
(2)	辦公室	2,900	1,800	800
(3)	教室	2,300	2,100	1,100
(4)	百貨公司或商店的銷售區	2,900	2,400	1,300
(5)	劇院、電影院、演藝場（表演廳）、觀賞場（觀看表演、比賽的場地）、公會堂（公共禮堂）、聚會空間、其他用於這類用途的建築物中的觀眾席或聚會室　座位固定的情況	2,900	2,600	1,600
	其他情況	3,500	3,200	2,100
(6)	汽車的車庫與通道	5,400	3,900	2,000
(7)	走廊、玄關以及樓梯	相當於用來連接(3)～(5)當中所舉出的房間的部分時，要依照(5)的「其他情況」的數值來計算。		
(8)	屋頂廣場與陽台	依照(1)的數值來計算。不過，當該建築物的用途為學校或百貨公司時，則要依照(4)的數值來計算。		

裝載荷重被分成3種

施行令把裝載荷重分成了「用來計算地板、小樑結構的荷重」、「用來計算大樑、柱子、基礎結構的荷重（別名：用來計算框架結構的荷重）」、「用來計算地震力的荷重」。

地板專用＞大樑、柱子、基礎專用＞地震專用

數值會依序變小。

由於裝載物被直接放在地板上，所以在預料

裝載荷重指的是，建築物中的人與家具等能夠移動的物體的荷重。與固定荷重不同，由於裝載位置與荷重的大小很不平均，所以在建築基準法施行令第85條當中，依照建築物的用途與房間種類，對每個結構計算的對象部位，規定了計算用的數值。

「裝載荷重」指的是，會如同生物般那樣活動的荷重!?

045　作用於建築物的結構荷重有哪些種類？

透過外國的裝載荷重標準所得知的事

外國也有制定關於裝載荷重的標準。
由於計算方法不同，所以無法比較，但會呈現出用途等國情。

加拿大的裝載荷重標準〔單位：kPa（kN/㎡）〕

Table 4.1.5.3. (continued)
Specified Uniformly Distributed Live Loads on an Area of Floor or Roof
Forming Part of Sentence 4.1.5.3.(1)

Use of Area of Floor or Roof	Minimum Specified Load, kPa
Residential areas (within the scope of Article 1.3.3.2. of Division A)	
Sleeping and living quarters in apartments, hotels, motels, boarding schools and colleges	1.9
Residential areas (within the scope of Article 1.3.3.3. of Division A)	
Bedrooms	1.9
Other areas	1.9
Stairs within dwelling units	1.9
Retail and wholesale areas	4.8
Roofs	1.0[1][5]
Sidewalks and driveways over areaways and basements	12.0[1][5]
Storage areas	4.8[4]
Toilet areas	2.4
Underground slabs with earth cover	[5]
Warehouses	4.8[4]

（摘錄自British Columbia『The British Columbia Building Code 2018』）

在日本的標準中，沒有規定廁所的裝載荷重，所以令人感到困惑，加拿大有規定廁所的裝載荷重，所以可以當作參考。

中國的裝載荷重標準〔單位：kPa（kN/㎡）〕

表 5.1.1　民用建築樓面均布活荷載標準值及其組合值、頻遇值和准永久值係數

項次	類別	標準值(kN/m²)	組合值係數 ψc	頻遇值係數 ψf	准永久值係數 ψq
1	(1) 住宅、宿舍、旅館、辦公樓、醫院病房、托兒所、幼兒園	2.0	0.7	0.5	0.4
	(2) 試驗室、閱覽室、會議室、醫院門診室	2.0	0.7	0.6	0.5
2	教室、食堂、餐廳、一般資料檔案室	2.5	0.7	0.6	0.5
3	(1) 禮堂、劇場、電影院、有固定座位的看台	3.0	0.7	0.5	0.3
	(2) 公共洗衣房	3.0	0.7	0.5	0.3
4	(1) 商店、展覽廳、車站、港口、機場大廳及其旅客等候室	3.5	0.7	0.6	0.5
	(2) 無固定座位的看台	3.5	0.7	0.5	0.3
5	(1) 健身房、演出舞台	4.0	0.7	0.6	0.5
	(2) 運動場、舞廳	4.0	0.7	0.6	0.3
6	(1) 書庫、檔案庫、貯藏室	5.0	0.9	0.9	0.8
	(2) 密集書庫	12.0	0.9	0.9	0.8

（摘錄自『中華人民共和國住房和城鎮建設部中華人民共和國國家質量監督檢驗檢疫總局聯合發布（2012年版）』）

由於寫的是漢字，所以總覺得能夠判斷用途。可以得知，不同國家所注重的荷重也不同。

中，地板會集中承受荷重。比起地板，小樑集中承受荷重的機率較低，但由於有時也會配置較細的小樑，所以條件會變得與地板幾乎相同。

在大樑與柱子的部分中，裝載物的荷重會經由地板和小樑被傳遞過來，荷重不均勻的機率比「用來計算地板、小樑結構的荷重」來得小，裝載荷重的數值也會變得較小。在地震發生時，荷重不均勻的會透過建築物整體來抵抗水平力，所以裝載荷重的數值也會變小。

由於要記住關於所有用途的裝載荷重是很難的事情，所以一開始只要記住住宅的起居室的裝載荷重即可。「用來計算大樑、柱子、基礎結構的荷重」為1300N/㎡（≒130kg/㎡）。由於在1平方公尺的範圍內，要承受2個成人的荷重，所以只要去思考自己的體重，總覺得應該就能掌握那種感覺吧。

實際的建築物的用途有很多種，光靠建築基準法的裝載荷重是不夠的。在各種標準中會計載荷重的數值，我們可以使用類似用途的荷重來進行計算。依照情況，在計算裝載荷重時，有時也要

046

計算地震力

樓層剪應力（Qi）的計算公式

$Q_i = C_i \times W_i$
$C_i = Z \times R_t \times A_i \times C_0$

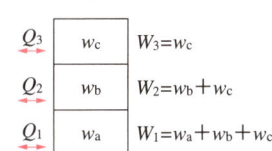

Q_3	w_c	$W_3 = w_c$
Q_2	w_b	$W_2 = w_b + w_c$
Q_1	w_a	$W_1 = w_a + w_b + w_c$

Q_i：作用於i樓的地震樓層剪應力
C_i：i樓的樓層剪應力係數
W_i：求取i樓的地震時的重量
Z：區域係數（0.7～1.0）
R_t：振動特性係數［※］
A_i：地震樓層剪應力在垂直方向上的分布係數
C_0：標準樓層剪應力係數
　　（中小型小地震時C_0=0.2）

在計算地震力時，會使用作用於建築物某個樓層的地震樓層剪應力。先認真地記住計算方法吧！

此係數會因建築物的自然振動週期而變化。自然振動週期則會由地基的性質與狀態、建築物高度、結構形式等因素來決定。

※參閱P52

振動特性係數（Rt）的特徵

地基的軟硬程度	堅硬 ←→ 柔軟
	小 → 大
建築物的高度	高 ←→ 低
	小 → 大
結構類型	鋼骨結構 / 鋼筋混凝土結構
	小 / 大

地震樓層剪應力係數在垂直方向上的分布圖（A_i）

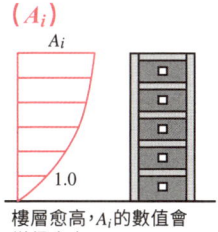

A_i

1.0

樓層愈高，A_i的數值會變得愈大。

屋頂小屋等的地震樓層剪應力（Q）

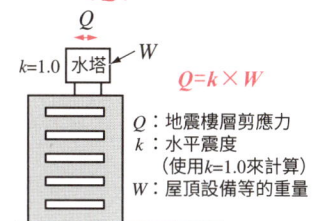

Q
k=1.0　水塔　W

$Q = k \times W$

Q：地震樓層剪應力
k：水平震度
　　（使用k=1.0來計算）
W：屋頂設備等的重量

建築物一旦承受地震的搖晃，就會產生**地震力**。

地震力指的是，地震時會作用於建築物的地震樓層剪應力

關於設備荷重的判斷，依照不同設計師，會出現不同判斷。有些人會將「重量很重，且固定在地板或牆壁上，不會移動的物體」視為固定荷重，「沒有固定在地板等處，而且被認為能夠移動的物體」則視為裝載荷重。

長期荷重與短期荷重

住宅中，若要裝載大鋼琴等物體時，需多加留意。住宅的地板專用裝載荷重為180kg/㎡。在木造使用其他方法來進行計算。時，建築物會局部承受很大的荷重，所以要考慮由於在設置鋼琴、書架等荷重特別大的物體把機率納入考量。

047　作用於建築物的結構荷重有哪些種類？

地底下的地震力的求取方法

透過下列公式來求出地下部分的地震樓層剪應力 Q。

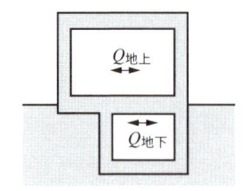

$$Q_{\text{地下}} = Q_{\text{地上}} + k \times W_{\text{地下}}$$

$Q_{\text{地上}}$：建築物地上部分的地震樓層剪應力
k：水平震度
$W_{\text{地下}}$：建築物地下部分的重量

透過下列公式來求出地下部分的水平震度。

$$k \geqq 0.1 \left(1 - \frac{H}{40}\right) Z$$

k：水平震度
H：從建築物的地下部分的各部分到地盤線的深度
Z：區域係數

地震樓層剪應力的求取方法

地震樓層剪應力的求取方法為，將「區域係數」（Z）、振動特性係數（Rt）、地震樓層剪應力在垂直方向上的分布係數（Ai）、標準剪應力係數（Co）相乘。「區域係數」是依照過去的地震紀錄來決定各區域的數值。「振動特性係數」是透過建築物本身的搖晃方式（自然振動週期）與地基的硬度之間的關係來決定的衰減係數。地基的硬度被分成3種，若建築物的自然振動週期皆相同的話，地基愈柔軟的話，搖晃程度會愈大。「地震樓層剪應力在垂直方向上的分布係數」指的是，用來求取「建築物垂直方向的搖晃程度變化」的係數。由於樓層愈高，搖晃程度愈大，所以係數也會變大。

（水平力）。水平力是一項指標，表示建築物重量的幾成會形成水平力。人們會使用**地震樓層剪應力**（Qi）來對其進行評估。具體的計算方法為，**地震樓層剪應力係數**（Ci）乘以建築物的重量。建築物愈重，水平力會變得愈大。

048

地震的原理

地震波包含了 P 波、S 波、表面波，地基愈堅固，地震波傳遞得愈快。橫波（剪力波）在地基中的傳遞速度叫做剪力波速度 Vs，Vs 會成為地基堅固程度的基準。

地震的形成原理與地震波的傳遞方式

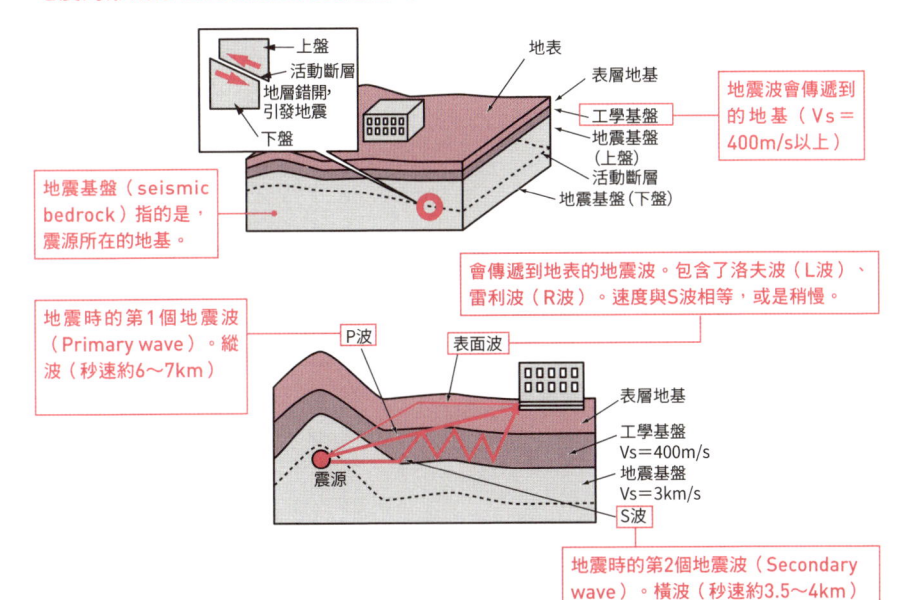

- 上盤
- 活動斷層
- 地層錯開，引發地震
- 下盤
- 地表
- 表層地基
- 工學基盤
- 地震基盤（上盤）
- 活動斷層
- 地震基盤（下盤）

地震波會傳遞到的地基（Vs＝400m/s以上）

地震基盤（seismic bedrock）指的是，震源所在的地基。

會傳遞到地表的地震波。包含了洛夫波（L波）、雷利波（R波）。速度與S波相等，或是稍慢。

地震時的第1個地震波（Primary wave）。縱波（秒速約6～7km）

- P波
- 表面波
- 震源
- S波
- 表層地基
- 工學基盤 Vs＝400m/s
- 地震基盤 Vs＝3km/s

地震時的第2個地震波（Secondary wave）。橫波（秒速約3.5～4km）

過去的主要地震災害

發生日期	地震的名稱	地震規模（magnitude）	最大震度	特徵
1923.9.1	關東大地震	7.9	6	石造・磚造的西式建築崩塌
1948.6.28	福井地震	7.1	6	戰後復興期的許多營房建築、結構不穩定的建築倒塌
1995.1.17	阪神大地震	7.3	7	壁量很少的建築物（底層挑空建築等）、鋼骨結構的柱腳、鋼骨結構與鋼筋混凝土結構的樑柱連接處的損害很顯著
2003.9.26	十勝近海地震	8.0	不到6	發生了海嘯災害
2004.10.23	新潟縣中越地震	6.8	7	促進了對舊耐震基準建築的耐震性能評估、改建。重新審視非結構材料（天花板等）的耐震性能
2007.7.16	新潟縣中越近海地震	6.8	超過6	
2011.3.11	東北地方太平洋近海地震	9.0	7	海嘯災害很嚴重
2016.4.14～	熊本地震	7.3	7	記錄到2次震度7。新耐震基準制定後才興建的住宅全毀，損壞程度很嚴重

「標準樓層剪應力係數」指的是，地線線以上的建築物所產生的水平力與重力加速度的比值，建築基準法施行令第88條中規定了相關數值。

在進行結構計算時，要確保各樓層的耐震安全性。必須將「用來計算地震力的建築物重量」視為用來取得地震力的任意樓層以上的重量（固定荷重＋裝載荷重）。

另外，由於到目前為止所說明的地震力計算公式是用來計算地上部分的地震力，必須透過其他方式來計算結構。在地下部分，由於能夠把地基的橫向阻力納入考量，所以水平力的計算方式會不同。此外，由於設置在建築物屋頂的煙囪或水塔等物會形成很大的地震力，所以計算方法會不同，必須多加留意。

依照地基差異，建築物的搖晃方式會有很大差異

地動（ground motion）透過活動斷層產生後，會經由地基傳遞給建築物。在堅硬地基與柔軟地基中，地震波的傳遞方式有所差異。在堅硬地基中，地震波的傳遞速度很快，產生的地震波會以接近原狀的狀態傳遞給建築物。另一方面，在柔軟的地基中，地震波的傳遞速度較慢。當柔軟地基的地層厚度較大時，地震力就會被大幅增強。

3種地基的特徵與注意事項

在建築基準法中，計算地震力時，為了把上述的地基性質納入考量，所以依照軟硬程度，將地基分成3種類型。「地基類別」指的是，著眼於地基搖晃方式的地基分類方式，大多會根據地基的自然振動週期來進行分類。在耐震設計中，一般會採用符合地基類別的預設地震力。

基本上，可以分成「自然振動週期不到0.2秒的堅硬地基（第1類地基）」、「自然振動週期在0.2秒以上，不到0.6秒，軟硬程度中等的地基（第2類地基）」、「自然振動週期在0.6秒以上的柔軟地基（第3類地基）」。自然振動週期指的是，建築物或地基

050

耐震設計中的地基類別・振動特性係數

耐震設計中的地基類別指的是，在制定地動（ground motion）的狀態時，為了把地基條件的影響納入考量而規定的類別。根據由公式所計算出來的地基自然振動週期，將地基分成以下這3種。

耐震設計中的地基類別

地基類別	地基的自然振動週期 T_g（s）	備註
第1類（堅硬）	$T_g < 0.2$	良好的洪積地基與岩石地基
第2類（普通硬度）	$0.2 \leq T_g < 0.6$	不屬於第1類或第3類的地基（硬度中等的地基）
第3類（柔軟）	$0.6 \leq T_g$	沖積地基當中的柔軟地基

振動特性係數 R_t 與地基類別有密切關聯

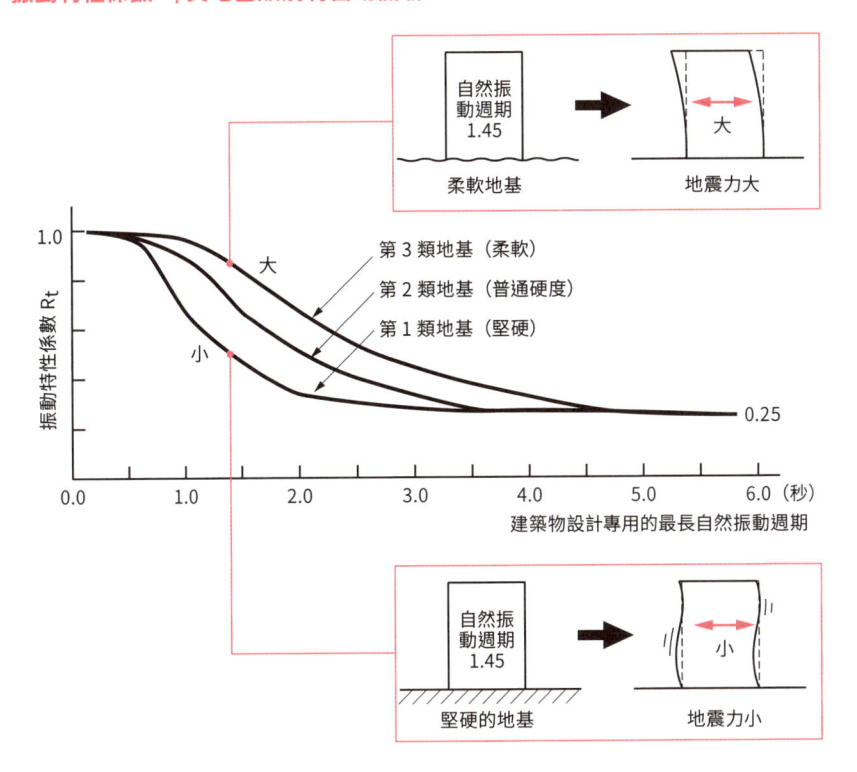

地震樓層剪應力（地震力）$Q = Z \cdot R_t \cdot A_i \cdot C_o \cdot W_i$（參閱P47）

作用於建築物的結構荷重有哪些種類？

振動特性係數 R_t 的求取方法

建築物所承受的地震力，會根據建築物的自然振動週期 T、符合用來支撐建築物的地基類別的數值 T_c 而產生變化。也就是說，只要了解地基，就能了解建築物搖晃方式的特性（振動特性）。振動特性係數 Rt 的計算方法如下。

（由昭和55年建設省公告1793號的部分內容修改而成）

當 $T < T_c$ 時	$R_t = 1$
當 $T_c \leq T < 2T_c$ 時	$R_t = 1 - 0.2 \left(\dfrac{T}{T_c} \right)^2$
當 $2T_c \leq T$ 時	$R_t = \dfrac{1.6\, T_c}{T}$

T：透過下列公式計算出來的「建築物設計專用的最長自然振動週期」（單位：秒）

$$T = h\,(0.02 + 0.01\,\alpha)$$

h：該建築物的高度（單位：公尺）

α：在該建築物當中，大部分的樑柱與木造結構或鋼骨結構樓層（除了地下的樓層）的合計高度的比值。

T_c：符合建築物基礎底部（使用剛強的支承樁時，指的是該支承樁的前端）正下方的地基類別的數值（單位：秒）
第1種地盤＝0.4、第2種地盤＝0.6、第3種地盤＝0.8

地基類別與基礎

基礎可分成直接基礎與樁基礎，在思考地基類別時，必須多加留意。採用直接基礎時，由於地震波會從地基傳遞過來，所以正下方的地基類別會產生影響。採用樁基礎時，由於一般地樁的前端會被剛強的承載地基支撐住，所以在建築基準法中，會依照支承樁前端的地基來決定地基類別。

地樁大多會受到 N 值為 50 的地基的支撐，以第 1 類地基來說，似乎能夠計算出地震力，但該處未必是安全側（地震力會變大）。地樁與地基會互相

的回應值達到最大時的週期。自然振動週期愈短，地基會變得愈堅硬，建築物也一樣，自然振動週期愈短，建築物的剛性愈大。

另外，地震力會依照地基與建築物的自然振動週期產生變化。

也就是說，依照「堅固地基上的柔軟建築物、柔軟地基上的堅固建築物」等搭配方式，地震力會產生變化。振動特性係數（Rt）被分類成3種情況（參照上圖）。

日本的重大颱風災害

颱風名稱	發生月份	最大瞬間風速、災情
室戶颱風	1934.9	60m/s以上。2,702人死亡、334人失蹤、14,994人受傷。
枕崎颱風（艾達颱風）	1945.9	75.5m/s。2,473人死亡、1,283人失蹤、2,452人受傷。
伊勢灣颱風（超級強烈颱風薇拉）	1959.9	55.3m/s。4,697人死亡、401人失蹤、38,921人受傷。40,838棟住宅全毀、113,052棟住宅半毀。
第二室戶颱風（超級強烈颱風南施）	1961.9	84.5m/s。194人死亡、8人失蹤、4,972人受傷。15,238棟住宅全毀、46,663棟住宅半毀。
第二宮古島颱風（寇拉颱風）	1966.8	85.3m/s。41人受傷。7,765棟住宅損壞。
第三宮古島颱風（黛拉颱風）	1968.9	79.8m/s。11人死亡、80人受傷、5,715棟住宅損壞。
沖永良部颱風（寶佩颱風）	1977.9	60.4m/s。1人死亡、139人受傷。全毀、半毀、被沖走的住宅共2,829棟
關東和東北地區豪雨	2015.9	30.9m/s。8人死亡、80人受傷、81棟住宅全毀、7,044棟住宅半毀、384棟住宅部分損壞。
九州北部豪雨	2017.6～7	45.0m/s。39人死亡、4人失蹤、35人受傷、309棟住宅全毀、1,103棟住宅半毀、94棟住宅部分損壞。
令和元年房總半島颱風（中度颱風法西）	2019.9	58.1m/s。1人死亡、150人受傷、342棟住宅全毀、3,927棟住宅半毀、70,397棟住宅部分損壞。
令和元年東日本颱風（強烈颱風哈吉貝）	2019.10	43.8m/s、最低氣壓915hPa。96人死亡、1人失蹤、484人受傷、2,196棟住宅全毀、12,001棟住宅半毀、14,553棟住宅部分損壞

風荷重的計算方法為，風力係數乘以速度壓

當風吹在建築物上時，正面會產生推力，背面則會產生牽引。此風在牆面上所產生的力量叫做**風壓力**。風的速度會影響風壓力的大小。速度愈快，風壓力愈大，依照速度而在表面上產生的

分析解讀該地基。先考慮到該建地要興建什麼規模的建築物，再去宅來說，卻未必是好地基。在思考地基時，必須木造住宅來說常是好地基，但對鋼筋混凝土結構住雖然常聽到人們談論地基的好壞，但即使對於

何謂地基的優劣？

影響，地震波會傳遞到建築物的岩基，所以一般來說，會將第2類地基視為安全側。關於基礎，在P296也有詳細解說，請參閱。

壓力就是**速度壓**。

速度壓・風荷重・風壓力的求取方法

一般來說，建築物的高度愈高，速度壓（q）會有變得愈大的傾向。另外，當附近有能夠有效阻擋風的建築物或防風林等時，由於風速會變小，所以人們認為，在計算結構時，可以把速度壓減至1/2。不過，周遭環境產生變化的可能性很高，必須謹慎地思考。

風壓力（w）的計算方法為，使用國土交通大臣所規定的風力係數（Cf）來乘以速度壓（q）（參閱下頁）。風力係數的數值會因建築物的形狀與迎風面（正面部分「迎風面積」）的方向而產生差異。在平成12年建設省公告1454號當中，規定了形狀、風、各個迎風面的風力係數的計算方法，所以請大家先核對一下吧（參閱P57）。

只要把**風壓力**（w）乘以正面面積（迎風面積），就能算出**風荷重**（P）。由於風壓力會隨著高度而改變，所以一般來說，會計算各樓層的風荷重作用於2樓地板表面的水平力的求取方法為，風壓力乘以1樓以及2樓高度的1/2的正面面積（參閱下頁圖片）。

實際上，建築物被風吹到後，風就會沿著正面流動，所以比起其他部分，建築物的轉角部分會產生較大的作用力。為了進行局部設計，平成12年建設省公告1458號中規定了飾面材料的風荷重計算方法，所以我們必須使用該算式來研究轉角部分等各部位的飾面材料的強度。

> 只要建築物的形狀不同，
> 承受的風力也會不同

颱風時，建築物上所產生的力量很複雜。當風吹在板狀建築物的正面時，以及風吹在圓形建築物的正面時，風所造成的影響有很大差異。

另外，即使是相同形狀的建築物，門窗完全密閉的建築物與門窗打開來的建築物，所承受的風力會有很大差異。

054

速度壓・風壓力・風荷重的計算公式

速度壓的計算公式

①計算公式

$$q = 0.6 \times E \times V_0^2 \qquad E = E_r^2 \times G_f$$

- q：速度壓（N/m²）
- E：依照周遭情況，透過國土交通大臣所規定的方法來算出來的係數。
- V_0：基準風速（m/s）
  建築基準法中規定了各地區的基準風速（右圖）。
- E_r：用來表示「平均風速在垂直方向上的分布情況」的係數。
- G_f：把陣風等的影響納入考量的係數（陣風反應因子）

②「基準風速分布圖」與「風速與風荷重的關係」

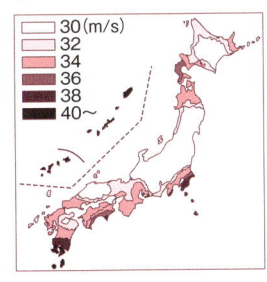

- 30(m/s)
- 32
- 34
- 36
- 38
- 40〜

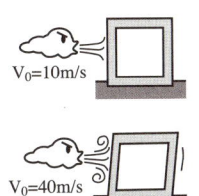

V_0=10m/s

V_0=40m/s

風荷重與汽車衝撞建築物一樣，速度愈快，就會形成愈大的荷重。

③E_r的數值

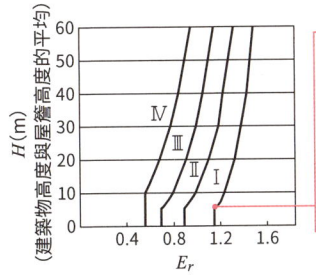

H(m)（建築物高度與屋簷高度的平均）

透過圖表可以得知，在較低的建築中，E_r值都相同，高度愈高，數值會變得愈大。另外，Ⅰ〜Ⅳ是用來表示「地面粗糙度的類別」。

④G_f的數值（$H \leq$10m的情況）

地面粗糙度的類別	G_f
Ⅰ（都市計畫區域之外的海岸地區）	2.0
Ⅱ（田地與住宅散布在各處）	2.2
Ⅲ（一般的市區）	2.5
Ⅳ（大都市）	3.1

H：建物高度與屋簷高度的平均值

風壓力的計算公式

$$W = q \times C_f$$

- W：風壓力（N/m²）
- C_f：風壓係數（參閱P56）
- q：速度壓（N/m²）

防風林

只要有能夠擋風的障礙物，風壓就會變小。

在風力很強的地區，設計結構時，比起地震力，必須多留意風壓力。

風荷重的計算公式

$$P = W \times 正面面積$$

- P：風荷重（N）
- W：風壓力（N/m²）

在建築物1樓，會承受風力的面積（正面面積）

不過，若是木造結構的話，則會採用「距離各樓層地板表面1.35公尺的高度」以上的外牆的正面面積。

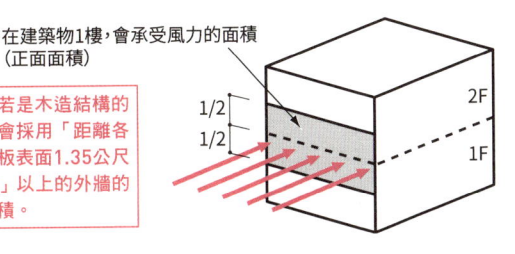

2F
1F

使用風力係數來算出風的影響

在建築基準法中，會使用「依照建築形狀而有所不同的**風力係數**」的概念來算出風的影響。也就是依照風力係數，來讓透過風速所求得的風壓力增減，計算出建築物上所產生的力量（結構設計中所使用的外力）。由於風力係數會因建築物的密閉狀態而產生變化，所以要藉由把外壓以及內壓所造成的係數組合起來，計算出風力係數（風力係數峰值）。

會影響風力係數的一大原因是屋頂的坡度。雖然屋頂坡度愈傾斜，風壓力會變得愈大，但力量的方向很複雜。在背風面的屋頂，會形成朝著上抬方向產生作用的「上吹荷重」。在迎風面的屋頂，則會形成把屋頂往下壓的「下吹荷重」，但在傾斜度接近水平的屋頂處，卻會形成「上吹荷重」。

在此處，我們必須留意的是，風的行動很複雜，會使局部區域產生非常大的荷重。考慮到「建築物整體所產生的風荷重」與「局部區域所產

生的荷重」的差異，在建築基準法中，外牆專用的風力係數與建築物專用的風力係數也不同。以方形建築物來說，由於轉角部分的風力係數會變得非常大，所以在設計上，一律不能使用中楎等防風構材。

風荷重會隨著周遭環境而改變

另外，在建築基準法中，在計算風荷重時，要考慮到地面粗糙度（參閱前頁）。實際上，相鄰建築物位於50公尺前方嗎？還是距離僅有0.5公尺呢？正面是否有大型建築物呢？平常吹起的風是來自哪個方向呢？風荷重會因各種因素而產生變化。

在大多數的情況下，只要根據建築基準法來設計，就沒有問題，但在設計大型建築物時，有時也要考慮到周遭環境，進行風洞實驗，算出風荷重。重點在於，要一邊考慮到周遭環境，一邊設計風荷重。

建築物的風力係數的求取方法

在前面章節中，風壓力的算法為，速度壓與風力係數的乘積。

$$W = q \cdot C_f$$

W：風壓力（N/㎡） q：速度壓（N/㎡） C_f：風力係數

那麼，風力係數 C_f 指的是什麼呢？

$$C_f = C_{pe} - C_{pi}$$

C_{pe}：外風壓係數　C_{pi}：內風壓係數

重點就是
（係數）＝外－內

藉由把 C_f 納入考量，就能算出建築物各個部分的風壓力。

外風壓係數 C_{pe} 與內風壓係數 C_{pi}

	外風壓係數 C_{pe}	內風壓係數 C_{pi}
特徵	依照風壓力求取部位的位置，數值會產生差異。	依照建築物形狀，數值會有所差異
數值	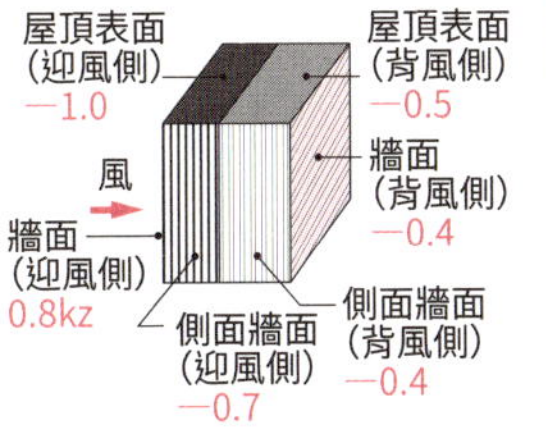 屋頂表面（迎風側）－1.0　屋頂表面（背風側）－0.5　牆面（背風側）－0.4　牆面（迎風側）0.8kz　側面牆面（迎風側）－0.7　側面牆面（背風側）－0.4　⊖是牽引牆壁的力量　⊕是推牆壁的力量	①密閉型建築的情況：0 以及－0.2　一般會採用作用於不利側（安全側）的0　②開放型建築（左：迎風側開放型、右：背風側開放型）的情況 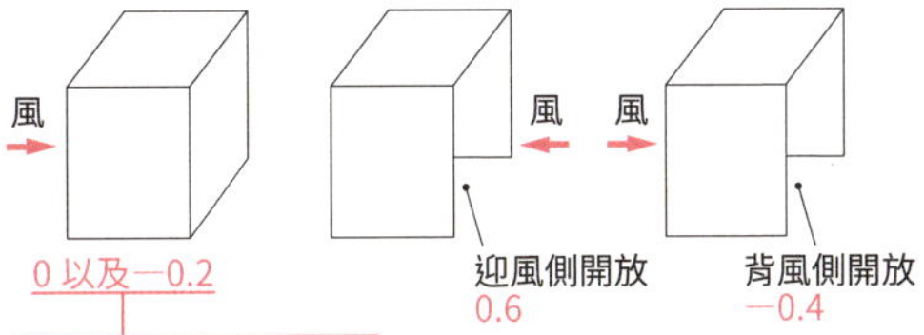　迎風側開放 0.6　背風側開放 －0.4

※表中的外風壓係數的數值顯示的是，「採用平屋頂的密閉型建築的情況」
Kz：依照平成12年建設省公告1454號第3條第2項的表格。

來算出風力係數吧

例題

在右圖的方形建築物中，請算出帶有顏色的牆面的風力係數 Cf。

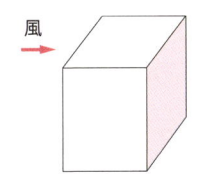

密閉型建築物
平屋頂

解答

$C_f = C_{pe} - C_{pi}$
根據上述表格，$C_f = -0.4 - 0 = -0.4$

屋頂建材

與屋頂鋪設材料相關的風力係數，應為符合屋頂形狀的數值。

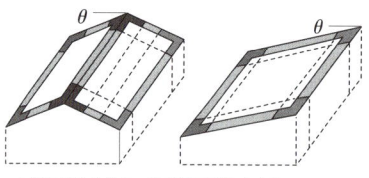

山形屋頂、單斜面屋頂的負外風壓係數 Cpe

部位	θ 10度以下的情況	20度	30度以上的情況
▢ 的部位	−2.5	−2.5	−2.5
▨ 的部位	−3.2	−3.2	−3.2
▨ 的部位	−4.3	−3.2	−3.2
▬ 的部位	−3.2	−5.4	−3.2

山形屋頂（左）、單斜面屋頂（右）

（出處為『2020年版建築物的結構關係技術基準解說書』（全國公報銷售合作社）（『2020年版 建築物の構造 係技術基準解説書』（全國官報販 協同組合））

代表性的屋頂

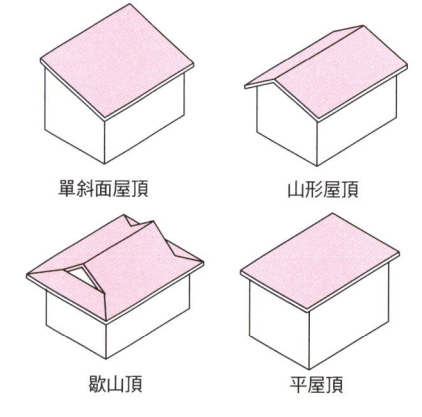

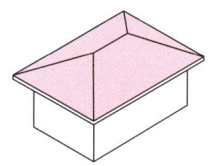

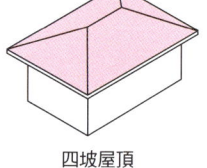

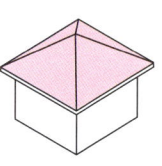

單斜面屋頂　　山形屋頂　　四坡屋頂　　金字塔形屋頂

歇山頂　　平屋頂

使用風力係數來計算出建築物所承受的風力。也要記住其計算公式喔！

外牆建材的風壓力

用於計算結構的風荷重的數值，是用於建築物的結構計算（前頁），還是用於確認與計算外牆建材的安全性（下述），依照用途，必須考慮採用不同方法。

$$W = \bar{q} \cdot \hat{C}_f$$

W：風壓力（N/m²）
$\bar{q}$：平均速度壓
　　　（$\bar{q} = 0.6 \, E_r^2 \, V_0^2$）
E_r：用來表示「平均風速在垂直方向上的分布情況」的係數。
V_0：基準風速（m/s）
$\hat{C}_f$：風力係數峰值。會依照屋頂形狀或部位，將數值標示在公告中。

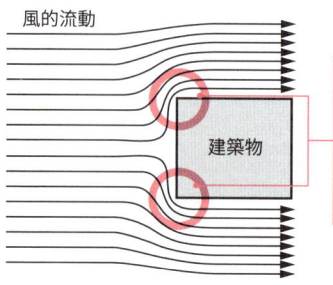

風的流動　　建築物

由於風碰撞到建築物後，會沿著建築物流動，所以風會聚集在建築物的轉角部分，並產生非常大的風荷重。

058

近年的雪災

由於與地震相比，積雪造成的災害沒有那麼多，所以在建築基準法中，沒有關於積雪的詳細規定。不過，即使是現在，當積雪量很多時，積雪還是會導致房屋倒塌。

名稱	時期	最深積雪量與災情
三八豪雪 （昭和38年豪雪）	1963年1月－2月	新潟縣長岡市318公分等 753棟住宅全毀、982棟住宅半毀
四八豪雪 （昭和48年豪雪）	1973年11月－1974年3月	秋田縣橫手市259公分等 503戶建築倒塌
五六豪雪 （昭和56年豪雪）	1980年12月－1981年3月	新潟縣長岡市255公分等 165棟住宅全毀、301棟住宅半毀
五九豪雪 （昭和59年豪雪）	1983年12月－1984年3月	新潟縣上越市高田292公分等 61棟住宅全毀、128棟住宅半毀
一八豪雪 （平成18年豪雪）	2005年12月－2006年2月	新潟縣新潟市422公分等 18棟住宅全毀、28棟住宅半毀
成形的低氣壓所造成的大雪・暴風雪	2014.2	群馬縣草津町128公分、26人死亡、701人受傷。16棟住宅全毀、46棟住宅半毀、585棟住宅部分損壞
伴隨著成形的低氣壓與強烈的冬季型氣壓分佈而產生的大雪・暴風	2021.1	新潟縣上越市高田213公分、2人受傷、12棟住宅部分損壞

依照地區，處理方式會有所不同的積雪荷重

由於**積雪荷重**出乎意料地難懂，所以要多加留意。在建築基準法中，依照積雪深度與積雪期間來區分對積雪荷重的處理方式。垂直積雪量在1公尺以上的區域，以及一年中有30天以上出現積雪情況的區域，被視為**多雪區域**。在多雪區域，人們將積雪視為長期荷重，但在一般地區（非多雪區域），人們則會將積雪視為短期荷重。

基準法與條例中所規定的積雪量

關於積雪量，在建築基準法（建築基準法施行令第86條，平成12年建設省公告1455號）中，專家會透過海拔與海率（海洋面積占比）來計算50年內可能產生的積雪量（50年重現期望值）。基本上，在大部分的行政區中，都會依照條例來對「降雪量有多少、是否為多雪地區」制定相關規定。

依照區域而異的積雪荷重

積雪荷重在一般區域被區分成短期荷重,在多雪區域則被區分成長期荷重,而且「積雪的單位重量」也不同。另外,在一般區域與多雪區域中,積雪荷重與其他外力(荷重)的組合方式也不同,所以必須多加留意。

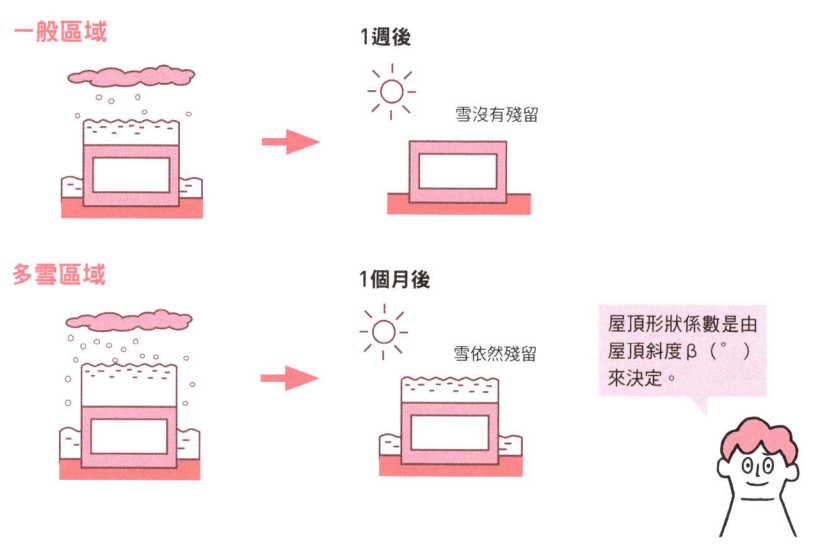

一般區域　1週後　雪沒有殘留

多雪區域　1個月後　雪依然殘留

屋頂形狀係數是由屋頂斜度 β(°)來決定。

積雪荷重的求取方法

積雪荷重(N/㎡)
＝積雪的單位重量(N/㎡/cm)×垂直積雪量(cm)×屋頂形狀係數

「積雪的單位重量」指的是,在1公分的積雪量(深度)中,每平方公尺的重量。一般區域為20[N/㎡],多雪區域則是30[N/㎡]。

荷重的組合方式的差異

	長期(平時、積雪時)		短期(地震時、暴風時、積雪時)	
一般區域	$G + P$		$G + P + K$ $G + P + W$ $G + P + S$	即使產生積雪,雪也立刻就會融化,所以積雪荷重被視為短期荷重。
多雪區域	$G + P$ $G + P + 0.7S$	形成積雪後,雪不會立刻融化。因此,會把積雪荷重視為長期荷重。不過,要以最大積雪深度的0.7倍來計算。	$G + P + K$ $G + P + W$ $G + P + S$ $G + P + K + 0.35S$ $G + P + W + 0.35S$	由於積雪時發生地震的可能性不太高,所以在計算地震力時,會使用「最大積雪深度0.35倍的積雪荷重」來計算。

G:固定荷重　P:裝載荷重　K:地震力所造成的荷重　W:風壓力所造成的荷重　S:積雪所造成的荷重

能夠因應積雪的設計

實際的積雪情況會更加複雜。雖然在如同北海道那樣的乾燥地區，雪很乾爽，但在新潟地區，由於雪很潮濕，所以會形成很重的雪。另外，在屋頂的前端部分，雪會反覆出現融化、滑落、凍結的現象，有時屋簷也會因此出現「積雪引發的漏水現象」，產生冰柱，變得非常重。

針對積雪情況進行設計時，必須要熟悉該地區的雪的性質。

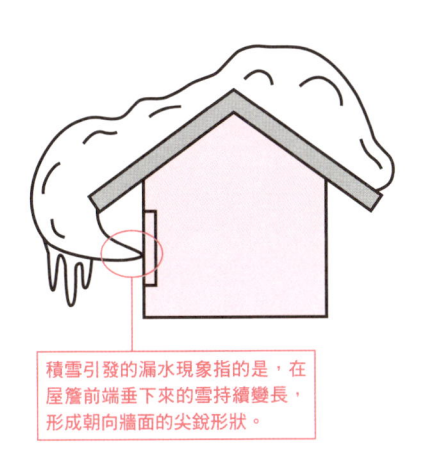

積雪引發的漏水現象指的是，在屋簷前端垂下來的雪持續變長，形成朝向牆面的尖銳形狀。

雖然建築基準法與各自治體的條例中有規定積雪荷重，但也必須考慮到屋頂等建築物形狀。

在建築基準法的規定中，在每1公分的積雪中，每1平方公尺的重量為2kg（20N）以上。不過，積雪量愈多，就會變得愈緊實、堅固，重量會變得很重，所以在設計上採用的基準為，在一般地區（不到1公尺的積雪量），每1公分的積雪重量為2kg（20N）/㎡，在積雪量達到1公尺以上的地區，每1公分的積雪重量為3kg（30N）/㎡。具體來說，條例中也會規定每1公分的每平方公尺積雪量。

另外，由於當屋頂有斜度時，雪會滑落，所以在設計時，也可以把積雪量降低到1公尺。不過，為了防範積雪滑落造成的意外，有時也會在斜屋頂上裝設擋雪板（防止積雪滑落的突起物），在那種情況下，設計時就不會降低積雪量。這類建築物叫做防雪型建築。

必須留意的事項為，由於依照屋頂形狀，會產生比較容易積雪的部分，所以不能設計得比行政機關所規定的積雪深度來得簡單。尤其是，積雪量不像風力係數那樣有明確規定，所以在設定不均衡積雪量時，必須多留意建築物的形狀。

依照不同季節，建築物會因溫度荷重而伸縮

日本有四季，依照季節，溫度會變化。人的身體狀態也會因季節而產生變化，像是「因溫度變化而罹患感冒」等。雖然建築物看起來沒有變化，但季節的變化也會對建築物帶來很大的影響。在夏季，平屋頂的溫度也可能會達到將近100度。

把溫度荷重納入考量的設計

物體具備因溫度變化而伸縮的性質，依照材料種類，伸縮的量也不同。在建築基準法中，並沒有特別對「因應溫度來設計的荷重」等進行規定。在建築確認手續中，幾乎不需要去進行計算。由於地震、風、積雪荷重以前曾造成建築物倒塌意外，所以在建築基準法中，有規定用來確保最低限度安全性的荷重。不過，由於過去並沒有溫度荷重所造成的倒塌實例，所以也沒有對荷重與計算方法進行相關規定。

然而，在計算應力時，只要有好好地思考溫度造成的荷重，就會得知該荷重會形成非常大的應力。在一般建築物中，透過構材之間的鬆弛度與建築物整體的變形程度，溫度應力會被釋放出來，雖然不會影響到安全性，但在如同體育館那樣屋頂很大或長度非常長的建築物、溫差很大的地區、使用不同種類材料組合而成的建築物中，在進行設計時也必須考慮到溫度荷重。

由於法規中沒有關於溫度荷重的規定，所以我們在進行設計時，會參考理科年表等資料來設定溫度。另外，當建築物的南側與北側的溫度可能有很大差異時，也要把溫度分布納入考量，進行分析。

在溫差很大的地區，為了因應溫度應力，有時在規劃建築物時，也要考慮到冬季與夏季的溫差。只要在平均氣溫很接近的季節興建建築物，溫度應力就會降到一半。也就是說，施工時期也會對「建築物對抗溫度荷重的性能」產生影響。

062

氣溫變動所造成的構材變形量

當溫度上昇1℃時,物質長度的變化比例叫做線性熱膨脹係數(線性熱膨脹率,通常會用 α 來表示)。只要用溫度的變化量乘以線性熱膨脹係數和構材原本長度,就能依照溫度變化來計算出構材的伸長量。線性熱膨脹係數會因物質(構材)而異。

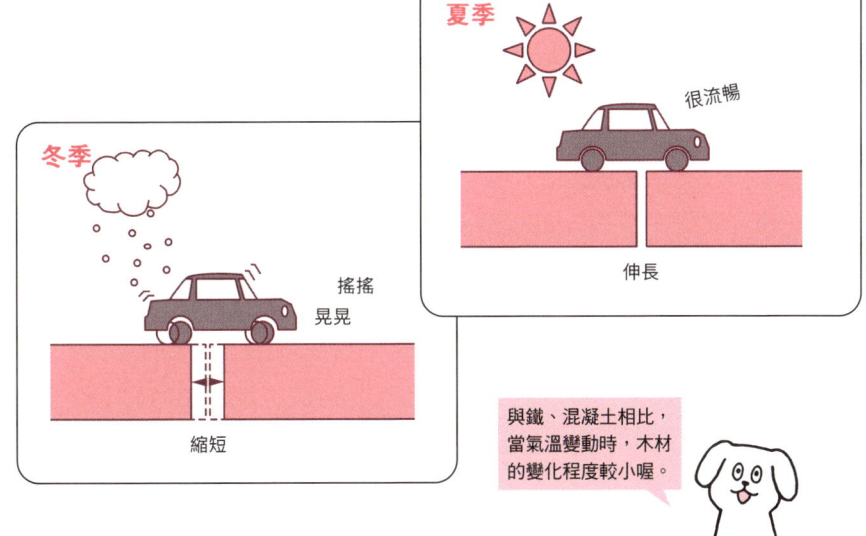

夏季 很流暢 伸長

冬季 搖搖晃晃 縮短

與鐵、混凝土相比,當氣溫變動時,木材的變化程度較小喔。

氣溫變動所造成的構材變形

①求取方法

溫度×線性熱膨脹係數×構材長度＝溫度造成的伸長量

舉例來說,10m的鐵上升10度後,構材的變形量為
$10 \times 1 \times 10^{-5} \times 10 = 10^{-3}$ m(1mm)

②主要構材的線性熱膨脹係數

構材	線性熱膨脹係數 α(1/℃)
鐵	1×10^{-5}
混凝土	1×10^{-5}
木材	$3\sim6 \times 10^{-6}$(纖維方向) $35\sim60 \times 10^{-6}$(與纖維垂直的方向)

10公尺長的構材因氣溫變動而產生變形的量

可以得知,與鐵和混凝土相比,木材的變形量較低。

	最低氣溫～最高氣溫(2010年)	溫差	10公尺長的構材的變形量		
			鐵	混凝土	木材
北海道(札幌)	-12.6℃～34.1℃	46.7度	4.67mm	4.67mm	2.10mm(纖維方向)
東京	-0.4℃～37.2℃	37.6度	3.76mm	3.76mm	1.69mm(纖維方向)
沖繩(那霸)	9.1℃～33.1℃	24.0度	2.40mm	2.40mm	1.08mm(纖維方向)

大規模建築的溫度應力的分析實例

透過電腦來分析、模擬大規模建築的情況。
然後再製作夏季溫度應力與冬季溫度應力的分析圖。

①設定日氣溫度（sol-air temperature，假設的室外溫度）

	T_0	a	a_0	J	T_{SAT}
夏季（最高溫度）	40.0	0.8	25	1,000	72.0
冬季（最低溫度）	-11.5	0.8	25	0	-11.5

T_o：室外氣溫　a：陽光吸收率　a_o：熱傳導率
J：日照量　T_{SAT}：日氣溫度

②設計基準溫度

基準溫度應為該地區的年平均氣溫。
（將平均氣溫（℃）設定為13℃）

③確認各場所的設計專用溫度變化

	位置	氣溫	基準溫度	溫度變化
夏季	區域1	72.0℃	13.0℃	59.0℃
	區域2	40.0℃	13.0℃	27.0℃

	位置	氣溫	基準溫度	溫度變化
冬季	區域1	-11.5℃	13.0℃	-24.5℃
	區域2	-11.5℃	13.0℃	-24.5℃

④製作分析圖

夏季溫度應力（分析度）

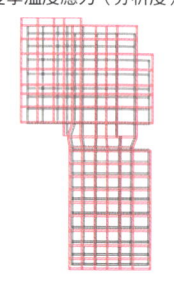

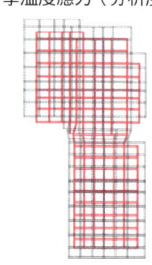

冬季溫度應力（分析度）

飾面材料也會對溫度荷重產生影響

建築物的飾面材料也會對溫度荷重產生很大影響。當然，使用黑色材料的話，溫度會變高。若是外牆隔熱工法的話，結構體本身也能保護建築不受室外氣溫的影響。在採用磁磚與清水混凝土工法的建築中，採用清水混凝土工法的建築會產生較大的影響。當建築物有進行屋頂綠化時，雖然重量會變重，但溫度變化會變得較小。

另外，在鋼筋混凝土結構的建築中，裂縫愈多的話，溫度應力就愈容易被釋放出來。相反地，在溫度變化很劇烈的部分，容易出現裂縫，且會影響到材料的劣化情況。

064

column

比較身邊常見的物體與建築物的重量

重量（荷重）的計算，是確認結構安全性的第一步。因此，了解重量，也是培養結構感的第一步。首先，只要了解身邊常見物體的重量，並進行各種比較，就會明白建築物支撐著什麼樣的荷重。

$$1 (kgf) = 9.8 (N)$$

質量×加速度＝力

也就是說，當物體的質量為1[kg]時
1[kg]×9.8[m/s2] ＝ 9.8[kg・m/s2] ＝ 9.8[N]

身邊常見物體的重量

（國際單位制）

物體	重量	換算
人的體重	60 (kgf)	→ 588 (N)
1輛汽車	1 (tf) = 1,000 (kgf)	→ 9,800 (N)
速克達（小型摩托車）	100 (kgf)	→ 980 (N)
10公升的水	10 (kgf)	→ 98 (N)

住宅中的常見物體的重量

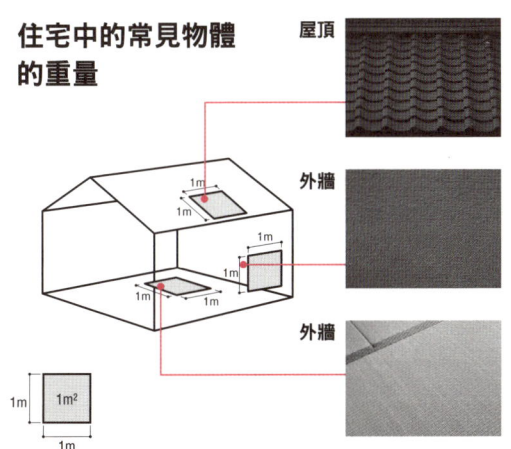

屋頂
100 (kgf/m²)
→ 980 (N/m²)
瓦片屋頂（有黏土層）
（資料出處：建築基準法施行令第84條（固定荷重））

外牆
65.3 (kgf/m²)
→ 640 (N/m²)
鐵網砂漿（包含基底材，不包含主要骨架）
（資料出處：建築基準法施行令第84條（固定荷重））

外牆
34.7 (kgf/m²)
→ 340 (N/m²)
鋪設榻榻米
（資料出處：建築基準法施行令第84條（固定荷重））

065

結構種類

007 有哪些應該先掌握的結構種類?

結構的種類有很多種,具有代表性的結構是這3種。

木造結構

鋼骨結構

RC結構

首先要從「了解木造結構‧鋼骨結構‧RC結構的差異」開始

結構種類主要指的是,依照使用的材料來分類的方法。基本上包含了「木造結構」、「鋼骨結構」、「鋼筋混凝土結構(RC結構)」,首先必須瞭解這3者的結構。

結構種類一旦不同,計算方法也會有所差異

木造結構建築指的是,以木材作為主要結構來興建而成的建築物,主要被用於住宅建築。近年來,也開始被用在大規模建築中。由於木造結構不適合用於大跨距建築,所以也有把部分橫樑改成鋼骨的「木造鋼骨併用結構」。

由於鋼骨的強度很高,所以鋼骨結構會被用於大跨距結構與摩天大樓中。東京鐵塔與日本最高的東京晴空塔也是鋼骨結構。

066

結構種類的比較

只要比較木造結構・鋼骨結構・RC結構這3種主要建築結構，結果就會如下所示。

各種結構的比較

①重量（以建築物來看的情況）

RC 鋼筋混凝土結構 > S 鋼骨結構 > 木 木造結構

③經濟效益

木 木造結構 > RC 鋼筋混凝土結構 > S 鋼骨結構

②耐震性能

RC 鋼筋混凝土結構 ≒ S 鋼骨結構 ≧ 木 木造結構

④形狀的自由度

RC 鋼筋混凝土結構 > 木 木造結構 > S 鋼骨結構

上述內容呈現的是一般的傾向，依照建築規模與設計條件，會有很大差異。

其他結構

①各種結構的特徵

結構	特徵
鋼骨鋼筋混凝土結構（SRC）	鋼骨與鋼筋混凝土的複合結構
磚造結構	使用磚塊或混凝土磚堆砌而成的建築結構（砌體結構）
膜結構	包含了，先使用鋼骨或木材來作當主要結構，再貼上模的結構（骨架膜結構），以及透過空氣來讓膜膨脹的空氣膜結構。
併用結構（混合結構）	由2種結構組合而成的結構

②SRC結構的示意圖

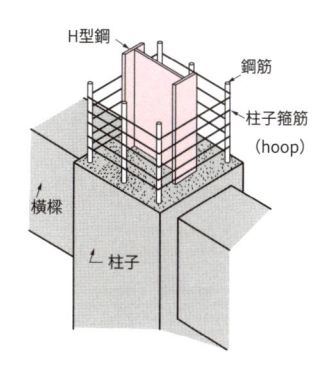

H型鋼
鋼筋
柱子箍筋（hoop）
橫樑
柱子

067　有哪些應該先掌握的結構種類？

依照結構種類，需要辦理的行政手續也不同

由於不同結構種類的特性不同，所以建造建築物時所需辦理的行政手續也不同。主要差異如下所示。

木造結構

- 當建築物為平房，或總樓地板面積在500平方公尺以下時，會被稱作第4號建築物，而且辦理建築確認手續時，會被視為審查簡化的特例。

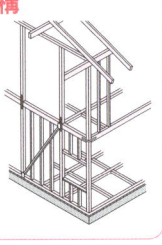

RC結構

- 當建築物為2層樓以上，或是總樓地板面積超過200平方公尺時，必須辦理建築確認手續。
- 高度超過20公尺的建築物，必須接受「結構計算符合度判定」。

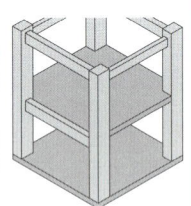

鋼骨結構

- 當建築物為2層樓以上，或是總樓地板面積超過200平方公尺時，必須辦理建築確認手續。
- 當地上樓層為4層以上時，必須接受「結構計算符合度判定」。

當建築結構不同時，不僅結構特性不同，連結構計算的方法與行政手續等也都不同，所以必須多留意。

RC結構是很常用於集合住宅的結構。由於防火性能強，所以很適合火災容易蔓延的地區等。把這些結構組合起來的結構，叫做併用結構（混合結構）。在積雪量很多的雪國，由於木造結構的建築一旦被雪埋住，就容易腐朽，所以也有許多建築會在1樓部分採用RC結構，2樓・3樓則採用木造結構。

順便一提，在鋼骨鋼筋混凝土結構中，由於鋼骨（結構鋼）被配置在鋼筋混凝土的構材中，所以並非混合結構。

除此之外，還有各種材料。在建築基準法中，獲得認可的材料還包含了磚塊、混凝土磚、不鏽鋼、鋁。另外，獲得特別認證的膜，也能夠當成結構材料來使用。

在挑選結構種類時，重點在於，要先掌握各結構的特徵，再進行挑選。在計算結構時也一樣，依照木造結構、鋼骨結構、RC結構各自的計算方法的特徵，計算方法會有所差異，由於光是透過強度的比例關係，並不能比較斷面的大小，所以必須多留意。

068

英文標示的意思

S結構	S是「steel」的簡稱，意思是鋼骨結構
RC結構	RC是「Reinforced Concrete」的簡稱，意思是鋼筋混凝土結構
SRC結構	SRC是「Steel Reinforced Concrete」的簡稱，意思是鋼骨鋼筋混凝土結構
PC結構	PC是「Prestressed Concrete」的簡稱，意思是預力混凝土
PCa結構	PCa是「Precast Concrete」的簡稱，意思是預鑄混凝土

> 事先掌握各種結構材料的特性吧。結構一旦不同，連結構計算的方法也會不同！

結構材料的潛力

由於關於防火與耐久性的研究與實績並不充足，所以在建築基準法中，有些材料雖然尚未獲得認可，但人們正在逐漸嘗試將這些材料運用在結構體上，像是紙、竹子、碳纖維、鈦等。時代一旦改變，各種材料也許就會開始被使用。

結構形式

008 只透過樑柱來支撐，真的安全嗎？

樑柱只要有被好好地組裝起來，就會很安全。

> 重點在於，骨架＝結構是如何被組裝而成

建造建築物時，要先準備由各種材料所構成的構材，再將各種構材組合起來。這種組合方式叫做**結構形式**。

直到不久前，人們都將結構形式稱作「骨架形式」。雖然我不知道為何會改稱作結構形式，但骨架形式會給人動物骨骼的印象，在感覺上，也許會很容易理解。不過，在最近的建築物當中，也有許多會露出結構的建築物，由於未必會像動物的骨骼那樣隱藏起來，所以結構形式這個稱呼也許比較適當。

最好先記住的結構形式

一旦開始學習建築知識，首先會聽到的就是「框架結構（Rahmen）」。由於發音與食物中的拉麵相同，所以立刻就會記住。那麼，那是什麼樣的結構呢？

070

主要的建築結構形式

結構形式有許多種，從傳統的形式到新的形式都有。
若要舉出代表性的結構形式的話，應該會如同下圖那樣。

框架結構（Rahmen）

斜撐結構

壁式結構

傳統木造結構工法

各種結構的主要結構形式

鋼筋混凝土結構（RC結構）的主流	框架結構 壁式結構 有附帶耐震牆的框架結構
鋼骨結構的主流	框架結構 斜撐結構
木造結構的主流	傳統木造結構工法 木造框架結構工法（2x4工法）

071　只透過樑柱來支撐，真的安全嗎？

其他的結構形式

結構形式有許多種，從傳統的形式到新的形式都有。若要舉出代表性的結構形式的話，應該會如同下圖那樣。

| 殼體結構 |
| 木造結構 |
| 　　木造框架結構 |
| 　　傳統工法 |
| 砌體結構 |
| 張拉整體結構（tensegrity） |
| 桁架結構（truss） |
| 圓頂結構（dome） |
| 張力結構 |
| 膜結構 |

> 結構形式的種類很多。由於結構形式是建築基礎知識中的基礎，所以先好好地記住吧！

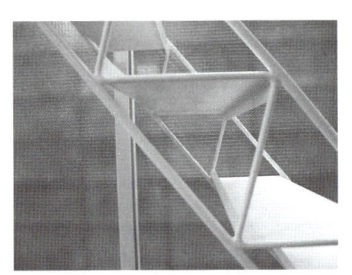

桁架結構（樓梯）

砌體結構（磚塊、石磚）

砌體結構（嵌合圓頂結構）

> 也有許多將不同結構形式組合起來使用的例子！

砌體結構（膜結構）

砌體結構＋木造結構

072

那是一種樑柱被堅固地組合成門的形狀的骨架結構。框架結構是現代建築的代表，就算說除了高層建築與辦公大樓等住宅以外，大部分的建築都是框架結構也不為過。在大學的結構力學課程中，也能學習到框架結構的計算方法。

在歐洲的古老街道上，可以看到用石頭或磚塊砌成的砌體結構（masonry）建築物。在日本的住宅中，傳統的木造結構工法是代表性的結構形式。另一方面，採用木材的木造框架結構工法（別稱「2×4工法」）在日本相當普及，而且在美國與加拿大，則是住宅建築的主流。集合住宅的主流為，把RC結構的牆壁當成耐震要素來使用的「有附帶耐震牆的框架結構」，以及壁式結構這種沒有柱子，只由牆壁來構成的結構。

在小學或國中內，有由老舊鋼骨所構成的體育館。大家應該都有在那裡看過很大的X字形構材吧。這種結構形式叫做斜撐結構。另外，在體育館的屋頂，可以看到由三角形組合而成的橫樑（桁架結構）。許多建築物都是透過桁架結構來支撐的。這種桁架結構是透過橋樑來發展的。

此外還有各種結構形式

除此之外，還有許多結構形式。雖然沒有足夠的篇幅來解說所有結構形式，但除了殼體結構、圓頂結構、懸吊結構等之外，近年還有用來機械性地控制力量的**隔震式結構**（免震結構，seismically isolated structure）與**制振結構**（參閱P 106、107）。

在實際的設計中，要先考慮到建築物用途、建造成本、安全性、設計感等各種條件後，再選擇要採用的結構形式。

009 人們經常使用的結構形式的特徵為何？

主要的結構形式

結構形式有各種類型，且具有各自的特徵。依照結構，用來對抗水平力的構材的稱呼方式也不同。

	面材	斜撐構件
木造結構	承重牆	斜支柱
鋼骨結構	—	斜撐（brace）
鋼筋混凝土結構	耐震牆（剪力牆）	—

透過剛性連接法來讓樑柱合為一體的結構「框架結構」

對於建築結構相關從業人員來說，一定要先記住最重要術語就是「框架結構（Rahmen）」。框架結構是源自於德文的外來語。

何謂框架結構？

簡單地說，建築中的框架結構指的是，由柱子與橫樑所構成的結構。柱子與橫樑必須被牢固地連接起來。若不易想像出那種畫面，只要試著在腦中浮現出「透過旋轉接點來連接的結構，突然被橫向的外力推倒」的畫面，應該就想像得出來吧。此結構的特徵在於，柱子與橫樑一旦被牢固地連接，當橫樑彎曲時，柱子也會同時跟著彎曲。

雖說同樣都是框架結構，但也有各種類型，所以我事先將其整理在P76中。要依照各種建築設

074

建築中的框架結構與身邊常見的框架結構

除了建築物以外，在日常生活中，框架結構隨處可見。電線桿等物被固定在地面上的單側固定形式，也可以說是一種框架結構。另外，當人水平地舉起一顆球時，就會形成框架結構，軀體是柱子，手臂是橫樑，兩者被肩膀部分牢固地連接起來。

剛性連接處

在框架結構中，連接處會採用剛性連接法。

拿著球的人也會形成框架結構。

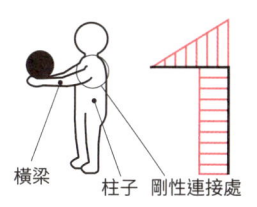

橫梁　柱子　剛性連接處

框架結構的特徵

在建築設計上，由於框架結構的特徵為，由柱子與橫樑所構成的結構，所以隔間牆的配置很自由，雖然構材會變大，但若想要採用整片玻璃落地窗，也是可行的，所以建築設計的自由度很高，且能呈現出開放感。

在結構上的特徵方面，重點在於，接口的設計與剛性連接處的施工。由於這種結構具備高韌性的結構性能，所以常被用於摩天大樓。

在鋼筋混凝土結構（RC結構）中，必須留意剪切破壞（shear failure）與握裹劈裂（bond splitting），在鋼骨結構中，則必須留意接合部分的強度與局部挫屈。近年來，由於剪力補強筋的普及與設計手法的進步，所以這類情況有獲得改善。

計來分別使用。

在實務上，在這些框架結構的結構內設置耐震牆的「**有附帶耐震牆的框架結構**」，以及裝設了斜撐的「**有附帶斜撐的框架結構**」等，也是很普及的結構。

075　人們經常使用的結構形式的特徵為何？

框架結構的特徵與主要種類

框架結構的特徵

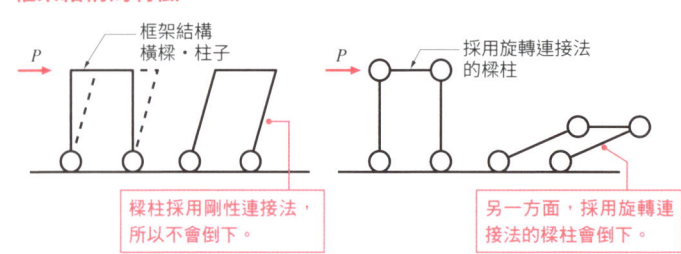

- 框架結構 橫樑・柱子
- 採用旋轉連接法的樑柱

樑柱採用剛性連接法，所以不會倒下。

另一方面，採用旋轉連接法的樑柱會倒下。

在框架結構中，由於樑柱採用剛性連接法，所以當水平力對橫樑產生作用時，該應力會照原樣地傳遞給柱子。

各種框架結構

①門型框架

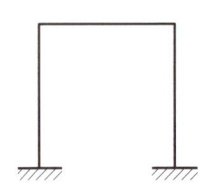

②山型框架

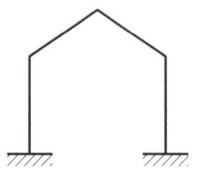

③拱門型框架

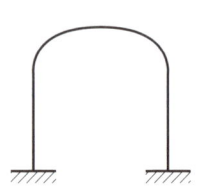

④特殊形狀的門型框架

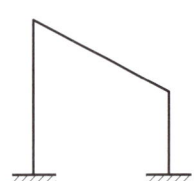

⑤帶有3個鉸鏈的山型框架

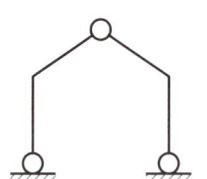

⑥帶有補強用鋼條（tie-bar）的山型框架

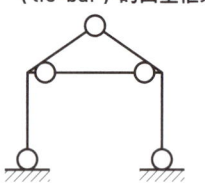

透過照片來觀察框架結構

門型框架結構（折板）

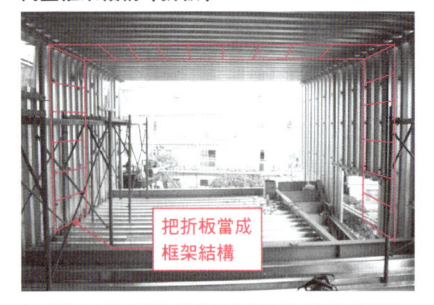

把折板當成框架結構

把具備出色強度與經濟效益的折板當成框架結構的結構。

鋼筋混凝土框架結構

把柱子、橫樑、混凝土厚板視為RC結構的框架結構。在深處也能看到耐震牆。

076

斜撐結構的特徵

如同右圖所示，在此結構中，會透過金屬板和螺栓，將散亂的柱子、橫樑、斜撐組合起來。其特徵為下列2點。
①由斜撐來承擔水平力。
②當斜撐配置得不平衡時，力量也可能會集中在某一處。

何謂斜撐結構？

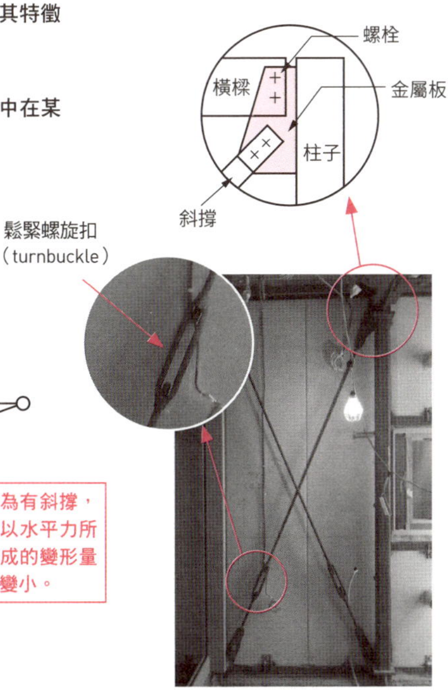

螺栓
橫樑
金屬板
柱子
斜撐
鬆緊螺旋扣（turnbuckle）

由斜撐來承擔水平力

①沒有斜撐
水平力 → 倒下

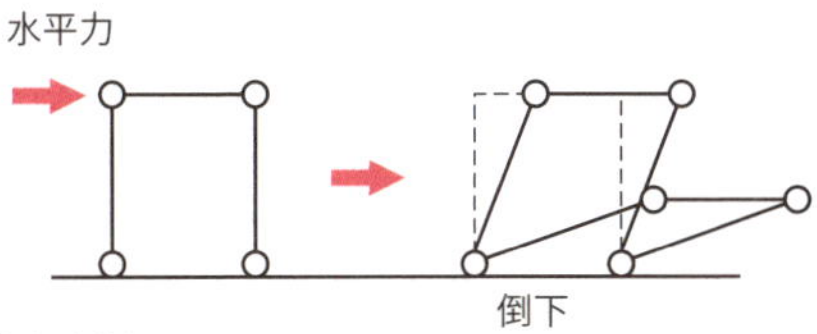

②有斜撐
水平力 → 位移δ 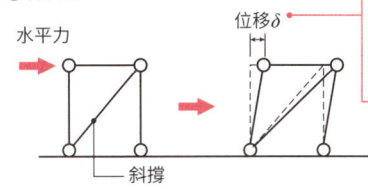
斜撐

因為有斜撐，所以水平力所造成的變形量會變小。

斜撐結構指的是，透過旋轉連接法（pin joint）來將柱子、橫樑、斜撐連接起來的結構。在這種結構形式中，垂直荷重由柱子和橫樑來承擔，水平力則由斜撐來對抗。基本上，會用於鋼骨結構中。

由於所有構材都能夠透過旋轉連接法來連接，所以施工很簡單。不過，斜撐一旦毀壞，骨架結構就會變得不穩定而倒塌，所以在設計時，必須確保斜撐具備充分的安全性。為了彌補容易變得不穩定的缺點，所以人們也經常使用「**有附帶斜撐的框架結構**」，也就是在採用剛性連接法來連接樑柱的框架結構中，配置斜撐。

「斜撐結構」的施工雖然簡單，但還是必須多留意，以確保安全性

077　人們經常使用的結構形式的特徵為何？

斜撐結構的形狀的種類

斜撐結構有各種形狀。依照形狀,用來對抗水平力的阻力、用途、施工的麻煩程度、經濟效益等也不同。有時也會依照開口部位(窗戶、門)的位置來決定斜撐的形狀。

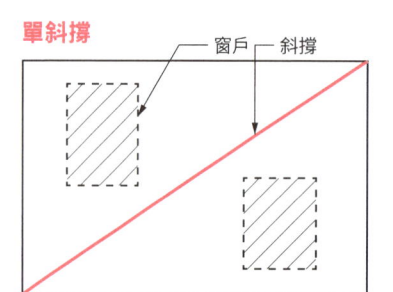

單斜撐

最簡單的斜撐。單一斜撐構件的挫屈長度會變得很長。設置開口時,要避開斜撐。

X型斜撐

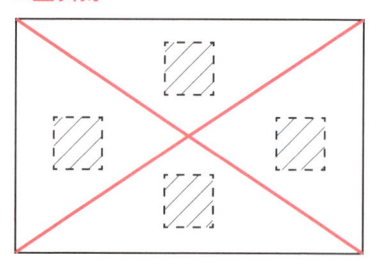

會使用到圓鋼管、扁鋼等,想要讓牆面變得較薄時,會很有效。

V型斜撐

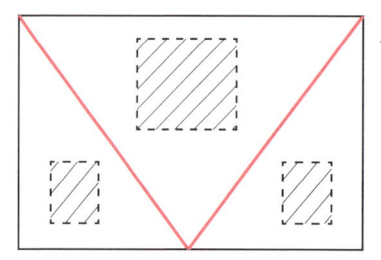

與X型斜撐相比,較容易設置開口,施工簡單,經濟效益較高。

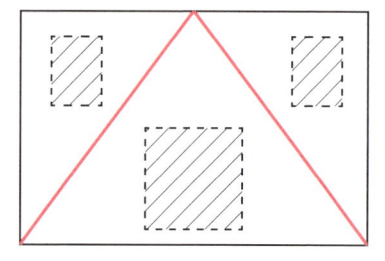

K型斜撐

與X型斜撐相比,可以設置較大的開口部位。

馬薩式斜撐

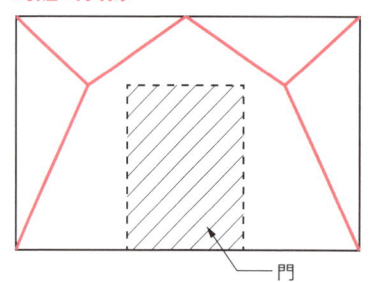

也能夠因應挫屈現象的斜撐。與其他斜撐相比,成本較高。能夠設置門等大開口。

> 斜撐結構也包含各種類型。使用結構鋼時,由於連接處也會變多,所以不僅要注意形狀,也要注意材料喔!

078

斜撐結構在設計上的注意事項

斜撐使用到的材料包含了，圓鋼管、扁鋼，以及L型鋼、槽鋼、H型鋼等結構鋼。

使用圓鋼管或扁鋼的斜撐被稱為**拉伸應力斜撐**，由於只對拉伸應力有效，所以必須要以交叉的方式來配置。由於拉伸應力斜撐也可能會變得鬆弛，所以使用圓鋼管斜撐時，會裝上鬆緊螺旋扣（turnbuckle），讓斜撐形成被拉住的狀態。

另一方面，由結構鋼製成的斜撐，能夠被設計成對壓縮應力和拉伸應力都有效的斜撐，也能作為只對拉伸應力有效的斜撐。要將其設計成對壓縮應力有效的斜撐時，必須多留意挫屈現象。

為了提升抗挫屈性能，使用剛性連接法來連接斜撐邊緣與框架結構，也是有效的方法。另外，邊緣部分經常採用螺栓來連接，因螺栓損壞而導致無法確保軸斷面性能的情況也很常見，所以必須多留意。

雖然在RC結構中也能採用斜撐結構，但壓縮側與拉伸側的性能會產生顯著差異，專家認為在拉伸方向上，裂縫會導致剛性降低，所以設計很困難，幾乎不被使用。

鋼骨結構中的注意事項

雖說鋼骨在降伏後會具有延展性，但採用斜撐時，由於鋼骨發生降伏變形時，剛性會急遽下降，所以會形成脆弱的狀態，很危險。

另外一種結構方法為，使用降伏點較低的鋼材，讓斜撐提前發生降伏現象，運用斜撐的變形能力來打造制震結構。

構材所承受的應力只有軸向力！三角形的「桁架結構」

把構材連接成三角形的結構，叫做桁架結構。在結構計算上，被當成能夠自由轉動的旋轉連接法。

能夠用於跨距很長的結構，技術隨著鋼構橋樑

桁架橋的發展

鋼骨結構的發展初期，也是橋樑技術的發展期。

布列坦尼亞橋

世界首座用熟鐵建造而成的箱樑橋（box girder bridge）。雖然當時變得能夠量產熟鐵，並建造出此橋，但當時的列車是蒸汽火車，所以會排放很多黑煙（英國，1850年）。

福斯橋

透過2跨距以上的結構，在中央設置鉸鏈的懸臂橋（英國，1890年）。

照片出自『新建築觀點』（齋藤公男著，小社刊）
（『新しい建築のみかた』（斎藤公男、小社刊））

桁架結構強度很高的理由

基本上，用來構成桁架的構材，不會產生彎曲力矩（bending moment）或剪應力，只有軸向力（拉伸應力・壓縮應力）會被傳遞。一般來說，鐵和木材等材料具備「對抗彎曲的能力較弱，對抗軸向力的能力較強」的傾向。因此，只要採用只會承擔軸向力的桁架來當作結構體，與用來承擔彎曲力矩的橫樑相比，能夠透過較少的構材體積（構材的量）來實現高強度的結構。

實際上，運用桁架結構的桁架樑，是一種能夠支撐大跨距屋頂的結構形式，經常被用於體育館、工廠等建築。能夠進行各種搭配，依照三角形的構成方式，不僅結構強度上會產生差異，由於在大跨距結構中，很難透過飾面材料來將其遮住，所以那些三角形也能用來呈現設計感。

080

桁架的分類與種類

桁架主要可以分成3大類：
  (1) 長方形、梯形類型
  (2) 三角形類型
  (3) 立體桁架

(1) 會被用於橋樑，也能運用在大跨距骨架結構的建築中。
(2) 會被用於工廠等處的大跨距屋頂。有時也被稱作「西式小屋（roof truss）」。
(3) 是以立體的方式來把桁架組合起來的結構。與平面桁架相比，施工難度較高。

> 只要採用桁架結構的話，由於只有軸向力會傳遞，所以強度會一口氣提昇！

(1) 長方形、梯形類型

①普拉特桁架（Pratt truss）

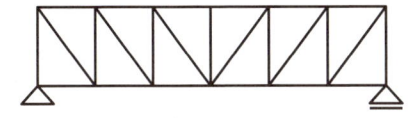

②豪威桁架（Howe truss）

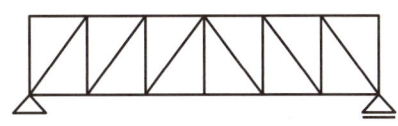

③K型桁架

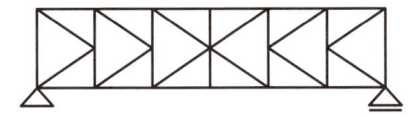

④華倫式桁架（Warren truss）

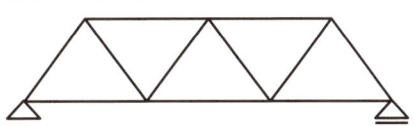

(2) 三角形類型

①中柱式桁架（King post truss）

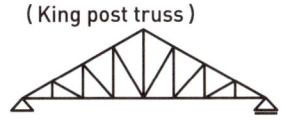

②偶柱式桁架（Queen post truss）

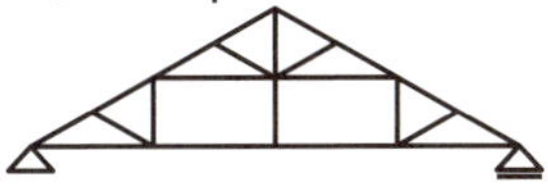

③芬克式桁架（Fink Truss）

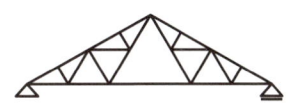

(3) 立體桁架

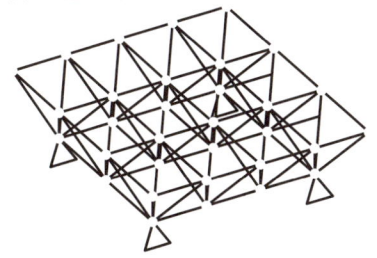

特殊的桁架

透過下圖那樣的橫樑，沒有設置斜撐構件，而是採用剛性接點的結構，叫做「范倫迪爾桁架（Vierendeel truss，空腹桁架）」。如同范倫迪爾桁架那樣，藉由把框架結構細分成許多部份，就能如同桁架樑那樣，形成具有強度的橫樑。不過，由於接點（交叉點）皆採用剛性連接法，所以嚴格來說，並非桁架結構。

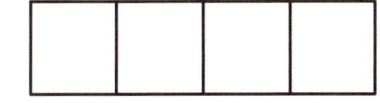

在設計桁架樑時，必須要有高超的本領

在設計桁架樑時，要計算出桁架所傳遞的軸向力的數值，並確認軸材的強度在該數值之上。為了避免在面對壓縮應力時產生挫屈現象，所以必須留意在面對拉伸應力時所形成的斷面缺損，因此設計並不容易。雖然省略了詳細說明，但與斜撐結構相同，因為挫屈現象的緣故，所以接合部大多會採取剛性連接法。另外，在大跨距結構中，溫度應力造成的伸縮量很大，所以當然也要充分地考慮到氣溫的變化，而且接頭位置，以及搬入施工現場的方法等施工上的討論事項也很重要，所以設計師必須具備高超的本領。

由於「耐震牆」的剛性很大，所以必須留意配置位置

耐震牆是能夠對抗水平力（地震或風等的力量）的牆壁，會受到樑柱框架結構的限制。雖然耐震牆具備很大的剛性、強度，但也是一種容易發生脆性破壞的構材。為了盡量地確保變形能力，所以樑柱的斷面在固定牆壁時，尺寸足夠大的斷面是必要的。

設計耐震牆時的重點

由於耐震牆的剛性很大，一旦配置位置出現偏差，建築物就會立刻出現偏心現象。必須均衡地將耐震牆配置在平面上。另外，從立面圖（上下樓層）的觀點來看，把耐震牆設置在同一個結構平面會比較好。在相連的牆壁中，若下方樓層沒有**耐震牆**的話，柱子上就會產生很大的軸向力，有可能會導致建築物倒塌。

當耐震牆中有很大的開口部位時，就會變得無法承擔剪應力，所以開口的尺寸會受到限制。另外，由於開口周圍的應力也會變大，所以在RC結構中，會配置**開口補強筋**。此開口補強筋非常重要，當開關類裝設在開口旁邊時，經常會影響

耐震牆・承重牆的特徵

耐震牆・承重牆是能夠對抗水平力（地震或風等的力量）的牆壁。為了避免建築物彎曲、倒塌，所以要均衡地配置，不能偏向建築物的其中一側。一般來說，當建築物的外牆周圍部分有很多承重牆時，對抗扭力的能力就會很強。

木造承重牆的種類

①斜撐承重牆
（鋼筋∅9以上，承重牆強度1）

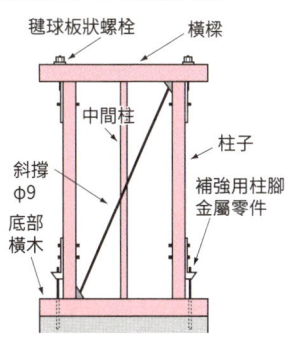

標示：毬球板狀螺栓、橫樑、中間柱、柱子、斜撐∅9、補強用柱腳金屬零件、底部橫木

②斜撐承重牆
（木材30×90，承重牆強度1.5）

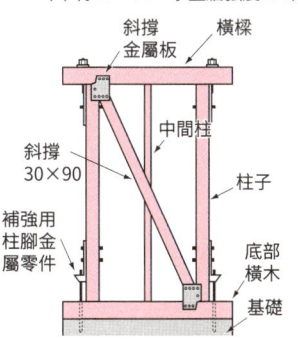

標示：斜撐金屬板、橫樑、中間柱、柱子、斜撐30×90、補強用柱腳金屬零件、底部橫木、基礎

> 重點在於，要確保能夠對抗水平力的安全性。先記住耐震牆・承重牆的特性與種類吧。

③面材承重牆
（結構用膠合板，厚度7.5mm[※1]以上，承重牆強度2.5）

標示：中間柱、山形板、柱子、釘子N50@150以下、結構用膠合板、補強用柱腳金屬零件、底部橫木、基礎

④土牆（承重牆強度0.5）〔※2〕

標示：間渡竹（用來固定小舞竹）、編竹（小舞竹）、縱貫材、貫（補強用橫木，用來連接柱子與柱子）、柱子、底部橫木、基礎

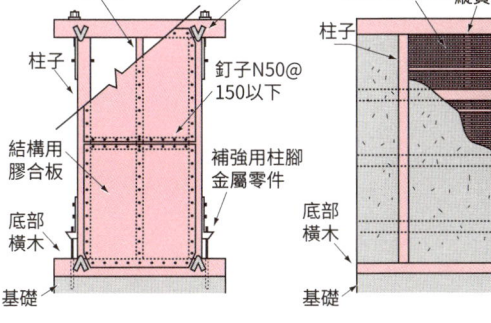

> 耐震牆具備很高的剛性與強度，但在另一方面，依照設計方式，會容易引發脆性破壞現象。必須要謹慎地設計喔！

※1：考慮到壓縮應變等，最好在9mm以上。
※2：在條例第46條的公告規格中，為1.0～1.5。

083　人們經常使用的結構形式的特徵為何？

RC結構的耐震牆開口尺寸與開口補強

採用RC結構時,依照規定,在耐震牆的開口尺寸當中,開口周比必須在0.4以下。另外,在開口周圍,必須使用鋼筋來進行補強。

合乎規定的耐震牆開口尺寸

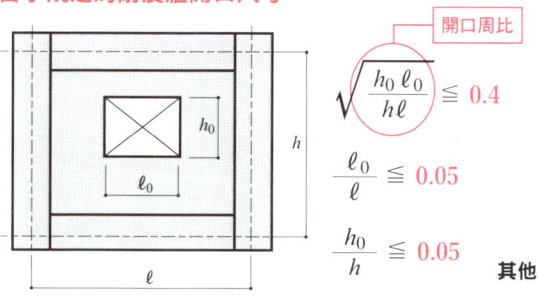

開口周比

$$\sqrt{\frac{h_0 \ell_0}{h\ell}} \leq 0.4$$

$$\frac{\ell_0}{\ell} \leq 0.05$$

$$\frac{h_0}{h} \leq 0.05$$

其他

透過鋼筋來補強開口

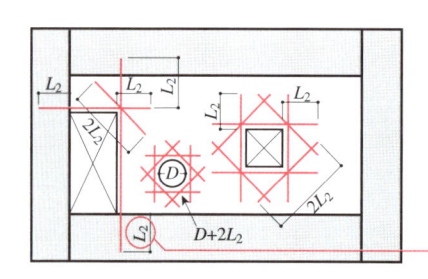

L_2表示錨定長度。錨定長度取決於混凝土的強度,以一般混凝土強度來說,錨定長度為30d(d:鋼筋直徑)。

開口補強的例子

「承重牆」與「耐震牆」

被黏貼上木造斜撐或結構用膠合板的木造結構,就是所謂的承重牆。承重牆與RC結構中的耐震牆一樣,都是用來對抗水平力的構材。雖然名稱由來並不確定,但根據推測,在木造結構中,由於水平力和地震力、風荷重造成的影

雖然會呈現出與耐震牆不同的情況,但也必須注意框架結構以外的雜牆(非主要結構牆)。雖說是雜牆,但還是會依照剛性來承擔地震力,雜牆本身,或是用來支撐雜牆的小樑與混凝土厚板,也可能會損壞,所以有時也會在雜牆上設置細縫。

到電力設備,必須多加留意。

此外,也有要注意的事項。由於直角轉角會因應力集中而容易產生裂縫,所以要設置「龜裂誘發縫」,當開口很大而無法形成耐震牆時,有時也會在牆壁與柱子或大樑之間的交界設置細縫,以避免柱子或大樑產生太大的應力。由於開口尺寸很重要,所以建築基準法中有規定,設計圖中應記載開口尺寸。

084

壁式混凝土結構的名稱

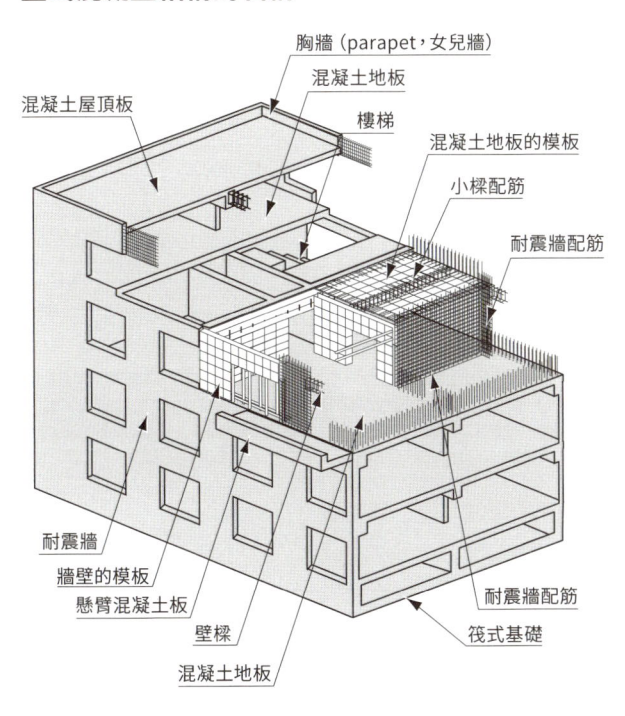

- 胸牆（parapet，女兒牆）
- 混凝土屋頂板
- 混凝土地板
- 樓梯
- 混凝土地板的模板
- 小梁配筋
- 耐震牆配筋
- 耐震牆
- 牆壁的模板
- 懸臂混凝土板
- 壁梁
- 混凝土地板
- 耐震牆配筋
- 筏式基礎

壁式結構的牆壁縱橫鋼筋。壁式結構的特徵在於，沒有柱子。開口的尺寸也會受限，透過照片也令人覺得尺寸稍小。

以獨棟住宅來說，壁式結構就是類似「2x4工法」那樣的結構。一般來說，5層樓以下的RC結構建築物，會採用這種結構形式！

有各種規定的「壁式結構」

在RC結構中，**壁式結構**的歷史還很新，是一種在二戰後才普及的結構形式。為了解決二戰後住宅不足的問題，作為一種壁量計算難度與木造住宅差不多，而且能夠簡單地確認安全性的構造，人們建造了許多採用壁式結構的集合住宅。

壁式結構的優點和缺點

壁式結構是能夠確保壁量的結構。由於具備許多耐震牆，所以耐震性很強，據說到目前為止，即使發生大地震，也幾乎沒有造成損害。

響很大，所以被稱作「承重牆」。在鋼筋混凝土結構中，由於重量很重，風荷重不太會造成問題，所以震力的影響較大，被稱作「耐震牆」。

085　人們經常使用的結構形式的特徵為何？

類似壁式結構的結構

有許多種類似類似壁式結構的結構。其代表性的例子是如同下圖那樣的結構。

壁式結構

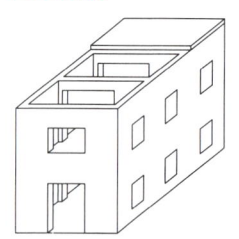

在X方向·Y方向上，都是透過牆壁來抵抗外力。

壁式框架結構

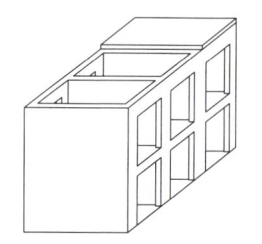

藉由在X方向上配置牆壁，在Y方向上配置扁平的柱子與橫樑，就能打造出，只有一個方向被視為框架結構的結構。

牆壁框架結構

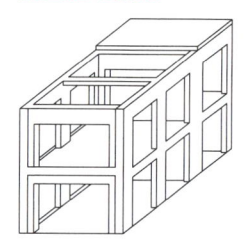

藉由在X方向和Y方向上都配置扁平的柱子與橫樑，就能打造出，兩個方向都被視為框架結構的結構。

厚實的地板牆板結構（厚度較薄的框架結構）

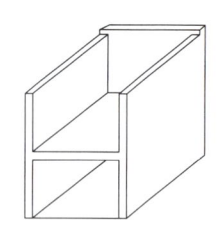

由水平構材（地板·屋頂）與垂直構材（牆壁）所構成，並被視為框架結構的結構。

中樓層壁式扁平樑結構

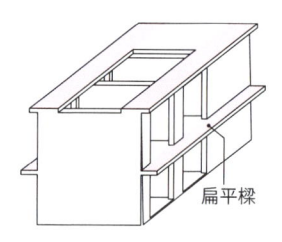

在X方向上配置牆壁，Y方向上配置扁平的柱子，水平方向上配置扁平樑（flat beam），透過扁平樑來承擔水平力的結構。

扁平樑

由於壁式結構的建築物都沒有柱子，所以能夠獲得很寬敞的空間。

厚實的地板牆板結構（厚度較薄的框架結構）的建築物，是一種結合了壁式結構特性與框架結構特性的結構。能夠獲得寬敞的空間與開口部位。（PRIME建築都市研究所·前橋的新建住宅工程）

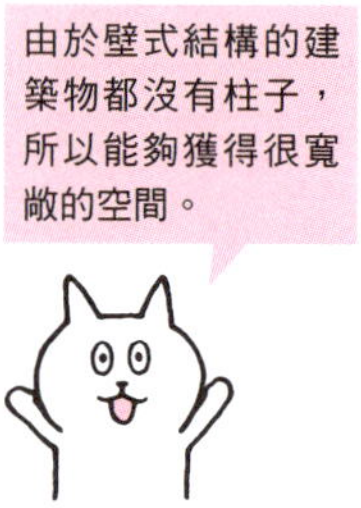

086

與「有附帶耐震牆的框架結構」的差異處在於，垂直荷重的支撐方法。在「有附帶耐震牆的框架結構」中，垂直荷重由框架來支撐。在壁式結構中，垂直荷重由牆壁來支撐。

壁式結構的優點在於，由於沒有柱型結構，所以可以有效利用房間的角落空間。另外，模板的加工很簡單，與框架結構相比，經濟效益較高。缺點則包含了，「開口部位的設置方式會受到限制」、「當橫樑寬度與牆壁厚度相同時，會很難進行鋼筋的配置」、「由於牆壁很薄，所以電線鋪設難度較高」等。

在設計上必須遵守的規定

在設計壁式結構的建築時，為了進行簡單的計算，所以有很多必須遵守的規格。舉例來說，像是「橫樑厚度要在450㎜以上」、「樓層高度要在3.5m以下」、「牆壁的轉角需為T字形或L字形」等。若要避開這些規定時，依照想要避開的規定，像是「水平承載力的計算」、「充分確保強度」等，在設計上要考慮的事項也會不同。

雖然壁式結構是用於低樓層建築的結構形式，但在中高樓層建築物的結構當中，也有「以壁式結構作為基準，增加橫樑方向的牆壁厚度，將其視為柱子的**壁式框架結構**」，以及「讓橫樑變得扁平的**中樓層壁式扁平樑結構**」。

壁式預鑄鋼筋混凝土結構

壁式預鑄鋼筋混凝土結構也是一種以壁式結構作為基準的結構形式。先在工廠內進行配筋，製作壁板，再將壁板運送到施工現場，進行組裝。

現場施工的工期很短，適合量產化。

近年來，鋼筋工人的能力降低，數量也變少。考慮到這種現狀，此結構形式將來也許會增加。

各種結構形式

010

除此之外，還有哪些結構形式？

以殼體結構為首，還有新的膜結構與自古就有的砌體結構等各種結構。

貝類與蛋是身邊常見的殼體結構

空氣膜結構是身邊常見的例子。透過膜的內外壓力差與膜的張力來保持形狀。

小孩子在玩的「翻花繩」是身邊常見的小型懸吊結構。

> 透過很薄的曲面板結構來實現大跨距結構的殼體結構

殼體結構是由很薄的曲面板所構成的結構，也被稱作**曲面板結構**、**貝殼結構**。鋼筋混凝土結構（RC結構）適合用來打造曲面，此結構形式大多會採用RC結構來建造。只要採用能讓應力適當流動的設計，透過柱子數量很少的薄板，也能實現大跨距結構。

殼體結構的設計重點

在殼體結構（**薄殼結構**）中，在相同的曲面上，藉由用來對抗垂直荷重的拉伸應力或壓縮應力，來將力量傳遞到地基。不過，由於厚度很薄，若荷重集中在某個部分的話，如同打蛋那樣，該部分就容易出現崩潰風險，必須進行開口部分等處的補強。為了對抗這種荷重，若只思考表面內側的應力，會很危險，有時也要考慮到板材厚度方

088

殼體結構的種類與應力的流動方向

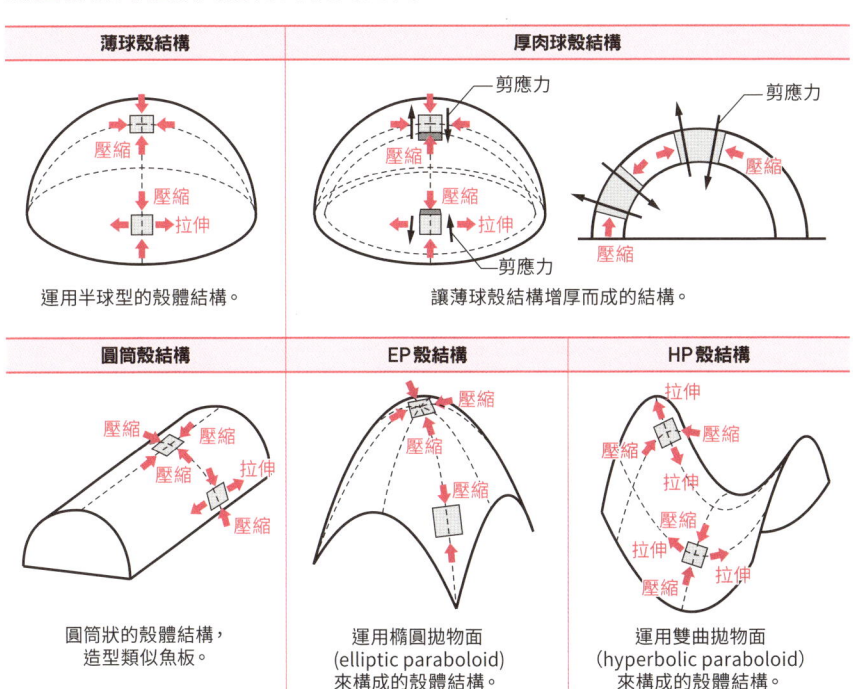

薄球殼結構	厚肉球殼結構
運用半球型的殼體結構。	讓薄球殼結構增厚而成的結構。

圓筒殼結構	EP殼結構	HP殼結構
圓筒狀的殼體結構，造型類似魚板。	運用橢圓拋物面（elliptic paraboloid）來構成的殼體結構。	運用雙曲拋物面（hyperbolic paraboloid）來構成的殼體結構。

向的應力，採用更厚的板材（**厚殼結構**）。

雖然右文中主要說明了由RC結構所構成的殼體結構，但在鋼骨結構中，也能採用殼體結構。採用鋼骨結構時，也有人會認為那是由彎曲狀的鋼板所構成的結構，但一般採用的方法為，把細線材組成桁架或弧形來構成曲面的網殼結構（lattice shell）。在表面部分，會使用以立體方式將構材組合而成的雙層格子板（lattice），或是厚度較薄的單層格子板。如同曲面結構與鋼筋混凝土殼體結構那樣，透過鋼骨加工技術，就能實現各種形狀的曲面。網殼結構被名古屋巨蛋等許多巨蛋球場採用。

雖說鋼骨結構的強度很高，在結構上，對於跨距來說，較高的高度（rise，從基準面算起的高度）會比較安全。不過，由於這種結構大多被大跨距結構所採用，必須盡量降低高度，所以在設計時要留意建築物本身的挫屈現象。

採用殼體結構時，雖說要注意挫屈現象，但會發生挫屈現象的部分並非直線上的構材，而是用來構成面的構材，該構材會發生局部凹陷的變形

089　除此之外，還有哪些結構形式？

殼體結構的實例

在殼體結構的實例中，除了愛德華‧多托羅哈（Eduardo Torroja）以外，還有費利克斯‧坎德拉（Félix Candela）、坪井善勝等人所設計的許多藝術作品。

東京聖瑪利亞主教座堂（建築師：丹下健三、結構工程師：坪井善勝）、RC結構‧雙曲拋物面殼體結構
照片出處：『新建築觀點』（齋藤公男著，小社刊）
（『新しい建築のみかた』（斎藤公男著、小社刊））

> 在電腦技術進步前，人們會運用微積分來計算殼體結構。在現代，電腦技術很發達，分析結構時，會透過有限元素法的分析程式來計算應力，而且也能自由地設計出各種曲面形狀的殼體結構。

霍奇米洛克餐廳（建築師‧結構工程師：費利克斯‧坎德拉）、RC結構‧雙曲拋物面殼體結構
照片出處：『新建築觀點』（齋藤公男著，小社刊）
（『新しい建築のみかた』（斎藤公男著、小社刊））

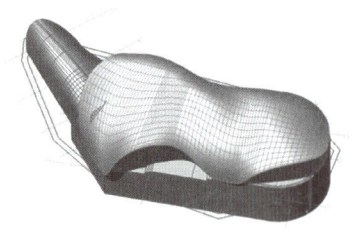

韓國的住宅（建築師：隈研吾建築都市設計事務所、結構工程師：江尻建築結構設計事務所）。

名古屋巨蛋（結構工程師：竹中工務店）、鋼骨結構‧半球型殼體結構

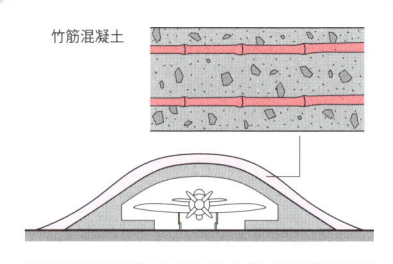

竹筋混凝土

戰爭時期被建造於各地的地堡（殼體結構的飛機機庫）與竹筋混凝土

雖然殼體結構在面對相同的應力狀態時，強度非常高，但在這種結構中，應力一旦因場所而產生很大差異時，結構就容易損壞。必須對「積雪導致的不均衡負載、溫度導致的荷重、施工順序所造成的應力」等會產生變化的應力進行討論。

在戰爭時期，日本各地都透過殼體結構來建造用來停放戰鬥機的機庫。由於戰爭時沒有鋼筋，所以也建造了很多使用竹子來代替鋼筋的竹筋混凝土結構，有一部分仍留存至今。

膜結構的種類很多 從東京巨蛋到帳篷都是

膜結構指的是，使用拉伸專用材料的薄膜材料製作而成的結構。雖說都是膜結構，但也包含了各種結構形式，例如，棒球場那樣具有象徵性的大型空間，以及帳篷那樣的臨時性建築物。

雖然結構很特殊，但運用範圍也很廣。膜結構建築的特徵在於，重量很輕，且能透過高自由度的設計來打造出明亮空間。

膜結構的種類與特徵

吊式膜結構。藉由給予纜繩或薄膜材料很大的張力，就能實現這種結構。露營時所使用的三角形帳篷也是一種懸吊式膜結構。除此之外，還有佈滿鋼索的繩索網結構形式，以及只透過薄膜來組成結構的薄膜結構形式（membrane）。

如同東京巨蛋那樣，藉由提升建築物內部氣壓來使屋頂薄膜材料膨脹的結構則是**空氣膜結構**（單層膜結構）。也有設置兩層薄膜材料，把空氣送進薄膜之間來提昇壓力的雙層膜結構。在空氣膜結構中，必須透過氣壓來讓所有膜都形成拉伸應力。若局部荷重導致部分薄膜材料失去拉伸應力的話，就會變得無法組成結構，所以在設計時必須要考慮到各種荷重情況。

在膜結構當中，**骨架膜結構**是比較簡單的結

膜結構的主要形式

建立膜結構的結構形式的人是弗萊‧奧托（Frei Otto）。膜結構指的是，把屬於拉伸材料的薄膜材料與其他壓縮構材組合成結構的方法。主要形式為下列3種。

①懸吊結構（懸吊式膜結構）

筑波世界博覽會 中央車站避難所（1985）。由纜繩和薄膜組合而成的結構，藉由對纜繩施加張力，來使形狀固定。

②骨架膜結構

東京收費站（tollgate，2020年）。由鋼骨框架與薄膜組合而成的結構。

照片出處：『新建築觀點』（齋藤公男著，小社刊）
（『新しい建築のみかた』（斎藤公男著、小社刊））

③空氣膜結構

東京巨蛋為空氣膜結構（單層膜結構）。

> 雖然把薄膜狀構材懸吊起來，或是貼在骨架上的結構，在世界各地的帳篷‧天幕中都看得到，但人們是到了20世紀之後，才開始在結構力學的範疇中研究此結構。

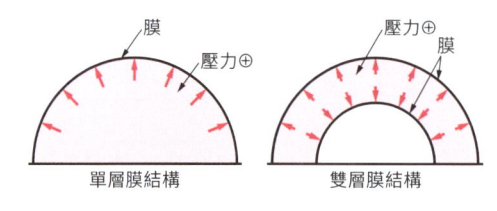

照片出處：『新建築觀點』（齋藤公男著，小社刊）
（『新しい建築のみかた』（斎藤公男著、小社刊））

單層膜結構 ／ 雙層膜結構（膜、壓力⊕）

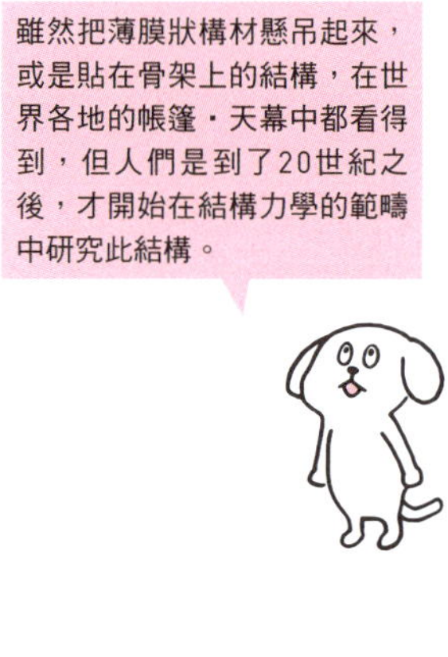

在空氣膜結構中，把空氣送進被薄膜包覆的空間，提升內部壓力，就能形成空氣膜，對抗自身重量與外力。空氣膜結構可分成單層膜結構與雙層膜結構。在雙層膜結構中，會將空氣送進雙層膜之間的空間，使其形成空氣膜般的物體。藉此就能構成剛性很高的板狀物，讓整體能夠對抗彎曲應力。

092

奇特的膜結構

膜結構的設計自由度高，透光性高，而且由於本身重量很輕，所以具有經濟效益高、耐震性能出色等優點。人們正在不斷地研發新型的膜結構建築。

上海畫廊展示項目。把ETFE（氟塑膜：Ethylene tetrafluoroethylene copotymer）黏貼成箱型後，將空氣灌入其中，使其形成塊狀構材，再將其堆砌起來。屬於砌體結構與空氣膜結構的複合式結構。

身邊常見的膜結構

身邊常見的膜結構包含了，在炎炎夏日很常看到的兒童用充氣戲水池。把空氣灌入圓筒狀的管子來對抗水的側壓。除此之外，塑膠布溫室也是骨架膜結構的簡單實例。敞篷車的車蓬也一樣。懸掛在百貨公司牆面的廣告布條也是一種懸吊式結構。透過上下方的細繩來施加張力，對抗風力，保持固定形狀。

構。先透過鋼骨等材料來製作骨架，再將薄膜材料黏貼在骨架上。基本上，骨架材料會承擔水平力或垂直力。

在薄膜材料方面，PTFE（聚四氟乙烯）材料被經常使用。PTFE材料的特徵在於，具有透光性，能夠打造出很大的明亮空間。最近，完全透明的PTFE材料也開始被用於膜結構中。

懸吊結構不僅用於橋樑，也會用於建築中

懸吊結構是由纜繩或鋼索等拉伸專用材料所構成的結構。這種結構形式適合用來打造大型空間，許多橋樑都採用懸吊結構。

由於能透過很細小的材料來支撐大跨距結構，所以能夠透過纜繩的設置方式來呈現出具有象徵性的空間。

雖然懸吊結構一開始被用於橋樑中，但現在也開始被用於建築中。國立代代木競技場是日本知名的懸吊結構建築。

吊床是更加貼近日常生活的懸吊結構。除此之外，已成為日本景色一部分的電線桿之間的電線，也是用來支撐本身重量（雖然偶爾會有鳥停在上面）的懸吊結構。

計算懸吊結構時的重點

纜繩幾乎都是由被稱作絞線的細線所編織而成。繼續將絞線組合起來，就能製作出更粗的纜繩。由於常被用於永久性結構，而且用於橋樑等處的纜繩需具備很高的耐久性，所以表面會被包覆起來。建築中常使用的懸吊結構是**張弦樑結構**。上弦採用鋼骨或木材等具有剛性的材料，透過支柱來連接上弦與下弦的纜繩，藉此來讓上弦材料變小。由於下弦部分是纜繩材料，所以會形成輕巧的空間。

懸吊結構的計算方式有點特殊。在計算一般的鋼骨結構或RC結構時，會以「幾乎不會引發變形」的微量變形作為前提。但在懸吊結構中，由於會產生大幅度的變形，所以若採用微量變形理論的話，就會形成很危險的設計。在計算懸吊結構時，要把大幅度的變形（大變形）納入考量（此計算方法叫做「幾何非線性分析」）。

與大跨距結構相比，懸吊結構的剛性很小，會受到風力很大的影響。美國的塔科馬海峽吊橋因

懸吊結構的原理

懸吊結構與膜結構一樣，都是張力結構之一。這種結構形式要透過拉伸應力來實現。
也被運用在以橋樑為首的建築中。

懸吊結構與槓桿原理相同

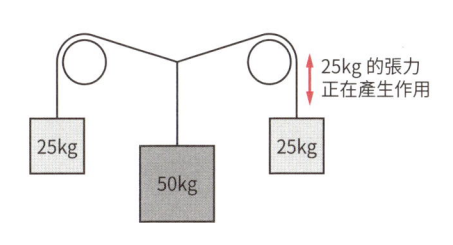

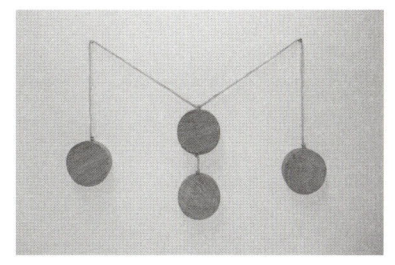

25kg 的張力正在產生作用

與槓桿原理相同，需取得平衡。

彎曲的物體會因張力而變得水平

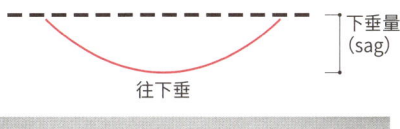

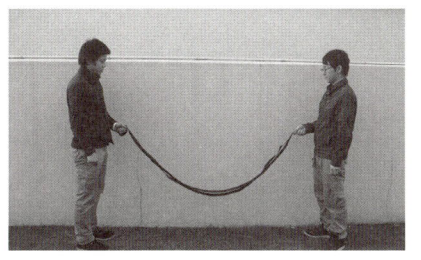

下垂量（sag）
往下垂

沒有對細繩（纜繩）施力的狀態。

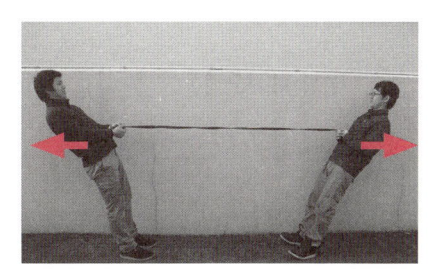

從兩側將細繩（纜繩）拉緊的狀態。力量會透過細繩來達到平衡。

纜繩材料

纜繩（左：1×19、右：7×19）

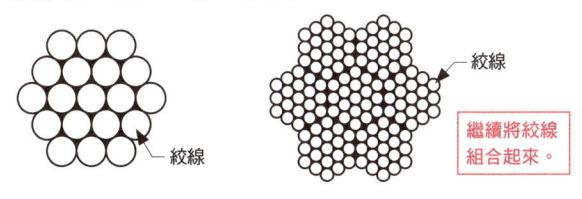

絞線

繼續將絞線組合起來。

095　除此之外，還有哪些結構形式？

何謂張拉整體結構？

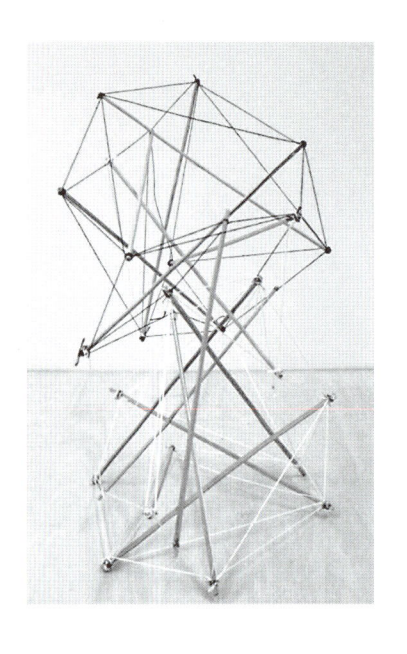

張拉整體結構是透過鋼索來支撐抗壓構件的結構，也可以說是一種懸吊結構。這種結構很奇特，抗壓構件之間是不相連的，而且要透過與抗張構件之間的平衡才能實現（需同時具備壓縮應力與拉伸應力才能實現）。

張拉整體（tensegrity）指的是，透過Tension（張力）與Integrity（整體）所創造出來的詞彙。

> 想要把構材減到最少時，「張拉整體結構」被視為最合適的形狀之一。

砌體結構是人們自古以來就會使用的結構形式

建築基準法施行令第52條中規定，**砌體結構**的材料包含了，磚塊、石頭、混凝土磚（空心磚），以及其他砌體材料。目前並沒有資料標明出，其他砌體材料是什麼樣的材料。在施行令第52條之2當中，規定砌體材料的接縫部分全都要填滿砂漿，所以可以推測出，是具備某種硬度的材料。

側風而倒塌的意外，就是很有名的實例。由於懸吊結構剛性小，變形幅度大，所以必須要去計算不均衡負載、被風颳起時、溫度變化所產生的應力。同時，由於在施工時，拉力（tensile force）的採用順序也會對形狀造成很大影響，所以在施工階段，也必須討論這一點。

096

砌體結構的特徵

在砌體結構中，會把建材堆起來，製作出牆面，透過牆壁來支撐屋頂或天花板等上部結構體。在中東等地區，很難取得適合當作建材的木材，人們會把土、曬乾的磚塊・石材等當作建材。即使在以木造建築為主流的歐洲，自從優秀的石造技術從東方流傳過來後，基於防火等目的而採用砌體結構的石造建築就變得很普及。

> 砌體結構基本上是壁式結構。只要具備能夠對抗水平力的強度，這種結構就依然具有潛力！

砌體結構的拱頂

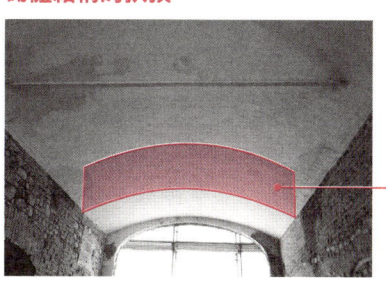

砌體結構的拱頂

照片中的拱頂採用的工法為，以曲面狀的方式將磚塊堆疊成好幾層，藉此來製作出屋頂或地板。會出現在西班牙加泰隆尼亞地區的建築中。藉由運用砌體結構的拱頂，即使不設置橫樑，光靠磚塊，也能打造出屋頂或地板。

砌體結構的材料為？

雖然建築基準法中沒有標明，但一般來說，我們可以將砌體結構定義為，使用具備某種尺寸的材料堆疊而成的結構形式。只要強度足以進行堆疊，無論哪種材料都能成為砌體材料。在國外，有出現過使用曬乾的磚塊、一般磚塊、石頭、木材、冰磚等材料堆砌而成的建築實例。木材的砌體結構，包含了「圓木堆疊工法」與「井幹式結構（校倉造）」。另外，平成14年國交省公告411號中有記載關於圓木堆疊工法的規定。有點奇怪的是，在施行令第80條的規定中，將無鋼筋混凝土視為比照砌體結構來看待的結構形式。

砌體結構在日本不普及的理由

砌體結構是歷史非常悠久的結構形式，金字塔就是代表性的例子。雖然施工方法相對簡單，但砌體材料很重，施工過程很辛苦。相反地，即使是外行人，只要模仿別人的作法，也能夠施工。另外，在平面上排列磚塊時，只要稍微加上一

097　除此之外，還有哪些結構形式？

各種砌體結構

雖然砌體結構是很久以前就有的結構形式,但並非只有古老的建築物,還有在現代運用古老形式來呈現的新型砌體結構建築物等各種建築物。

代表性的砌體結構建築物

將石灰岩堆疊起來,建造而成的埃及金字塔①,是砌體結構建築物。②富岡製絲廠。在木造結構的內側,可以看到磚牆。

使用木材來建造的砌體結構建築物

木造砌體結構包含了,把方形木條(角材)組合起來,堆疊成井字形後,當成牆壁來使用的正倉院寶庫的井幹式結構(校倉造,照片③),以及現代的木屋(照片④)等。

使用木材堆疊而成的新型建築物

照片⑤是我有親自參與的COEDA HOUSE(靜岡)。建造方法為,把一般用來當作柱子的角材堆疊起來(設計:隈研吾建築都市設計事務所)。照片⑥是施工途中的照片。可以得知,該結構只由角材堆疊而成。

砌體材料

混凝土磚是砌體結構（masonry）之一。除了混凝土磚，砌體材料還包含了磚塊、石頭等。在比較特別的砌體結構中，也有使用冰或土製磚塊建造而成的住宅。

磚塊的砌體結構

冰的砌體結構

土（曬乾的磚塊）

> 只要使用鋼筋來補強，
> 磚造結構也能用於建築中

日本的砌體結構文化與城堡有關。從使用天然石材隨意堆疊而成的石牆，到堆疊得很整齊的石牆都有，其中也有把石牆砌成彎曲狀的城堡。有的石牆出現部分損壞，也有許多石牆歷經長久歲月仍完好，且能承受地震。

不過，遺憾的是，由於在關東大地震中，許多磚造建築倒塌，所以人們一般的認知為，磚造建築具有危險性，砌體結構不能說是很普及的工法。與壁式結構相同，這種結構在對抗水平力時，原本就應確保壁量，所以只要能夠確保適當的壁量，還是能夠設計出安全的建築物。

磚造結構是砌體結構之一。建造方法為，把有開孔的長方體混凝土磚（空心磚）堆疊起來。空心磚很便宜，與實心混凝土磚相比，重量較輕，所以能夠以人力的方式來搬運。雖然大多被用於垃圾放置處或自行車停放區等較簡單的建築物，但由於體積小，容易搬運，所以摩天大樓的隔間牆也經常會使用空心磚來建造。

最常見的運用實例為獨棟住宅的分界圍牆。由於施工很簡單，用人力就能搬運，所以無論是多麼狹窄的地方，都能進行施工。

點拱起的弧度，就能藉由拱形效果，使用砌體結構來建造出地板。

主要的磚造結構

磚造結構的主要特徵為以下2點。
①在施工現場將工廠生產的混凝土磚堆疊起來。
②插入鋼筋來進行補強後，把材料往上堆。

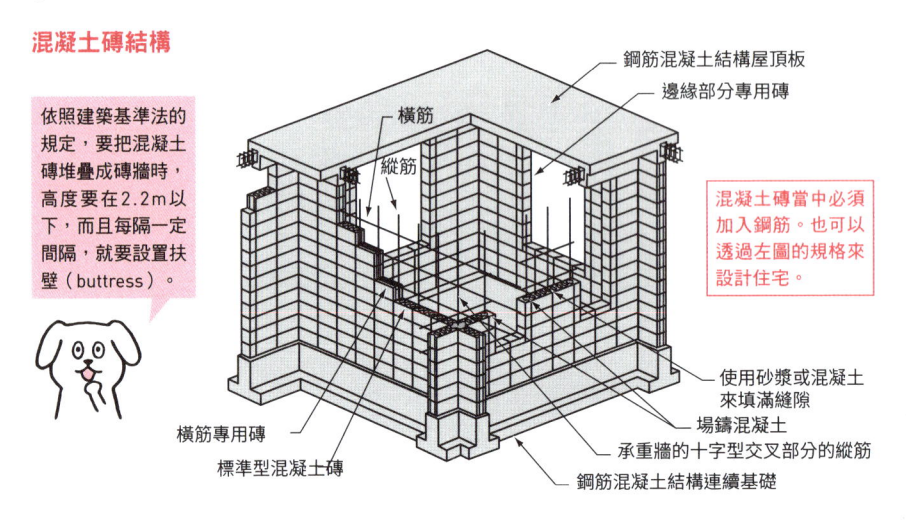

混凝土磚結構

依照建築基準法的規定，要把混凝土磚堆疊成磚牆時，高度要在2.2m以下，而且每隔一定間隔，就要設置扶壁（buttress）。

- 鋼筋混凝土結構屋頂板
- 邊緣部分專用磚
- 橫筋
- 縱筋

混凝土磚當中必須加入鋼筋。也可以透過左圖的規格來設計住宅。

- 橫筋專用磚
- 標準型混凝土磚
- 使用砂漿或混凝土來填滿縫隙
- 場鑄混凝土
- 承重牆的十字型交叉部分的縱筋
- 鋼筋混凝土結構連續基礎

模板型混凝土磚結構

- 承重牆邊緣部分縱筋厚度13以上
- 場鑄混凝土
- 開口部位下側邊緣的橫筋 厚度13以上
- 縱筋 厚度10以上
- 橫筋 厚度10以上
- t：150, 180, 200
- 30以下
- 390
- h：190
- 一整面牆的例子
- 2h/3以下

形狀與一般所看到的混凝土磚有點不同。將此混凝土磚當成模板，把混凝土灌入其中。

混凝土磚牆（圍牆）

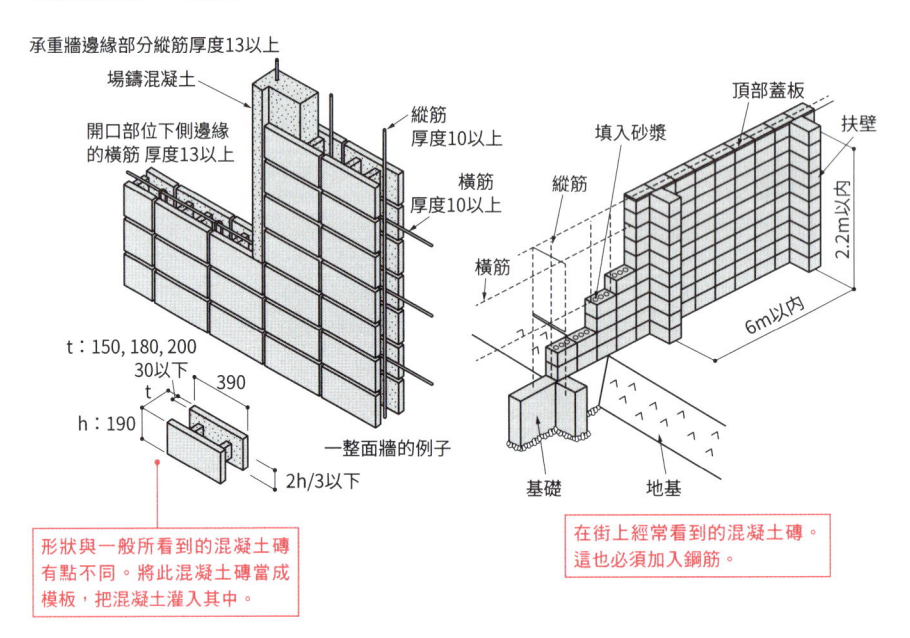

- 頂部蓋板
- 填入砂漿
- 縱筋
- 扶壁
- 橫筋
- 2.2m以內
- 6m以內
- 基礎
- 地基

在街上經常看到的混凝土磚。這也必須加入鋼筋。

（出處：『結構用教材』（1995年修訂）日本建築學會
『構造用教材（1995改）』日本建築学会）

（出處：『結構用教材』（1995年修訂）日本建築學會
『構造用教材（1995改）』日本建築学会）

100

磚造結構的特徵與設計方法

雖然叫做磚造結構,但若只使用磚塊的話,建築物容易倒塌,所以會將鋼筋配置在混凝土磚的開口中,並填入混凝土。另外,在每層磚塊中,要一邊透過混凝土來確保水平性,一邊讓磚塊彼此緊密結合。在地板位置設置RC結構的臥樑,一邊支撐地板,一邊將垂直或水平荷重傳遞給磚塊。

正確來說,這種建築物叫做加強型混凝土磚結構。另外,還有耐震性能比加強型混凝土磚結構更好的**模板型混凝土磚結構**。

雖然省略了設計方法的詳細說明,但基本上與壁式鋼筋混凝土結構相同,會藉由確保較多的壁量來取得用來對抗垂直荷重和地震的性能。

混凝土磚的種類分成A~C三種。A型磚的重量很輕,強度也較低,C型磚的重量很重,強度也較高。

混凝土磚牆數量很多,在各種地方都會看到。由於以前不用遵守特別嚴格的標準就能施工,所以也有許多無鋼筋的混凝土磚牆,必須多加留意。

磚造結構的接縫

筆直接縫

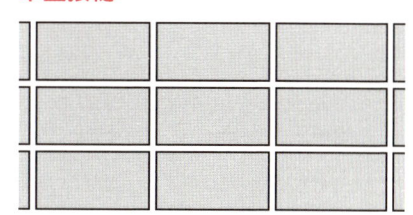

要讓鋼筋通過混凝土磚的開口時,一般會採用筆直接縫,無論是縱向還是橫向,接縫都會成為一條直線。

交錯接縫

在不會讓鋼筋通過的磚造結構中,使用交錯接縫(breaking joint)比較能夠提昇剛性和強度。

column

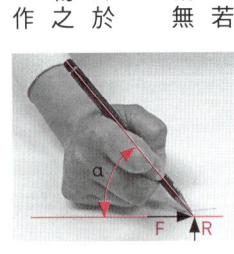

小型結構
——無論是什麼東西，都有結構——

各種小型結構

	分類	結構工法	材料
①	運用了自古就有的材料或結構工法的結構	扣合式・砌體結構	木材、石頭、布料、紙、磁鐵、竹子
②	在嘗試新材料或結構工法的過程中所產生的結構	黏合式、倚靠式結構工法	PTE、PE、壓克力板、蜂巢板
③	提取自實際建築或物體的一部分的結構	簡支樑結構、圓頂結構	碳纖維絞線、聚苯乙烯發泡板
④	以日常用品作為結構體的結構	圓頂結構	傘、防災頭巾

只要說到「結構」的話，也許很多人會聯想到大型建築、用來支撐土木的複雜構造、艱深的理論。不過，無論是多麼小的「物體」，都有結構。舉例來說，用鉛筆在紙上寫字時，紙張與鉛筆之間，以及手指與筆桿之間，都存在著支點、作用力、反作用力的關係，也就是結構。當這些物體達成平衡時，才能夠在紙上寫出字。椅子、餐桌、架子等家具也一樣，若沒有結構，就無法構成物體。

我把尺寸介於家具到建築物之間的物體稱作

在「小型結構」方面，雖然也有關於製作紀念碑（monument）或裝置藝術的委託，但也做了很多無償的實驗和試製，資金很吃緊。不過，實際親自運用材料，進行組裝工作而掌握到的「結構感」，是非常重要的。透過「小型結構」來確認基礎知識，培養俯瞰建築物整體的能力、激發出新的靈感……在透過「小型結構」所獲得的東西當中，也可能包含很重要的事物。

「小型結構」，並製作了很多。若要將這些進行分類的話，可以分成①「運用了自古就有的材料或結構工法的結構」、②「在嘗試新材料或結構工法的過程中所產生的結構」、③「提取自實際建築或物體的一部分的結構」、④「以日常用品作為結構體的結構」等。

102

小型結構的實例

① 〔左·中〕由板材嵌合而成的展示館（pavilion）。也進行了強度測試（上海展示館／中國2013年）。〔右〕棒狀大理石的嵌合。

② 先使用FRP板來夾住蜂巢紙板，再透過倚靠式結構工法來讓此板材獨自站立。也透過強度測試、有限元素法來進行了結構分析（Paper Snake／韓國2005年）。

③ 〔左〕使用碳纖維絞線來加強耐震性能的辦公大樓（小松MATERE總公司／石川2015）。〔中·右〕運用了柔韌度與強度的展示館（Tokyo Tower×湯道／東京2016年）

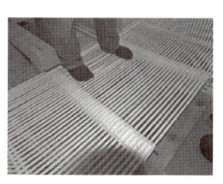

④ 由傘的骨架、布料、拉鏈所構成的展示館（陽傘圓頂屋／義大利2008年）

011 在建築物中，有哪些用來對抗地震的結構呢？

耐震・制震・免震

用來對抗地震的方法為耐震・制震・免震

用來對抗地震的方法，大致上可以分成以下3種。

耐震結構

制震結構

免震結構（隔震式結構）

用來減少建築物所受到的地震損害的方法，大致上可以分成3種。

第1種為，提昇建築物的強度（耐震結構）。第2種是，能讓從地基傳遞到建築物的地震力變小的結構工法（免震結構）。第3種是，運用能對抗「建築物所受到的地震力」的裝置（制震結構）。制震結構有時也會被分類為耐震結構。

透過建築物的強度來對抗地震的耐震結構

耐震結構指的是，被設計成透過構材強度來對抗「建築物在地震時所承受的水平力」的結構。

104

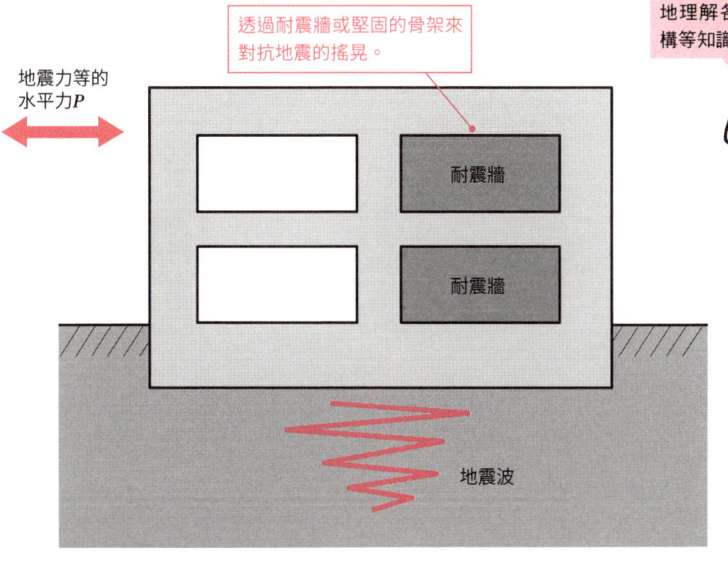

耐震結構

耐震結構指的是，透過「提昇樑柱等構材的強度、採用耐震牆、在牆壁內設置斜撐」等方式來加強結構體的強度，藉此來對抗地震力的結構。一般建築物是使用耐震結構設計而成的。

經歷過阪神‧淡路大地震與東日本大震災（311大地震）後，對日本的建築來說，耐震與制震成為了重要課題。要事先好好地理解各自的基本結構等知識喔！

地震力等的水平力 P

透過耐震牆或堅固的骨架來對抗地震的搖晃。

耐震牆

耐震牆

地震波

會成為耐震要素的主要構材包含了，由樑柱所構成的框架、牆壁（耐震牆）、斜撐。採用「鋼筋混凝土結構（RC結構）當中的框架結構、牆式結構、有附帶耐震牆的框架結構」，以及「鋼骨結構當中的框架結構、斜撐結構」這些結構形式的建築物，都會成為耐震結構。由於在木造結構中必須設置承重牆（確保壁量），所以基本上會被設計成耐震結構的建築物。由於構材的斷面愈大，能夠對抗的地震力就愈大，所以在耐震結構的建築物中，一般來說，樑柱的斷面會變得較大。

在設計耐震結構的建築物時，在建築物使用年限這個項目中，必須要確保的性能為，在「大概至少會遇到1次的中小型地震」中，不會產生嚴重損壞，在「極為罕見的大地震」中，不會倒塌。藉由採用「在中小型地震中，構材絕對不會損毀」的設計，來對抗地震力，在大地震時，會藉由讓構材局部發生降伏現象來吸收、對抗地震的能量。

運用裝置來對抗地震的制震結構

制震結構

制震結構指的是，讓阻尼器等制震裝置來吸收地震的能量，減輕建築物所受到的地震力的結構。包含了油壓阻尼器、黏彈性阻尼器等不使用電力的被動式制震結構，以及當地震發生時，運用機器來引發與地震相反方向的震動的主動式制震結構。許多超高層辦公大樓和住宅大樓都是透過制震結構來設計的。

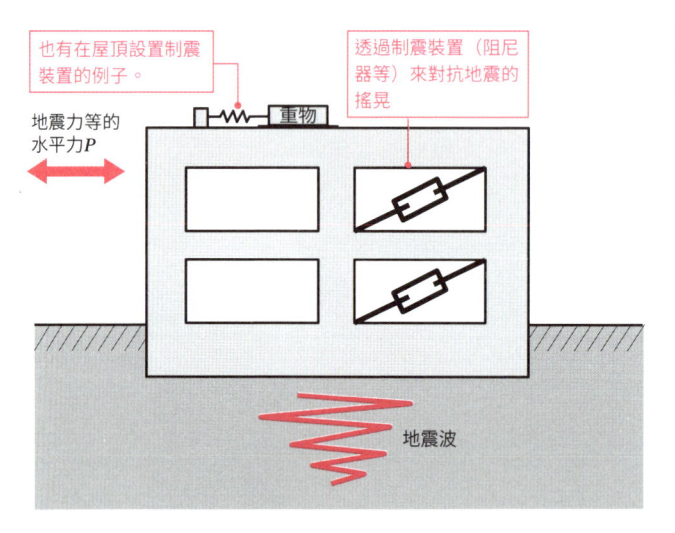

照片中是用於汽車的阻尼器。在建築物制震結構中，會使用原理與汽車阻尼器相同的裝置。

也有在屋頂設置制震裝置的例子。

地震力等的水平力 P

透過制震裝置（阻尼器等）來對抗地震的搖晃

重物

地震波

阻尼器等裝置會吸收地震能量，藉由讓制震構材比樑柱早發生降伏現象，來吸收地震能量！

制震結構是一種「運用裝置來對抗建築物所承受的地震力」的結構。讓裝置吸收地震的能量，減輕建築物所受到的地震力。

制震裝置可以分成「能量吸收型」與「震動控制型」這2種。能量吸收型的代表性裝置是阻尼器。阻尼器會藉由將建築物所承受的地震力轉換為熱能來減輕地震力。阻尼器包含了油壓阻尼器、黏彈性阻尼器、鋼製阻尼器等類型。由於阻尼器會吸收地震能量，所以能夠讓樑柱等構材的斷面尺寸變得較小。

另一方面，還有一種制震方法為，在屋頂部分設置重物，透過重物的搖晃程度來掌控地震的搖晃。此方法可分成，不使用機器，只透過調整裝置來控制搖晃的**被動式制震**，以及透過機器來調整地震時的搖晃的**主動式制震**。

106

免震結構

免震結構指的是，把層疊橡膠（laminated rubber）等容易在水平方向產生變形的免震裝置設置在基礎部分等處，藉由讓建築物的自然振動週期變長，來防止建築物與地震波產生共振，減輕地震力的結構。也會設置透過阻尼器等來使地震力衰減的裝置。除了摩天大樓、住宅大樓以外，在大型醫院等處，也經常會採用這種結構。

> 除了基礎免震以外，依照免震層的位置，免震結構還包含了地上樓層免震、中間樓層免震、柱頭免震。要依照建築物的地理條件等來選擇。也可以在現有的建築物中設置免震層。

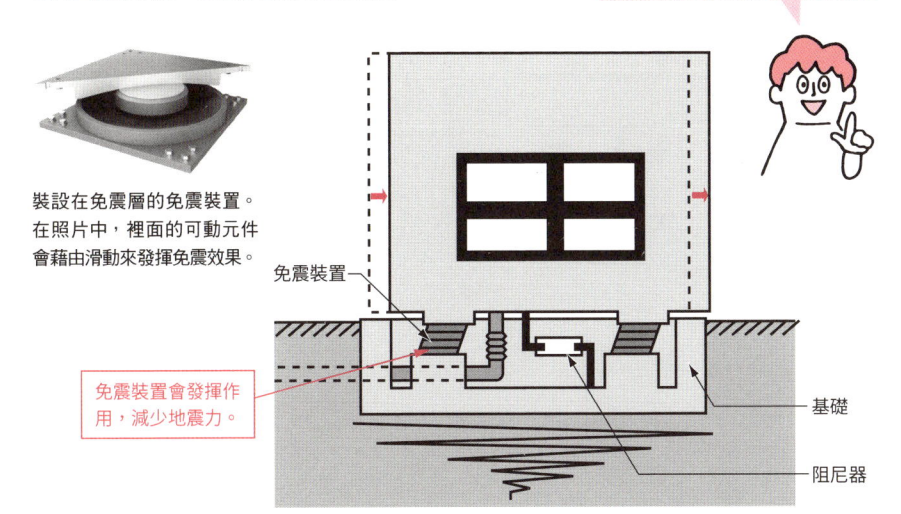

裝設在免震層的免震裝置。在照片中，裡面的可動元件會藉由滑動來發揮免震效果。

免震裝置
免震裝置會發揮作用，減少地震力。
基礎
阻尼器

利用裝置來使地震力不易傳遞過來的免震結構

免震結構指的是，在建築物內設置「非常柔軟，且會大幅變形的部分（免震層）」，減少從地基傳遞到建築物的地震力的系統。

免震結構的設計重點

在地震波當中，影響力很大的週期叫做**顯著週期**（predominant period）。地震發生時，當地震波的顯著週期與建築物的自然振動週期變得相同時，震動就會重疊，建築物會激烈搖晃（共振）。一般來說，地震波的顯著週期約為1～2秒。只要使用免震裝置，建築物的自然振動週期就

制震結構不單能夠對抗地震，在摩天大樓與高塔等建築中，也能夠有效地對抗風力所造成的振動。

107　在建築物中，有哪些用來對抗地震的結構呢？

設計免震結構時的注意事項

①保留空隙（clearance）

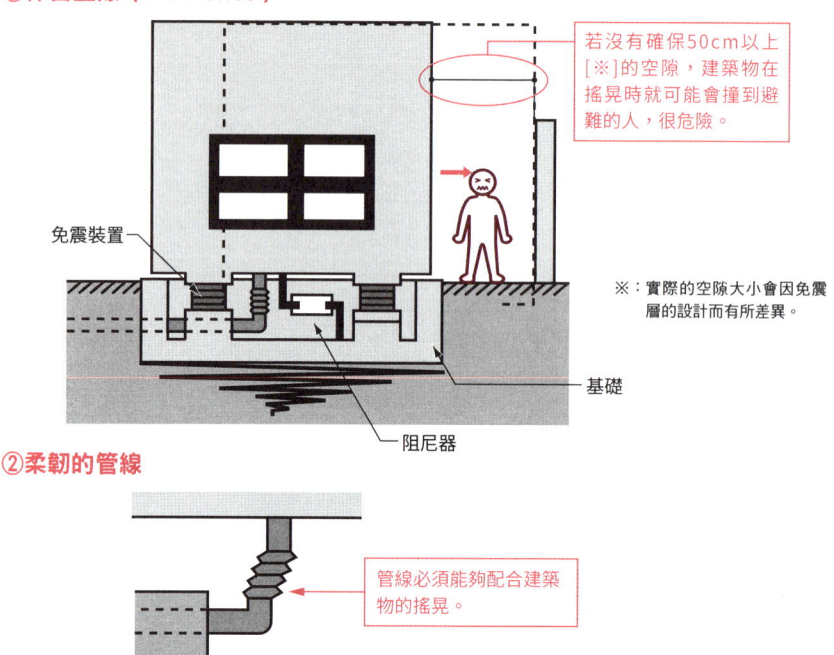

若沒有確保50cm以上[※]的空隙，建築物在搖晃時就可能會撞到避難的人，很危險。

免震裝置

※：實際的空隙大小會因免震層的設計而有所差異。

基礎

阻尼器

②柔韌的管線

管線必須能夠配合建築物的搖晃。

在免震結構中，雖然把免震層經常被採用，但免震層可以設置在基礎部分的**基礎免震**經常被採用。採用基礎免震時，會將免震裝置設置在基礎的上部，建築物本體則位於裝置上方。在免震裝置中，大多會使用由橡膠和鋼板交互堆疊而成的層疊橡膠。由於層疊橡膠的剛性很強，所以會用於RC結構或大型建築中。在重量相對較輕的獨棟建築中，則會採用滾動軸承或滑動軸承（次頁的圖片）。

在免震結構設計中，應注意的事項為，要確保建築物在地震時會大幅移動，所以必須充分地確保與相鄰土地之間的空隙。另外，考慮到將來的維護工作，免震層中也要確保「足以讓人進去處理維護工作」的空間。另外，在強風的影響下，免震建築物還是可能會搖晃，所以在平常會颳起強

會變成3～4秒，能夠防止地震波的週期與建築物的自然振動週期重疊。由於光靠免震裝置，建築物不會停止搖晃，所以還要設置名為阻尼器的裝置來使地震力衰減。

108

免震裝置的種類

免震層疊橡膠

免震層疊橡膠

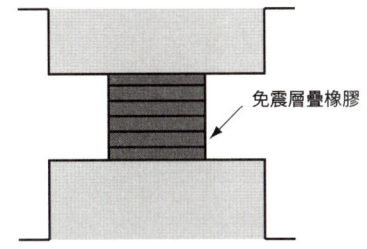

透過免震層疊橡膠的變形來減少地震力。

滾動軸承

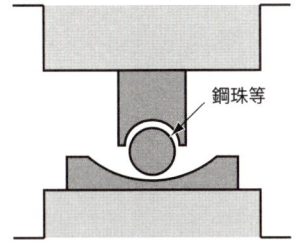

鋼珠等

藉由鋼珠等的滾動來減少地震力。

滑動軸承

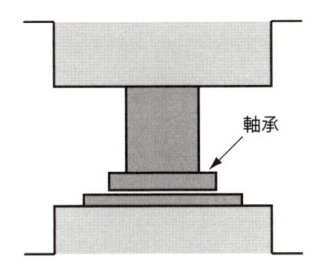

軸承

藉由讓軸承在不鏽鋼板上滑動，來減少地震力。

長週期地震的對策

以前，人們認為地震的自然振動週期為1～2秒，不過，由於人們設置了許多地震儀，而且對於地震原理的知識與見解也增加了，所以最近人們已得知，有超過3秒的長週期地震。在設計免震裝置時，也必須對這種長週期地震進行充分的討論。

風的場所，必須考慮到是否會影響到宜居性。

column

透過知名建築來學習作用力的方向與結構

自古以來，人們為了確保更高與更寬敞的空間，所以透過堆砌磚塊來建造拱形建築與圓頂建築，或是透過立體桁架結構來打造殼體結構，不斷地進行摸索。在工業革命後，由於新型材料陸續出現，所以人們不斷地挑戰新型結構。成功研發出來，而且目前仍在使用的結構的共通點在於，要如何讓力量流動，傳遞給地基。

國立屋內綜合競技場（現在的國立代代木競技場第一體育館，建築師：丹下健三、結構工程師：坪井善勝，1964年完工）是一座相當合理且美麗地呈現出力量流動的建築。該建築作為懸吊式屋頂結構，很有名，而且如同下頁的圖片那樣，主要是使用1組懸吊結構來吊起鋼骨結構的屋頂。從屋頂傳遞過來的力量會由交界拱門來承擔，此部分也是壓縮環，而且此壓縮環的內側會成為觀眾席。

再介紹一個設計觀點不同的實例：Aore長岡（建築師：隈研吾、結構工程師：筆者我，2012年完工）（參閱P112）。此設施是由競技場、2棟市政府辦公大樓、廣場（俗稱中土間廣場、前庭院）所構成。這3棟建築是透過鋼筋混凝土結構（RC結構）來建造的「有附帶耐震牆的框架結構」。由於此地區為多雪地區，而且很靠近2004年中越地震的震央，所以使得荷重條件變得很嚴格。在這種情況下，還需要設置用來覆蓋中土間廣場，跨距約50公尺的屋頂。被3棟建築物包圍起來的中土間廣場的屋頂採用的是，鋼骨桁架（由華倫式桁架與范倫迪爾桁架所組成的複合式桁架）。而且，競技場那種建築的屋頂也採用了相同的結構工法，透過2片很大的屋頂來將3棟高度不同的建築物連接在一起。在這種桁架屋頂中，一般會使用被用於免震系統的滑動軸承與阻尼器，並採用「連接制震系統」這種方法來降低建築物本身所承受的水平力。

在國立屋內綜合競技場中，所有的荷重會從上方依序地傳遞到地基。另一方面，在Aore長岡中，則會先讓地震或風的水平力變小後，再傳遞到地基。這就是兩者的差異。

國立屋內綜合競技場的結構

在結構設計的世界中，會用「力量的流動」來表達肉眼看不見的力量（荷重）的傳遞情況。國立屋內綜合競技場是一座能讓人充分了解力量流動的知名建築。懸吊材料所產生的向下作用力會傳遞到主纜繩與壓縮環，水平方向的荷重會在結構體中取得平衡，垂直方向的荷重會傳遞給地基。

力量的流動

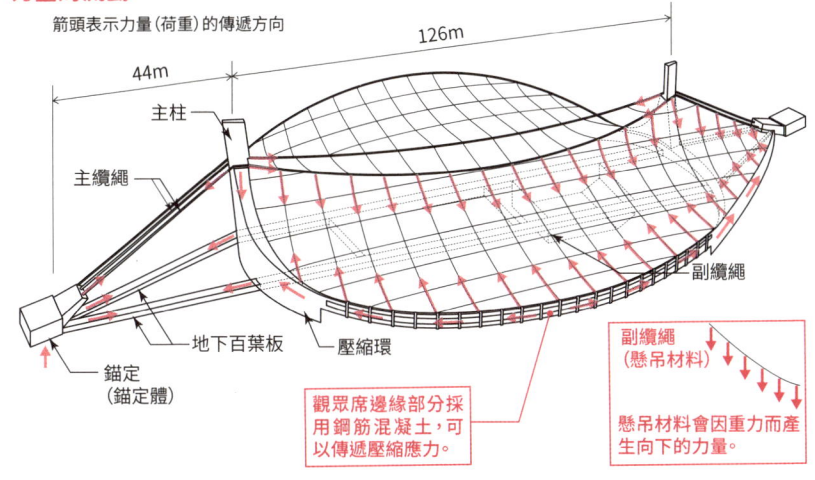

箭頭表示力量(荷重)的傳遞方向

126m
44m
主柱
主纜繩
副纜繩
地下百葉板
壓縮環
錨定（錨定體）

觀眾席邊緣部分採用鋼筋混凝土，可以傳遞壓縮應力。

副纜繩（懸吊材料）

懸吊材料會因重力而產生向下的力量。

纜繩懸吊式屋頂與結構

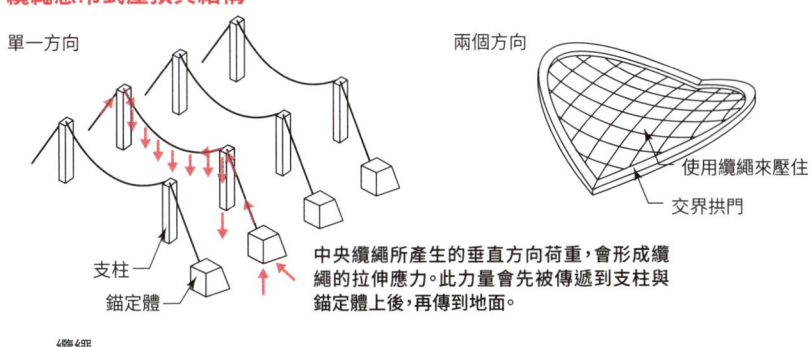

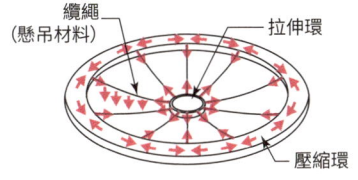

單一方向

支柱
錨定體

兩個方向

使用纜繩來壓住
交界拱門

中央纜繩所產生的垂直方向荷重，會形成纜繩的拉伸應力。此力量會先被傳遞到支柱與錨定體上後，再傳到地面。

纜繩（懸吊材料）
拉伸環
壓縮環

懸吊材料（纜繩）上所產生的垂直方向荷重，會形成纜繩的拉伸應力。由於周圍的環同樣地朝向內側產生力量，所以力量會朝著環的收縮方向產生作用，而且因為會產生壓縮應力，所以被稱作「壓縮環」。相反地，由於內側的環會朝外側產生力量，所以會成為「拉伸環」。

Aore長岡的結構

由圍繞著中庭的3棟建築物所構成的設施，特徵為很大的桁架屋頂。屋頂不僅能覆蓋中庭，也能承受很大的裝載荷重，而且還融合了能使地震力與溫度應力減少的系統。

平面圖

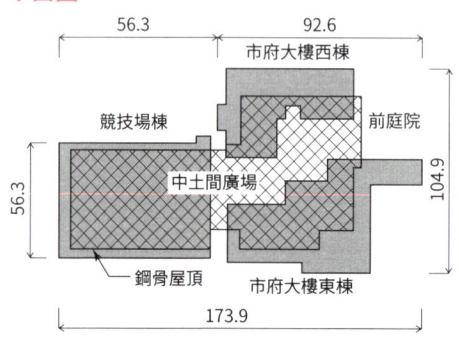

上｜從前庭院觀看中土間廣場
下｜仰望鋼骨桁架屋頂

鋼骨屋頂的連接概念圖

屋頂採用的是，由「①軸承」、「②水平阻尼器」、「③垂直阻尼器」所構成的制震系統。分別負責以下任務。

A：將屋頂本身重量、積雪荷重等垂直荷重傳遞到位於下部的RC結構建築物 →①軸承

B：在面對溫度應力、應變（strain）時，不會限制變形 →①軸承・②水平阻尼器

C：將鋼骨屋頂所產生的地震力傳遞到位於下部的RC結構建築物 →②水平阻尼器

D：在面對地震時的鋼骨屋頂垂直震動時，不會讓軸承脫離 →③垂直阻尼器

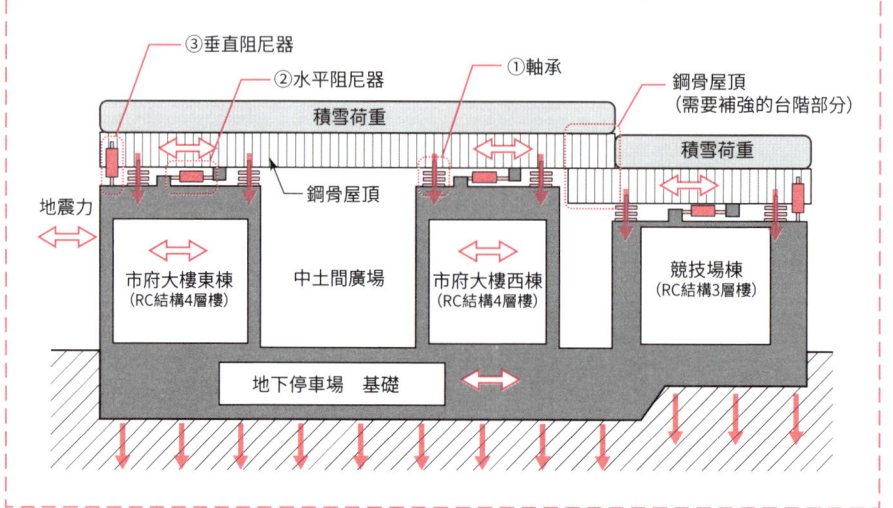

112

第2章 結構力學

建築的單位

012 建築結構中所使用的SI單位指的是？

依照規定，建築領域中所使用的單位應為國際單位制中的「SI基本單位」。

質量 [kg]
重量 [kgf]
力量 [N]
長度 [m]
時間 [S]

為了能夠很自然地使用SI基本單位，平時就要多加留意。

SI基本單位是世界共通的基本單位

在不久之前，人們在進行結構計算時，會使用工程單位制（mks單位制）或cgs單位制。實際上，單位制並不嚴密，在計算骨架結構的應力時，會使用t或m的單位，在計算構材斷面時，則會使用kg或cm。不過，1991年，JIS Z 8203（國際單位制（SI）與其使用方法）的規定被制定出來，人們開始改成使用**SI基本單位**。1999年，轉移寬限期結束，到了現在，連建築基準法中的內容也都變為SI基本單位。在辦理建築確認手續時，必須使用SI基本單位。

建築領域中的必要單位—SI基本單位與尺貫法

在SI基本單位中，會使用㎜、N來當成應力度等力量的單位。

114

建築領域中使用的單位

建築領域中使用的單位如同下表。最初會令人感到困惑的，也許是「質量」與「重量」的差異。質量與重量的關係為〈重量＝質量×重力加速度〉，重量會因重力加速度而改變。由於重力加速度為 $9.80665\,m/s^2$，所以

　　$1\,kg × 9.80665\,m/s^2 = 1\,kgf$（公斤重）$= 9.80665\,N$

因為出現尾數，所以實際上會用「$1\,kgf ≒ 9.8\,N$」或「$1\,kgf ≒ 10\,N$」來計算。

國際單位制（SI基本單位）

分類	單位記號	備註
長度	m	公尺、meter
質量	kg	公斤、kilogram
重量	kgf	公斤重、kilogram-force
力量	N	牛頓、newton
時間	s	秒、second

關於結構力學的單位

分類	單位記號	相關用語
面積一次矩	cm^3、mm^3	矩心（centroid，質心）
面積慣性矩（截面二次軸矩）	cm^4、mm^4	撓度（deflection）、抗彎剛度（flexural rigidity）
截面模數（section modulus）	cm^3、mm^3	彎曲應力度
彎曲應力度	N/mm^2（kg/cm^2、t/m^2）	截面模數
楊氏係數	N/mm^2（kg/m^2、t/m^2）	撓度、抗彎剛度等

> 由於SI基本單位與平常所使用的單位不同，所以必須多留意。重點在於，首先要去熟悉SI基本單位！

最好先了解的日本傳統單位

建築領域中會使用到的日本傳統單位

分類	單位	備註
長度	間	6尺＝1.818 m
	尺	1尺＝0.303 m
	寸	1寸＝0.1尺＝0.0303 m
	分	1分＝0.1寸＝0.00303 m
面積	坪	1坪＝3.305 m^2
	疊・帖	1帖＝0.5坪＝1.6525 m^2
長條狀物體	束	用來計算成捆的物品。
	丁	用來指木材之類的細長物品。
	本	用來指樑柱。
其他	石	表示木材的體積。
	組	用來指門窗隔扇等

> 傳統建築物當然不用說，在住宅建築中，也經常會使用日本傳統單位。不僅是建築施工現場，許多建材也是透過「尺貫法」的尺寸系統來製作的。

> 人們經常使用的應該是面積單位中的「坪」吧。面積為2張榻榻米大。為了避免感到困惑，也先記住其他的日本傳統單位吧！

記住希臘字母與符號吧

在建築結構當中所使用的符號中，包含了許多經常使用的希臘字母。
記住那些字母的讀音吧。

希臘字母的讀音

大寫	小寫	讀音	大寫	小寫	讀音	大寫	小寫	讀音
A	α	alpha（阿爾法）	I	ι	iota（約塔）	P	ρ	rho（柔）
B	β	beta（貝塔）	K	κ	kappa（卡帕）	Σ	σ	sigma（西格馬）
Γ	γ	gamma（伽馬）	Λ	λ	lambda（拉姆達）	T	τ	tau（陶）
Δ	δ	delta（德爾塔）	M	μ	mu（謬）	Y	υ	upsilon（宇普西隆）
E	ε	epsilon（艾普西隆）	N	ν	nu（紐）	Φ	φ	phi（斐）
Z	ζ	zeta（澤塔）	Ξ	ξ	xi（克西）	X	χ	chi（希）
H	η	eta（伊塔）	O	ο	omicron（奧米克戎）	Ψ	ψ	psi（普西）
Θ	θ	theta（西塔）	Π	π	pi（派）	Ω	ω	omega（奧米伽）

N（牛頓）這個單位的定義為，讓具備1kg質量的物體產生1m/s^{2}的加速度的力量。與日常中用來表示人類體重的kgf單位之間的關係為，1kgf＝9.80665N。只要事先記住1kgf≒10N，就會很簡單。

在SI基本單位中，雖然也會使用kg，但kg是用來表示質量的單位。由於kgf與kg是不同的單位，所以必須多留意。Kgf這個單位表示的是，受到重力影響下的重量。

在日本，人們以前使用的是尺貫法。雖然不會用於結構計算，但在設計住宅時，以及討論傳統建築物時，有時會使用尺貫法來標示，所以必須要先了解。另外，在木造住宅中，即使設計圖中用mm來標示，但就算是現在，還是經常使用尺貫法的單位來作為窗戶、柱子跨距（柱間長度）等部分的標準尺寸。

雖然在結構設計工作中不會使用到，但在進行估算或討論建築成本時，還是會習慣使用「每坪價格」，所以在建築業界，用來表示面積的「帖」、「坪」也是必要的單位。

建築結構中經常使用的符號

力量	N：軸向力 M：彎曲力矩 Q：剪應力	N：Normal kraft（德文）軸力 M：Moment（德文）彎曲 Q：Querkraft（德文）剪切
應力度	σ_c：壓縮應力度 σ_t：拉伸應力度 σ_b：彎曲應力度 τ：剪應力度	c：compression（壓縮） t：tension（拉伸） b：bending（彎曲）
容許應力度	f：容許應力度 f_c：容許壓縮應力度 f_t：容許拉伸應力度 f_b：容許彎曲應力度 f_s：容許剪應力度 f_k：容許挫屈應力度	f：force（力量） s：shear force（剪應力） k：knicken（德文）（挫屈）

符號	備註
A	斷面積（截面積）
E	楊氏係數
e	偏心距離
F	材料的標準強度
G	剪斷彈性係數
H	水平反作用力
h	高度
I	面積慣性矩（截面二次軸矩）
i	斷面二次半徑（旋轉半徑）
K	剛度（勁度）
k	勁度比、相對勁度
l	跨距※
ℓ_k	挫屈長度
P	力量
P_k	挫屈荷重
R	反作用力
S	面積一次矩
V	垂直反作用力
W	荷重
w	等分布荷重（均布負載）
Z	截面模數（section modulus）
δ	撓度
ε	縱向變形程度
$\theta \cdot \varphi$	角度・撓曲角（偏轉角）・節點角
Λ	臨界細長比
λ	細長比

※：在本書中，會重視易讀性，將其標示成L或ℓ。

SI基本單位也有爭論點

雖然現在使用的是SI基本單位，但仍有許多問題。一般來說，由於在表示體重時，會使用kgf，在計算結構時，則會使用N作為單位，所以跟以前相比，感覺上會變得較難掌握「荷重大約為多少」。

另外，由於彎曲應力度採用的是「N/㎜²」這種非常小的單位，所以在經常處理「幾十噸、幾百噸」之類的巨大荷重的結構計算的世界中，會變得要使用很不現實的有效數字來進行計算。

117　建築結構中所使用的SI單位指的是？

力量的平衡

013

在計算力量的平衡時,什麼是必要的?

當力量達到平衡時,水平方向的力、垂直方向的力、想要轉動的力(彎曲力矩),各方向的力量合計數值會形成0。

在拔河時,只要兩邊的力量相等,繩子就不會動。

距離支點較遠的1個人,與距離較近的2人達成平衡。

當力量達成平衡時,各種力量的合力會變成0!?

想要讓建築物處於穩定狀態的話,就必須讓作用力與反作用力達成平衡。在計算結構時,要使用平衡方程式來確認作用力與反作用力有達成平衡。

去理解平衡方程式的觀點吧

平衡方程式是一種公式,用途在於,確認所有方向(垂直、水平、旋轉方向)上的作用力與反作用力的總和是否為0。

平衡方程式的觀點
所有方向上的作用力+反作用力＝0

當力量沒有達到平衡時,物體就會開始動。由於建築物不會動,所以作用力與反作用力必定會達成平衡。

118

力量的平衡公式

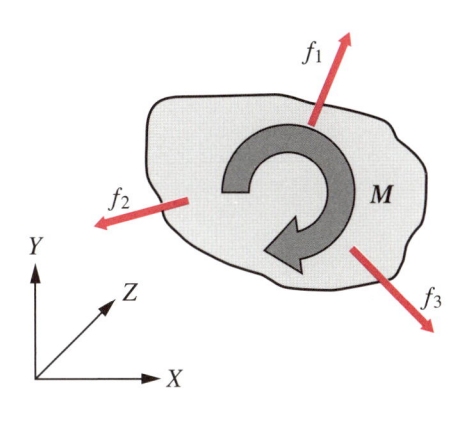

$$\Sigma X = 0$$
$$\Sigma Y = 0$$
$$(\Sigma Z = 0)$$
$$\Sigma M = 0$$

所有方向（X,Y,Z）的合力會變成0。
（以立體觀點來思考Z軸的情況）

任意1個點的力矩（M）的總和會變成0。

在思考力量時，會透過座標來思考。雖然會讓人覺得很難寫成算式，但上方的算式簡單地表示出，在靜止不動的物體中，所有方向的力量會達成平衡。

M是用來表示轉動力矩。可以細分成X軸周圍的轉動、Y軸周圍的轉動、Z軸周圍的轉動。

進行結構計算時要確認的重點

當產生作用力的力量很垂直時，會在垂直、水平方向上將作用力進行合成、分解，算出作用力的大小，而且支點（出現相反方向的力量的作用點）的各方向會產生相同大小的反作用力。這一點也必須去思考與確認。

在面對轉動方向的力量（彎曲力矩）時，各支點會產生反作用力，其數值的計算方法為，彎曲力矩除以支點間的距離。即使彎曲力矩的作用位置出現變化，兩個支點之間所產生的支點反作用力的數值也不會改變。

在實際的結構計算中，最常需要確認的是長期的垂直荷重。由於只要計算固定荷重與裝載荷重，就能簡單地計算出建築物總重量，所以要確認加上支點的垂直方向的反作用力後的力量，是否與建築物總重量一致。

何謂力矩（moment）？

力矩指的是，能讓物體轉動的力量。力矩的數

119　在計算力量的平衡時，什麼是必要的？

人們從以前就有在研究力量的平衡

力量的平衡是結構力學的第一步。從西元前的古老時代，人們就已開始研究。

阿基米德所證明的「槓桿原理」

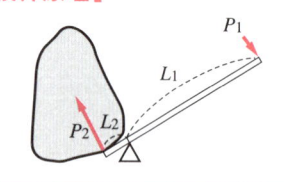

作用於距離支點很遠L_1的點的較小力量P_1，會在距離支點很近L_2的點產生較大的力量P_2（槓桿原理）。

根據槓桿原理，透過較小的力量就能使重物移動。

達文西運用了「槓桿原理」

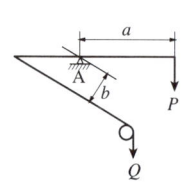

達文西所構思的複雜槓桿。

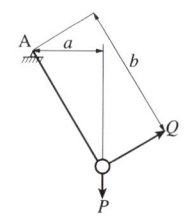

這正是向量的問題！

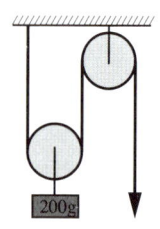

滑車實驗。能透過較小的力量來抬起重量較大的物體。

> 使用向量來計算出力量的方向與大小！

在結構計算中，處理力量時，不能只討論力量的大小（數值），也必須討論力量的作用方向。在思考力量的方向與大小時，會使用名為向量的概念。各種向量會對建築物產生作用，在進行結構計算時，要一邊合成、分解那些向量，一邊確認構材的安全性。

力量向量的觀點

我們會使用箭頭來表示向量。透過箭頭的長度

值計算方法為，作用力和旋轉中心與其作用線的距離的乘積。

另外，當一對大小相等、方向相反的平行力量產生作用時，就會產生力矩。這2個力量叫做力偶。

120

何謂向量（vector）？

向量指的是，具有方向與大小的量，會用箭頭來表示。箭頭的方向為力的作用方向，箭頭長度則是力的大小（箭頭長度＝力量大小是隨意決定的）。

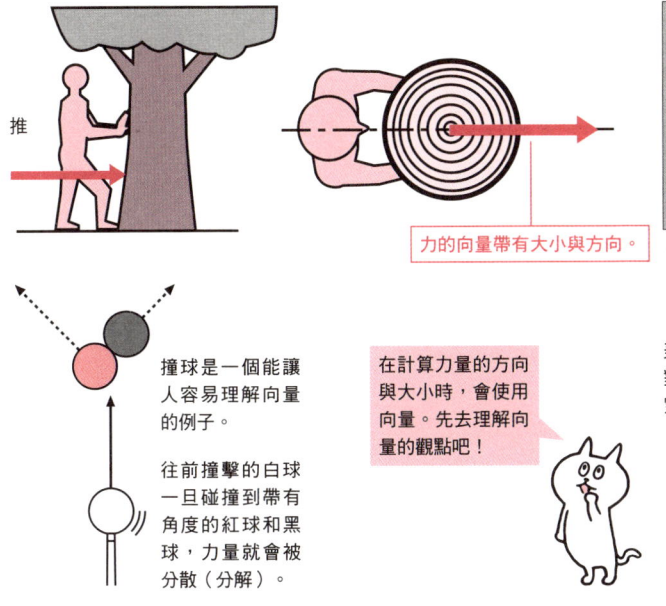

力的向量帶有大小與方向。

喬賽亞・威拉德・吉布斯
（1839〜1903）

美國物理學家吉布斯對向量分析理論的研究做出了貢獻。

撞球是一個能讓人容易理解向量的例子。

往前撞擊的白球一旦碰撞到帶有角度的紅球和黑球，力量就會被分散（分解）。

在計算力量的方向與大小時，會使用向量。先去理解向量的觀點吧！

來表示力量的大小，透過箭頭的方向來表示作用力的方向。由於並沒有規定10kN的向量長度應為幾公分，所以會隨意決定。

向量的重要性質之一為，能夠合成。當複數個向量位於同一條線上時，力量的和（或是差）會成為合成的力量（合力）。由於大人推樹的大力量，與小孩推大人的小力量位於同一條線上，所以兩個力量的總和為樹木上所產生的向量（力）的總量。如果大人和小孩是在彼此的相反方向推樹的話，樹木上所產生的向量就會是小孩力量與大人力量的差。

當複數個向量沒有位在同一條線上時，若力量有2個的話，各自的向量會分別形成平行四邊形的其中一邊。該平行四邊形的對角線的長度就是合成後的向量大小，其方向則是向量的方向（此分析法叫做平行四邊形的法則）。

要合成2個以上的力量時，首先要把任意2個向量當成邊長，製作出平行四邊形，算出向量的方向與大小。

接著，使用該對角線向量與剩下的向量來當作

121　在計算力量的平衡時，什麼是必要的？

各種力量的合成

透過向量能夠表示具有方向與大小的力。要合成 2 個以上的力量時,可以如同下圖那樣,使用向量來進行計算。

作用於相同方向的力量的合成

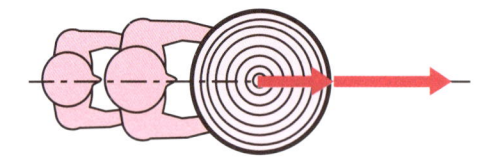

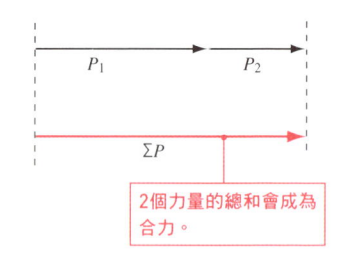

2 個力量的總和會成為合力。

作用於1個點的2個力量的合成

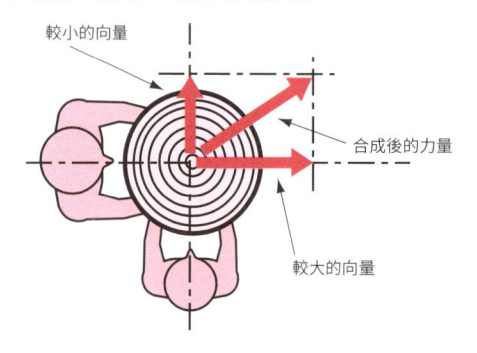

較小的向量

合成後的力量

較大的向量

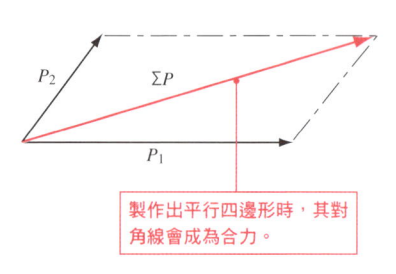

製作出平行四邊形時,其對角線會成為合力。

作用於1個點的3個力量的合成

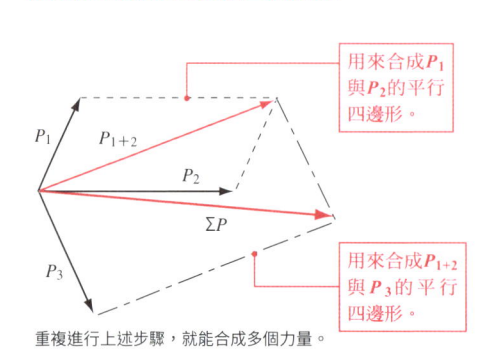

用來合成 P_1 與 P_2 的平行四邊形。

用來合成 P_{1+2} 與 P_3 的平行四邊形。

重複進行上述步驟,就能合成多個力量。

平行方向的力量的合成

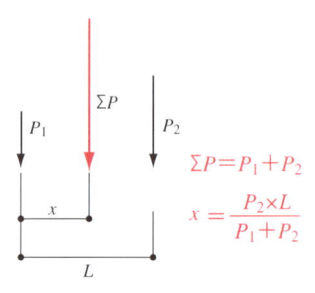

$$\Sigma P = P_1 + P_2$$

$$x = \frac{P_2 \times L}{P_1 + P_2}$$

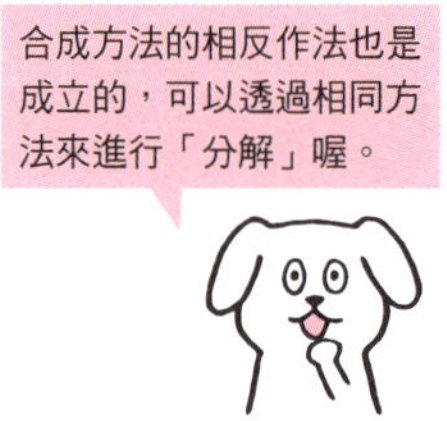

合成方法的相反作法也是成立的,可以透過相同方法來進行「分解」喔。

122

支點的反作用力是什麼？

支點的代表例包含了，旋轉移動端、旋轉端、固定端。在旋轉移動端，只有垂直反作用力會產生作用。在旋轉端，垂直反作用力與水平反作用力會產生作用。在固定端，垂直反作用力・水平反作用力・旋轉反作用力全都會產生作用。

旋轉移動端
例：溜冰鞋
垂直反作用力

旋轉端
例：圓規
水平反作用力
垂直反作用力

固定端
例：電線桿
水平反作用力
垂直反作用力
旋轉反作用力

試著觀察建築物

①旋轉端的例子
鋼柱
鋼骨結構的露出型柱腳會採用旋轉端的設計。

②固定端的例子
鋼柱
鋼骨結構的嵌入型柱腳會採用固定端的設計。

> 支點上會產生反作用力。依照支點的種類，支點上所產生的反作用力也會不同，所以請先好好地記住各種支點的差異吧！

也要留意是哪種支點

從某個方向對某個物體施力時，若該物體不動的話，與施力方向相反的方向就會產生相同大小的力。該力叫做**反作用力**。

舉例來說，只要把一本書放在書桌上，依照重力，書桌會產生向下的力。由於書桌會對抗重力，支撐書籍，所以書上會產生與重力反方向的力（反作用力）。

求取支點上所產生的反作用力

依照作用方向，反作用力可以分成**垂直反作用力**（V）、**水平反作用力**（H）、**旋轉反作用力**（M）這3種。雖然只要去思考「力量可以自由地分解」這一點，就會覺得不管分成什麼樣的方向都無

邊長，製作出平行四邊形，求出對角線。重複此步驟後，最後的對角線的長度就會成為將所有向量合成後的力的大小與方向。

123　在計算力量的平衡時，什麼是必要的？

反作用力的求取方法

簡支梁的情況

①用來對抗垂直方向的力的反作用力

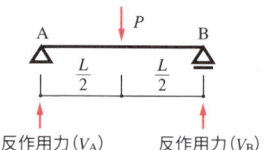

依照力量平衡公式
$$\begin{cases} V_A + V_B \quad P = 0 \\ \dfrac{L}{2}P \quad L \times V_B = 0 \end{cases}$$
透過上述方程式來求出 $V_A \cdot V_B$

②彎曲力矩對中央部分產生作用時的反作用力

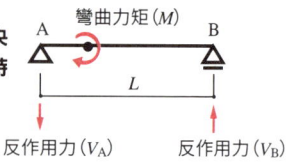

依照力量平衡公式
$$\begin{cases} V_A + V_B = 0 \\ M - V_B \times L = 0 \end{cases}$$
透過上述方程式來求出 $V_A \cdot V_B$

③用來對抗斜向的力的反作用力

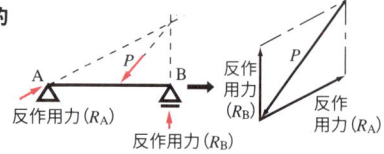

如同左圖那樣，要求取支點A・B上所產生的反作用力 $R_A \cdot R_B$ 時，要如同在 $R_A \cdot R_B$ 的方向上分解外力 P 那樣，畫出平行四邊形。

框架結構的情況

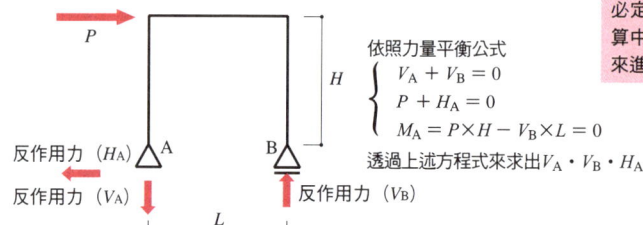

依照力量平衡公式
$$\begin{cases} V_A + V_B = 0 \\ P + H_A = 0 \\ M_A = P \times H - V_B \times L = 0 \end{cases}$$
透過上述方程式來求出 $V_A \cdot V_B \cdot H_A$

> 為了讓建築物保持穩定狀態，所以作用力與反作用力必定會達成平衡。在結構計算中，會使用力量平衡公式來進行確認。

經常使用的力量標示方式

使用 V 來表示垂直反作用力，使用 H 來表示水平反作用力，使用 M 來表示旋轉反作用力。雖然基本上，無論使用什麼樣的符號皆可，但人們會經常使用上述符號。

V	vertical reaction	垂直反作用力
H	horizontal reaction	水平反作用力
M	moment of reaction	旋轉反作用力

分別使用英文單字的第一個字母來表示。像這樣在結構中使用的慣用符號，還有其他很多種。

L	length	長度
P	power	力
T	tention	拉伸應力

妨。我認為在實際的建築設計工作中，為求方便，所以會將其分成3種。

反作用力會出現在支點上。支點包含了旋轉移動端、旋轉端、固定端等許多種類。依照支點種類，產生的反作用力也會不同。以旋轉端（旋轉支點）來說，由於能夠自由地旋轉，所以不會產生旋轉（力矩）反作用力，但水平・垂直方向受到限制，所以會在各方向上產生反作用力。

以旋轉移動端（旋轉滾輪支點）來說，雖然能自由地朝某個方向水平移動，但垂直方向的移動會受到限制，所以只會產生垂直反作用力。

在固定端中，由於會垂直、水平、旋轉方向都不能動，因此所有方向上都會產生反作用力。

在求取反作用力時，會運用「只要物體不會移動，各方向的力的總和為0」這項力量平衡的性質來進行計算。

力量平衡公式：

$\Sigma X = 0$（水平方向的力的總和為0）

$\Sigma Y = 0$（垂直方向的力的總和為0）

$\Sigma M = 0$（支點上所產生的旋轉反作用力的總和為0）

力量與應力

014

在用來支撐結構荷重的橫樑上，會承受什麼樣的力量？

只要對橫樑施加荷重，在橫樑內部就會產生與荷重達成平衡的「應力」。

會產生彎曲力矩或剪應力

荷重愈大，構材就會承受愈大的力量！

只要對構材施加荷重（外力），構材內部就會產生一個與外力達成平衡的力量。該力量叫做**應力**。透過外力的作用而產生的應力，基本上可以分成「軸向力（N）」、「彎曲力矩（M）」、「剪應力（Q）」這3種。實際上，還有「扭應力（T）」（參閱P138），為了讓大家容易理解，所以先解說這3種。

應力包含了軸向力、彎曲力矩、剪應力！

軸向力是作用於材料軸方向的力，可分成拉伸應力和壓縮應力。拉伸應力是想要拉動材料時所產生的力，壓縮應力則是想要把材料壓碎時，構材內部所產生的力。在結構計算中，會認為軸向力應均勻地作用於構材斷面。

126

何謂應力（軸向力、剪應力、彎曲力矩）？

軸向力（N）

①出現拉伸應力的情況

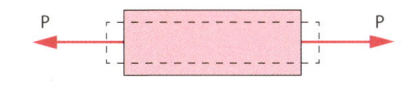

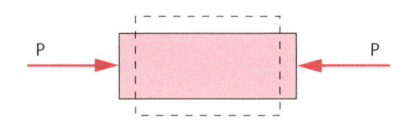

②出現壓縮應力的情況

物體受到推擠或拉扯時所產生的力。

彎曲力矩（M）

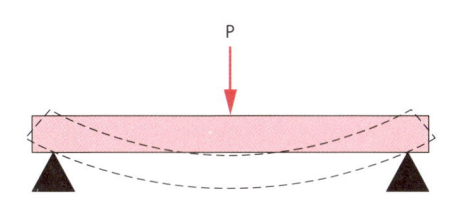

物體被彎曲成曲線狀時所產生的力。

若不了解應力，就無法進行結構計算。好好地理解3種應力吧！

剪應力（Q）

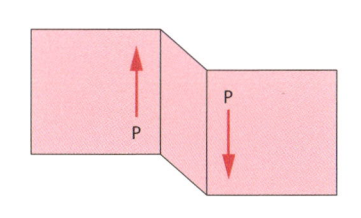

變形為平行四變形時所產生的力。

扭應力（T）

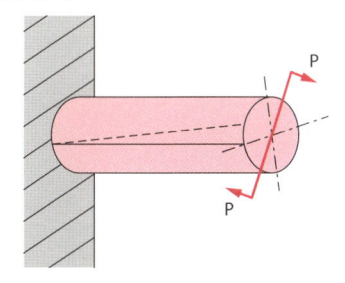

如同擰乾抹布那樣，當物體被扭彎時所產生的力。

用來表示應力的符號

在日本，經常會分別使用 M、Q、N 來表示彎曲力矩、剪應力、軸向力，一開始也許會覺得不協調。總覺得知道彎曲力矩是來自於力矩（Moment）這個詞彙，但其餘2個應力就覺得不易理解。如同右表那樣，剪應力、軸向力似乎是引用自德文的詞彙。

剪應力	Q：Querkraft（德文）
軸向力	N：Normalkraft（德文）
扭應力	T：Torsion（英文）

卡爾曼的懸臂樑的應力軌跡

下圖是卡爾曼所構思出來的應力軌跡圖。雖然以應力圖來說，並不好懂，但可以看出，他嘗試透過繪圖的方式來讓力量的流動可視化。

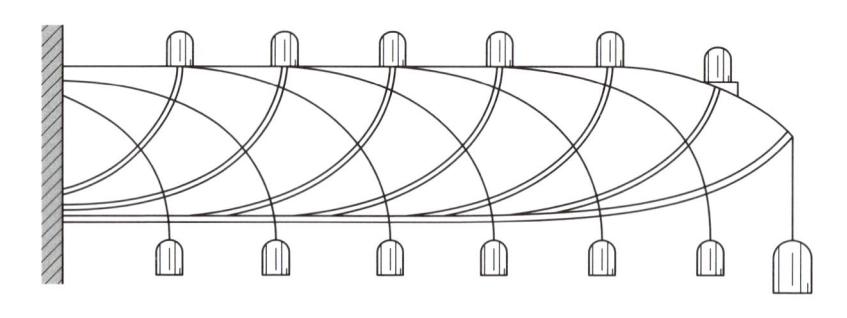

卡爾‧卡爾曼
（Carl Culmann）
（1821〜1881）
嘗試透過圖解方式來分析各種結構。
因鐵路橋的分析而聞名。

透過繪畫來讓懸臂樑的應力與撓度可視化。這似乎很難計算……

彎曲力矩是，想讓構材彎曲時所產生的力。此力不會均勻地產生於構材斷面，變形為凹陷形狀的那側，會產生壓縮應力，變形為凸起形狀的那側，則會產生拉伸應力。

與軸向力以及彎曲力矩相比，令人較難理解的是**剪應力**。剪應力是構材朝軸方向・垂直方向錯開（切斷）時所產生的力。運用剪應力的常見物品包含了剪刀，藉由讓2片刀刃上下錯開來剪斷紙張時所產生的力，就是剪應力。剪應力一旦產生，構材就會變形成平行四邊形。此時必須要注意的是，雖然軸向力是獨立的，但剪應力的大小與彎曲力矩的大小之間有密切關聯（參閱P132）。

彎曲力矩・剪應力並不會各自單獨地產生。舉例來說，當橫樑承受荷重時，在橫樑與用來支撐橫樑的柱子上，會同時產生彎曲力矩與軸向力。

在確認構材結構的安全性時，必須綜合地考量到軸向力、彎曲力矩、剪應力，並進行結構計算。

128

透過照片來了解彎曲力矩

即使將重物放在厚板材上，也不會彎曲。

只要把重物放在薄板材上，就會使其彎曲。

> 構材之所以會彎曲，是彎曲力矩造成的!?

彎曲力矩指的是，想要使構材彎曲時所產生的應力。產生彎曲力矩的構材會變得彎曲。應該有許多人都曾經有過「把東西放在薄板材上後，薄板材就變得彎曲」的經驗吧。當橫樑的長度愈長，彎曲力矩就會變得愈大。

掌握住因構材位置而異的彎曲力矩的分布吧！

彎曲力矩所造成的應力，與軸向力以及剪應力不同，在構材斷面上，並不是均等的。變形為凹陷形狀的那側，會產生壓縮應力，變形為凸起形狀的那側，則會產生拉伸應力。壓縮應力與拉伸應力的交界叫做**中立軸**（neutral axis，中性軸）。

在結構設計的實務工作中，首先會針對彎曲力矩來設計構材。即使構材會損壞，也要盡量將構

129　在用來支撐結構荷重的橫樑上，會承受什麼樣的力量？

何謂彎曲力矩？

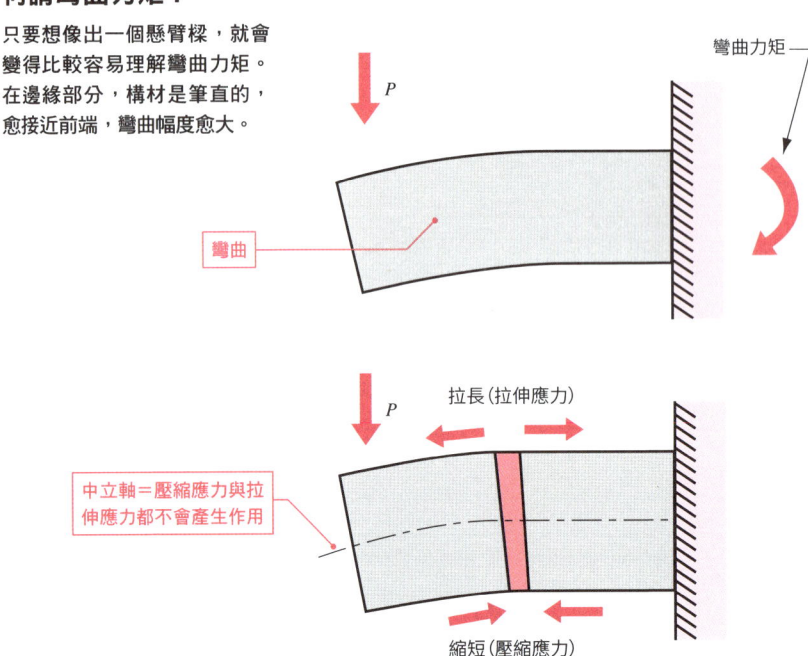

只要想像出一個懸臂樑，就會變得比較容易理解彎曲力矩。在邊緣部分，構材是筆直的，愈接近前端，彎曲幅度愈大。

彎曲力矩

P

彎曲

P

拉長（拉伸應力）

中立軸＝壓縮應力與拉伸應力都不會產生作用

縮短（壓縮應力）

彎曲力矩圖的畫法

在**彎曲力矩**圖中，一般來說，會畫成讓建築拉伸應力產生作用的那側凸起。如同下頁圖片那樣，舉例來說，當構材為採用旋轉接點的簡支樑時，由於中央部分的下端產生了拉伸應力，所以要畫成朝下側隆起的圖。在承受著等分布荷重的框架結構中，由於橫樑邊緣部分的上側與中央部分的下側會形成拉伸應力，所以在邊緣部分要把圖畫在上側，在中央部分則要畫在下側。

材設計成是因彎曲力矩而損壞。在鋼骨結構中，當連接處的位置與鋼筋的接頭位置的彎曲力矩很小時，就會安全。

彎曲力矩也會對建築物各部分的撓度（變形）造成很大的影響。在進行結構設計時，掌握彎曲力矩的分布情況是最重要的基礎。

130

彎曲力矩的應力圖

一般來說，彎曲力矩圖會用來表示應力的大小，而且會用[＋]來表示下側會形成拉伸應力的應力，用[－]來表示上側會形成拉伸應力的應力。不過，在電腦很發達的現代，也許不要拘泥於「＋・－」符號會比較好。在彎曲力矩圖中，請將「把圖畫在拉伸側」這一點視為基礎吧。

> 由於應力圖不僅和彎曲力矩有關，也經常出現在建築師考試中，所以請先好好地學會吧！

兩端為旋轉接點的簡支樑的情況

① 等分布荷重（均布負載）

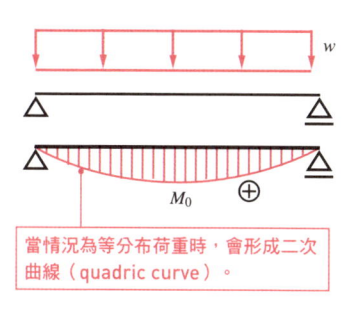

② 集中荷重（集中負載）

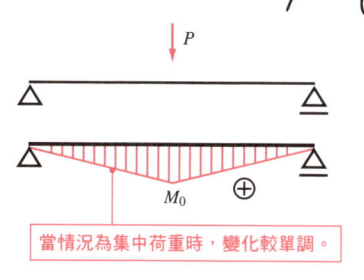

M_0

M_0

當情況為等分布荷重時，會形成二次曲線（quadric curve）。

當情況為集中荷重時，變化較單調。

框架結構的情況

① 等分布荷重

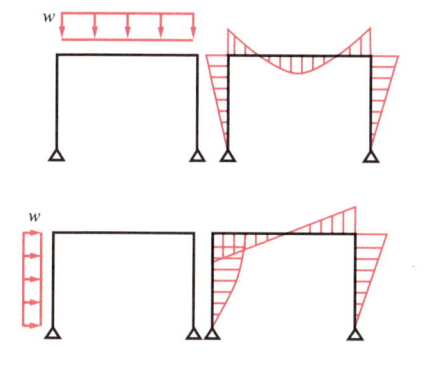

② 集中荷重

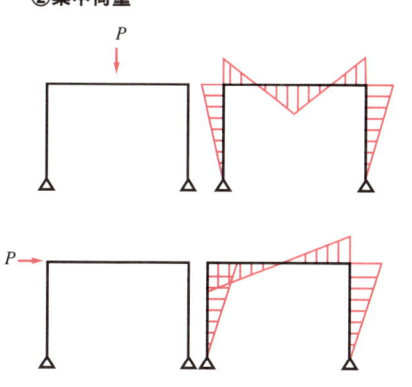

> 重點在於，要掌握彎曲力矩的分布。先學會畫出應力圖吧！

131　在用來支撐結構荷重的橫樑上，會承受什麼樣的力量？

透過照片來了解剪應力

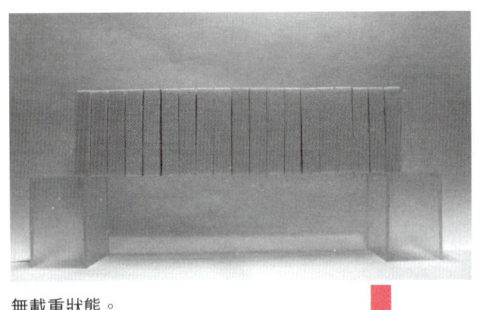

無載重狀態。

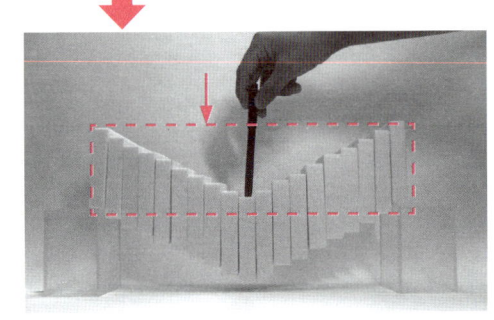

施加集中荷重後的狀態。物體會因外力而彎曲變形。

使構材發生偏移的力量就是剪應力!

與軸向力以及彎曲力矩相比,**剪應力**(剪力)比較不好懂,往往會被敬而遠之。不過,理解剪應力是非常重要的事。即使樑柱等發生彎曲破壞,建築物也不會立刻倒塌,但構材一旦發生剪切破壞,就很有可能會導致建築物倒塌或構材掉落,所以在設計建築物時,要避免讓剪切破壞發生。

剪應力＝變形成平行四邊形時的力

剪應力是,讓材料朝軸方向與(垂直方向錯開(切斷)時所產生的力。在說明剪應力時,經常會使用剪刀來當作範例。透過剪刀中的兩片刀刃來讓紙張朝上下方向錯開,就能將紙張切斷。切斷紙張時,紙張上所產生的力就是剪應力。

以微觀的角度來看,只要產生剪應力,構材就會變形為平行四邊形。我認為應該可以把「構材變

132

何謂剪應力？

剪應力是能讓物體變形為平行四邊形的力。

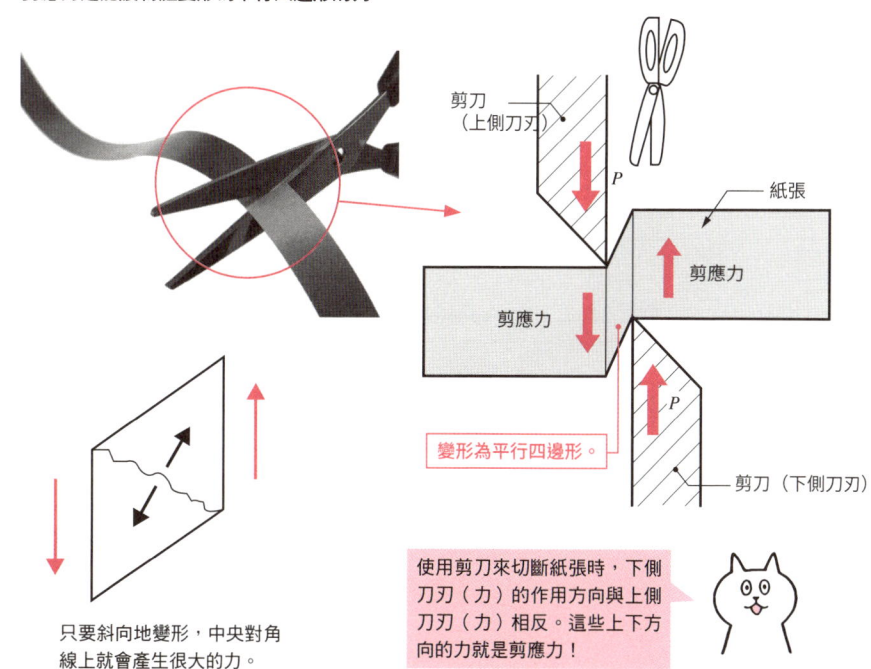

剪刀（上側刀刃）

紙張

剪應力

剪應力

變形為平行四邊形。

剪刀（下側刀刃）

只要斜向地變形，中央對角線上就會產生很大的力。

使用剪刀來切斷紙張時，下側刀刃（力）的作用方向與上側刀刃（力）相反。這些上下方向的力就是剪應力！

形為平行四邊形時的力」理解為剪應力吧。

在大地震後的照片中，大家應該有看過牆壁或柱子上的斜向裂縫或龜裂吧。只要勉強讓方形物體產生斜向的變形，對角線上就會產生很大的力，因此會產生斜向的裂縫。

橫樑的剪應力圖的畫法

在畫橫樑的**剪應力**圖時，要把構材所承受的剪應力分成上下兩部分，讓其中一邊朝構材上部突出，另一邊朝構材下部突出。舉例來說，當簡支樑承受集中荷重時，在畫剪應力圖時，要以承受荷重的點為中心，平均地將剪應力分成上下兩部分。想像出一個平行四邊形，當應力產生於右旋方向時，會用「＋」來表示。產生於左旋方向時，則會用「−」來表示。一般來說，會將橫樑上方與柱子左側視為「＋」。

133　在用來支撐結構荷重的橫樑上，會承受什麼樣的力量？

剪應力的應力圖

應力會透過「應力圖」來呈現。在畫剪應力的應力圖時，為了讓人了解構材上產生了多大的何種應力，所以會加上（＋・－）符號。由於等分布荷重與集中荷重的應力圖的形狀不同，所以必須多留意。

簡支樑的情況

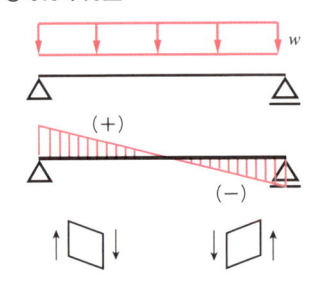

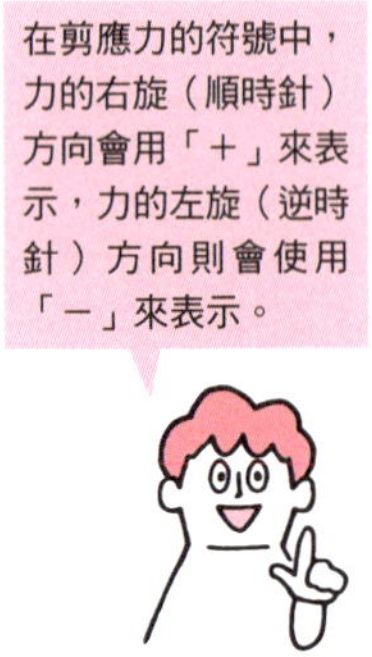

①等分布荷重　　②集中荷重

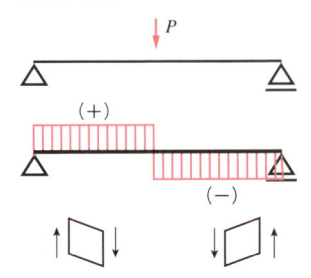

> 在剪應力的符號中，力的右旋（順時針）方向會用「＋」來表示，力的左旋（逆時針）方向則會使用「－」來表示。

③鉸鏈式框架結構的情況

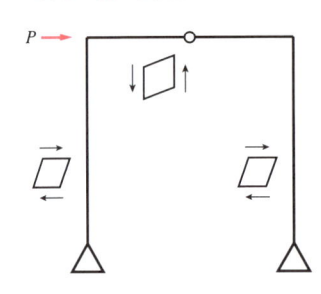

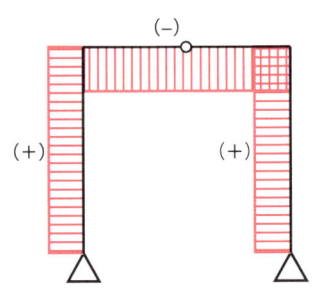

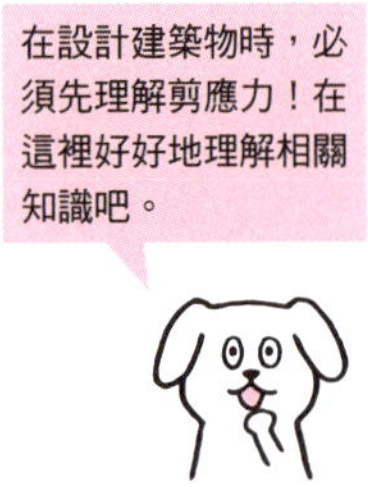

> 在設計建築物時，必須先理解剪應力！在這裡好好地理解相關知識吧。

剪應力與彎曲力矩的關係

剪應力與彎曲力矩之間有很密切的關係。

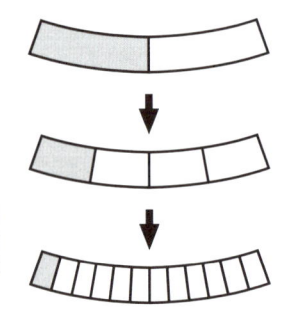

只要將細小的平行四邊形聚集起來，就會形成彎曲力矩所造成的變形狀態。

134

透過照片來理解軸向力

壓縮應力

壓縮應力在軸方向上產生作用的狀態。

拉伸應力

拉伸應力在軸方向上產生作用的狀態。

> 軸向力可以分成壓縮應力與拉伸應力這2種！

軸向力指的是，會在材料的軸方向上產生作用的力，可以分成**壓縮應力**與**拉伸應力**這2種。拉伸應力是想要把材料拉長時，構材內部所產生的力。壓縮應力則是想要把材料壓碎時，構材內部所產生的力。

軸向力會均勻地在構材斷面內產生作用。實際上，受到推擠時，正中央部分會隆起，受到拉扯時，正中央部分會收縮，但在結構計算時，會將中央部分的斷面視為不會產生變化。

軸向力的應力圖的畫法

在**軸向力的應力圖**中，要沿著構材畫出應力。在應力的畫法方面，有時也會加上「壓縮應力畫在內側，拉伸應力畫在外側」這種說明，有出現柱子時，會畫在構材的左右其中一邊，有出現橫

135　在用來支撐結構荷重的橫樑上，會承受什麼樣的力量？

何謂軸向力？

軸向力為0的構材 | **只要一按壓，就會產生壓縮應力。** | **只要一拉，就會產生拉伸應力。**

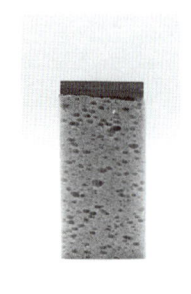

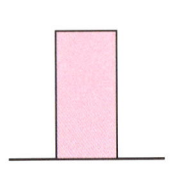

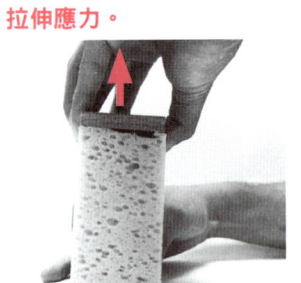

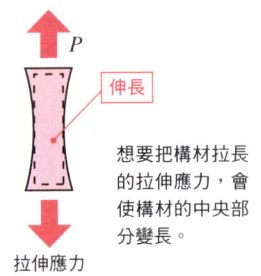

P

收縮

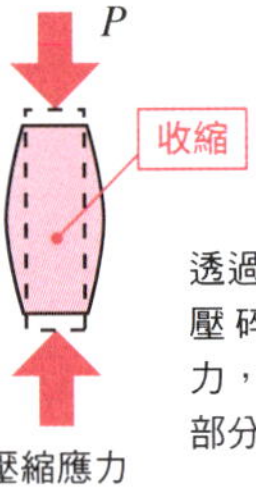

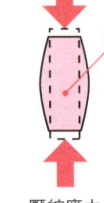

透過想要把構材壓碎的壓縮應力，構材的中央部分會收縮。

壓縮應力

伸長

想要把構材拉長的拉伸應力，會使構材的中央部分變長。

拉伸應力

沒有施加軸向力的狀態。

當拉伸應力的大小相同時，構材愈長的話，伸長量愈多！

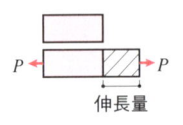

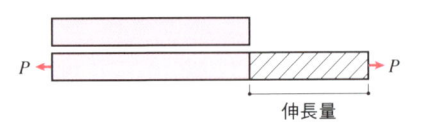

P ← → P　伸長量

P ← → P　伸長量

桁架構材的軸向力？

雖然桁架構材全都是透過軸方向的力來進行抵抗，但以整體來說，是透過彎曲力矩來進行抵抗。

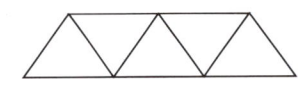

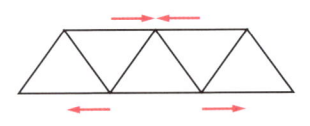

軸向力的應力圖

用來表示構材應力的圖,就是應力圖,但由於會搞不清楚是壓縮應力還是拉伸應力,所以會加上應力的符號(+、-)。以軸向力來說,會用「-」來表示壓縮應力,用「+」來表示拉伸應力。

垂直方向等分布荷重的情況

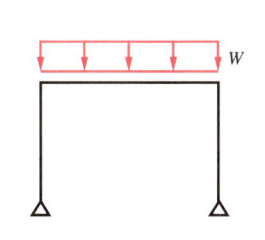

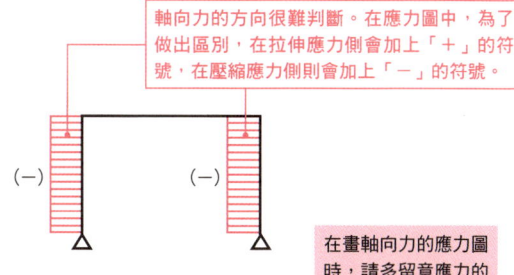

軸向力的方向很難判斷。在應力圖中,為了做出區別,在拉伸應力側會加上「+」的符號,在壓縮應力側則會加上「-」的符號。

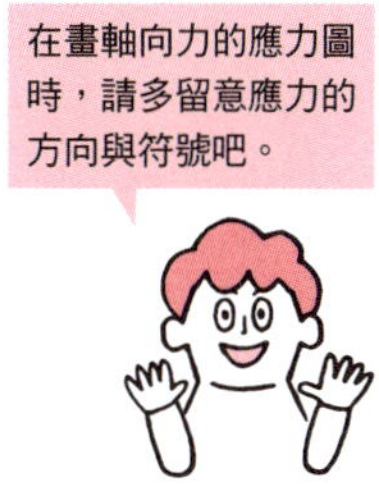

水平荷重的情況

在畫軸向力的應力圖時,請多留意應力的方向與符號吧。

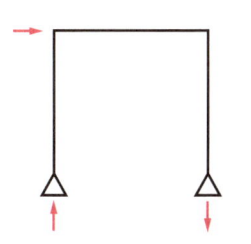

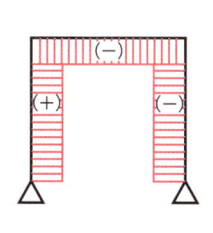

樑時,則會畫在上下其中一邊。只要別讓壓縮應力與拉伸應力的作畫方向混在一起,就沒問題。

不過,基本上,在壓縮應力側會統一採用「-」的符號,在拉伸應力側則統一採用「+」的符號。

以綜合觀點來思考軸向力、彎曲力矩、剪應力

軸向力、彎曲力矩、剪應力不會各自單獨地產生。

舉例來說,當框架結構承受了荷重時,在橫樑與用來支撐橫樑的柱子上,會同時產生彎曲力矩和軸向力。雖然軸向力容易被遺忘,但在確認結構的安全性時,必須以綜合觀點來思考軸向力、彎曲力矩、剪應力,進行結構計算。

另外,也必須留意壓縮應力,當構材很長時,會發生名為「挫屈」的彎曲現象(參閱 P141)。

137　在用來支撐結構荷重的橫樑上,會承受什麼樣的力量?

扭轉變形（扭力）的原理

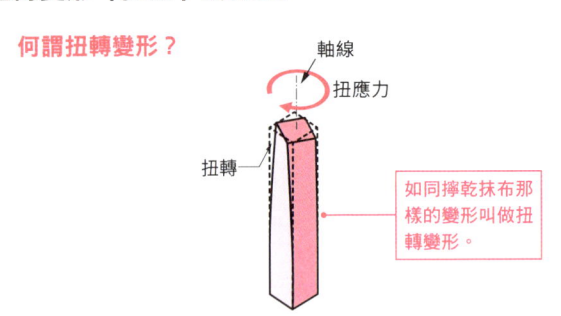

何謂扭轉變形？

軸線
扭應力
扭轉
如同擰乾抹布那樣的變形叫做扭轉變形。

RC結構橫樑的扭應力範例

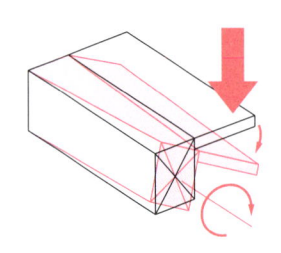

當RC結構橫樑上有安裝懸臂板（懸臂式混凝土厚板）時，只要對懸臂板施加力量，橫樑上就會產生扭應力。

鋼骨結構橫樑的扭應力範例

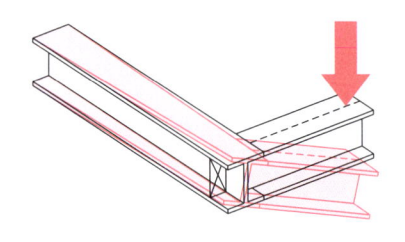

當鋼骨橫樑的邊緣有安裝懸臂樑時，橫樑上會產生扭應力。由於構材會出現這種變形現象，所以在設計時也必須考慮到扭應力。

> 扭應力是如同擰乾抹布時那樣會使物體變形的力！

扭力是如同擰乾抹布時那樣讓構材在軸周圍轉動的力。只要以圓筒狀的方式來觀察構材，就會發現情況與剪應力相同，構材會變形為平行四邊形。基本上，**扭力**是一種性質與剪切變形相同的應力。

在安裝了懸臂板的橫樑上，懸臂板上只要出現反作用力，就會被扭轉。馬路上的紅綠燈也和懸臂板這個例子一樣。容易因風荷重而被扭轉，在颱風等侵襲時，前端會大幅地朝旋轉方向轉動。

扭應力的計算方法

只要去想像扭動圓鋼棒時的狀態，就能清楚了解扭應力。人們認為，當圓鋼棒被扭轉時，從圓鋼棒中心到相同半徑的部分，會均勻地變形。

138

扭應力的計算方法

基本上，扭應力就是使物體轉動的力（應力）。會透過斷面內的轉動（力矩）來求出剪應力度。
一般來說，人們認為應力度是正方形的單位，扭應力則是圓周上的單位。

剪應力度 τ 會作用於，被扭轉後的圓鋼棒上的微小面積 d_A

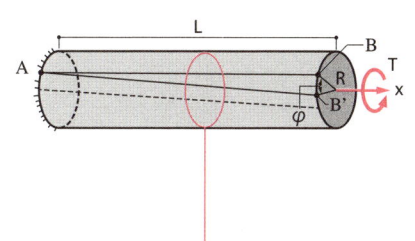

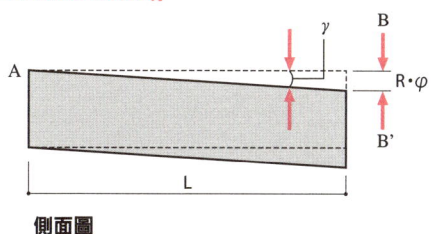

側面圖

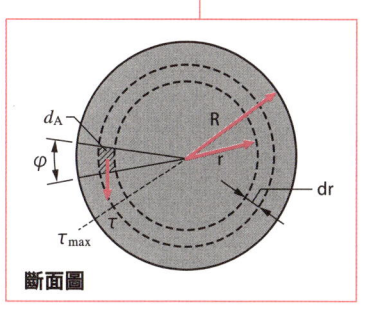

$$\gamma = \frac{R \cdot \varphi}{L} = R \cdot \theta \quad \cdots\cdots(1) \quad \frac{\varphi}{L} = \theta$$

$$\tau_{max} = G \cdot \gamma = G \cdot R \cdot \theta \quad \cdots(2) \quad \tau = G \cdot r \cdot \theta$$

$$dM_t = \tau\, dA \cdot r = G\,\theta\, r^2\, dA$$

$$T = G \cdot \theta \cdot I_p \quad \cdots\cdots\cdots(3)$$

剪應力度聚集起來後，就會形成扭應力。

$$\tau = \frac{T}{I_p} r$$

$$I_p = \int r^2\, dA = I_x + I_y$$

在圓鋼棒的情況中，極慣性矩（截面二次極矩）為
$$I_p = \frac{\pi D^4}{32}$$

I_p：極慣性矩
G：剪力剛度（抗剪剛度）
T：扭應力
θ：平均每單位長度的扭轉角
M_t：扭轉力矩
D：直徑

斷面圖

微小面積的觀點

在思考扭應力時，必須要留意微小面積的觀點。

①彎曲應力度的情況　　　　②扭應力度的情況

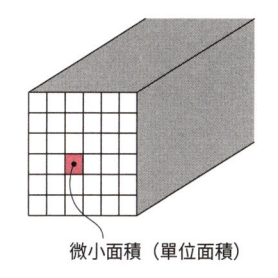

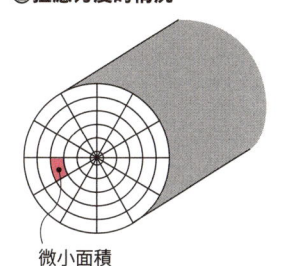

微小面積（單位面積）　　　微小面積

RC結構橫樑的扭力

在面對 RC 結構橫樑的扭力時,會透過有點特殊的軸方向鋼筋與肋部鋼筋來抵抗。

$$T \leq \frac{4 b_T{}^2 D_T f_S}{3}$$

T :用於設計的扭轉力矩
b_T:橫樑寬度
D_T:橫樑厚度
f_S:容許剪應力

在面對扭轉力矩時,透過下列公式來求出 1 根封閉式肋部鋼筋所必要的截面積 $a1$。

$$a_1 = \frac{T_X}{2 {}_w f_t A_0}$$

T :用於設計的扭轉力矩
x :封閉式肋部鋼筋的間隔
${}_w f_t$:用於肋部鋼筋的剪力補強的容許拉伸應力度
A_0:在封閉式肋部鋼筋的中心,被包圍起來的混凝土核芯的截面積

在面對扭轉力矩時,透過下列公式來求出軸方向鋼筋的必要總截面積 a_s。

$$as = \frac{T \varphi_0}{2 {}_s f_t A_0}$$

T :用於設計的扭轉力矩
φ_0:在封閉式肋部鋼筋的中心,被包圍起來的混凝土核芯的周長。
${}_s f_t$:軸方向鋼筋的容許拉伸應力度
A_0:在封閉式肋部鋼筋的中心,被包圍起來的混凝土核芯的截面積

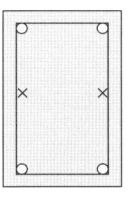

一般的鋼筋配置。寬止筋(用來固定寬度,圖中的X)會比主筋來得細。

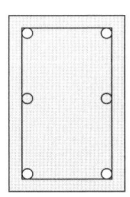

為了加強對抗扭力的性能,所以會加入直徑與主筋相同的寬止筋。

雖然也會朝軸方向變形,但幅度非常小,所以可以忽略。

考慮到圓周上的變形,如同上頁的圖片那樣,物體會變成平行四邊形,可以使用剪應變(shearing strain)的公式。只要把旋轉方向的變形角設為Φ,剪應變γ就會形成上頁的算式(1),剪應力也能如同算式(2)那樣地寫出來。透過這些算式就能導出剪應力與扭轉力矩的關連式表式(算式(3)。

在此處,I_p 是極慣性矩(截面二次極矩)。雖然此極慣性矩的詳細說明被省略了,但透過簡單的算式,就會成為加上強軸方向與弱軸方向的極慣性矩後的數值。

> 挫屈是把空罐踩扁時所發生的彎曲現象

140

形狀所造成的挫屈差異

挫屈所導致的變形現象，會因物體形狀而有所差異。在日常生活中，對常見的物體施加力量，事先掌握該物體是否會產生挫屈變形現象吧。

只要從上方用力踩踏空罐，罐子的側面（圓筒狀部分）就會彎曲。此現象叫做挫屈。

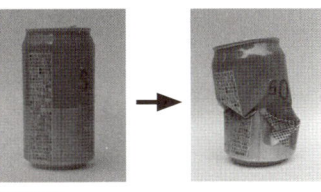

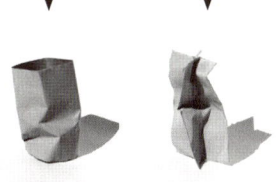

圓筒的挫屈　　方筒的挫屈　　十字形的挫屈　鋼筋的挫屈

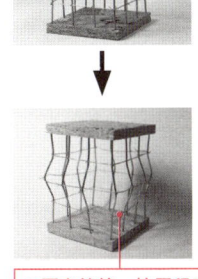

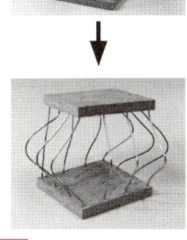

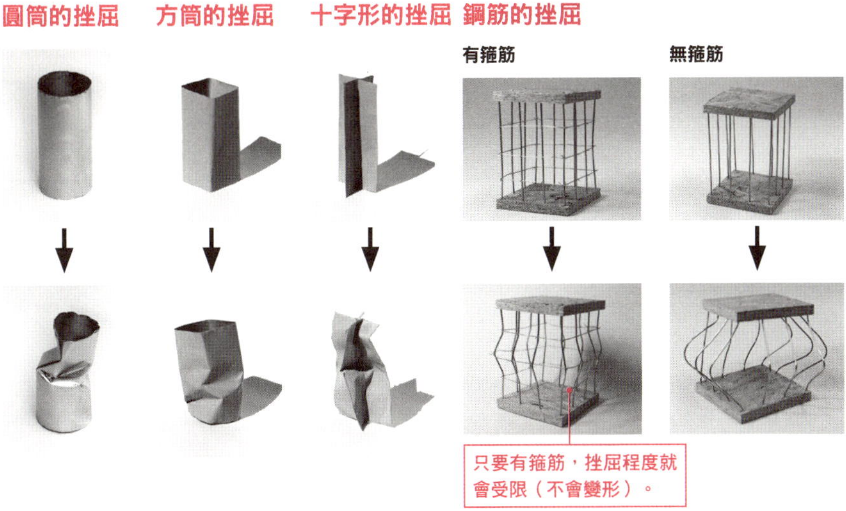

有箍筋　　　　　無箍筋

只要有箍筋，挫屈程度就會受限（不會變形）。

挫屈荷重與抗挫屈性能的計算方法

當棒狀物在垂直方向上直立著時，只要朝軸方向施加壓縮荷重，就會產生壓縮應力。當柱子長度為柱子寬度的4倍以上時，棒狀物的中央部分不會只出現簡單的壓縮應力，還會發生彎曲現象，比構材的抗壓強度來得小的力量會使柱子彎曲。這種現象叫做**挫屈**。

挫屈現象會發生於各處。以板材來說，只要如同海草那樣遭到海浪拍打，就會損壞。空罐反覆被波浪拍打後，也會損壞。應該有人曾經拿壓扁的鋁罐等物來玩吧。雖然平常可能沒有注意到，但各種地方都會出現挫屈現象。

在計算挫屈時，基本上會採用**尤拉公式**（參閱p143）。挫屈現象的奇妙之處並非材料的強度，而是與材料的剛性（硬度）有關。由於構材的材料（通過構材截面重心的長邊方向軸線）容易朝橫向彎曲的程度與挫屈現象有關聯，所以剛性會產生很大的影響。另外，由於構材邊緣的條件也跟容易朝橫向彎曲的程度有關，所以會對挫屈荷重產生很

用來決定抗挫屈性能的條件

①柱子的構材邊緣條件
②柱子的性質（楊氏係數）
③柱子的長度
④挫屈現象的發生會以面積慣性矩很小的中立軸為中心

H型鋼的特徵在於，如同右圖那樣，容易朝弱軸方向彎曲。

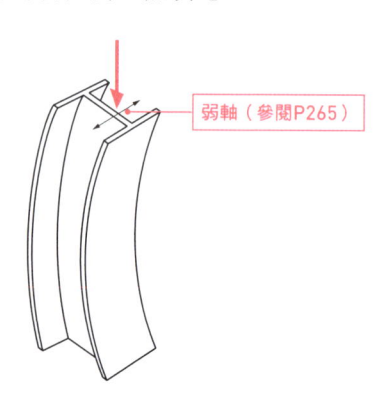

弱軸（參閱P265）

大的影響。

雖然鋼骨構材的強度很大，但由於會當成結構鋼來用，所以抗挫屈性能的討論會變得很重要。如同上圖那樣，由於H型鋼樑容易朝弱軸方向彎曲，所以會裝設橫向加勁材（transverse stiffener）或蓋板（cover plate）來對抗挫屈現象。柱子的細長比有相關規定，在設計時，構材長度除以斷面二次半徑（旋轉半徑）所得到的數值（細長比）需在200以下。

在鋼筋混凝土構材中，雖然不怎麼會造成問題，但為了防止挫屈現象發生，根據建築基準法施行令第77條的規定，柱子寬度應為高度（支點間的距離）的1／15以上。另外，當混凝土裂開時，樑柱的剪力補強筋也能夠阻止挫屈現象發生，避免主筋外露。

來求出挫屈荷重與挫屈長度吧

會引發挫屈的極限荷重叫做挫屈荷重，在以下公式中，會使用細長比等來計算。細長比是粗細度或長度的設計標準，能用來防止柱子發生挫屈現象。另外，挫屈這種現象與構材邊緣部分的支撐條件有很大的關聯。

細長比 λ 的求取方法

$$\lambda = \frac{\ell_k}{i}$$

λ：細長比
ℓ_k：挫屈長度
i：斷面二次半徑

挫屈荷重的求取方法（尤拉公式）

$$N_k = \frac{\pi^2 EI}{\ell_k^2}$$

N_k：挫屈荷重
I：面積慣性矩
E：楊氏係數
π：圓周率
ℓ_k：挫屈長度

斷面二次半徑 i 的求取方法

$$i = \sqrt{\frac{I}{A}}$$

i：斷面二次半徑
I：面積慣性矩
A：截面積（斷面積）

面積慣性矩的求取方法請參閱P168

挫屈長度 ℓk 會隨著構材邊緣部分的支撐條件而改變

支撐條件	固定／固定	旋轉接點／固定	旋轉接點／旋轉接點	固定 水平移動／固定	旋轉接點 水平移動／固定	自由 水平移動／固定
挫屈形狀						
挫屈長度 ℓ_k	0.5ℓ	0.7ℓ	ℓ	ℓ	2ℓ	2ℓ

李昂哈德・尤拉（Leonhard Euler）
（1707～1783）

身為數學家的尤拉對物體的變形很感興趣，在物理學領域也留下很大功績。在撓度曲線研究中取得進展的尤拉，導出了挫屈荷重的公式。即使在現代，該公式仍是一項基本知識。

015 應力的公式

在應力公式中,最重要的是哪個?

應力的基本公式是這3個。要依照形式或荷重種類,在口中填入不同數值。

彎曲力矩 $M_C = \dfrac{PL}{\Box}$

剪應力 $Q_A = \dfrac{P}{\Box}$

撓度 $\delta_C = \dfrac{PL^3}{\Box EI}$

簡支樑與兩端固定樑的公式是必要的!

在決定橫樑的斷面時,必須要了解,當橫樑承受荷重時,橫樑上所產生的力(彎曲力矩或剪應力)有多大。在下頁中,會介紹用來計算橫樑邊緣的應力($M、Q$)與撓曲量(δ)的公式。依照橫樑邊緣的固定方法,公式會不同。只要先記住簡支樑與兩端固定樑的公式,就能計算出除了固定支點、旋轉支點以外,還有連續樑。在連續樑中,依照相鄰橫樑邊緣部分的條件除了固定支點、旋轉支點以外,還有連續樑。在連續樑中,依照相鄰橫樑的剛性,應力會產生複雜的變化,所以通常會使用電腦來計算。所以此處將其省略。

應力公式的使用方法

① 簡支樑的公式

簡支樑是只透過兩端的支點來支撐橫樑的靜定結構(參閱P176),由其中一邊能夠自由轉動的旋轉

144

荷重的狀態

	模式圖	範例	內容
①集中荷重	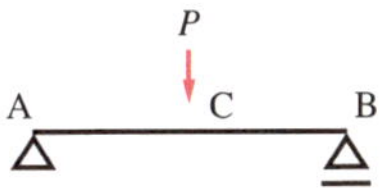	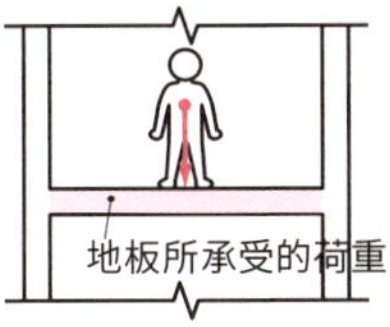 地板所承受的荷重	荷重集中作用於構材的其中一點 （例）地板所承受的人類體重
②等分布荷重	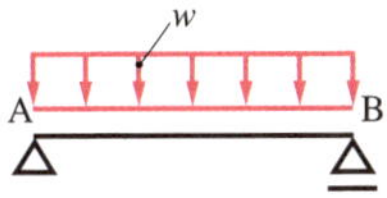	 雪 屋頂所承受的荷重	均勻地作用在構材上的荷重 （例）屋頂所承受的積雪荷重
③勻變分布荷重	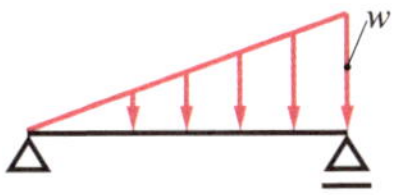	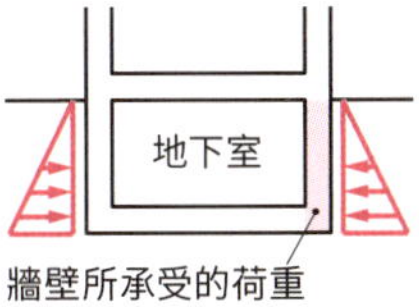 地下室 牆壁所承受的荷重	會依照一定比例來變化的荷重 （例）地下室的牆壁所承受的土壓
④三角形分布荷重	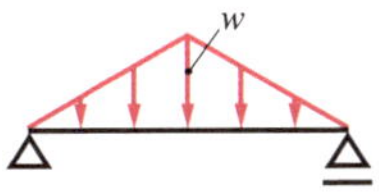	 此橫梁所承受的荷重	透過三角形分布來產生作用的荷重 （例）橫梁所承受的混凝土厚板的荷重
⑤梯形分布荷重	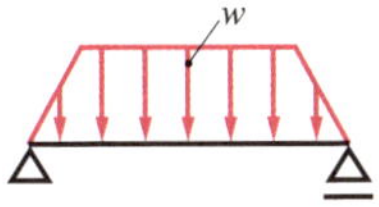	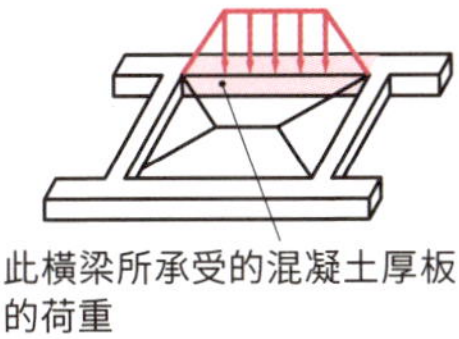 此橫梁所承受的混凝土厚板的荷重	透過梯形分布來產生作用的荷重 （例）橫梁所承受的混凝土厚板的荷重

雖然以等分布的方式來呈現地板的荷重，但實際上，依照地板短邊與長邊的筆值，荷重會產生變化。一般來說，地板的荷重分布形式為三角形分布或梯形分布。在實務上，只要長邊與短邊的比值超過2，就會採用等分布荷重的方式來計算應力。

①三角形分布荷重（正方形地板的情況）

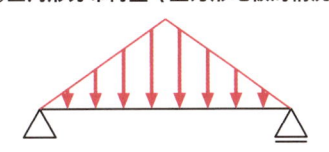

②梯形分布荷重（長方形地板的情況）

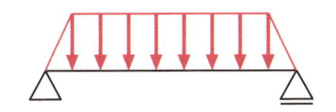

③等分布荷重（地板的長邊與短邊的比值超過2的情況）

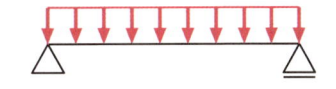

145　在應力公式中，最重要的是哪個？

集中荷重的公式（簡支樑）

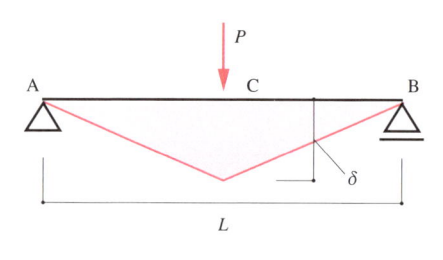

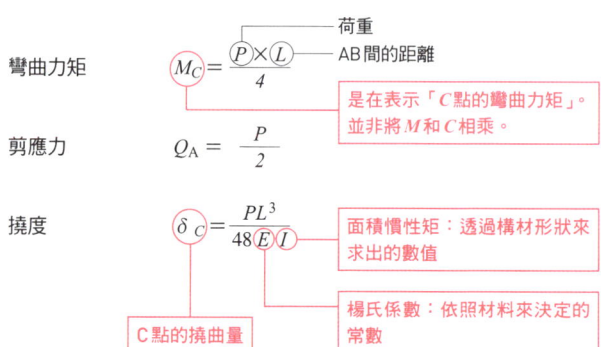

彎曲力矩　　$M_C = \dfrac{P \times L}{4}$　　荷重／AB間的距離

是在表示「C點的彎曲力矩」。並非將M和C相乘。

剪應力　　　$Q_A = \dfrac{P}{2}$

撓度　　　　$\delta_C = \dfrac{PL^3}{48 E I}$

面積慣性矩：透過構材形狀來求出的數值

楊氏係數：依照材料來決定的常數

C點的撓曲量

端（旋轉支點）以及另一端能夠朝水平方向移動的移動端（滾輪支點）所構成，應力在中央部分會達到最大。

在設計邊緣部分很難固定的木造橫樑時，以及採用鋼筋混凝土結構（RC結構）．鋼骨結構的小樑時，會運用簡支樑的公式。

②兩端固定樑的公式

兩端固定樑指的是，兩端採用剛性連接法（固定接合法）的橫樑。不過，只要去思考實際的樑柱的連接處，就會得知要打造出完全固定的狀態是很困難的，實際上，人們認為這種橫樑的性質介於旋轉接點與剛性接點之間。當橫樑與剛性非常高的柱子等相連時，會採用兩端固定樑的公式。

③橫樑所承受的荷重的觀點

在計算應力時，依照荷重的處理方式，使用的公式會有所不同。在計算橫樑本身的重量與橫樑所承受的地板荷重所造成的應力時，一般會將其視為橫樑上的等分布荷重，計算出應力。

146

簡支樑指的是，只透過兩端的支點來支撐的橫樑

簡支樑指的是，只透過兩端支點來支撐橫樑的靜定結構。嚴格來說，是由其中一邊能夠自由轉動的支點（旋轉支點），以及另一端能夠朝水平方向移動的移動端（滾輪支點）所構成。

不過，在結構力學的入門階段，如同下頁的照片那樣，即使兩端都是旋轉支點時，也要將撓度與應力視為與簡支樑相同。

等分布荷重與集中荷重的計算重點

如同下頁中的圖片那樣，當簡支樑承受著等分布荷重時，其彎曲力矩圖會形成拋物線狀，中央部分為反曲點（彎曲力矩的傾斜度變成0的點），而且中央部分的彎曲力矩數值為最大值。由於在剪應力的分布情況中，隨著從中央部分到邊緣部分，傳遞到邊緣部分的荷重的增加幅度會與剪應力成正比，所以分布形狀會成為，以中央的點（剪應力為0）為中心的點對稱三角形。

當中央部分承受著集中荷重時，彎曲力矩會分布成三角形。中央的荷重會傳遞到兩端的支點，從中央部分到支點，都同樣分布著1/2P的剪應力。

在撓度的公式中，若是等分布荷重的話，撓度會與跨距的4次方成正比，若是集中荷重的話，雖然依照載荷狀態，係數會改變，但還是會與跨距的3次方成正比。另外，無論是等分布荷重還是集中荷重，撓度都會與楊氏係數E以及面積慣性矩I成反比。

在實務上，簡支樑的計算也是一項重要的理由

在實務上，簡支樑的計算也是必要的。在木造住宅中，很難將橫樑的兩端固定，由於兩端會形

簡支樑的公式

荷重狀態圖	彎曲力矩圖	最大彎曲力矩 M	最大剪應力 Q	最大撓度 δ
①等分布荷重		$M=\dfrac{wL^2}{8}$	$Q=\dfrac{wL}{2}$	$\delta=\dfrac{5wL^4}{384EI}$
②1點集中荷重		$M=\dfrac{PL}{4}$	$Q=\dfrac{P}{2}$	$\delta=\dfrac{PL^3}{48EI}$
③2點集中荷重		$M=\dfrac{PL}{3}$	$Q=P$	$\delta=\dfrac{23PL^3}{648EI}$
④3點集中荷重		$M=\dfrac{PL}{2}$	$Q=\dfrac{3}{2}P$	$\delta=\dfrac{19PL^3}{384EI}$

w：每單位長度的荷重、P：集中荷重、E：楊氏係數、L：橫樑長度、I：面積慣性矩（參閱P168）

透過照片來了解簡支樑與荷重

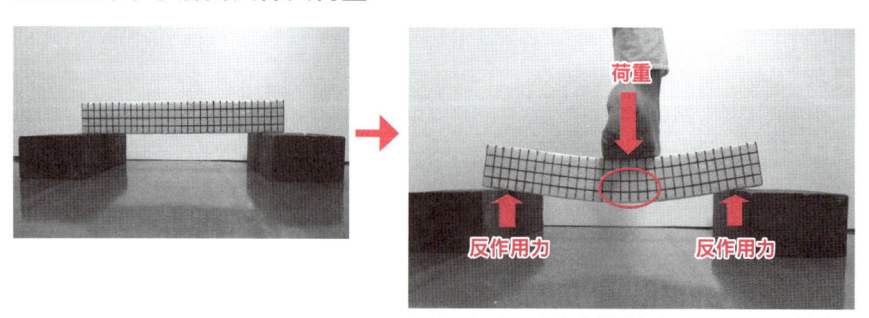

可以得知，荷重施加在橫樑上時，橫樑的下側會伸長。

簡支梁的彎曲力矩

如同下圖那樣,透過懸臂梁的公式就能導出簡支梁的彎曲力矩。

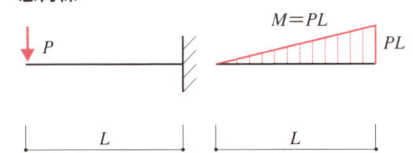

懸臂梁

簡支梁

$M = PL$

$M = \dfrac{1}{4} PL$　　$\dfrac{1}{2} P \times \dfrac{1}{2} L$

$M = \dfrac{1}{3} PL$　　$P \times \dfrac{L}{3}$

在實務上,簡支梁的計算方法也是不可或缺的知識。先好好地掌握計算方法吧!

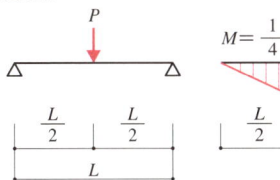

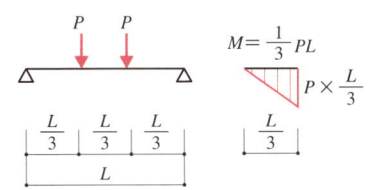

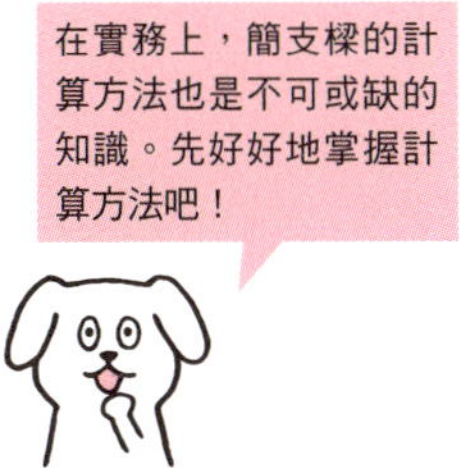

挑戰簡支梁的計算吧

例題

如同右圖那樣,將 2 kN/m 的等分布荷重施加在長度 6 m 的簡支梁上時,橫梁所承受的最大彎曲力矩、剪應力、撓度是多少?請思考一下吧($E = 2.05 \times 10^5$(N/mm^2)、$I = 2.35 \times 10^8$(mm^4))。

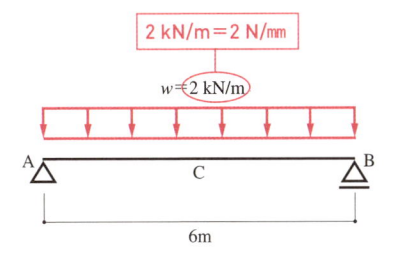

2 kN/m = 2 N/mm

$w = 2$ kN/m

6m

解答

① 求取 C 點的彎曲力矩

$$M_C = \dfrac{wL^2}{8} = \dfrac{2 \times 6^2}{8} = 9 \text{ kN·m}$$

② 求取橫梁 AB 所承受的最大剪應力

$$Q = \dfrac{wL}{2} = \dfrac{2 \times 6}{2} = 6 \text{ kN}$$

③ 求取 C 點的撓度

$$\delta = \dfrac{5wL^4}{384EI} = \dfrac{5 \times 2 \times (6 \times 10^3)^4}{384 \times 2.05 \times 10^5 \times 2.35 \times 10^8}$$
$$= 0.70 \text{ mm}$$

何謂半剛性接點

性質介於旋轉接點與剛性接點之間的構材接點叫做「半剛性接點」。在作畫時,會如同下述那樣,在邊緣部分畫出彈簧的圖案。
在設計小梁時,大多會設計成兩端為旋轉接點,不過由於實際上並非完全的旋轉接點,為了達到「即使邊緣部分產生彎曲力矩,也能確保安全性」,所以必須讓邊緣部分有餘裕空間。

兩端固定樑會因等分布荷重與集中荷重而有所差異

在**兩端固定樑**中，橫樑的兩端會使用剛性連接法來連接剛性很高的構材。在結構力學中，兩端固定樑的公式與簡支樑的應力並列為基本公式。

兩端固定樑的性能優於簡支樑

由於兩端固定樑的兩端不會彎曲，所以撓度很小。與簡支樑（參閱P147）相比，在等分布荷重的情況下，撓度會變成1/5。最大彎曲力矩也約為2/3，因此以橫樑來說，性能會變得非常好。另外，在集中荷重的情況下，撓度會變成1/4，彎曲力矩會變成1/2。

兩端固定樑的彎曲力矩

等分布荷重的彎曲力矩圖的畫法與簡支樑相同，要畫出拋物線。不過，在簡支樑中，雖然邊緣部分的數值為0（與構材線的端點一致），但由於邊緣部分會產生彎曲力矩，所以要如同下頁圖片那樣，讓拋物線的終點位於構材線上方。另外，彎曲力矩的曲線要畫在，對於構材線來說會產生拉伸應力的那側。

接著，由於兩端固定樑的剪應力與簡支樑相同，會對稱地出現在兩端，所以剪應力的分布情況會與簡支樑相同。

在集中荷重的彎曲力矩圖中，如同下頁圖片那樣，會與簡支樑相同，分布成三角形。在等分布荷重的情況下，由於邊緣部分同樣會產生彎曲力矩，所以要將線條畫在構材線的上方（拉伸應力產生作用的那側）。剪應力的分布情況會與等分布荷重一樣，和簡支樑的情況相同。

成旋轉支點的狀態，所以會使用簡支樑的公式來算出應力和撓度，進行設計。

鋼骨結構或RC結構的小樑也一樣，會設計成簡支樑。另外，由於撓度和地板的易搖晃度以及水平度有很大的關聯，所以非常重要。

好。另外，在集中荷重的情況下，撓度會變成1/4，彎曲力矩會變成1/2。

150

兩端固定樑的公式

荷重狀態圖	彎曲力矩圖	彎曲力矩 M（中央為MC 邊緣為ME）	最大剪應力 Q	最大撓度 δ
①等分布荷重		$M_C = \dfrac{wL^2}{24}$ $M_E = -\dfrac{wL^2}{12}$	$Q = \dfrac{wL}{2}$	$\delta = \dfrac{wL^4}{384EI}$
②1點集中荷重		$M_C = \dfrac{PL}{8}$ $M_E = -\dfrac{PL}{8}$	$Q = \dfrac{P}{2}$	$\delta = \dfrac{PL^3}{192EI}$
③2點集中荷重		$M_C = \dfrac{PL}{9}$ $M_E = -\dfrac{2PL}{9}$	$Q = P$	$\delta = \dfrac{5PL^3}{648EI}$
④3點集中荷重		$M_C = \dfrac{3PL}{16}$ $M_E = -\dfrac{5PL}{16}$	$Q = \dfrac{3}{2}P$	$\delta = \dfrac{PL^3}{96EI}$

w：每單位長度的荷重、P：集中荷重、E：楊氏係數、L：橫樑長度、I：面積慣性矩
註：M_C的C是中央（Center）的簡稱、M_E的E是邊緣（End）的簡稱

兩端固定支點與兩端旋轉支點的撓度差異

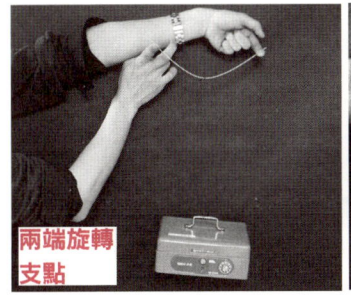

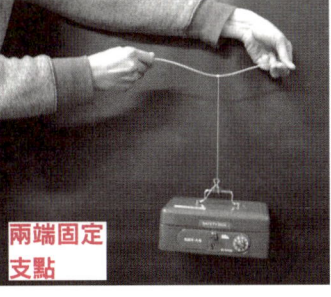

與兩端旋轉支點（左側照片）相比，採用兩端固定支點時，撓度會變得較小（性能變得較好）（右側照片）

在應力公式中，最重要的是哪個？

挑戰兩端固定樑的計算吧

例題

如同右圖那樣,將2kN/m的等分布荷重施加在兩端固定的簡支樑(長度6m)上時,橫樑所承受的最大彎曲力矩、剪應力、撓度是多少?請思考一下吧($E = 2.05 \times 10^5$(N/mm^2)、$I = 2.35 \times 10^8$(mm^4))。

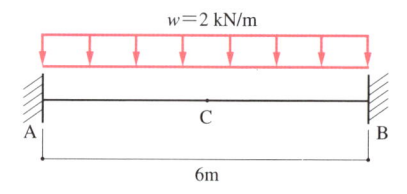

解答

①求取C點的彎曲力矩

$$M_C = \frac{1}{24}wL^2 = \frac{1}{24} \times 2 \times 6^2 = 3 \text{ kN·m}$$

且、$M_A = M_B = -\frac{1}{12}wL^2 = -\frac{1}{12} 2 \times 6^2 = -6 \text{ kN·m}$

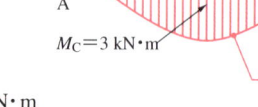

②求取橫樑AB所承受的最大剪應力

$$Q = \frac{wL}{2} = \frac{2 \times 6}{2} = 6 \text{ kN}$$

③求取C點的撓度

$$\delta = \frac{wL^4}{384EI} = \frac{2 \times (6 \times 10^3)^4}{384 \times 2.05 \times 10^5 \times 2.35 \times 10^8} = 0.14 \text{ mm}$$

在懸臂樑的設計中,要留意橫樑與結構體的連接處!

不過,只要思考實際上的構材連接處,就會發現,想要打造出完全固定的狀態是很困難的。實際上,人們認為橫樑所具備的性質會介於兩端旋轉支點與兩端固定支點之間。因此,觀察不利側(安全側)後,有時也會採用兩端旋轉支點的設計。當橫樑與剛性非常高的柱子等相連時,結構會很接近兩端固定樑,在設計時也可以使用兩端固定樑的公式。

懸臂樑指的是,其中一側被固定在柱子或其他橫樑上,另一側沒有受到支撐的橫樑。懸臂樑的前端容易彎曲,一旦彎曲的話,也會破壞建築物給人的印象。在木造屋頂中,彎曲現象很可能會導致漏雨,與簡支樑相比,撓度會變得比應力更加重要。

在設計鋼骨結構的懸臂樑時,必須讓撓度與跨

各種結構中的懸臂樑

木造結構

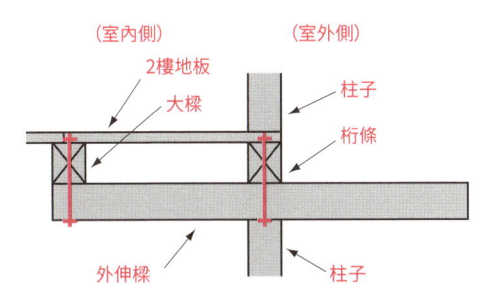

（室內側）　（室外側）
2樓地板
大樑
柱子
桁條
外伸樑
柱子

RC結構

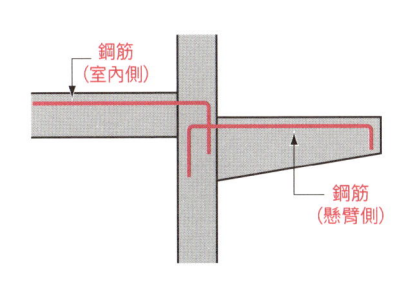

鋼筋（室內側）
鋼筋（懸臂側）

鋼骨結構

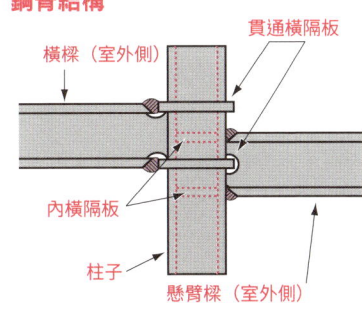

橫樑（室外側）
貫通橫隔板
內橫隔板
柱子
懸臂樑（室外側）

木造結構・RC結構・鋼骨結構的懸臂樑

雖然懸臂樑是一種只透過單側來支撐橫樑的不穩定結構，但由於能夠安裝在外側，所以也是一種能用來呈現建築物風格的重要構材。

距的比值在1／250以下才行。以下可作為參考，在RC結構的懸臂板中，為了防止撓曲現象發生，所以最好要確保懸臂板厚度與跨距的比值在1／10以上。

即使同樣都是懸臂樑，依照結構種類，實際的規格會有所不同。

木造結構

在木造懸臂樑中，懸臂部分與結構體的連接處很重要。一般來說，會採用的方法包含了，從內部通過桁條，讓橫樑向外突出的方法（外伸樑）、在懸臂樑與桁條的連接處裝設金屬零件的方法，或者是把角撐和補強用柱腳金屬零件組合起來，藉此來支撐橫樑的方法。

RC結構

懸臂樑的公式

荷重狀態圖	彎曲力矩圖	最大彎曲力矩 M	最大剪應力 Q	最大撓度 δ
①等分布荷重		$M=-\dfrac{wL^2}{2}$	$Q=-wL$	$\delta=\dfrac{wL^4}{8EI}$
②1點集中荷重		$M=-PL$	$Q=-P$	$\delta=\dfrac{PL^3}{3EI}$
③偏心集中荷重		$M=-Pb$	$Q=-P$	$\delta=\dfrac{PL^3}{3EI}\left(1+\dfrac{3a}{2b}\right)$

w：每單位長度的荷重、P：集中荷重、E：楊氏係數、L：橫樑長度、I：面積慣性矩

機翼是懸臂樑!?

如同照片那樣，飛機機翼的結構有如懸臂樑那樣。浮力會給予機翼向上的力量。

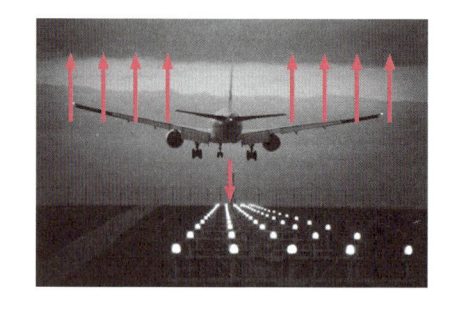

試著挑戰懸臂樑的計算吧

例題

如同右圖那樣，將 2kN/m 的等分布荷重施加在長度 6m 的懸臂樑上時，橫樑所承受的最大彎曲力矩、剪應力、撓度是多少？請研究一下吧（$E = 2.05 \times 10^5$（N/mm^2）、$I = 2.35 \times 10^8$（mm^4））。

解答

① 求取 B 點的彎曲力矩

$$M_B = -\frac{wL^2}{2} = -\frac{2 \times 6^2}{2} = -36 \text{ kN·m}$$

② 求取橫樑 AB 所承受的最大剪應力

$$Q = -wL = -2 \times 6 = -12 \text{ kN}$$

③ 求取 A 點的撓度

$$\delta = \frac{wL^4}{8EI} = \frac{2 \times (6 \times 10^3)^4}{8 \times 2.05 \times 10^5 \times 2.35 \times 10^8} = 6.73 \text{ mm}$$

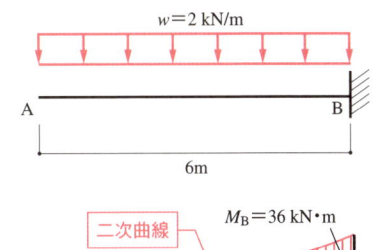

鋼骨結構

與木造或 RC 結構相比，由於鋼骨結構的懸臂樑的連接難度較低，所以能夠採用尺寸較大的懸臂樑。不過，由於容易震動，所以要讓懸臂樑的剛性變得更高，並盡量減少撓度。當懸臂樑與大樑之間有高低落差時，由於橫隔板會變得較難裝設，所以必須確保高低落差在 200mm 以上。

採用 RC 結構時，必須留意鋼筋的配置方法。懸臂樑上所產生的拉伸應力，會經由鋼筋，傳遞到橫樑或柱子上。當懸臂樑與建築物內的大樑之間有高低落差時，雖然會讓懸臂樑的鋼筋固定在柱子上，但此時的錨定（固定）鋼筋的位置會位於懸臂側，以及相反側的柱子主筋的附近。當懸臂樑與內部大樑位於相同高度，且連接在一起時，由於懸臂樑上所產生的應力會依照柱子與大樑的剛性來分配，所以必須依照剛性來決定各處的錨定鋼筋的數量。

應力的相關原理

016 何謂應先透過結構計算來了解的法則・定理？

以因彈簧的伸長而聞名的虎克定律為首，包含了馬貝二氏互換定理、莫爾定理（Mohr's theorem）等。

彈簧沒有伸長的狀態。沒有施加力量。

伸長

彈簧伸長的狀態。有施加力量。

「虎克定律」說明了，建築物也和彈簧一樣會伸縮

進行結構計算時，**虎克定律**（左側公式）是一項非常重要的觀點。基本的觀點與在高中的物理課中所學到的「F＝k x」這個彈簧公式是相同的。在建築結構中，會把平均單位面積的微小力量（應力）與位移（應變）納入考量，只要進行比較，就會得知兩者是相同的公式。

虎克定律

$$\sigma = E\varepsilon$$

σ：應力度
E：彈性係數
ε：應變

計算時會將斷面視為不會變化的物體

進行結構計算時，必須先記住1項重要的規定。如同P158的圖片所示，無論是哪種材料，一般來說，只要伸長的話，斷面就會收縮，只要壓

156

何謂虎克定律？

1678年，羅伯特・虎克（Robert Hooke）從彈簧伸長量與荷重的相關實驗中發現到「在彈性範圍內，應力與應變會成正比」這一點。用來表示其關係的公式就是：

$$\frac{應力}{應變} = 比例常數（彈性係數）\cdots 虎克定律$$

此公式的比例常數叫做**彈性係數**，會成為材料特有的數值。

最初測量出彈性係數的人是湯瑪士・楊格（Thomas Young），他將彈性係數稱作**楊氏係數**。楊氏係數的常用符號是 E。只要套入剛才的公式中，就會變成

$$E = \frac{\sigma}{\varepsilon} \quad （E：楊氏係數、\sigma：應力、\varepsilon：應變）$$

主要結構材料的楊氏係數 E 如下表所示

木材	$E = 8 \sim 14 \times 10^3 [N/mm^2]$
鋼鐵	$E = 2.05 \times 10^5 [N/mm^2]$
混凝土	$E = 2.1 \times 10^4 [N/mm^2]$

羅伯特・虎克
（Robert Hooke）
（1635～1703）

湯瑪士・楊格
（Thomas Young）
（1773～1829）

> 虎克定律也是在說明，施加應變與彈性係數的物體，與應力之間存在比例關係。

彈簧的公式與虎克定律

彈簧的公式

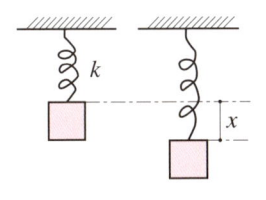

$F = kx$

F：力
k：彈性常數・彈簧常數
x：變形

建築結構中所使用的虎克定律，與彈簧的公式相同。

鋼鐵的應力──應變曲線

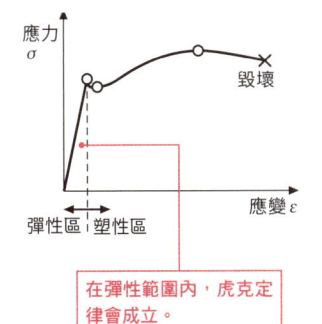

應力 σ ／ 應變 ε

毀壞

彈性區　塑性區

在彈性範圍內，虎克定律會成立。

> 有回想起彈簧的公式嗎？虎克定律是結構力學的重要項目，所以請好好地記住吧！

157　何謂應先透過結構計算來了解的法則・定理？

構材內部所產生的應力與應變

只要對構材施加荷重（外力），應力就會在構材內部產生作用，引發應變。當應變出現在相同構材中時，長度愈長，變形量會變得愈大。

對構材施加荷重

①拉伸應力

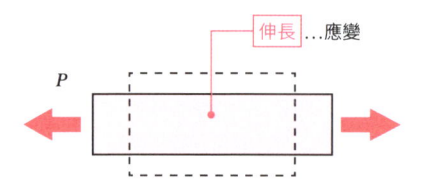

伸長…應變

②壓縮應力

收縮…應變

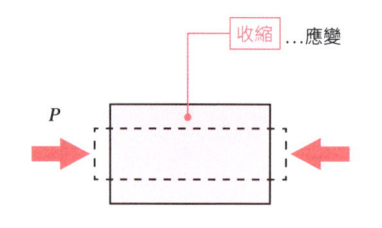

構材內所產生的應變量的計算

①每單位面積的應力 σ

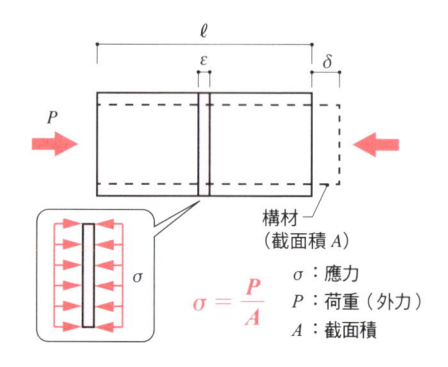

$$\sigma = \frac{P}{A}$$

σ：應力
P：荷重（外力）
A：截面積

②應變量 δ 的計算公式

$$\delta = \int_0^\ell \varepsilon\, dx = \frac{\sigma}{E}\ell$$

δ：應變（變形）量
ℓ：構材長度
ε：應變

當材料相同時，長度愈長變形量愈大

縮的話，斷面就會膨起。

在建築領域中，由於材料具備某種程度的硬度，所以受到膨脹、收縮的影響較小，因此在進行計算時，會使用「平坦度的假設（Plane sections remain plane）」這個概念，即使材料出現伸縮現象，也會將斷面視為不會變化的物體。此假設不僅會用於受到軸方向的力量時，在建築結構的世界中，關於剪應力、彎曲力矩等所有應力，此假設都是共通的。

由於斷面總是固定的，所以只要在長度方向加上平均單位長度的應變，就能算出材料整體的伸長量或收縮量。在數學中，會用積分的方式來表示。若要用感覺的方式來呈現的話，當構材承受相同的力量時，構材長度愈長，變形量就會變得愈大。

用來表示材料伸縮性質的彈性係數 E 叫做楊氏係數，在建築領域所使用的材料當中，鋼鐵的數

莫爾定理①懸臂樑的撓度

①荷重狀態

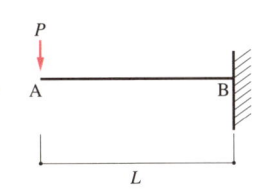

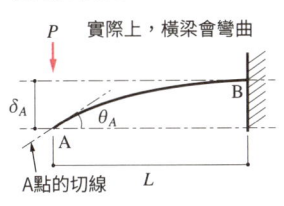

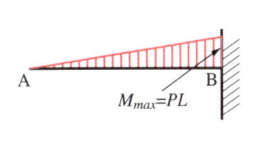

②變形的狀態 實際上，橫梁會彎曲

③彎曲力矩圖 $M_{max}=PL$

④從相反側施加荷重

從橫樑的相反側施加彈性荷重 $\frac{M_{max}}{EI}$

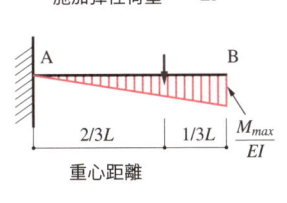

重心距離 2/3L, 1/3L, $\frac{M_{max}}{EI}$

⑤彈性荷重所造成的剪應力

彈性荷重所造成的剪應力＝撓曲角 θ

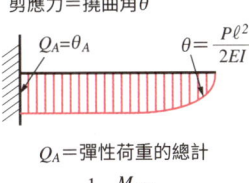

$Q_A = \theta_A$　　$\theta = \frac{P\ell^2}{2EI}$

$Q_A =$ 彈性荷重的總計

$= \frac{1}{2} \cdot \frac{M_{max}}{EI} \cdot L$

$= \frac{PL^2}{2EI} = \theta_A$

⑥彈性荷重所造成的彎曲力矩

彈性荷重所造成的彎曲力矩＝撓曲角 δ

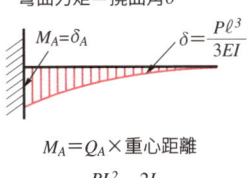

$M_A = \delta_A$　　$\delta = \frac{P\ell^3}{3EI}$

$M_A = Q_A \times$ 重心距離

$= \frac{PL^2}{2EI} \cdot \frac{2L}{3}$

$= \frac{PL^3}{3EI} = \delta_A$

用來計算橫樑撓度的定理

透過莫爾定理來求取撓度

在上個章節（P146）中，介紹了非常重要的應力公式。應該也有許多人會覺得，在最大撓度的公式中，為何會產生這種數字呢？在撓度的求取方法中，有2個很有名的定理。那就是「莫爾定理」和「馬貝二氏互換定理」。只要能夠理解各自的觀點，應該就能明白公式中的數字的涵義。

莫爾定理是德國土木工程師奧圖・莫爾（Otto Mohr）所發表的定理。橫樑的荷重P對應彈性荷重，剪應力Q對應撓曲角 θ，彎曲力矩M對應撓度 δ。

如同上圖①那樣，只要在懸臂樑的邊緣部分施加荷重P，實際上橫樑AB就會如同②那樣地彎

值最大，為 $2.05 \times 10^5 \mathrm{N/mm^2}$，混凝土約為其10分之1，木材則約為20～30分之1。

159　何謂應先透過結構計算來了解的法則・定理？

莫爾定理②簡支樑的撓度

①荷重條件

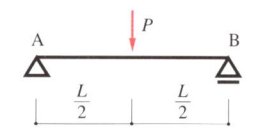

②變形的狀態

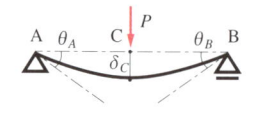

③彎曲力矩圖
$M_{max} = \dfrac{PL}{4}$

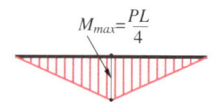

④從相反側施加荷重
從橫樑的相反側施加彈性荷重 $\dfrac{M_{max}}{EI}$

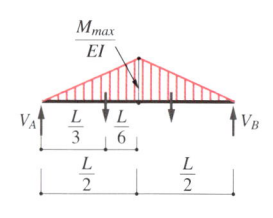

⑤彈性荷重所造成的剪應力
彈性荷重所造成的剪應力
＝撓曲角 θ
Q_A 等於④的三角形左半邊的面積。

$$Q_A = \dfrac{1}{2} \times \dfrac{L}{2} \times \dfrac{M_{max}}{4EI}$$

$$= \dfrac{PL^2}{16EI} = \theta_A$$

由於是左右對稱，所以
$Q_A = Q_B = \theta_A = \theta_B$

⑥彈性荷重所造成的彎曲力矩
M_{max} 是C點左側的彎曲力矩的總和
$M = V_A \times \dfrac{L}{2} -$ ④的三角形的荷重 $\times$ 重心距離

$$= \dfrac{PL^2}{12EI} \times \dfrac{L}{2} - \dfrac{PL^2}{16EI} \times \dfrac{L}{2} \times \dfrac{L}{3}$$

$$= \dfrac{PL^3}{48EI} = \delta_C$$

$\delta_C = \dfrac{PL^3}{48EI}$

在此處，會從荷重P的相反側對橫樑施加「橫樑上所產生的彎曲力矩除以橫樑剛性EI後所得到的數值」。此荷重叫做**彈性荷重**或**虛擬荷重**（virtual load）。

而且，還會使自由端和固定端的位置變得和一開始的條件相反。此時，彈性荷重所造成的剪應力為圖④的各點當中的撓曲角，其最大面積為橫樑邊緣部分A的撓曲角。由於B點是被固定的，所以B點的角度為0。彈性荷重所造成的彎曲力矩會用來表示各點的橫樑撓曲量。因此，最大撓度會是剪應力與重心距離的乘積。

採用簡支樑時，觀點也一樣。不過，在簡支樑中，不會像懸臂樑那樣，當荷重P位於簡支樑的中央時，會如同橫樑那樣地變形，產生如同③那樣的力矩。人們會②將此彎曲力矩除以橫樑剛性EI所得到的數值視為彈性荷重，將其置於先前所產生的力矩的相反側。此彈性荷重所造成的剪應力Q就是橫樑的撓曲角 θ。最大撓曲角 θ 並非位於荷重P的位置，

160

馬貝二氏互換定理①

當荷重為1個時

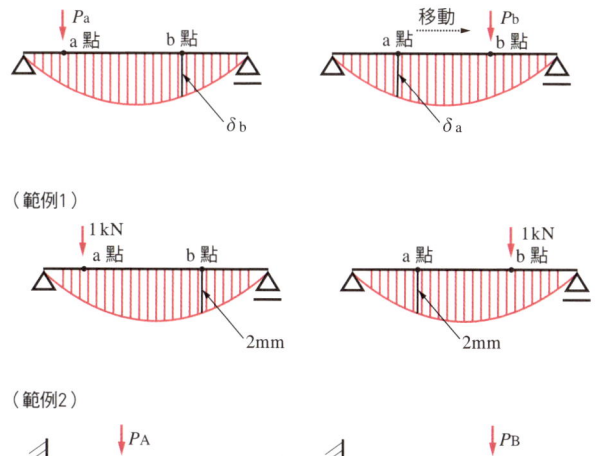

$P_a \cdot \delta_b = P_b \cdot \delta_a$
$P_a = P_b = P$、
讓「施加在a點上的力P」移動到b點時，下述關係會成立。

$$\delta_{ba} = \delta_{ab}$$

δ_{ba}：將P施加在a點上時，b點的撓度。
δ_{ab}：將P施加在b點上時，a點的撓度。

（範例1）

（範例2）

在上述的懸臂樑中，也會成立。

馬貝二氏互換定理的使用方法

馬貝二氏互換定理並沒有那麼難懂。由於在說明時常會使用簡支樑來當作範例，所以在本書中，也會使用簡支樑來進行說明。

如同P161的圖片那樣，當簡支樑上的a點承受

正確來說，馬貝二氏互換定理應為「馬克斯威爾互換定理」與「貝提互換定理」。「馬克斯威爾互換定理」顯示出荷重和位移的關係。「貝提互換定理」顯示出複數個荷重和位移的關係。

透過馬貝二氏互換定理就能算出複數個荷重的撓度

而是位於兩端的支點。當荷重位於中央部位時，位於A點、B點上的撓曲角θA、θB會變得相等。

由於當荷重P的位置不在橫樑中央時，兩端的撓曲角會不同，所以必須多留意。只要求出彈性荷重所造成的彎曲力矩，就能算出位於橫樑各點的撓曲量。最大撓曲量會位於荷重P的位置。

161　何謂應先透過結構計算來了解的法則・定理？

馬貝二氏互換定理②

有複數個荷重時

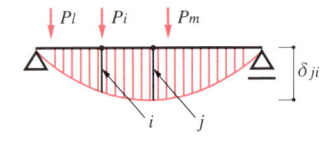

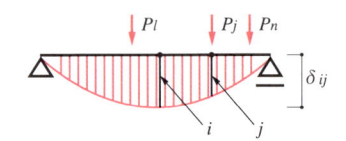

當外力有複數個時，下述關係會成立。

$$\sum_{i=1}^{m} P_i \delta_{ij} = \sum_{j=1}^{n} P_j \delta_{ji}$$

上方圖片顯示出，當物體承受著複數個荷重時，以及承受1個荷重時，相同的原理都會成立。

試著使用馬貝二氏互換定理來解題吧！

例題

只要將P施加在b點上，就能測量到如同下圖那樣的撓度。

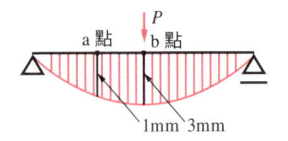

那麼，施加如同下圖那樣的力時，b點的撓度是多少？

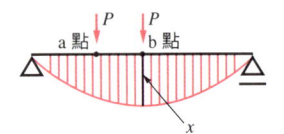

解答

首先，當P對b點產生作用時，就會在a點測量出1mm的撓度。因此，透過馬貝二氏互換定理，讓P移動到a點時，b點也同樣會形成1mm的撓度。

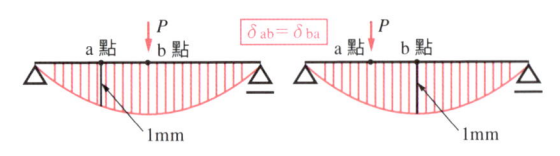

$\delta_{ab} = \delta_{ba}$

因此，在a點‧b點上施加P時，依照疊加原理，b點的撓度

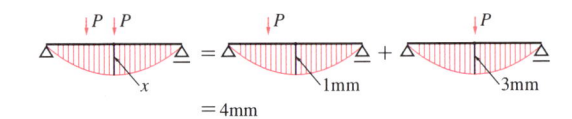

= 4mm

會變成 4mm。

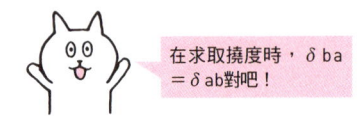

在求取撓度時，$\delta_{ba} = \delta_{ab}$ 對吧！

卡氏定理（Castigliano's theorem）

此外，也希望大家先記住的定理還有卡氏定理。此定理是在說明，使用荷重 P_i 來對「貯藏在荷重所作用的構材內的所有應變能量 V」進行微分後所得到的數值，會與力量作用方向的位移 δ 相等。

$$\delta_i = \frac{\delta V}{\delta P_i}$$

$$V = \frac{1}{2} \int \frac{M^2}{EI} dx$$

E：楊氏係數
I：面積慣性矩
M：彎曲力矩

在計算撓度時會使用到。

著荷重 P_a 時，會將 b 點的位移視為 δ_b。下次，當荷重 P_b 對 b 點產生作用時，a 點的位移就會是 δ_a。如此一來，「$P_a \cdot \delta_b = P_b \cdot \delta_a$」就會成立。此時，若 $P_a = P_b = P$ 的話，就會變成 $\delta_a = \delta_b$。此現象叫做馬貝二氏互換定理。當物體為彈性結構體時，此定理一定會成立。採用懸臂樑時，同樣也可以那樣說。

具體來說，會如何運用呢？許多書籍都介紹過，此定理會應用在「當荷重 P 移動時所畫出的撓度的影響線」，但在實際業務中，卻不太會考慮到影響線。如果能透過感覺來理解「荷重和位移的關係」，不是很好嗎？由於我在上一頁中紀錄了容易透過感覺來理解此定理的例題的解法，所以請當作參考吧。

163　何謂應先透過結構計算來了解的法則・定理？

017 應力度

應力度究竟是指的什麼？

當力（應力）施加在構材上時，每單位面積的力（應力）叫做應力度。

指的是每單位面積的應力大小

應力度指的是，當力（應力）施加在某個構材上時，該構材上所產生的每單位面積的應力。由於建築中所使用的構材含有各種尺寸與材料，所以為了以量化方式來確認安全性，會透過用來表示「每單位面積的應力」的應力度來進行比較。

何謂軸應力度・彎曲應力度・剪應力度？

應力度基本上可以分成**軸應力度、彎曲應力度、剪應力度**這3種。各種應力的施加方式都不同。另外，當力施加在構材上後，構材就會變形，但我們並非要透過變形後的斷面來算出應力度，而是要透過變形前的斷面來思考應力度。

軸應力度指的是，朝著軸方向推擠、拉住構材時所產生的應力度。處於前者狀態時，每單位面積的應力叫做**壓縮應力度**，後者則叫做**拉伸應力**

164

應力度的基礎

應力度指的是，當力（應力）被施加在某個構材上時，「每單位截面積的應力」。透過以下公式就能計算出來。

$$應力度（\sigma）=\frac{應力（N）}{截面積（A）}（N/mm^2）$$

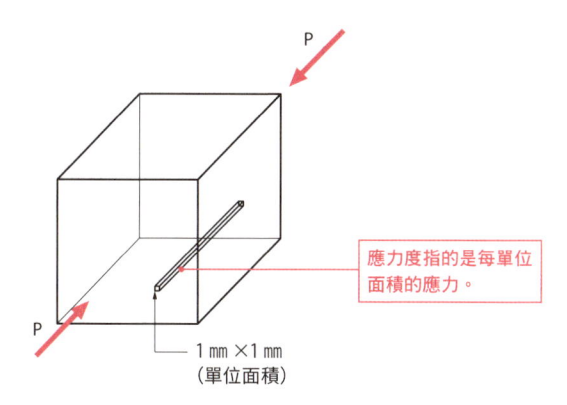

應力度指的是每單位面積的應力。

1mm×1mm
（單位面積）

度。應力度的計算方法很簡單，用應力除以截面積就能計算出來。

彎曲應力度則有點複雜。由均質材料製成的構材一旦被折彎，應力度就會如同下頁的彎曲應力圖那樣地分布。雖然在壓縮側與拉伸側產生方向不同，但分布方式可以透過相同大小的三角柱來表示。另外，在壓縮側與拉伸側，應力變成0的部分叫做**中立軸**。而且，彎曲應力度並非全都相同，構材最外側部分的應力度會變得較大。此應力度叫做**最大彎曲應力度**或**邊緣應力度**，使用彎曲力矩來除以截面模數，就能計算出來。

剪應力不是如同軸應力或彎曲應力那樣產生於軸方向上的應力，而是產生於截面上的力。一般來說，剪應力會因應彎曲應力而產生，當只有剪應力單獨產生時，叫做**純剪應力度**，就是使用剪應力除以截面積後所得到的數值。

應力度的種類與求取方法

軸應力度（σ：sigma）的計算公式

①拉伸應力度（σ_t）

$$\sigma_t = \frac{拉伸應力（N）}{截面積（A）} \;(\text{N}/\text{mm}^2)$$

②壓縮應力度（σ_c）

$$\sigma_c = \frac{壓縮應力（N）}{截面積（A）} \;(\text{N}/\text{mm}^2)$$

壓縮應力的示意圖。

隆起　收縮

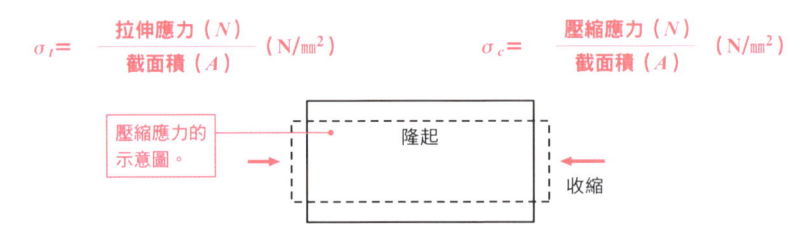

彎曲應力度（σ_b：sigma）的計算公式

$$\sigma_b = \frac{彎曲力矩（M）}{截面模量（Z）} \;(\text{N}/\text{mm}^2)$$

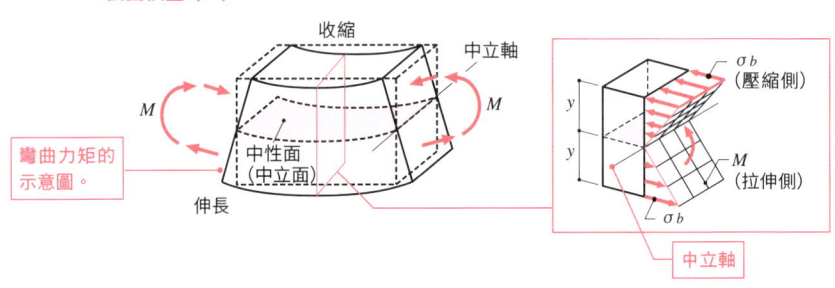

彎曲力矩的示意圖。

收縮　中立軸　中性面（中立面）　伸長　σ_b（壓縮側）　M（拉伸側）　中立軸

剪應力度（τ：tau）的計算公式

透過下列公式來算出最大剪應力度（τ）

$$\tau = \frac{剪應力（Q）}{構材的截面積（A）} \;(\text{N}/\text{mm}^2)$$

剪應力一旦施加在構材上，構材就會如同右圖那樣，變形為平行四邊形。

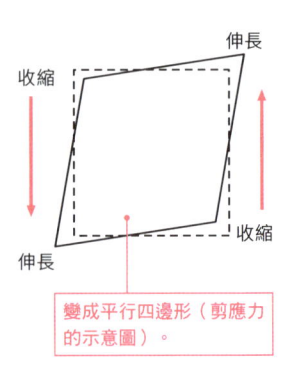

伸長　收縮　收縮　伸長

變成平行四邊形（剪應力的示意圖）。

166

橫樑木材的剪應力度

剪應力會同時與彎曲力矩一起施加在橫樑上。因此，橫樑斷面的剪應力度（伴隨彎曲而產生的剪應力度）不會像純剪應力度那樣分布，而是會如同下圖那樣，分布成拋物線狀。
在求取最大剪應力度（τ_{max}）時，若為一般斷面的話，可以透過下列公式來計算出來。

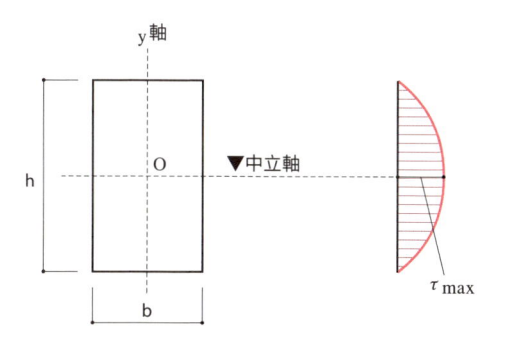

（在計算橫樑的剪應力度時，也會加上彎曲力矩所造成的影響。這就是係數k對吧。）

$$\tau_{max} = k \times \frac{剪應力}{構材的截面積}$$

k：依照截面形狀來決定的係數
$k = 1.5$（截面為長方形）
$k = \dfrac{4}{3}$（截面為圓形）

用來呈現構材特性的截面性能

為了確認構材上所發生的應力與截面的安全性，所以必須將截面的性質化為數值。在計算建築物的結構時，起碼應先掌握的截面性質為「①截面積、②面積慣性矩、③截面模數、④斷面二次半徑」這4項。包含與挫屈現象有關的⑤寬厚比在內，這些會成為進行結構計算時的基礎數值，而且也有用來求取這些項目的公式。

用來求取截面性能的5種方法

① 截面積（A）

在求取軸應力或剪應力時，截面積是必要的性質。在計算結構鋼等的截面積時，必須透過作為計算對象的應力來決定截面部分。舉例來說，在計算H型鋼的剪應力時，由於對剪應力有效的部分會成為腹板，所以在截面積中不包含翼板部分。

② 面積慣性矩（I）

截面性能的公式

用來求取截面性能的公式有好幾個，首先必須記住基本公式。

基本公式（長方形截面）

① 截面積（A）　　　$A = B \times H$

② 截面模量（Z）　　$Z = \dfrac{1}{6} B \times H^2$

③ 面積慣性矩（I）　$I = \dfrac{1}{12} B \times H^3$

④ 斷面二次半徑（i）$i = \dfrac{h}{\sqrt{12}}$

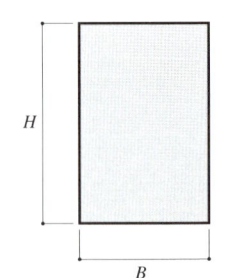

與挫屈現象有關的⑤寬厚比

寬厚比與挫屈現象有關聯。寬厚比也是用來決定截面性能的要素之1。

寬厚比 $= \dfrac{b}{t}$

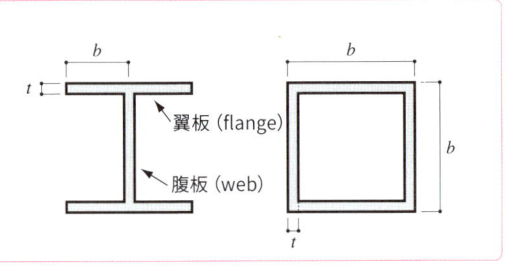

翼板 (flange)
腹板 (web)

③ 截面模量（Z）

截面模數是在計算截面最外側邊緣的應力度時會使用到的性質。截面模量的數值愈大，截面的強度愈高。在計算鋼骨結構的截面或混凝土的裂縫時，最外側邊緣的應力度是必要的。

④ 斷面二次半徑（i）

斷面二次半徑會呈現出關於挫屈現象的性能，在計算細長比（λ）時會使用到。細長比是一項用來確認柱子等壓縮構材的安全性的指標。

⑤ 寬厚比

寬厚比指的是，壓縮翼板（參閱P263）等部分的突出寬度與厚度的比。此指標是用來確認，是否有發生局部的挫屈現象。數值愈大，愈容易發生挫屈現象。在確認H型鋼的翼板的抗挫屈性能時，會使用到。

面積慣性矩是關於樑柱變形現象的重要性質，數值愈大，構材的抗彎強度愈高（變得不容易變形）。當構材的截面形狀很複雜時，會先將其分成容易計算的形狀，算出面積慣性矩後，再透過加減的方式來求出數值。

168

特殊形狀的觀點

當截面形狀為圓形或H型時,截面性能的公式會變成下述那樣。

截面為圓形的情況

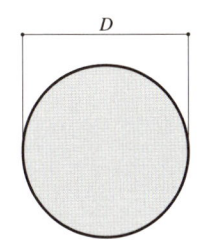

截面為H型的情況

思考方式為,在大方形的性能中,只扣除掉小方形的性能。

①截面積(A)

$$A = \pi \frac{D^2}{4}$$

②截面模量(Z)

$$Z = \pi \frac{D^3}{32}$$

③面積慣性矩(I)

$$I = \pi \frac{D^4}{64}$$

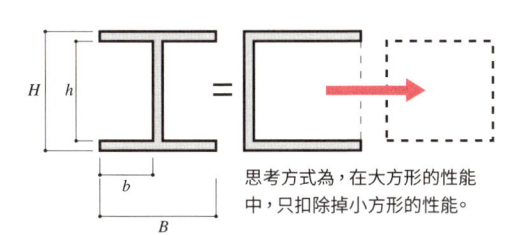

①截面積(A)

$$A = B \times H - 2 \times b \times h$$

②截面模量(Z)

$$Z = I \div \frac{H}{2}$$

③面積慣性矩(I)

$$I = \frac{1}{12} B \times H^3 - 2 \times \frac{1}{12} b \times h^3$$

依照截面形狀,截面性能的公式會有所差異。請留意這點,並記住吧!

column

用來表示應力狀態的「莫爾圓」

在莫爾圓中，會透過圖解方式來表示任何一個點、任何方向的應力狀態。在確認地下（地基）的應力狀態時，經常會使用到。透過莫爾圓，也能思考地理解莫爾圓的第一步就是去體會「應力會隨著觀看場所、觀看方向而改變」這一點。舉例來說，把一片板材放入河中。當板材的擺放方向與水流方向垂直時，就會產生很大的力。若擺放方向與水流平行的話，阻力就消失。雖然同樣都是河川的水流，用來抵抗水流的力，但依照板材的角度，應力也是一樣。

平面板材中的應力狀態，會遵守莫爾圓的原理。

也許有很多人覺得莫爾圓很難懂。當物體承受著荷重時，若物體處於不動的平衡狀態的話，物體內部的應力在任意一點的任意傾斜角（任意傾斜截面）上，都必定會達成平衡。莫爾圓以外的所有結構體的應力狀態。我們會透過有限元素分析法等方式來計算出平坦板材的應力，而且力在任意截面上都會平衡。

就是在利用這項特性。在繪製設計圖時，會將縱軸視為剪應力度，將橫軸視為軸方向應力度（拉伸方向）。

只要讓傾斜截面的角度連續產生變化，就會形成「中心座標為$((\sigma_x+\sigma_y)/2,0)$，半徑為$r$（次頁的公式①）」的圓形。

只要持續轉動傾斜角，就會找到剪應力變成0的傾斜角度。此傾斜的應力度叫做主應力度。另外，圓形最頂部的剪應力度會達到最大值，以主應力截面作為基準，此時的傾斜角度為45度。在下頁的公式②中，會顯示出此圓形。

在特殊的平面應力狀態下，會出現純剪應力。在名為「純剪」的狀態下，莫爾圓會形成以「$r=0$，$\sigma=0$」作為原點的圓。

170

莫爾圓的標示方法

基本的應力狀態

$$r = \sqrt{\left(\frac{\sigma_x - \sigma_y}{2}\right)^2 + \tau_{xy}^2} \quad \cdots(1)$$

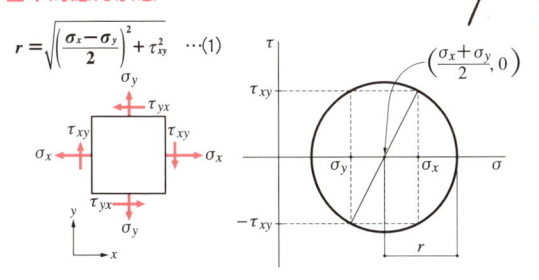

透過此圖表中的圓形可以得知,主應力的單一方向為拉伸方向的應力,垂直方向為大小與拉伸應力相同的壓縮應力。另外,當傾斜截面與主應力方向之間的角度為45度時,就會形成純剪應力狀態。

只要讓傾斜截面的角度連續地變化,就會形成中心座標為〈($\sigma_x + \sigma_y$)/2,0〉,半徑為r的圓形。

主應力截面上的應力狀態

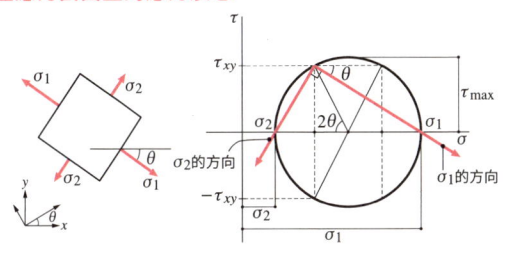

主應力狀態指的是,「剪應力τ為0,軸方向應力σ達到最大(或最小)」的角度下的應力狀態。在莫爾圓的圖表中,σ的最大值(最小值)會出現在τ軸的0的位置。另外,此時的角度會變成左圖那樣。

任意傾斜截面上的應力狀態

$$\left(\sigma_v - \frac{\sigma_x + \sigma_y}{2}\right)^2 + \tau_{uv}^2 = \left(\frac{\sigma_x - \sigma_y}{2}\right)^2 + \tau_{xy}^2 \quad \cdots(2)$$

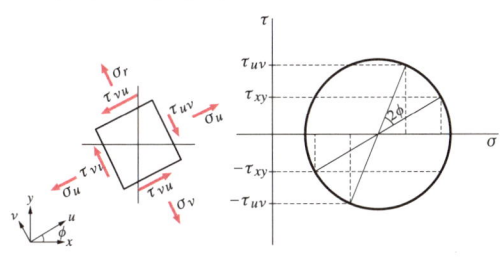

也能夠簡單地計算出任意角度下的應力狀態。依照計算公式的話,會變得如同左邊公式那樣複雜,但透過圖表就能簡單地計算出來。

純剪應力狀態

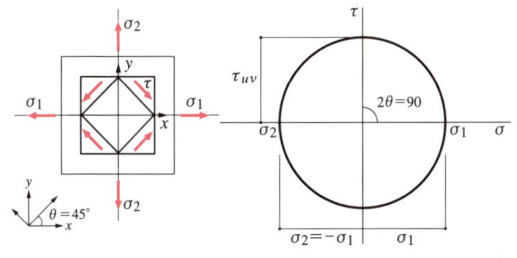

也可能會出現只產生剪應力的特殊情況。在那種應力狀態下,當$\sigma_1 = \sigma_2$時,與σ_1以及σ_2之間的傾斜角度為45度。用莫爾圓來表示的話,就會變成左圖那樣。

應力計算

018

計算應力時，會使用什麼方法？

雖然現在的主流是勁度矩陣法（stiffness matrix method），但也有其他各種計算方法，像是固定力矩法、撓曲角法、D值法等。

固定力矩法

D值法

方法有很多種，從透過電腦來計算的方法到用紙筆來計算的方法都有

為了確保建築物的安全性，所以必須要確認「在面對預料中的外力時，各個樑柱上會產生什麼樣的應力呢」。應力的計算方式有很多種。

現在的主流為，透過電腦來進行計算的**勁度矩陣法**（stiffness matrix method）。也就是說，即使不了解程式的內容，也能夠計算出應力，但在思考結構規劃時，還是必須先理解基本的計算方法，像是「計算結果是否正確、柱子應設置在何處才會產生作用、樑柱的適當尺寸為何」等。

用來計算應力的結構計算方法

撓曲角法（偏轉角法）是一種基本的結構計算方法。在撓曲角法中，會透過構材邊緣部分所產生的力矩與變形角度來計算出應力。

172

應力計算的基本觀點

使用「將構材簡化成線構材的要素」來組成建築結構

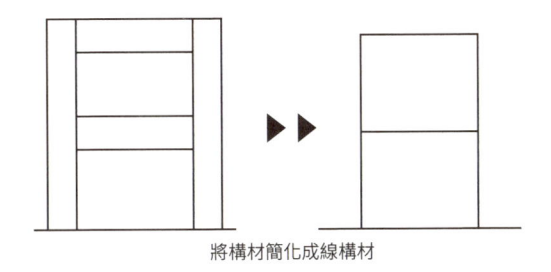

將構材簡化成線構材

應力計算的主要方法

撓曲角法
基本的解法。當建築物樓層數很多時，方程式會變多，需花費較多時間來計算。

固定力矩法
以前在計算垂直荷重所造成的應力時，經常會使用此方法。

D值法
為了方便計算多樓層建築的應力而研發出來的計算方法。在計算水平力所造成的應力時，經常會使用此方法。

矩陣法（matrix method）
適合使用電腦的計算方法，也能算出立體結構體的應力。在現代，幾乎都是使用此方法來計算。

現代的結構計算

結構計算包含了，計算出荷重、計算出固定荷重分配給柱。計算出藉由分配到的剪應力與柱子長度而產生的彎曲力矩，然後再分配給大樑。

在先前提到的**勁度矩陣法**（stiffness matrix method）中，會先透過個別構材的勁度矩陣來建構出整體的勁度矩陣，然後再使其與外力達成平衡，求出矩陣。因電腦技術的發達，現在已變得能夠計算出大型矩陣，所以此方法變得很普及。**有限元素法**也是勁度矩陣法當中的一種。

在計算垂直荷重所造成的應力時，使用的方法為**固定力矩法**。計算出在對抗大樑所承受的荷重時所產生的應力（固定端力矩、剪應力）後，會一邊依照與該力矩鄰接的柱子或大樑的剛性來進行分配，一邊計算應力。

另一方面，適合用來計算水平方向應力的方法則是D值法。在D值法中，一開始會依照柱子以及裝設在柱子上的橫樑的剛性，將水平方向的荷重分配給柱。

173　計算應力時，會使用什麼方法？

透過電腦來計算應力（勁度矩陣法）

使用電腦來計算應力時，要將建築物製作成3D模型，輸入到電腦中。

將建築物製作成3D模型
結構體（骨架結構）

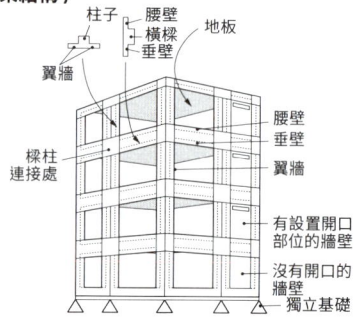

標示：柱子、腰壁、橫樑、垂壁、地板、翼牆、樑柱連接處、腰壁、垂壁、翼牆、有設置開口部位的牆壁、沒有開口的牆壁、獨立基礎

要將建築物製作成3D模型時，第一步為，把建築結構體視為構材（柱子、橫樑、牆壁、地板、基礎等）與連接處的集合體。只要使用有限元素法（FEM）的話，就能夠透過這種等級的模型來進行計算。

把構材替換成線構材的模型

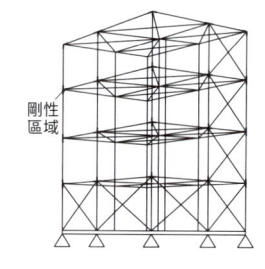

標示：剛性區域

製作出更加簡化的模型。在有考慮到「帶有翼牆的柱子、腰壁、垂壁的剛性」的情況下，把構材替換成線構材。要將樑柱連接處視為不會變形的剛性區域（rigid zone）。牆壁、地板的模型也會採用評估過剛性的線構材（斜支柱）。

透過電腦來計算

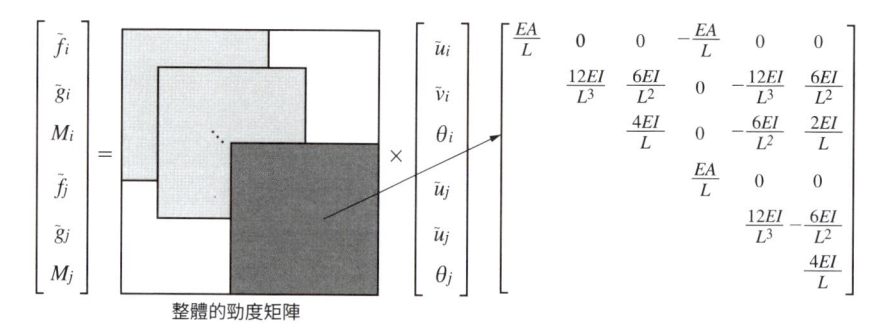

$$\begin{bmatrix} \bar{f}_i \\ \bar{g}_i \\ M_i \\ \bar{f}_j \\ \bar{g}_j \\ M_j \end{bmatrix} = [\text{整體的勁度矩陣}] \times \begin{bmatrix} \bar{u}_i \\ \bar{v}_i \\ \theta_i \\ \bar{u}_j \\ \bar{u}_j \\ \theta_j \end{bmatrix} \begin{bmatrix} \frac{EA}{L} & 0 & 0 & -\frac{EA}{L} & 0 & 0 \\ & \frac{12EI}{L^3} & \frac{6EI}{L^2} & 0 & -\frac{12EI}{L^3} & \frac{6EI}{L^2} \\ & & \frac{4EI}{L} & 0 & -\frac{6EI}{L^2} & \frac{2EI}{L} \\ & & & \frac{EA}{L} & 0 & 0 \\ & & & & \frac{12EI}{L^3} & -\frac{6EI}{L^2} \\ & & & & & \frac{4EI}{L} \end{bmatrix}$$

在電腦中，會進行下述那樣的計算。
$$\{P\} = [K]\{\delta\}$$

重・裝載荷重・其他外力所造成的應力、截面計算等。現在這些幾乎都是透過電腦來計算。

用來連續不斷地進行結構計算工作的程式，叫做「一貫性結構計算程式」。在我們現在所使用的大部分一貫性結構計算程式中，只要輸入骨架結構與裝載荷重等荷重，就能夠進行從「主要骨架結構的容許應力度」到「水平承載力」的計算工作。

有的程式只能用來計算截面或荷重，這類只能進行一部分結構計算工作的程式，叫做「局部性結構計算程式」。

019 何者為靜定結構？

靜定・靜不定

靜不定的次數愈高，結構上會愈穩定。

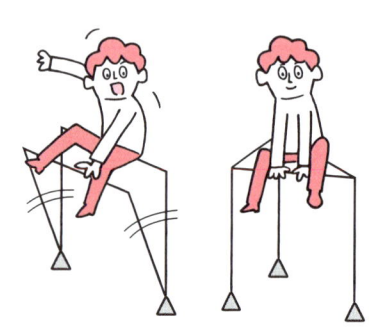

擁有4隻腳的右側範例會最為穩定。

不穩定與靜不定的差異為何？

當建築物的構材所承受的力與反作用力達成平衡時，建築物就會靜止，維持固定形狀。另一方面，只要荷重與反作用力沒有達成平衡，建築物就會倒塌。在結構力學中，前者的狀態被稱作**穩定**，後者則被稱作**不穩定**。穩定狀態還可以再細分成「**靜定**」與「**靜不定**」這2種狀態。

靜不定次數的多寡會成為關鍵！

靜定指的是，只要某一處的支點或節點損壞，建築物整體就會損壞的狀態。靜不定指的則是，即使某一處的支點或節點損壞，建築物整體也不會損壞的狀態。在靜不定結構中，當節點逐一損壞時，直到結構最後變得不穩定前，損壞的節點數量（次數）被稱作靜不定次數（下列公式）。剛性接點數量指的是，在一個構材上，以剛性連接法來連接的構材數量。

176

穩定（靜定・靜不定）與不穩定的差異

建築物可以分成穩定與不穩定狀態。穩定狀態可以再細分成靜定與靜不定狀態。不穩定狀態與穩定狀態（靜定）・穩定狀態（靜不定）如下所示。

不穩定

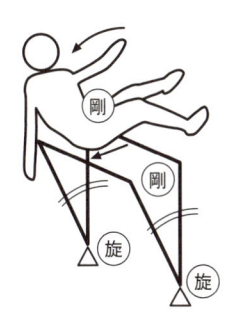

只有2隻腳的話，椅子會倒下。

穩定（靜定）

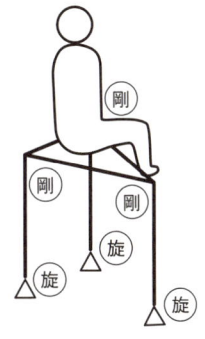

透過3隻腳，椅子會處於穩定的靜定狀態。

穩定（靜不定）

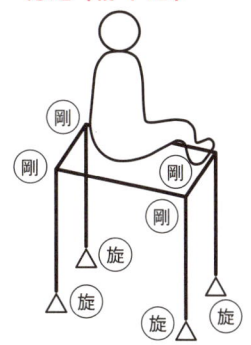

當椅子有4隻腳時，即使拿掉1隻腳，還是能處於穩定狀態。

> 首先，重點在於，物體處於穩定還是不穩定狀態呢。由於「靜不定」也屬於穩定狀態，所以大家千萬不要誤解喔！

靜不定次數愈高，就愈能稱作結構上很穩定的建築物。在比較2個建築物時，即使在結構計算上，建築物的強度（承重力）相同，但只要靜不定次數不同的話，實際的結構安全性就會有所差異。舉例來說，在鋼骨框架結構，以及所有構材都是透過旋轉接點來連接的斜撐結構中，當兩者在結構計算上被設計成具備相同的承重力時，由於框架結構的靜不定次數較高，所以安全性會比靜不定次數較低的斜撐結構來得高。

透過計算容許應力度來確認建築物的安全性時，由於條件為「所有構材都沒弄壞」，所以靜不定次數沒有那麼重要。另一方面，在計算上，若採用「一邊逐一將構材的連接處弄壞，一邊確認結構安全性的臨界值」這種方法來計算水平承載力的話，由於最後旋轉接點（hinge）的數量會

**靜不定次數 =
反作用力數量＋構材數量＋剛性接點數量－節點數量×2**

穩定・不穩定狀態的辨別

在辨別「建築物處於穩定或不穩定狀態呢」時，要求出靜不定次數 m，當 $m \geq 0$ 時，就代表穩定，若 m＜0 的話，就代表不穩定。靜不定次數的計算公式還有其他很多種。本書所介紹的公式是其中一種。當骨架結構變得很複雜時，即使在下列公式中屬於靜定狀態，但實際上可能已變得不穩定，所以必須多留意。

穩定・不穩定狀態的辨別公式

$m=n+s+r-2k \ ＞0$ ……穩定（靜不定）
$m=n+s+r-2k \ =0$ ……穩定（靜定）
$m=n+s+r-2k \ ＜0$ ……不穩定

m：靜不定次數　　r：剛性接點數量
n：反力數量　　　k：節點數量
s：構材數量

剛性接點數量 r 的觀點

① 剛性接點的橫梁
② 剛性接點的柱子
④ 斜撐
⑤ 旋轉接點的橫梁

① $r=1$
② $r=2$
③ $r=3$
④ $r=1$
⑤ $r=1$

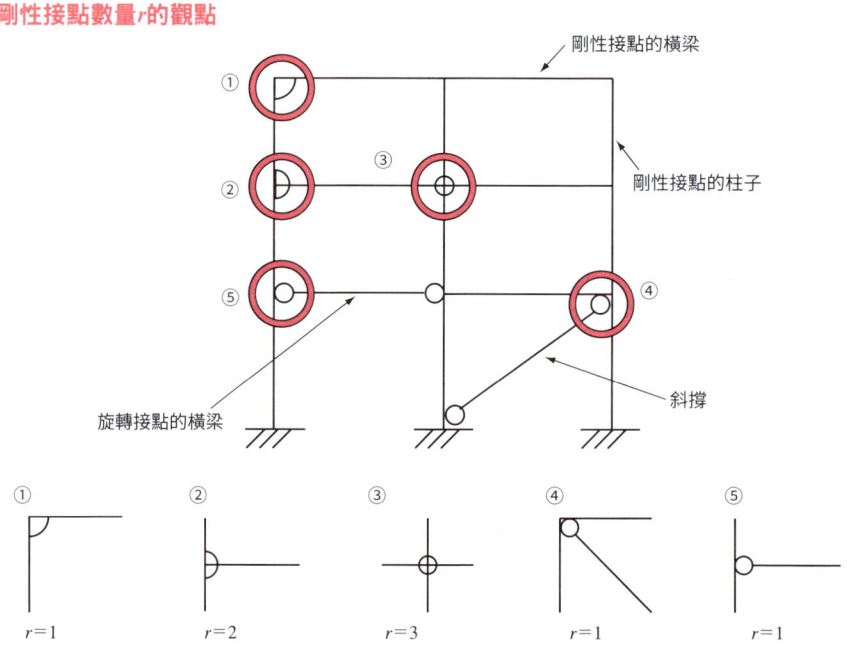

178

穩定・不穩定狀態的辨別範例

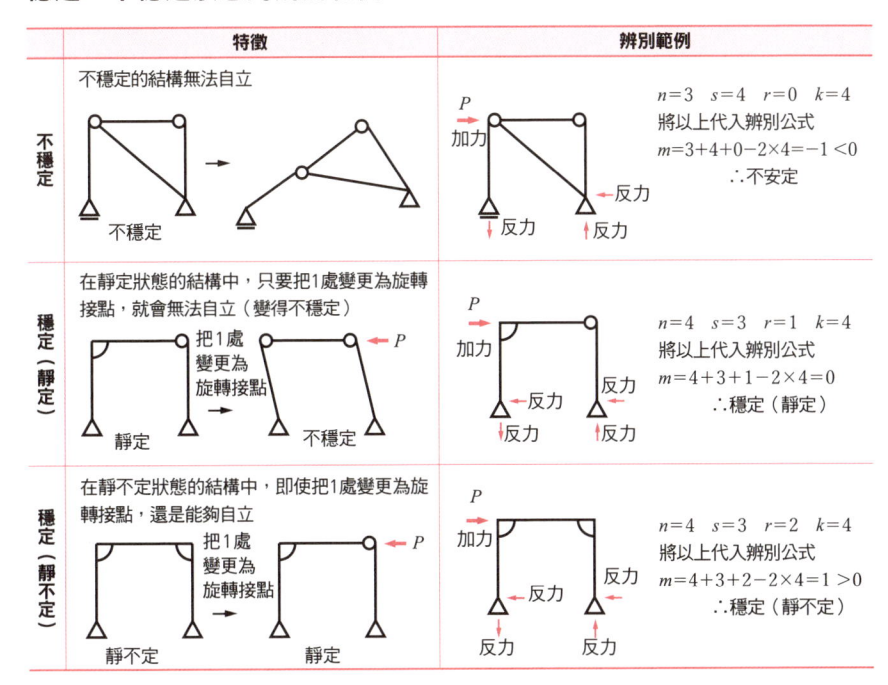

	特徵	辨別範例
不穩定	不穩定的結構無法自立	$n=3$　$s=4$　$r=0$　$k=4$ 將以上代入辨別公式 $m=3+4+0-2\times4=-1<0$ ∴不安定
穩定（靜定）	在靜定狀態的結構中，只要把1處變更為旋轉接點，就會無法自立（變得不穩定）	$n=4$　$s=3$　$r=1$　$k=4$ 將以上代入辨別公式 $m=4+3+1-2\times4=0$ ∴穩定（靜定）
穩定（靜不定）	在靜不定狀態的結構中，即使把1處變更為旋轉接點，還是能夠自立	$n=4$　$s=3$　$r=2$　$k=4$ 將以上代入辨別公式 $m=4+3+2-2\times4=1>0$ ∴穩定（靜不定）

透過靜不定次數來判別建築物的穩定・不穩定狀態。靜不定次數為正數（≧0）時，代表穩定，若為負數（<0）的話，就代表不穩定喔！

變多，當建築物從靜定結構轉變為不穩定結構時，就能計算出該建築物的水平承載力。在思考大地震時的安全性時，穩定・不穩定會成為很重要的概念。

雖然寫成文字的話，也許有人會覺得相反，但靜不定結構會比靜定結構來得穩定。另外，剛性支點或節點的損壞會被稱作「產生旋轉接點」。

179　何者為靜定結構？

應力的計算方法

020 何謂能簡單算出應力的方法？

雖然用紙筆計算的方法有很多種，但無論是哪種方法，只要掌握住計算流程的話，就沒有那麼困難。

目前在計算應力時，幾乎都是透過勁度矩陣法，使用電腦來計算。不過，只要掌握使用紙筆來計算的方法，就能了解力的方向。

使用紙筆來計算彈性範圍的應力的方法包含了，撓曲角法（也稱作偏轉角法）、固定力矩法、D值法。

在以前的結構計算書中，主要會使用固定力矩法來計算長期垂直荷重造成的應力，使用D值法來計算水平力造成的應力。

> 若是長期垂直荷重的應力的話，就要使用固定力矩法

固定力矩法指的是，先把節點替換成固定端，求出力矩，再透過構材的勁度比來分配、處理替換後的固定端上所產生的力矩，藉此來求出靜不定框架結構整體的力矩。

首先，依照剛性（剛度）的比例，來將節點上所負荷的力矩分配給各個構材。

180

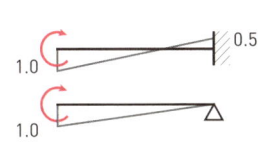

剛性・勁度比的求法

透過下列公式來求出剛性（剛度）K 與勁度比 k

剛性 K

$$K = \frac{I}{L}$$

I：面積慣性矩（截面二次軸矩）
L：構材長度

勁度比 k

$$k = \frac{K}{K_0}$$

K：剛度
K_0：標準剛度

有效勁度比

另一端為固定接點：有效勁度比 $k_a = k$
傳遞係數（carry-over factor）= 0.5

另一端為旋轉接點：有效勁度比 $k_a = 0.75k$
傳遞係數（carry-over factor）= 0

著重於旋轉的撓曲角法

為了使計算變得簡單，一般來說，會透過標準剛度來讓剛性標準化（勁度比）。另外，構材的剛性會依照邊緣部分的條件而產生變化（有效勁度比）。當另一端被固定住時，算出來的數值就是勁度比本身，但若另一端為旋轉接點的話，有效勁度比就會變成 0・75 倍。

雖然分配到的力矩會被傳遞到另一端，但依照邊緣部分的固定情況，被傳遞的力矩會產生變化（傳遞係數）。當另一端為固定端時（樑柱之間的剛性接點可視為固定端），一半的力矩會傳遞出去。若邊緣部分為支點的話，由於支點的剛性可視為無限大，所以支點會承受所有被傳遞的力矩。在樑柱之間的接點上，被傳遞的力矩還會進一步地依照勁度比來分配。

在莫爾定理（參閱 P159）或馬貝二氏互換定理（參閱 P161）中，會把「支點不會位移」當作前提，依照荷重條件來求出撓曲量。

181　何謂能簡單算出應力的方法？

透過固定力矩法來求出力矩吧

> **例題**

立刻試著求出下圖的靜不定框架結構的整體力矩吧。

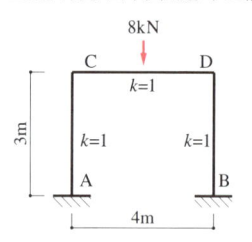

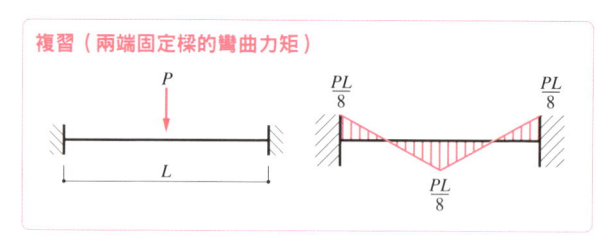

複習（兩端固定樑的彎曲力矩）

> **解答**

①求出假設橫樑CD的兩端為固定端時的應力。

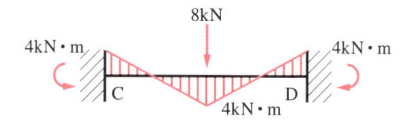

$$M_C = \frac{PL}{8} = 4 \text{ kN} \cdot \text{m}$$

這是不平衡的力矩

②由於分配到的力矩的1/2會成為「傳遞力矩」，所以要變更在①中求出的不平衡力矩的符號，將其視為「釋放力矩」，依照勁度比來求出「分配力矩」。

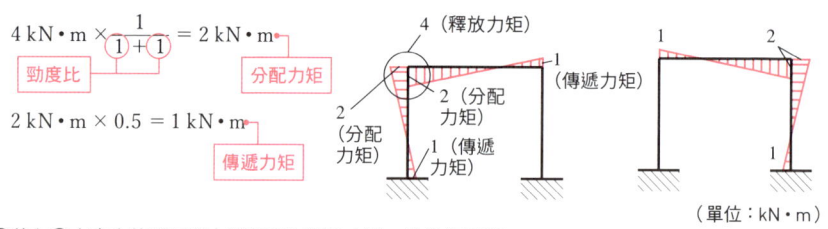

$$4 \text{ kN} \cdot \text{m} \times \frac{1}{①+①} = 2 \text{ kN} \cdot \text{m}$$

勁度比　　　　分配力矩

$$2 \text{ kN} \cdot \text{m} \times 0.5 = 1 \text{ kN} \cdot \text{m}$$

傳遞力矩

4（釋放力矩）
1（傳遞力矩）
2（分配力矩）
2（分配力矩）
1（傳遞力矩）

（單位：kN・m）

③將在②中產生的不平衡力矩修正為釋放力矩，並進行分配。

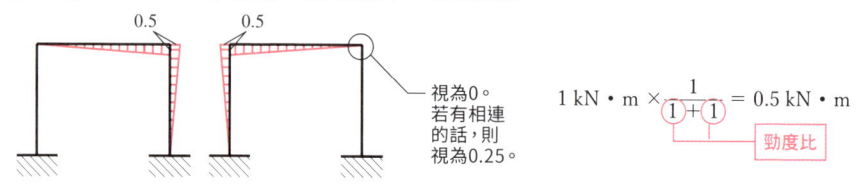

視為0。若有相連的話，則視為0.25。

$$1 \text{ kN} \cdot \text{m} \times \frac{1}{①+①} = 0.5 \text{ kN} \cdot \text{m}$$

勁度比

④透過上述算式，把在①、②、③中求出的力矩加總起來。

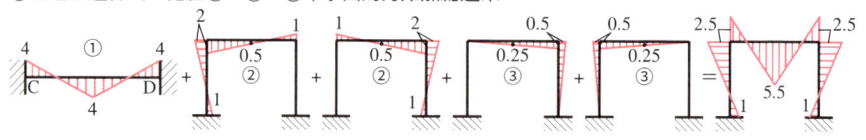

中央的力矩為（4.0＋4.0）－2.5＝5.5 kN・m

撓曲角法與公式

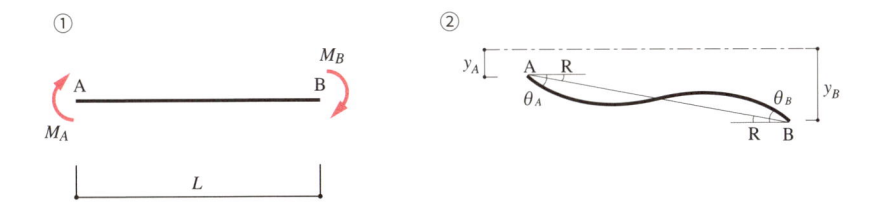

① ②

撓曲角法的公式

$$M_A = \frac{2EI}{L}(2\theta_A + \theta_B - 3R) + C_A$$
$$M_B = \frac{2EI}{L}(\theta_A + 2\theta_B - 3R) + C_B$$ (1)式

E：楊氏係數
I：面積慣性矩
L：構材長度
θ_A：A點側的節點旋轉角 (nodal rotation)
θ_B：B點側的節點旋轉角
R：構材角（構材旋轉角）

$$R = \frac{y_A - y_A}{L}$$

$$M_A = 2EK_0(2k\theta_A + k\theta_B + 3kR) + C_1$$
$$M_B = 2EK_0(k\theta_A + 2k\theta_B + 3kR) + C_2$$ (2)式

C_A：A點側的節點旋轉角
C_B：B點側的節點旋轉角

不過，一般來說，結構體的構材在承受荷重時，支點會伴隨著位移情況而產生變形。也就是說，會一邊從原本位置進行移動或轉動，一邊變得彎曲。著眼於這種轉動現象，以求出構材的撓曲量或撓曲角的方法，叫做**撓曲角法**。

如同上圖①那樣，當橫樑AB兩端有彎曲力矩M_A、M_B時，橫樑會如同圖②那樣地變形，而且兩端會產生θ_A、θ_B這2個節點旋轉角。使用此節點旋轉角來當作未知數，呈現出其與力矩之間的關係的公式就是撓曲角法的公式。

在分析實際的結構體時，在公式（1）中，會使用「固定力矩法（參閱P181）中所說明的剛性K或勁度比k，有時呈現方式也會如同公式（2）那樣。標準剛度K0會採用整個結構體都共通的數值，或是最小值。在分析多樓層框架結構或相連的框架結構等實際的結構體時，由於此公式非常有用，所以希望大家務必要學會。

183　何謂能簡單算出應力的方法？

若要計算水平荷重的應力，就使用D值法

直到1990年左右為止，在設計實務工作中，垂直荷重所造成的應力會透過固定力矩法來計算，水平荷重則會透過**D值法**來計算。

各個柱子會依照剛性來承受水平力所造成的剪應力。D值法指的是，由於會依照柱子的剛性來分配剪應力，算出各個柱子或框架結構的應力，所以能夠比較簡單地計算出水平力所造成的應力。D值指的是，**剪應力分離係數**。

D值法的計算重點

簡單來說，D值法會依照下列①～④的步驟來進行（詳細內容請參閱次頁）。

① 依照下列公式，將樓層剪應力分配給該樓層的各個柱子・牆壁。

各柱子的D值的求法為，使用「依照裝設在柱子頭・柱腳上的橫樑或柱腳的條件而產生的修正係數」，來乘以各柱子的勁度比。

$$Q_n = \frac{D_n}{\Sigma D_n} \times Q$$

Q_n：柱子所承受的剪應力
D_n：柱子或牆壁的剪應力分離係數
ΣD_n：該樓層的剪應力分離係數的總和
Q：該樓層的剪應力

② 思考想要求取彎曲力矩的柱子的樓層位置、上下的橫樑的勁度比的比例、上下樓層高度的比值，求出反曲點高度比（y）。雖然也能計算出來，但一般來說，會透過表格來求取。

③ 透過柱子的反曲點高度比以及各柱子所承受的剪應力，畫出柱子的彎曲力矩。

④ 透過上下方柱子的彎曲力矩，依照橫樑的剛性來畫出橫樑的彎曲力矩。

剪應力會依照柱子或耐震牆的剛性來進行分配。在面對該剪應力時，柱子上會產生彎曲力矩。而且，彎曲力矩會依照柱子上下的剛性來分配給柱頭・柱腳。說的極端一點，只要上部橫樑的剛性為各柱子的D值的求法為，使用「依照裝設在柱子

184

透過D值法來求出水平荷重所造成的應力吧

例題

使用D值法來求出框架結構所承受的彎曲力矩・剪應力吧。

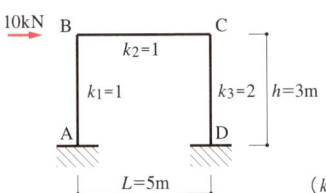

框架圖：水平荷重10kN施於B點，$k_2=1$（BC橫樑），$k_1=1$（AB柱），$k_3=2$（CD柱），$h=3m$，$L=5m$，A、D為固定端。

（k：柱子・橫樑的勁度比）

解答

①求出各柱子的D值（剪應力分離係數）

$$D = a\bar{k}$$

D：柱子的剪應力分離係數（D值）
a：由$\bar{k}$來決定的勁度係數
$\bar{k}$：橫樑對於柱子的平均勁度比
k：柱子的勁度比

透過下表來求出a與$\bar{k}$

	一般樓層	最下層（固定）	最下層（固定）
形狀（k為勁度比）	k_1, k_2, k_c, k_3, k_4	k_1, k_2, k_{c1}	k_1, k_2, k_{c1}（底部鉸接）
$\bar{k}$ 平均勁度比	$\bar{k} = \dfrac{k_1+k_2+k_3+k_4}{2k_c}$	$\bar{k} = \dfrac{k_1+k_2}{k_{c1}}$	$E = \dfrac{k_1+k_2}{k_{c1}}$
a 勁度係數	$a = \dfrac{\bar{k}}{2+\bar{k}}$	$a = \dfrac{0.5+\bar{k}}{2+\bar{k}}$	$a = \dfrac{0.5+\bar{k}}{1+2\bar{k}}$

由於分別為最下層的柱子，所以

(1) 關於柱子AB

$$\bar{k} = \frac{k_2}{k_1} = 1$$

$$a = \frac{0.5+\bar{k}}{2+\bar{k}} = 0.5$$

因此 $D = ak_1 = 0.5$

(2) 同樣地，關於柱子CD

$$\bar{k} = \frac{k_2}{k_3} = 0.5$$

$$a = \frac{0.5+\bar{k}}{2+\bar{k}} = 0.4$$

因此 $D = ak_3 = 0.8$

← 接續次頁

185　何謂能簡單算出應力的方法？

②求出各柱子的剪應力

(1) 關於柱子AB

$$Q_1 = \Sigma Q \times \frac{D}{\Sigma D}$$

$$= 10 \times \frac{0.5}{0.5+0.8} = 3.85 \text{ kN}$$

> 透過此公式來求出各柱子的剪應力Q。
> ΣQ：樓層的總剪應力
> ΣD：樓層的柱子D值總和

(2) 關於柱子CD

$$Q_2 = \Sigma Q \times \frac{D}{\Sigma D}$$

$$= 10 \times \frac{0.8}{0.5+0.8} = 6.15 \text{ kN}$$

③求出柱子的反曲點高度比 y

$$y = y_0 + y_1 + y_2 + y_3$$

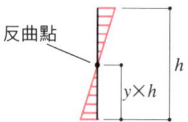

反曲點
$y \times h$

y_0：標準反曲點高度比
y_1：依照上下橫樑的勁度比的變化來修正的數值
y_2：依照上層的樓層高度變化來修正的數值
y_3：依照下層的樓層高度變化來修正的數值

> 力矩變成0的點叫做反曲點。只要讓柱子高度h乘以反曲點高度比y，就能算出實際的反曲點高度。

> 從次項的表格中挑選出來。

(1) 關於柱子AB，依照P188的表格（□記號）
   $y = y_0 = 0.55$
(2) 關於柱子CD，依照P188的表格（○記號）
   $y = y_0 = 0.65$

> 由於是最低樓層，而且上方沒有樓層，所以會變成
> $y_1 = 0 \quad y_2 = 0 \quad y_3 = 0$

④求出各柱子的彎曲力矩

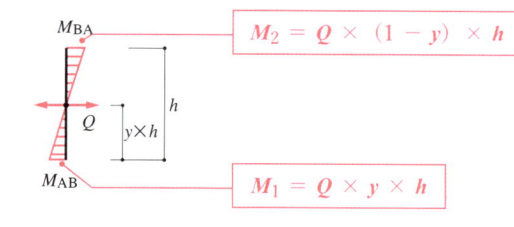

M_{BA}

$$M_2 = Q \times (1 - y) \times h$$

Q
$y \times h$

M_{AB}

$$M_1 = Q \times y \times h$$

Q：柱子的剪應力
y：反曲點高度比
h：柱子的高度

(1) 關於柱子AB
$M_{AB} = Q1 \times y \times h$
     $= 3.85 \times 0.55 \times 3$
     $= 6.35 \text{ kN·m}$
$M_{BA} = Q1(1-y)h$
     $= 3.85 \times (1-0.55) \times 3$
     $= 5.19 \text{ kN·m}$

M_{BA} B
A M_{AB}

(2) 關於柱子CD
$M_{DC} = Q2 \times y \times h$
     $= 6.15 \times 0.65 \times 3$
     $= 11.99 \text{ kN·m}$
$M_{CD} = Q2 \times (1-y) \times h$
     $= 6.15 \times (1-0.65) \times 3$
     $= 6.46 \text{ kN·m}$

M_{CD} C
D M_{DC}

⑤ 求出橫樑的力矩・剪應力

透過節點的平衡關係 來求出橫樑的彎曲力矩。

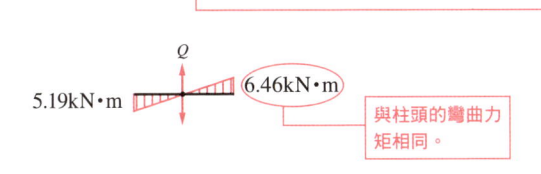

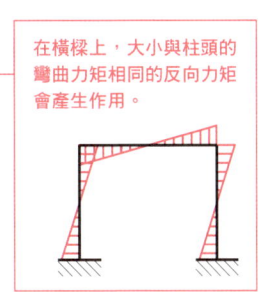

5.19kN・m   6.46kN・m

與柱頭的彎曲力矩相同。

在橫樑上，大小與柱頭的彎曲力矩相同的反向力矩會產生作用。

橫樑的剪應力 Q 為

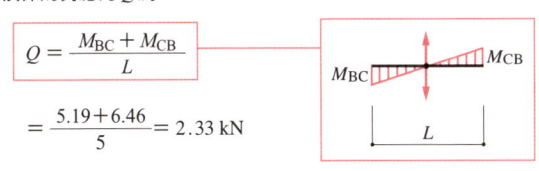

$$Q = \frac{M_{BC} + M_{CB}}{L}$$

$$= \frac{5.19 + 6.46}{5} = 2.33 \text{ kN}$$

⑥ 總結

透過①～⑤，如同下圖那樣地求出彎曲力矩與剪應力。

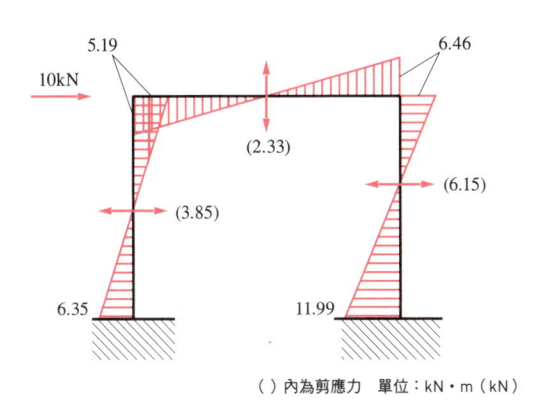

5.19   6.46
10kN
(2.33)
(3.85)   (6.15)
6.35   11.99

（ ）內為剪應力　單位：kN・m（kN）

力量會由勁度比較大的那側來承受。經過計算，可以得知勁度比較大的柱子會多承受10kN的水平力。

D值法是由武藤清博士所研發，1947年在建築學會發表後而變得普及。在沒有計算機的時代，這是非常有效的方法。在計算水平力所造成的應力時，會經常使用此方法。透過D值法，也能計算出水平方向的位移量。即使現在的主流方法為，透過電腦來分析應力，但若想要理解力量的流動方向的話，此方法會是非常好的計算方法。

用來求出反曲點高度比的 $y_0 \cdot y_1 \cdot y_2 \cdot y_3$

標準反曲點高度比 y_0（等分布荷重）

樓層數	樓層位置	$\bar{k}$												
		0.1	0.2	0.3	0.4	0.5	0.6	0.7	0.8	0.9	1.0	2.0	3.0	4.0	5.0
1	1	0.80	0.75	0.70	0.65	(0.65)	0.60	0.60	0.60	0.60	0.55	0.55	0.55	0.55	0.55
2	2	0.45	0.40	0.35	0.35	0.35	0.35	0.40	0.40	0.40	0.40	0.45	0.45	0.45	0.45
	1	0.95	0.80	0.75	0.70	0.65	0.65	0.65	0.60	0.60	0.60	0.55	0.55	0.55	0.50

依照上下橫梁的勁度比的變化來修正的數值 y_1

$\alpha_1 \backslash \bar{k}$	0.1	0.2	0.3	0.4	0.5	0.6	0.7	0.8	0.9	1.0	2.0	3.0	4.0	5.0
0.4	0.55	0.40	0.30	0.25	0.20	0.20	0.20	0.15	0.15	0.15	0.05	0.05	0.05	0.05
0.5	0.45	0.30	0.20	0.20	0.15	0.15	0.05	0.05	0.05	0.05	0.05	0.05	0.05	0.05
0.6	0.30	0.20	0.15	0.15	0.10	0.10	0.05	0.05	0.05	0.05	0.05	0.05	0.00	0.00
0.7	0.20	0.15	0.10	0.10	0.05	0.05	0.05	0.05	0.05	0.05	0.05	0.00	0.00	0.00
0.8	0.15	0.10	0.05	0.05	0.05	0.05	0.05	0.05	0.05	0.05	0.00	0.00	0.00	0.00
0.9	0.05	0.05	0.05	0.05	0.05	0.05	0.05	0.05	0.05	0.00	0.00	0.00	0.00	0.00

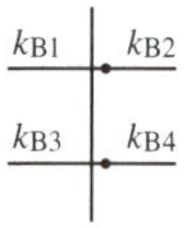

k_B 上 $= k_{B1} + k_{B2}$
$\alpha_1 = k_B$ 上 $/k_{B2}$ 下
k_B 下 $= k_{B3} + k_{B4}$

α_1：在最低樓層中，不用考慮到此數值。
當上橫梁的勁度比較大時，會採用倒數使用 $\alpha_1 = k_B$ 下$/k_{B2}$ 上來求出 y_1，將符號設為負（－）。

依照上下層的樓層高度變化來修正的數值 $y_2 \cdot y_3$

α_2 上	α_3 下	$\bar{k}$												
		0.1	0.2	0.3	0.4	0.5	0.6	0.7	0.8	0.9	1.0	2.0	3.0	4.0	5.0
1.6	0.4	0.15	0.10	0.10	0.05	0.05	0.05	0.05	0.05	0.05	0.05	0.05	0.0	0.0	0.0
1.4	0.6	0.10	0.05	0.05	0.05	0.05	0.05	0.05	0.05	0.05	0.05	0.0	0.0	0.0	0.0
1.2	0.8	0.05	0.05	0.05	0.0	0.0	0.0	0.0	0.0	0.0	0.0	0.0	0.0	0.0	0.0
1.0	1.0	0.0	0.0	0.0	0.0	0.0	0.0	0.0	0.0	0.0	0.0	0.0	0.0	0.0	0.0
0.8	1.2	-0.05	-0.05	-0.05	0.0	0.0	0.0	0.0	0.0	0.0	0.0	0.0	0.0	0.0	0.0
0.6	1.4	-0.10	-0.05	-0.05	-0.05	-0.05	-0.05	-0.05	0.0	0.0	0.0	0.0	0.0	0.0	0.0
0.4	1.6	-0.15	-0.10	-0.05	-0.05	-0.05	-0.05	-0.05	-0.05	0.0	0.0	0.0	0.0	0.0	0.0

h 上 $= \alpha_2 h$
h 下 $= \alpha_3 h$

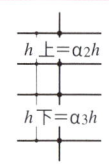

α_2：透過「h 上 $/h$」來求取當上層較高時，數值為正數
α_3：透過「h 下 $/h$」來求取
不過，在最高樓層，不用考慮到 y_2，在最低樓層，則不用考慮到 y_3。

188

若是桁架結構的話，就要使用截面法與節點法

用來設計桁架結構材的應力分析方法有很多種。最近，幾乎都是透過電腦來計算，但在沒有計算機的時代，要透過紙筆來計算。幸好桁架結構只會產生軸向力，可以思考出力的平衡，所以人們想出了幾種簡算法。具有代表性的簡略計算方法是截面法與節點法。

截面法是一種運用「只要桁架結構本身不會動，無論切開桁架結構的何處，力量都會達到平衡」這項特性，透過力量平衡公式來計算出應力的方法。同樣地，由於只要桁架結構不動，節點上的力就必定會達成平衡，所以思考節點上的力量平衡來計算出應力的方法就是**節點法**。

在截面法中，會假設桁架結構的任意位置（想要計算出應力的構材）被切斷的情況。由於在切斷位置上，應力會沿著材軸方向產生，所以要在材軸方向上畫出箭頭。接著，由於在任意一個節點的任意方向上，力量都會達成平衡，所以要透過平衡方程式來算出各構材的軸向力。在次頁的範例中，在3 根構材當中，剛好有2 個構材上所產生的力會在A 點交叉，所以要透過「關於A 點周圍力矩的平衡」來算出剩餘那個構材的軸向力。

在節點法中，會一邊使用箭頭（向量）來表示節點周圍的構材與反力，並以順時針的方式，在示力圖（force polygon）中畫出力的方向，一邊算出應力（雖然實際上不必以順時針的方式來畫，但在熟練之前，我認為以順時針的方式來思考會比較容易理解）。一開始，暫且在被構材或反力隔開的部分上的任意一點加上編號（各區域的交界上會有反力與構材）。在跨過區域時，要畫出該作用線。將各個交點連接起來的向量，會成為各構材上所產生的應力。重複進行節點法，使用一張示力圖來表示整個桁架結構的方法叫做「克雷莫納圖解法」。

透過截面法來計算吧

例題

截面法的計算方法為,運用「在桁架結構的任一處,力量都會達到平衡」這項特性,使用力量平衡公式來計算一部分構材的軸向力。在這裡,請求出下圖中的上弦材A的軸向力N_1吧。

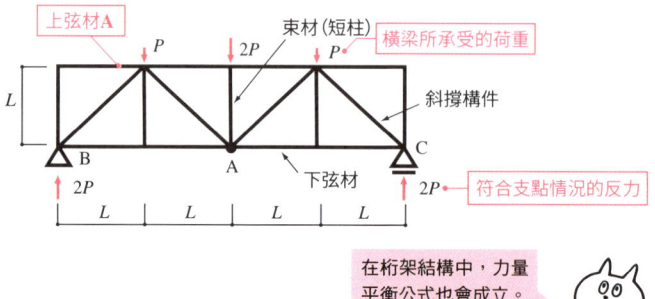

在桁架結構中,力量平衡公式也會成立。

$$\begin{cases} \Sigma X = 0 \\ \Sigma Y = 0 \\ \Sigma M = 0 \end{cases}$$

解答

由於用來將任意一處切斷,求出軸向力的A點周圍的轉動力矩為0,所以 $\Sigma M_A = 0$

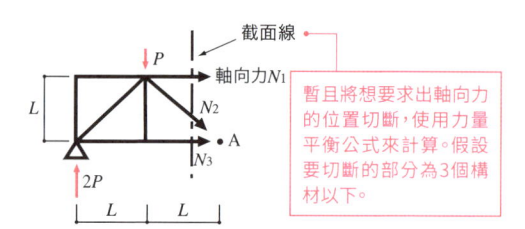

$\Sigma M_A = 2P \times 2L - P \times L + N_1 \times L = 0$

∴ $N_1 = -3P$

由於N_2與N_3為A點方向的向量,所以力矩為0。

另外

$\Sigma Y = 0$

$-N_2 \times \sin 45° + 2P - P = 0$

$\qquad\qquad\qquad N_2 = \sqrt{2} P$

$\Sigma X = 0$

$N_1 + N_2 \cos 45° + N_3 = 0$

$\qquad\qquad\qquad N_3 = 2P$

19世紀後半是「桁架力學」有所發展的時期。1862年,里特(Wilhelm Ritter)在其著作中提到了里特的截面法。順便一提,華倫式桁架(Warren truss)取得專利的時間是1848年,知名的蘇格蘭懸臂橋(福斯橋)的完工時間則是1890年。19世紀是人類開始正式地依照結構力學來設計橋樑的時代。

190

透過節點法來計算吧（使用示力圖的圖解法）

例題

節點法的計算方法為，藉由思考節點上的力量平衡來計算出應力。選擇2個以下軸向力為未知數的節點，畫出示力圖，求出答案。在此例題中，要求出圖中的AC・AB的軸向力。

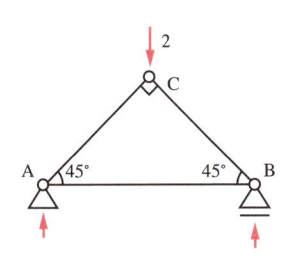

桁架的節點的前提條件

在桁架的節點中，只要挑選出節點，並試著觀察，就會發現「作用於節點上的力會達到平衡」（左圖）。此時，3個箭頭必定會構成閉合的三角形（右圖）。

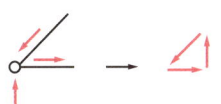

解答

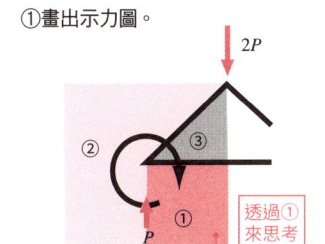

①畫出示力圖。

只要畫出各節點的示力圖，就能了解各構材的應力。

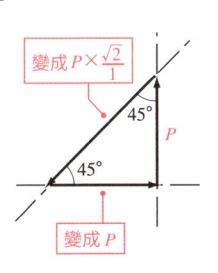

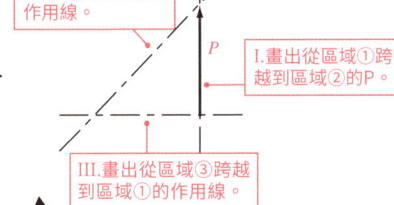

透過①來思考

I.畫出從區域①跨越到區域②的P。

II.畫出從區域②跨越到區域③的作用線。

III.畫出從區域③跨越到區域①的作用線。

變成 $P\times\dfrac{\sqrt{2}}{1}$

變成 P

由於AC・AB的軸向力會被當成問題，所以只要思考節點A即可！

②求出軸向力

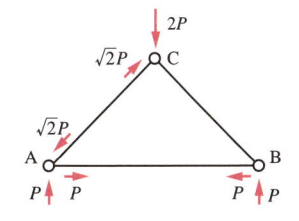

因此，AC＝$\sqrt{2}$P （壓縮應力）
　　　AB＝P　　（拉伸應力）

雖然在實務上幾乎不會被用到，但為了理解力量的方向，所以截面法和節點法仍是應該先了解的計算方法！

191　何謂能簡單算出應力的方法？

彈塑性

021 結構材料一旦降伏，會變得如何？

構材一旦降伏，就會發生塑性變形，最後會毀壞。

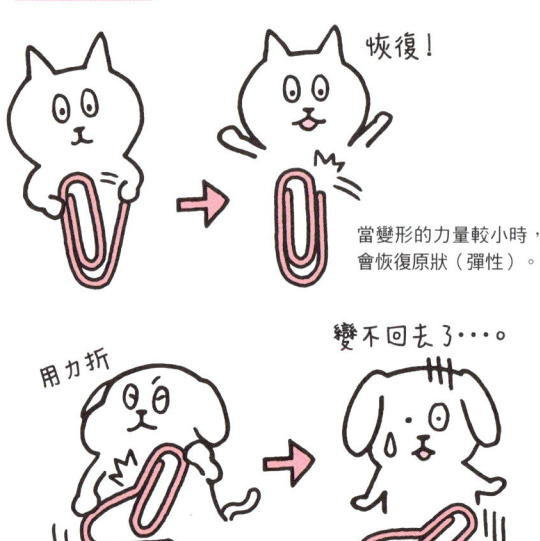

恢復！

當變形的力量較小時，會恢復原狀（彈性）。

用力折　　變不回去⋯。

當變形的力量很大時，就無法恢復原狀（發生塑性變形）。

彈性與可塑性

我認為有很多人都聽過彈性這個詞（參閱P156「虎克定律」）。能夠讓物體變形，然後又恢復原狀的性質就是**彈性**。與能夠恢復原狀的性質相反，使物體變得無法恢復原狀的性質則叫做**可塑性**。

當材質為鋼鐵時，就能清楚地了解可塑性的情況（次頁上方的圖表）。只要拉住扁鋼，一開始位移幅度會與拉伸應力成正比（傾斜度為彈性模量）。之後，一旦超過降伏點，材料的正中央就會開始變得很細，拉伸荷重大致上會維持固定狀態，位移幅度一旦變大，材料就會斷裂（fracture）。拉伸荷重與位移幅度成正比的區域叫做**彈性範圍**（彈性區）。另外，拉伸荷重大致上不變，但位移幅度會變大的區域則叫做**塑性範圍**（塑性區）。在構材逐漸降伏的過程中，建築物整體也會呈現出相同的彈塑性狀態。一般來說，被稱作楊氏係數的常數，指的是彈性範圍的荷重與位移之間的關係。

192

鋼鐵構材的變形與彈塑性

當材料為鋼鐵時,一旦超過彈性區的話,應力就不會再上昇,應變(strain)會變大。其交界叫做降伏點(上降伏點)。一旦超過降伏點後,雖然應力會暫時降低,但之後應力大致上會維持固定狀態,應變則會變大,最後材料會斷裂。

鋼鐵的荷重・位移曲線圖

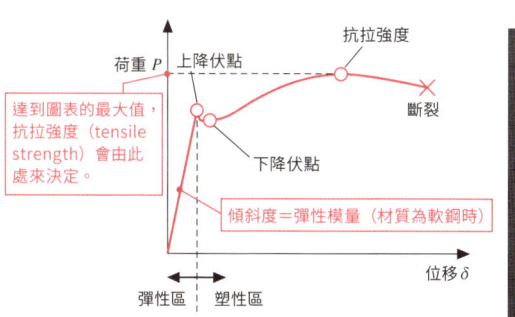

荷重 P
上降伏點
抗拉強度
達到圖表的最大值,抗拉強度(tensile strength)會由此處來決定。
斷裂
下降伏點
傾斜度＝彈性模量(材質為軟鋼時)
位移 δ
彈性區　塑性區

這是拉伸試驗,對材料施加拉伸應力,測量出直到材料斷裂前的彈塑性等。可以得知抗拉強度、降伏點、延展性、脆性等,以及如同左圖那樣的荷重・位移曲線圖。

另外,在本章節中,全都會使用「荷重」與「位移」這類用語。構材一旦承受荷重,構材內部就會產生應力。每單位面積的應力叫做應力度(σ),相當於位移的每單位面積的變形程度叫做應變(strain)(詳情請參閱P 156、158)。

不同材料的脆性・延展性的差異

超過降伏點後,幾乎不會變形,而是會斷裂的性質叫做**脆性**,超過降伏點後,會持續產生變形的性質則叫做**延展性**(或是**韌性**)。在確保建築物的安全性上,材料的延展能力會非常重要。即使因為承受相同荷重而降伏(斷裂),但在具備延展能力的材料內,會透過變形來對抗該力量。藉由計算圖表中的面積,就能得知該能力(能量的吸收能力)。

如同次頁的下方圖表那樣,當材質為混凝土時,與鋼鐵不同,即使在降伏區內,也會形成山形般的曲線,然後斷裂。當材質為木材時,材料斷裂前,降伏區幾乎不存在。由於性質會像這樣地因材料而異,所以充分了解材料的特性是很

193　結構材料一旦降伏,會變得如何?

延展能力的重要性

①當材料的延展能力很高時（延展性）

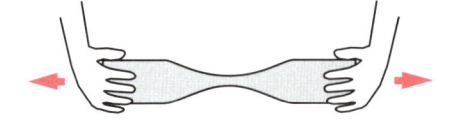

即使超過降伏點後，仍會延展（延展性）

荷重 P／降伏點／斷裂
能量的吸收性能很高。
位移 δ
有色部分的面積會顯示出能量的吸收性能。

②當材料的延展能力很低時（脆性）

超過降伏點後，幾乎不會變形，而是會斷裂（脆性）

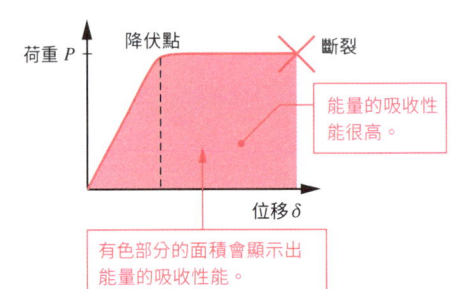

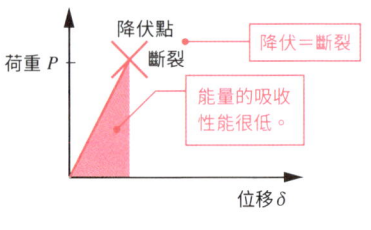

荷重 P／降伏點／斷裂／降伏＝斷裂
能量的吸收性能很低。
位移 δ

不同材料的彈塑性差異

混凝土與木材的特色在於，塑性區與鋼鐵等金屬材料不同，抗彎強度很低，塑性區也幾乎不存在。

依照材料差異，變形方式會有所不同。為了確保建築物的安全性，所以必須事先掌握材料的彈塑性！

①材料為鋼材時

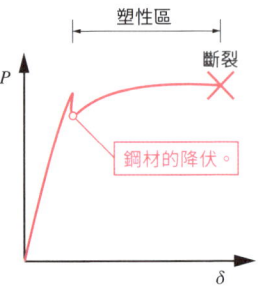

P／塑性區／斷裂／鋼材的降伏。／δ

②材料為鋼筋混凝土時

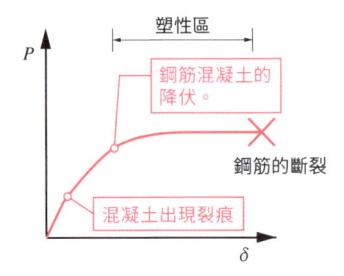

P／塑性區／鋼筋混凝土的降伏。／鋼筋的斷裂／混凝土出現裂痕／δ

③材料為木材時

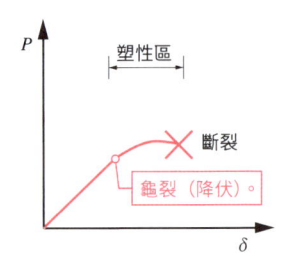

P／塑性區／斷裂／龜裂（降伏）。／δ

194

何謂水平承載力？

水平承載力指的是，當建築物在承受水平方向的力時，直到倒塌前所能承受的水平力。

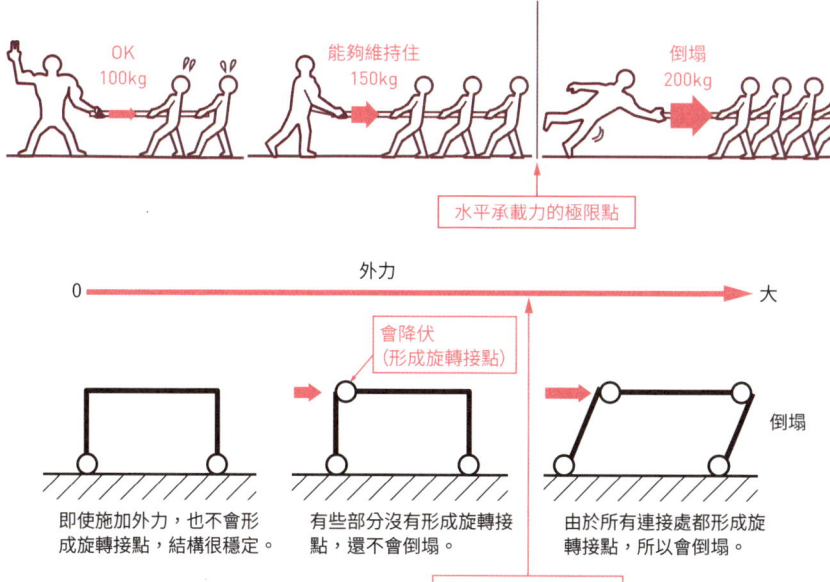

OK 100kg — 能夠維持住 150kg — 倒塌 200kg

水平承載力的極限點

外力 0 → 大

會降伏（形成旋轉接點）

即使施加外力，也不會形成旋轉接點，結構很穩定。

有些部分沒有形成旋轉接點，還不會倒塌。

由於所有連接處都形成旋轉接點，所以會倒塌。

水平承載力的極限點

> **水平承載力指的是，能夠承受多少水平力**
>
> 重要的。
>
> 在用來確認建築物安全性的方法當中，有一種方法為，計算並確認建築物的水平承載力在必要水平承載力以上。
>
> 建築物一旦承受很大的水平力，就會倒塌。即將倒塌前所能承受的水平力就叫做**水平承載力**。
>
> 在計算建築物的水平承載力時，會先計算樑柱、耐震牆的各項構材的強度，再透過各項構材的損壞方式來計算出水平承載力。計算方法包含了，節點分配法、虛功法、極限分析法（limit analysis）、荷重增量分析法等。
>
> 另一方面，建築物所需的水平承載力則叫做**必要水平承載力**。在計算此數值時，必須計算出構材的**結構特性係數**（D_s）。
>
> 在計算結構特性係數的數值時，要考慮到，遭

195　結構材料一旦降伏，會變得如何？

必要水平承載力的計算步驟

在計算必要水平承載力時，必須要計算出構材的結構特性係數（D_s）。

結構特性係數（D_s）的概念表

骨架結構的性質和狀態	骨架結構形式 框架結構	有較多牆壁或斜撐的結構
(1) 塑性變形程度特別高的結構	0.3	0.35
(2) 塑性變形程度很高的結構	0.35	0.4
(3) 強度不會突然降低的結構	0.4	0.45
(4) ①〜③以外的結構	0.45	0.5

數值較低的是能量吸收能力較高的建築物喔。

註：上表是以簡單易懂的方式將「昭和55年建設省公告第1792號」的內容彙整而成的表格，正式內容請參閱該公告。

建築物吸收能量的概念圖

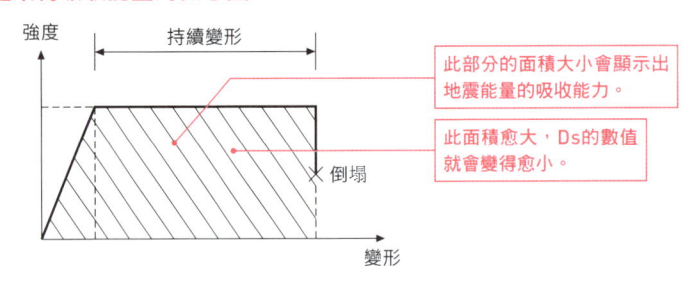

此部分的面積大小會顯示出地震能量的吸收能力。

此面積愈大，Ds的數值就會變得愈小。

×倒塌

強度／持續變形／變形

使用一台計算機就能算出水平承載力的節點分配法

節點分配法是水平承載力的計算方法之一。由於電腦技術很進步，荷重增量分析法成為了主流，所以人們變得不太會去使用節點分配法。話雖如此，由於此方法會依照構材的強度來計

受地震時的建築物的韌性（塑性變形能力），以及因裂縫等而被消耗的能量。塑性變形能力愈高，結構特性係數會變得愈小。像這樣地，必要水平承載力會由結構特性係數來決定，不過有時候也要實際計算出構材降伏後的塑性變形能力，並進行確認。

在實務上，會進行容許應力度的計算（1次設計）與水平承載力的計算（2次設計）。當建築物為高層建築時，必須求出水平承載力，但若是低層建築的話，幾乎只會計算出容許應力度。

196

結構計算的實務工作

計算容許應力度
⬇

計算水平承載力

- 計算水平承載力的定義
 （建築基準法施行令第82條）
  計算方法
  （平成19年國土交通省公告第594號）
- 樓層間變形角度的討論
 （施行令第82條之2）
- 計算出水平承載力
 （施行令第82條之3）
 建築物各樓層的結構特性（D_s）與
 建築物各樓層的變形特性（F_{es}）
 （昭和55年建設省公告第1792號）等

> 關於水平承載力計算法的相關事項，請先確認建築基準法施行令第82條吧！

算出水平承載力，所以計算難度較低，而且容易讓人想像出建築物損毀的樣子，因此剛好很適合用於初學者的學習。

在節點分配法中，首先要計算出構材的強度。接著要將骨架結構進行建模，設想崩塌時的旋轉接點位置與力矩分布情況。在各構材中，降伏後而形成旋轉接點的部分，不會產生強度以上的彎曲力矩。透過此彎曲力矩的分布，就能計算出荷重（承載力）。

思考如同下頁圖片那樣的中央集中荷重的兩端固定樑。由於旋轉接點可能會出現在各種位置，所以在這裡，我思考了2種情況。

第1種情況為，負荷位置上形成旋轉接點的情況（次頁圖中的①）。假設其彎曲力矩的分布情況與簡支樑相同。中央的彎曲力矩Mc的求法為，$M_c=PL/4$。由於會因中央的力矩而降伏，所以得到的結果為，構材的彎曲強度M_p為，$M_p=M_c$，荷重（承載力）$P1=4M_p/L$。除了旋轉接點位於負荷位置的情況以外，第2種情況為，橫樑兩端形成旋轉接點的情況。彎曲力矩的分布情況會變得如同下頁圖中的②那樣。由於中央與邊緣部分的力矩都相同，所以會同時降伏。彎曲強度Mp而降伏，所以如同上次那樣，根據$M_e=M_p$，$P2=8M_p/L$。

只要比較這2個承載力，就能得知，與前者相比，後者的數值較大，真正的崩壞荷重是後者。由於即使中央部分變成旋轉接點，前者也不會變成不穩定的結構，還能夠承受得住，所以數值會變得較低。

透過節點分配法來求出兩端固定樑的承載力吧

例題

如同下述的圖片那樣,請求出兩端固定樑承受著中央集中
荷重 P_1 時的崩壞荷重吧。

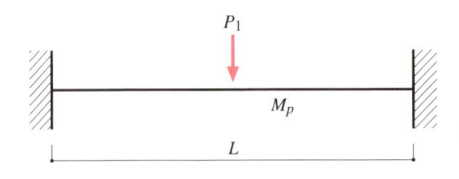

M_p:構材的抗彎強度

求出崩壞荷重。

解答

①假設旋轉接點位於中央的情況

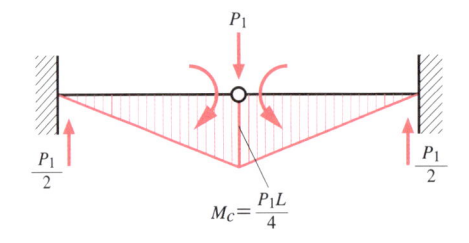

$M_c = \dfrac{P_1}{2} \times \dfrac{L}{2} = \dfrac{P_1 L}{4}$

$M_c = M_p$ 根據

$P_1 = \dfrac{4 M_p}{L}$ …承載力

②假設旋轉接點位於邊緣與中央部分的情況合

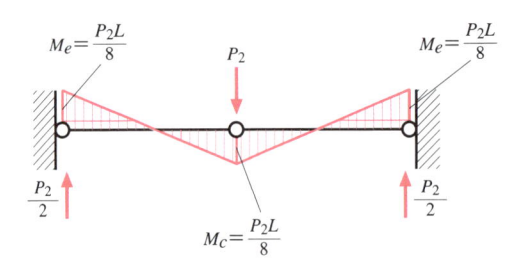

$M_e = \dfrac{P_2 L}{8}$

$M_c = \dfrac{P_2}{2} \times \dfrac{L}{2} \quad \dfrac{P_2 L}{8} = \dfrac{P_2 L}{8}$

$M_c = M_e = M_p$ 根據

$P_2 = \dfrac{8 M_p}{L}$ …承載力

由於比起在①中求得的承載力 P_1,
P_2 的數值較大,所以 P_2 會成為真正
的崩壞荷重。

> 節點分配法是一種用來計算出水平承載力的方法。其前提條件為,會形成使建築物崩塌的旋轉接點。請事先掌握此方法與荷重增量分析法吧!

透過節點分配法來求出框架結構的水平承載力吧

例題

如同下述的圖片那樣,請求出承受著水平荷重的框架結構的水平承載力P吧。

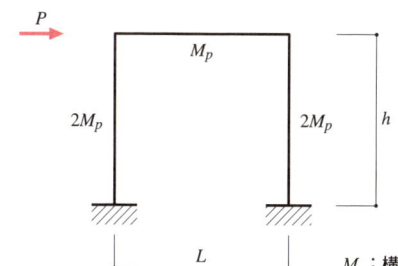

崩壞荷重會顯示出該結構的承載力。

M_p:構材的抗彎強度

解答

①塑性鉸(plastic hinge)的決定

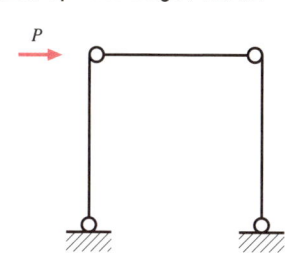

比較柱子與橫樑的抗彎強度,由於抗彎強度較小的那側會形成旋轉接點,所以在此情況中,橫樑上會形成旋轉接點。

②分別求出橫樑與柱子的力矩

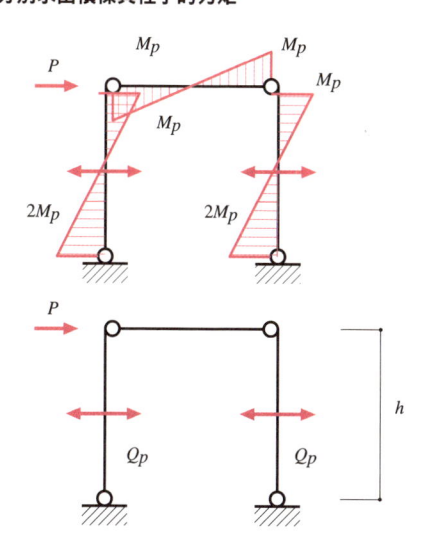

透過力矩來求出剪應力。

$$Q_p = \frac{M_p + 2M_p}{h} = \frac{3M_p}{h}$$

$$P = 2Q_p = \frac{6M_p}{h}$$

使用虛功法來求出崩壞荷重（兩端固定樑）

①使用虛功法時，首先要假設塑性鉸（plastic hinge）的位置

在下圖中，將橫樑的全塑性力矩設為Mp。由於此橫樑為二次靜不定結構，所以會因3處的塑性鉸而崩塌。根據右圖，可能會形成塑性鉸的位置是A、B、C這3處。

> 外力作功與內力作功會相等，這一點指的是，作用在建築物上的力會達到平衡。換句話說，就是「力的總和為0」對吧！

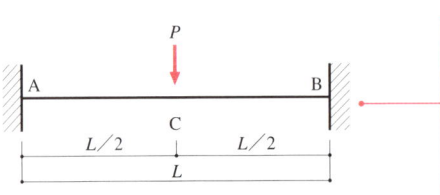

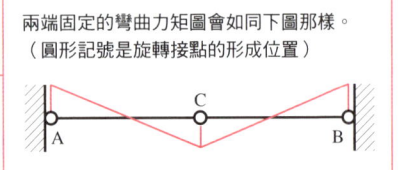

兩端固定的彎曲力矩圖會如同下圖那樣。（圓形記號是旋轉接點的形成位置）

②使用虛功法來求出崩壞荷重

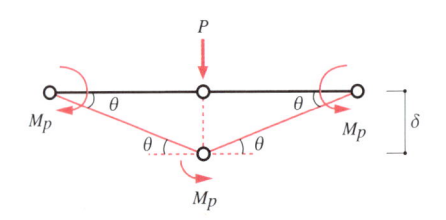

外力作功：$W_1 = P \dfrac{L}{2} \theta$ …①

內力作功：$U_1 = M_p \theta + M_p 2\theta + M_p \theta$ …②

根據外力 $W_1 =$ 內力 U_1

$$P = \frac{8 M_p}{L}$$

崩壞荷重為 $\dfrac{8 M_p}{L}$

> 虛功法會利用「外力作功與內力作功會變得相等」這一點

結構體最後能夠承受多少外力呢？虛功法就是用來計算這一點的方法之一。雖然在電腦技術很發達的現代，荷重增量分析法才是主流，但要獨自透過想像結構體的毀壞方式來計算時，**虛功法**會很有效。

在人們能夠透過電腦來計算出水平承載力之前，人們會使用虛功法與節點分配法來計算出水平承載力。框架結構的部分會使用節點分配法，耐震牆部分則會使用虛功法來計算，然後將數值加總起來，就能算出有附帶耐震牆的框架結構的水平承載力。

在虛功法中，會利用「外力W所做的功與內力U所導致的功是相等的」這一點來進行計算。有修完高中物理課的人，應該有學過，功指的是「力×位移」。在彎曲力矩中也一樣，計算公式為

使用虛功法來計算出崩壞荷重吧（框架結構）

例題

使用虛功法來計算出下述框架結構的崩壞荷重P吧。

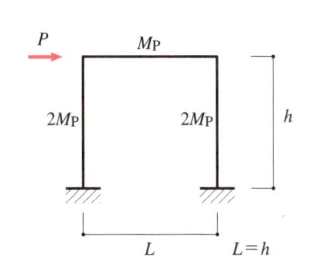

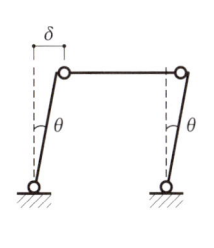

> 在虛功法中，會運用到「外力與內力變得相等」這一點。

解答

外力作功：$W_1 = P\delta$
內力作功：$U_1 = (2M_P\theta + M_P\theta) \times 2$
$\delta = L\theta = h\theta$

根據外力W_1＝內力U_1

$P\delta = (2M_P\theta + M_P\theta) \times 2$
$Ph\theta = 3M_P\theta \times 2$
$Ph = 3M_P \times 2$

$$P = \frac{6M_P}{h}$$

①透過力與位移來求出外力。

②接著，透過彎曲力矩與位移角度來求出內力。

③根據「①＝②（外力＝內力）」來求出崩壞荷重P。

「**彎曲力矩M×變形角度θ**」。只要學會這個，就能計算出最後階段（崩塌時）的外力。如同上頁上方的圖片那樣，來思考簡單的兩端固定樑吧。兩端固定樑在崩壞時，必定有3處會形成旋轉接點。請回想起兩端固定的彎曲力矩吧。由於邊緣部分與中央的彎曲力矩會變大，所以我認為從感覺上可以得知該部分會形成旋轉接點。因此，要在這3處想像出旋轉接點。

由於旋轉接點之間為直線，所以若將兩端邊緣的旋轉角設為θ的話，那中央部分的角度就是2θ。接著，橫樑中央的外力會導致δ的變形產生。在這裡，只要假設δ會產生微量變形，δ的數值就會變得與「L／2×θ」相同。

外力作功的算式為前頁的公式①。只要橫樑相同的話，兩端邊緣與中央部分的抗彎強度就會相同，內力作功會變得像前頁的公式②那樣。由於內力作功與外力作功相等，所以能夠透過公式①和公式②來算出崩壞荷重。

虛功法未必能夠計算出正確的崩壞荷重。有一種情況叫做**下限定理**（lower bound theorem），計

荷重增量分析法的計算原理

觀察圖表後,就會發現到,構材每次降伏時,建築物的剛性會變小,圖表中的線條傾斜度會逐漸變大。

雖然只要使用荷重增量分析法計算出來的水平承載力大於必要水平承載力的話,該建築物就沒有問題,不過要如何呈現出建築物的崩壞過程,也很重要!

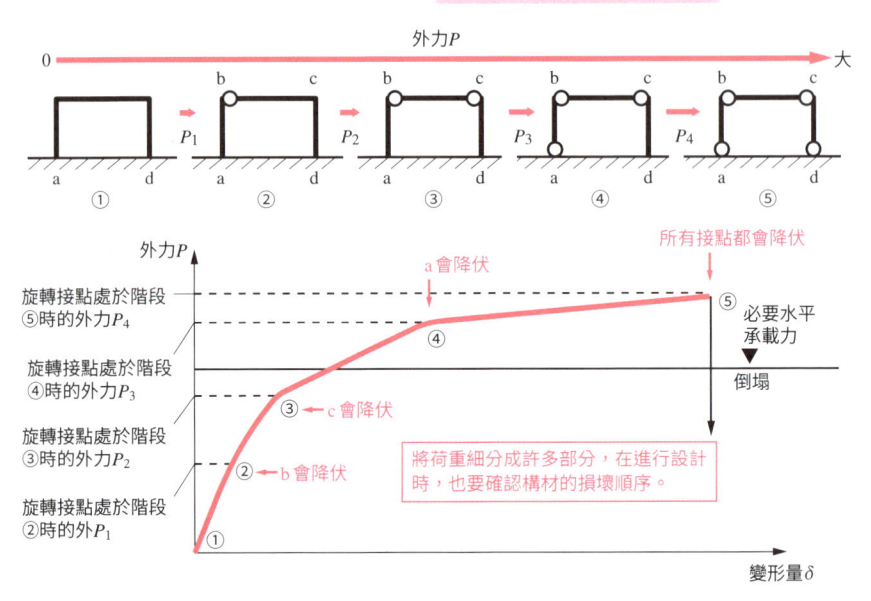

外力 P

① ② ③ ④ ⑤

P_1 P_2 P_3 P_4

外力 P

所有接點都會降伏

旋轉接點處於階段⑤時的外力 P_4
旋轉接點處於階段④時的外力 P_3
旋轉接點處於階段③時的外力 P_2
旋轉接點處於階段②時的外力 P_1

a 會降伏
c 會降伏
b 會降伏

必要水平承載力
倒塌

將荷重細分成許多部分,在進行設計時,也要確認構材的損壞順序。

變形量 δ

荷重增量分析法會用來檢驗地震時的建築物安全性

為了掌握發生大地震時的建築物安全性,會使用荷重增量分析法。此方法很有效,也是最受歡迎的計算方法。

在思考荷重增量分析法時,必須要理解「建築物逐漸損壞」的概念(參閱 P176)。建築物的構材一旦承受很大的力(水平力),就會損壞。一般來說,由於會把構材設計成「對抗彎曲力矩時會損壞,但對抗剪應力時不會損壞」,所以對抗彎曲力矩時損壞的部分會形成旋轉節點狀態(也叫做 hinge)。

具體來說,若是大樑的話,兩端部分會形成旋轉接點,若是柱子的話,柱頭或柱腳會形成旋轉

算出來的數值會變得比實際強度來得大,大家必須事先留意這一點。

荷重增量分析法的圖表觀看方式

在荷重增量分析法的圖表中，幾乎都是光滑的曲線。也有人會認為「樑柱明明損壞了，為什麼？」對吧。構材即使損壞，但若具有延展能力的話，就能夠繼續地抗承受的力。構材一旦突然斷裂，就會無法維持力量。想要讓構材的水平承載力提昇時，重點在於，要將構材設計成「不會突然斷裂，且能夠持續地延展」。

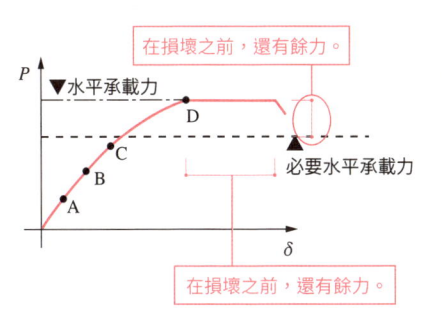

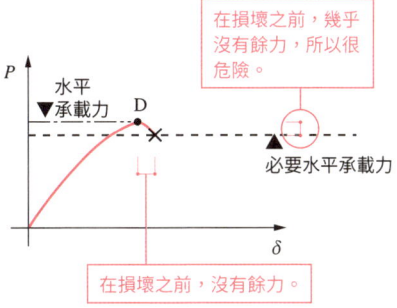

在損壞之前，還有餘力。

▼水平承載力

必要水平承載力

在損壞之前，還有餘力。

在損壞之前，幾乎沒有餘力，所以很危險。

水平▼承載力

必要水平承載力

在損壞之前，沒有餘力。

當水平承載力與必要水平承載力大致相等時，安全性會變低，需要多留意。確認圖表也是很重要的事。

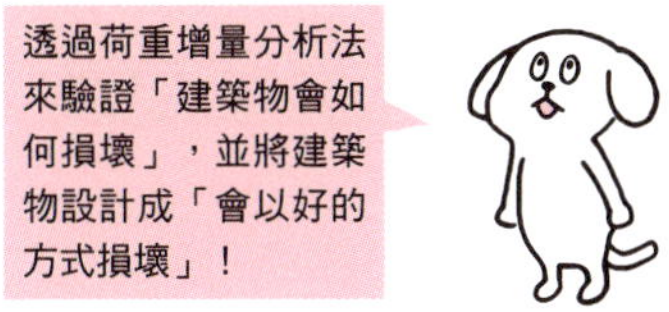

透過荷重增量分析法來驗證「建築物會如何損壞」，並將建築物設計成「會以好的方式損壞」！

接點。只要以一般的門型框架結構來思考的話，就能得知，當大樑兩端與柱腳上產生旋轉接點時，建築物會倒塌。即將倒塌前的荷重就是水平承載力。

在荷重增量分析法中，會藉由「讓構材逐步地承受荷重」來追蹤「旋轉接點在構材中產生的過程」。若要突然透過很大的荷重來進行計算的話，許多部分都會形成旋轉接點，導致計算程式停止運作。進行計算時，要盡量將荷重細分成許多部份。

藉由追蹤各個階段，就能得知「首先，橫樑的其中一端會產生旋轉接點，最後，柱腳也會產生旋轉接點」這樣的崩壞過程。另外，最後只要稍微加上一點荷重，就能觀察到「構材會突然地大幅變形」或「仍稍有餘力能抵抗」的情況，也能了解到「即使滿足了必要水平承載力，但實際的安全性會有多少差異呢」。

2次設計
（極限強度設計）

022 地震時，建築物是安全的嗎？

層間變形角會顯示出「各樓層在水平方向上變形到什麼程度」。重點在於，不要讓層間變形角超出限制。

打不開！

層間變形角

一旦超過層間變形角的限制數值，就會很危險

如果柱子或大樑具備出色的變形能力，就能打造出可以任意變形的建築物，而且建築物也不會倒塌對吧。不過，那樣的話，位於建築物裡面或外面的人是安全的嗎？

何謂層間變形角

層間變形角指的是，確認建築物安全性時的基準之一，會透過「受到地震力影響時，建築物各樓層在水平方向上的變形程度」與各樓層高度之間的比值來表示。

建築物一旦因為地震而大幅變形的話，門就會因變得歪斜而打不開，也無法進入建築物內救災。另外，家具會倒下，天花板也可能會掉落。真正危險的是，外牆的掉落。由於乾式外牆是配合建築物的層間變形角來打造而成的，所以一旦超過容許值，

204

層間變形角與重心位置

由於變形幅度很大時，重心位置會偏移，所以會產生很大的彎曲力矩。盡量讓層間變形角變小會比較好。

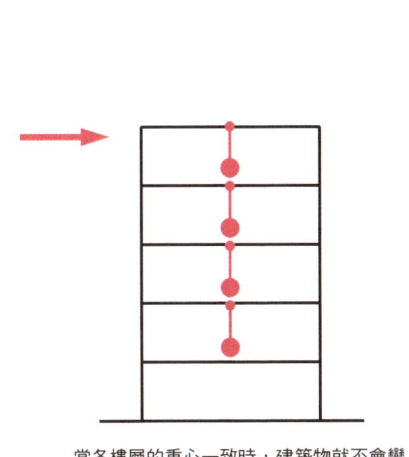

當建築物的重心偏移時，就會導致很大的彎曲力矩產生。

當各樓層的重心一致時，建築物就不會彎曲。

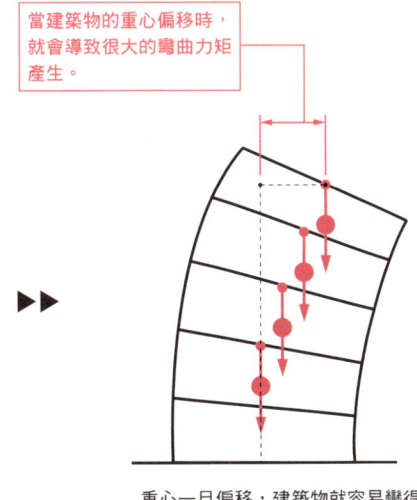

重心一旦偏移，建築物就容易變得彎曲。

層間變形角的計算方法

層間變形角的計算方法為，水平方向的位移除以樓層高度。雖然除完後，會產生小數點，但在慣例上，會用分數來表示。計算時，要把大型地震和中小型地震的情況分開來思考。

一般來說，建築物會被設計成「發生中小型地震時，層間變形角要達到1／200以下」。雖然沒有關於大型地震的規定，但由於在使用外牆建材等飾面材料來建造時，大多會讓追隨性能達到1／100，所以會將1／100左右的數值當成大致基準。當小型鋼骨結構等建築具備較大的變形能力時，建築有時也會被設計成「發生中小型地震時，層間變形角要達到1／120左右」。

雖然層間變形角是用來確認地震時的安全性的數值，但若使用勉強合格的數值來設計的話，有些建築物光是被風吹，就可能會強烈地搖晃。由於未必會成為能夠確保宜居性的設計，所以必須多加留意。

外牆就會脫落。

205　地震時，建築物是安全的嗎？

層間變形角的求法

層間變形角的計算公式

依照以下公式來求出各樓層的層間變形角 γ。
根據規定，發生中小型地震時，層間變形角 γ 應 $\leq 1/200$。發生大型地震時，層間變形角的基準為 $\gamma \leq 1/100$。

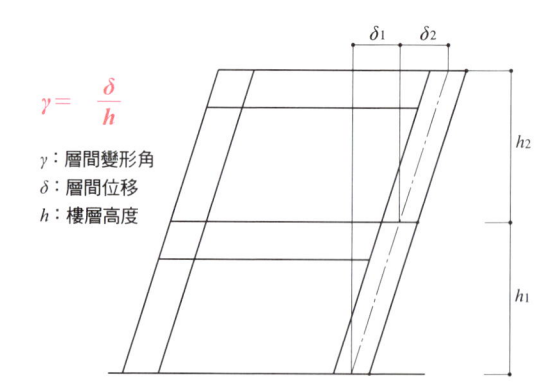

$$\gamma = \frac{\delta}{h}$$

γ：層間變形角
δ：層間位移
h：樓層高度

樓層高度 h 的測量方式

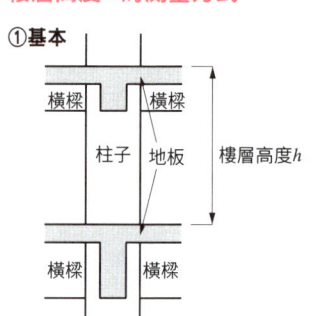

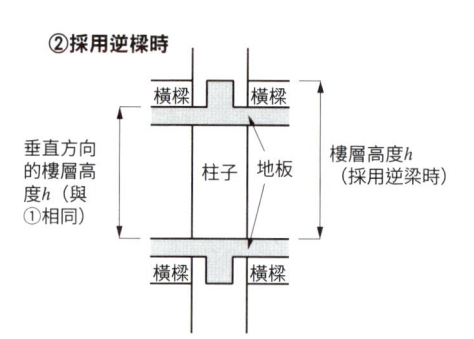

① 基本

橫樑　橫樑
柱子　地板
樓層高度 h
橫樑　橫樑

② 採用逆樑時

橫樑　橫樑
垂直方向的樓層高度 h（與①相同）
柱子　地板
樓層高度 h（採用逆梁時）
橫樑　橫樑

剛性平衡一旦崩潰，就會很危險

剛性模數（modulus of rigidity）這個數值是用來表示建築物在高度方向上的硬度（剛性）。如果有剛性特別小的樓層的話，發生地震時，力量就會集中在該樓層，很危險。

剛性模數的簡易計算方法

在集合住宅內，1樓部分會被設計成周圍沒有牆壁的底層挑空建築（Pilotis），當成停車場或自行車停放區，基於各住戶的隔音與震動考量，其上方會設計許多牆壁。在這種情況下，必然會形成「上方較堅硬，下方較柔軟」的結構。在阪神‧淡路大地震中，在這類集合住宅中，出現了許多只有底層挑空那層倒塌的樓層崩塌（story collapse）現象。此外，在「下部為SRC結構，上部為RC結構」這種混合結構的建築物內，結構出現轉變的樓層也曾

206

層間位移與剛性模數的關係

若建築物的某部分有剛性模數很小的樓層的話，變形現象就會集中在該處。
在計算建築物的剛性模數時，要確保平衡。

①當剛性模數 Rs 相同時

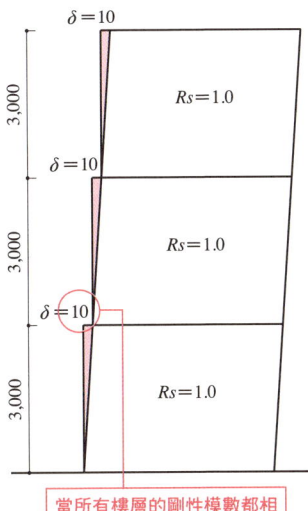

- $\delta = 10$，3,000，$Rs = 1.0$
- $\delta = 10$，3,000，$Rs = 1.0$
- $\delta = 10$，3,000，$Rs = 1.0$

當所有樓層的剛性模數都相同時，變形幅度會很小。

②當剛性模數 Rs 不同時

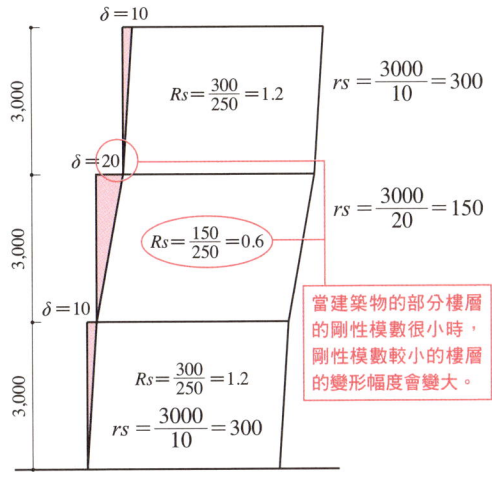

- $\delta = 10$，3,000，$Rs = \dfrac{300}{250} = 1.2$，$rs = \dfrac{3000}{10} = 300$
- $\delta = 20$，3,000，$Rs = \dfrac{150}{250} = 0.6$，$rs = \dfrac{3000}{20} = 150$
- $\delta = 10$，3,000，$Rs = \dfrac{300}{250} = 1.2$，$rs = \dfrac{3000}{10} = 300$

當建築物的部分樓層的剛性模數很小時，剛性模數較小的樓層的變形幅度會變大。

$\bar{rs} = (300 + 150 + 300)/3 = 250$

發生過樓層崩壞的情況。據說，樓層崩壞的原因可能是，「SRC結構內部的鋼筋所產生的剛性的影響」、「SRC部分的強度非常大，相較之下，RC部分的強度較小」。總之，重點在於結構的平衡。

剛性模數 Rs 的計算很簡單。只要使用「各樓層、各方向的層間變形角（水平位移／樓層高度）的倒數」來除以「該倒數的算術平均數」，就能求出答案。

剛性模數 Rs 的基準數值為 0.6 以上。當數值不滿 0.6 時，基於剛性平衡度不佳的考量，所以必須針對增加的荷重來計算出水平承載力。

另外，「Pilots」這個用語用在結構建築設計中時，意思是不同的。在建築設計中，Pilotis指的是採用挑空設計的開放空間。在結構中，Pilotis指的則是剛性很小的樓層。即使不是1

$Rs = \dfrac{rs}{\bar{rs}}$

$rs = \dfrac{h}{\delta}$

$\bar{rs} = \Sigma \dfrac{\bar{rs}}{n}$

- Rs：各樓層的剛性模數
- rs：各樓層的層間變形角（δ/h）的倒數
- $\bar{rs}$：rs 的算術平均數
- h：樓層高度
- δ：層間位移
- n：地上部分的樓層數

崩塌模式的範例

剛性很低的建築物的崩塌模式可分成下列①〜④。在設計底層挑空建築（Pilotis）時，要在結構的損壞方式上多下工夫，以確保安全性。

OK：能夠確保安全性的損壞方式　　**NG**：危險的損壞方式

①2樓以上的部分，全都會發生彎曲降伏現象（1樓沒有損壞）

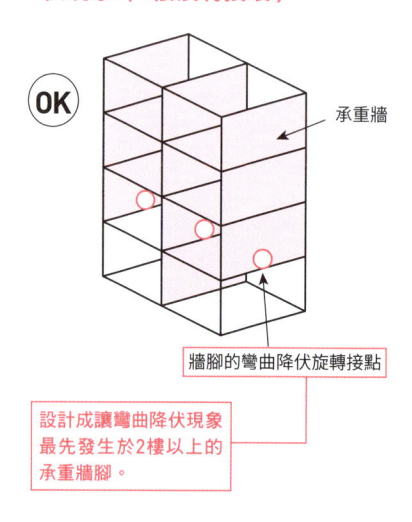

OK

承重牆

牆腳的彎曲降伏旋轉接點

設計成讓彎曲降伏現象最先發生於2樓以上的承重牆腳。

②採用人工地基（artificial ground）的2樓的承重牆所發生的彎曲降伏現象（1樓沒有損壞）

OK

承重牆

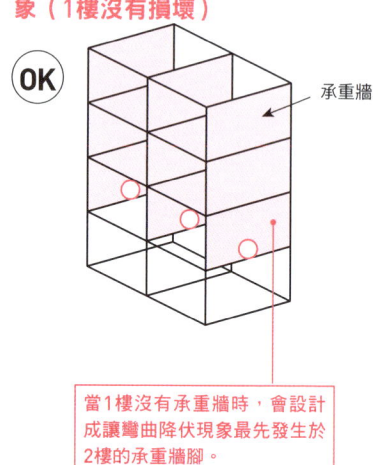

當1樓沒有承重牆時，會設計成讓彎曲降伏現象最先發生於2樓的承重牆腳。

③整體崩塌模式

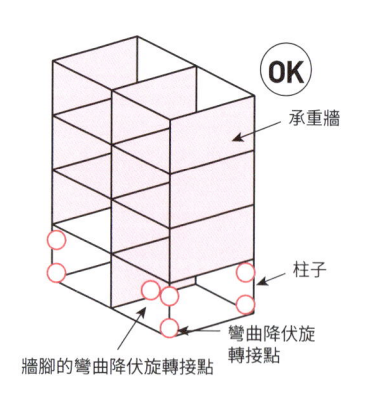

OK

承重牆

柱子

彎曲降伏旋轉接點

牆腳的彎曲降伏旋轉接點

最先發生彎曲降伏現象的位置是1樓的柱頭・柱腳與承重牆腳。

④1樓部分會損壞

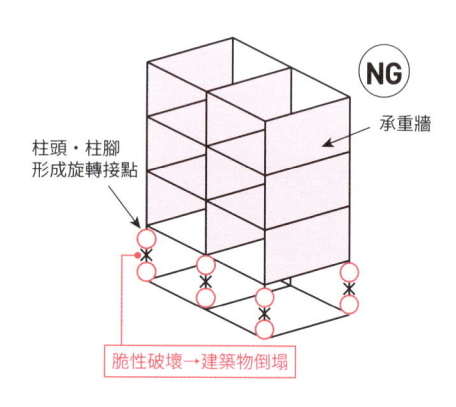

NG

承重牆

柱頭・柱腳形成旋轉接點

脆性破壞→建築物倒塌

當1樓的柱子發生脆性破壞時，就會產生導致建築物倒塌的風險。

偏心率愈大，變形幅度愈大，損壞方式也會改變

無論再怎麼強化承重牆，只要結構配置方式沒有達到平衡的話，一旦要承受地震力等水平力時，就會產生倒塌的風險。在配置承重牆時，必須讓建築物的重心（重量的中心）與剛心（剛性的中心）很靠近才行。建築物的重心與剛心偏離的現象叫做**偏心**。

在出現偏心現象的建築物中，不僅框架結構的變形幅度會變大。樑柱的框架結構與耐震牆所承受的地震力的分布情況，也會變得不均勻，即使建築物是由強度相同的框架結構所構成，損壞方式也會改變。為了確保建築物的安全性，必須掌握偏心現象所造成的影響。

偏心率的確認方法

偏心率的定義為，抗扭強度對於重心與剛心的偏離程度的比例。該數值愈大，偏心現象造成的影響就會愈大。偏心率的計算並沒有那麼困難（參閱P 211）。求出建築物的偏心率後，要確認數值是否在0.15以下。當數值超過0.15時，就要考慮到偏心現象所造成的影響，並要針對增加的地震力來進行關於水平承載力的討論。

建築基準法中的偏心率

不過，建築基準法中的偏心率，是透過1次設計（以各構材中有彈性區作為前提）時的結果來計算出來的。也就是說，強度非常大的框架結構與強度非常小的框架結構會混在一起，由於早期也發生過「當一部分的框架結構損壞時，偏心幅度會突然變大」的情況，所以在實務上，討論強度上的平衡也很重要。

在計算偏心率時，除了依照建築基準法以外，還

樓，也會把剛性很小的樓層稱作「Pilotis樓層」。

在談論關於地震力的安全性時，則要另當別論。在東日本大震災（311大地震）中，由於採用開放式設計的底層挑空建築（Pilotis），在面對海嘯時的阻力比較小，所以似乎會是一種非常有效的建築形式。

偏心率是重心與剛心的偏離程度

建築物的重心與剛心的位置一旦偏離，在承受地震力等水平力時，變形程度會變大，並會搖晃，在剛心周圍轉動。

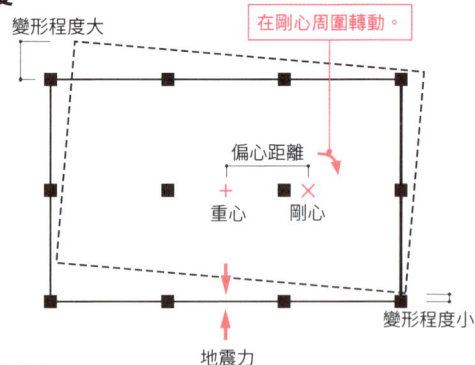

變形程度大　　在剛心周圍轉動。

偏心距離
＋重心　　×剛心

變形程度小
地震力

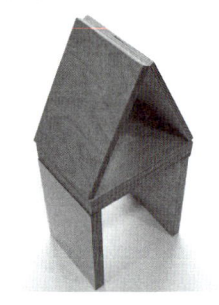

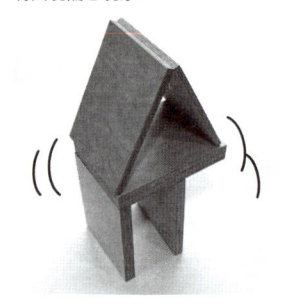

沒有出現偏心現象　　有出現偏心現象

透過照片可以得知，牆壁偏移的積木房屋，有出現偏心現象，且容易變形。

由於重心是建築物重量的中心，所以會成為地震力的作用中心。由於剛心是承重牆的剛性中心，所以建築物會成為轉動（扭轉）中心。

依照建築基準法來計算偏心率時的注意事項

有一些慣例上的規定。

① 地震力會使用1次設計時的數值。

② 層間變形角的計算範圍包含了，與上下樓層地板相連的牆壁以及柱子的所有垂直構材。

③ 當「剛性地板假設（參閱P228）」成立，且沒有出現偏心現象時，若能透過具有代表性的構材來確認「數值符合限制值」這一點的話，就應視為「可以透過該構材的計算結果來驗證其他構材」。

在建築基準法中，關於偏心率的想法，有贊成與反對這兩種意見。即使是強度很高的建築物，剛性一旦偏離的話，就必須抑制偏心率，藉由「去除耐震牆（剪力牆）、設置耐震細縫」等方式來調整剛性。有些人對於「朝著降低建築物整體強度的方向來進行調整」的方法抱持反對意見。另外，在不同國家，有時偏心現象不是剛性造成的，而是左右兩側的變形量差異所造成的。有時也要針對這一點來確保安全性。

210

偏心率的計算方法

用來判斷承重牆的平衡度的基準就是偏心率。由於偏心率愈大，偏心現象造成的影響愈大，建築物的倒塌風險也會提昇，所以大家要依照以下步驟，確認偏心率是否被控制在0.15以下。

①算出重心的位置（g_x、g_y）

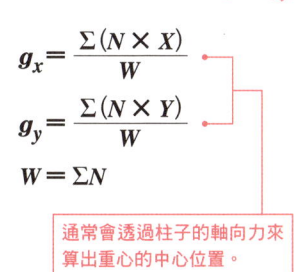

$$g_x = \frac{\Sigma(N \times X)}{W}$$

$$g_y = \frac{\Sigma(N \times Y)}{W}$$

$$W = \Sigma N$$

> 通常會透過柱子的軸向力來算出重心的中心位置。

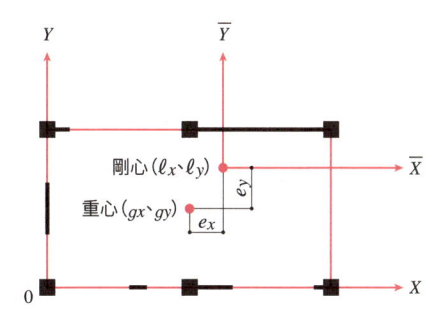

g_x, g_y	：x、y的重心的座標
N	：長期荷重所形成的柱子軸向力
X,Y	：構材的座標
ℓ_x, ℓ_y	：各樓層的剛心座標
K_x, K_y	：耐震要素當中的計算方向的水平剛性
$\overline{X}$、$\overline{Y}$	：從剛心位置算起的距離
W	：總重量

②算出剛心（ℓ_x、ℓ_y）

$$\ell_x = \frac{\Sigma(K_y \times X)}{\Sigma K_y}$$

$$\ell_y = \frac{\Sigma(K_x \times Y)}{\Sigma K_x}$$

> 透過各框架結構（或是各柱子）的剛性來求出剛心的位置。由於近年的主流方法為，透過電腦來分析應力，所以會透過各柱子所承受的剪應力與變形程度來計算出水平剛性。

③算出偏心距離（e）

$$e_x = |\ell_x - g_x|$$

$$e_y = |\ell_y - g_y|$$

④算出扭轉剛度（K_R）

$$\overline{X} = X - \ell_x$$

$$\overline{Y} = Y - \ell_y$$

$$K_R = \Sigma(K_x \times \overline{Y}^2) + \Sigma(K_y \times \overline{X}^2)$$

> 扭轉剛度的求法為，在X、Y各方向上，先讓各框架剛性乘以「從剛心位置算起的距離的平方」，再將得到的數值加總起來。

⑤計算出彈性半徑（re）

$$r_{ex} = \sqrt{\frac{K_R}{\Sigma K_x}} = \sqrt{\frac{\Sigma(K_x \times \overline{Y}^2) + \Sigma(K_y \times \overline{X}^2)}{\Sigma K_x}}$$

$$r_{ex} = \sqrt{\frac{K_R}{\Sigma K_y}} = \sqrt{\frac{\Sigma(K_x \times \overline{Y}^2) + \Sigma(K_y \times \overline{X}^2)}{\Sigma K_y}}$$

> 扭轉剛性除以各方向的水平剛性後得到的數值的平方根，會成為用來表示扭轉難度的彈性半徑。偏心率會透過偏心距離與彈性半徑的比來表示。

⑥計算出偏心率（Re）

$$R_{ex} = \frac{e_y}{r_{ex}}$$

$$R_{ey} = \frac{e_x}{r_{ey}}$$

> 在最後這個用來求出偏心率的公式中，由於求取方向與偏心距離的方向（右下小字）會變得相反，所以要特別留意！

023 何謂把地震和風納入考量的計算方法？

特殊的計算方法

在極限強度計算法中，會藉由計算來判斷建築物是否具備能超越損害極限的性能。

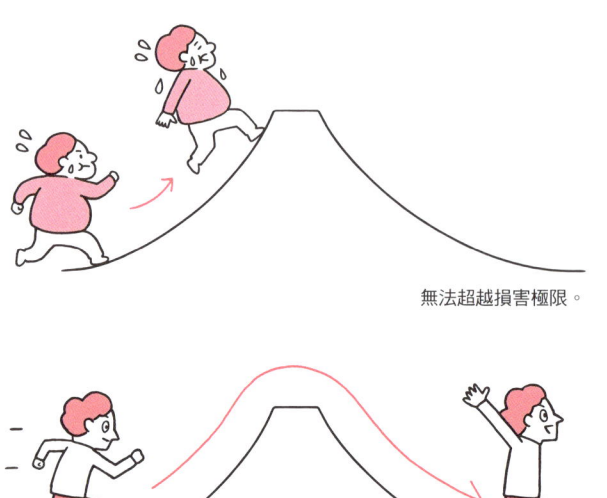

無法超越損害極限。

能夠超越損害極限。

透過進階的計算方法來確認安全性

在高層建築、形狀複雜的建築物當中，必須透過比應力度計算法更加進階的計算方法來詳細地確認安全性。該計算方法包含了，極限強度計算法、能量法、動態歷時分析法（time history response analysis）。

極限強度計算法會用來判斷性能是否滿足目標值

極限強度計算法指的是，2000年的建築基準法修訂時，依照規定，此方法被視為與過去的結構計算方法（容許應力度計算法、水平承載力計算法）相同等級的計算方法。此方法採用了「性能設

212

用來討論損害極限的方法

將損害極限時的層間變形角設定為1／200,確認實際建造的建築物在損害極限時,變形程度是否有控制在該數值以下。

確認層間變形角 ≦ $\dfrac{1}{200}$

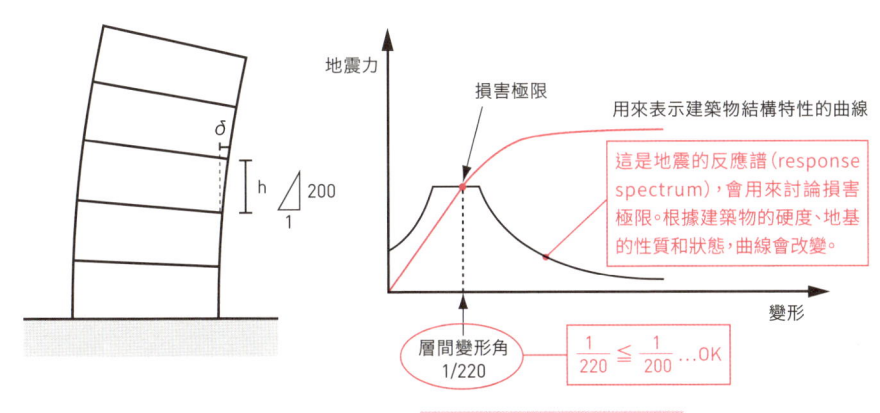

地震力

損害極限

用來表示建築物結構特性的曲線

這是地震的反應譜(response spectrum),會用來討論損害極限。根據建築物的硬度、地基的性質和狀態,曲線會改變。

變形

層間變形角 1/220

$\dfrac{1}{220} \leq \dfrac{1}{200}$ …OK

根據建築基準法,損害極限的具體計算方法被記載在主要公告第1457號中,所以請大家試著實際討論看看吧。

討論損害極限與安全極限

基本的性能要求(目標值)有2個。

第1個為,關於建築物固定負載的安全性的目標值。該目標性能指的是,在建築物建造期間(存在期間),當建築物在面對很有可能會遭遇數次的積雪、暴風,以及很少會發生的地動(ground motion)等時,在不會造成損害的範圍內(極限),該極限值叫做損害極限(損害極限強度)。在損害極限時,要確認「各構材的強度是否有控制在短期容許應力度以下,建築物的層間變形角是否有控制在1／200以下」(損害極限的討論)。

第2個目標性能指的是,當建築物在面對積雪或暴風出現時極少會發生的最大等級的荷重・外力,以及極少會發生的地動時,建築物不會倒塌・崩塌的範圍內(極限),該極限值叫做安全極限(安全極限強度)。要確認「建築物在面對相當於水平承載力的水平力時的層間變形角」(安

213　何謂把地震和風納入考量的計算方法?

安全極限強度的討論方法

在計算極限強度時，會依照設計者的判斷來設定安全極限強度。與水平承載力的計算不同，建築物變得愈柔軟，水平力就會愈小。因此，由於局部損壞程度愈高，水平力會變得愈小，所以會把層間變形角設定得較小。這種做法乍看之下會覺得很合理，但最先損壞的構材可能會在這段期間內掉落，很危險。在實際的設計工作中，會以大約1／75的數值來計算出層間變形角。

設定好的變形現象發生時，要討論構材是否降伏

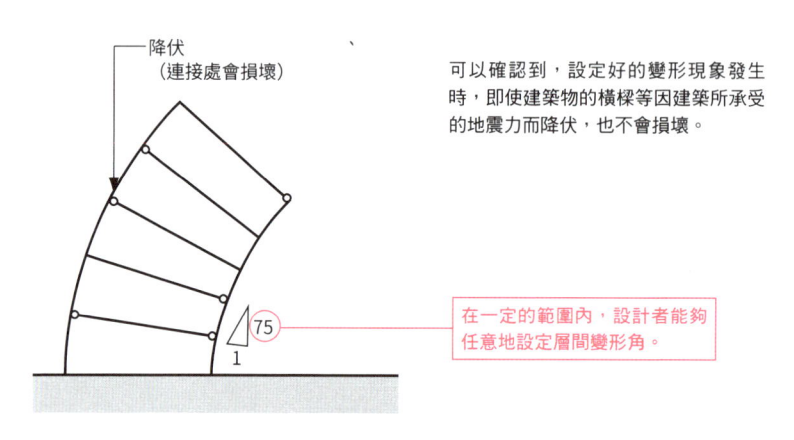

降伏
（連接處會損壞）

可以確認到，設定好的變形現象發生時，即使建築物的橫梁等因建築所承受的地震力而降伏，也不會損壞。

在一定的範圍內，設計者能夠任意地設定層間變形角。

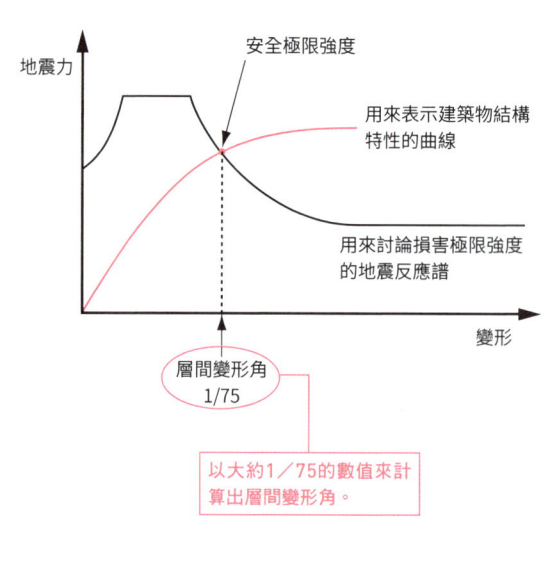

安全極限強度

用來表示建築物結構特性的曲線

地震力

用來討論損害極限強度的地震反應譜

變形

層間變形角
1/75

以大約1／75的數值來計算出層間變形角。

極限強度計算法會經過損害極限強度與安全極限強度這2個步驟的確認，是很合理的結構計算方法喔！

能量法是與極限強度計算法同級的新式結構計算方法

「根據能量平衡的耐震計算法（**能量法**）」被規定在平成17年國土交通省公告第631號中。在法規全極限的討論）。

極限強度計算法與容許應力度等計算法不同，由於要先適當地評價地基的性質與狀態，以及建築物的自然振動週期，所以可以說是更加合理的方法。另外，除了關於耐久性的規格規定（材料的品質或構材的耐久性等）以外，由於在容許應力度計算法中所要求的規定也無妨，所以在計算「不易滿足傳統木造結構那樣的規格規定的建築結構」時，也是有效的方法。

不過，由於極限強度計算法的前提條件為「形狀方正且平衡良好的建築物」，所以並非任何建築物都適用。

透過能量法來確認安全性的機制

在現狀中，容許應力度計算法與水平承載力計算法仍然最受歡迎，在確認建築物的安全性時，很少使用極限強度計算法或能量法。不過，由於地震時，被輸入到建築物中的能量，會取決於建築物的總質量與最長自然振動週期，所以此方法具有比其他方法來得好懂的一面。另外，近年來，制震阻尼器開始迅速地變得普及，在使用制震阻尼器時，只要透過能量法來計算，就會很簡單。雖然在有裝設制震裝置的建築物內，能量法是非常有效的計算方法，但不適用於採用免震裝置的建築物。

在安全性的確認方法中，首先，會比較「地震時，被輸入到建築物中的能量 Ed」與「建築物在塑性化之前能夠吸收的能量 We（能量吸收能力）」。藉此就能得知，能使建築物產生塑性應變（plastic strain）的能量大小。另外，在建築物的能

3種能量

彈性振動能量是在彈性區吸收的能量。累積塑性應變能量是構材產生降伏變形時，在塑性區吸收的能量。阻尼所導致的能量指的是，透過黏滯阻尼（viscous damping）來吸收的能量。

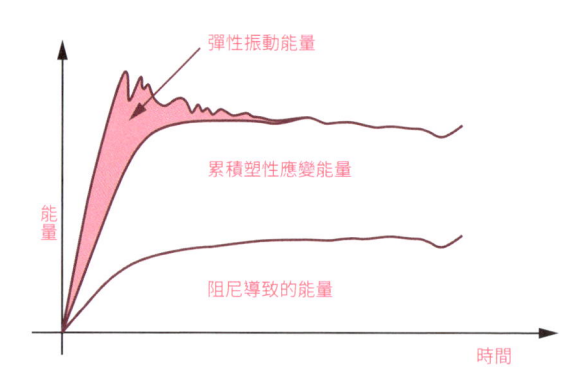

透過能量法來計算結構的機制

在能量法中，會用「地震時，被輸入到建築物中的能量E_d」減去「建築物能夠吸收的能量W_e」來求出「能使塑性應變產生的能量E_s」。

「能使塑性應變產生的能量Es」的計算方法

能使塑性應變產生的能量：Es ＝ 地震時，被輸入到建築物中的能量：Ed － 建築物在塑性化之前能夠吸收的能量：We

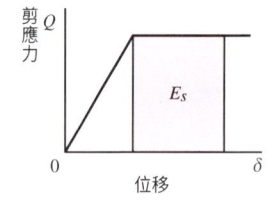

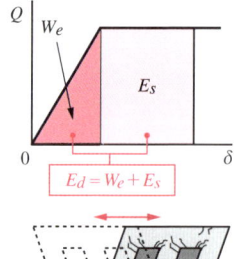

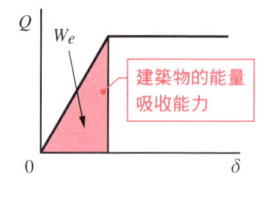

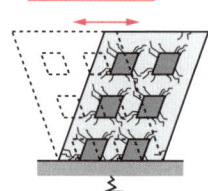

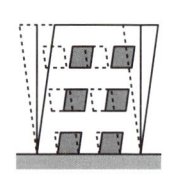

$E_d = W_e + E_s$

建築物的能量吸收能力

能量法的基礎理論是，大家在高中物理課中有學過的$1/2MV^2$喔。

「被輸入到建築物中的能量Ed」的計算公式

$$E_d = \frac{1}{2} M \cdot V^2_d$$

E_d：作用於建築物的能量大小
M：建築物的地上部分的質量
V_d：作用於建築物的能量大小的速度換算值

216

建築物的必要能量吸收量 Es

思考方法為,把整體的能量吸收能力分配給各樓層。必要能量吸收量(塑性應變能量)分配給各樓層的情況會如同下圖所示。

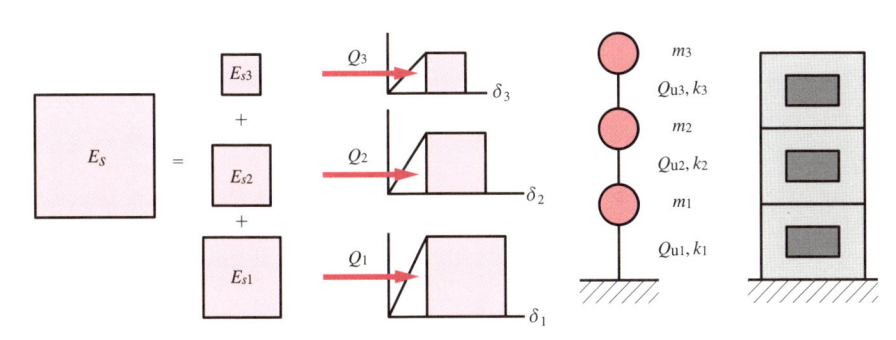

m:質量、Q:剪應力、k:彈性常數(spring constant)

依照各樓層的剛性與強度來分配整體應吸收的能量大小。

量吸收能力中,包含了3個主要因素。

首先,其名稱為「**彈性振動能量**」、「**累積塑性應變能量**」、「**阻尼導致的能量**」。彈性振動能量是在彈性區吸收的能量。累積塑性應變能量是產生降伏變形時,在塑性區吸收的能量。阻尼導致的能量指的是,透過黏滯阻尼來吸收的能量。

「被輸入到建築物中的能量 E_d」會依照「建築物的總質量」,以及「有考慮到地基種類的地震時的能量輸入速度」來進行計算。接著,會依照各樓層的剛性與強度來將「能使塑性應變產生的能量 E_s」分割成各樓層所需的能量。比較「各樓層所需的能量」與「各樓層的能量吸收能力」,確認安全性。另外,在計算各樓層的能量吸收能力時,會使用「**靜態增量分析法**」來計算。

雖然能量法不太普及是目前的現狀,但「讓制震裝置中的阻尼器降伏」這種觀點是能量法的獨到之處。可以說是一種可以多加利用的計算方法。

217　何謂把地震和風納入考量的計算方法?

透過照片來了解自然振動週期

這是3顆靜止狀態的球。只要搖晃其中一側的球,細繩長度相同的球就會大幅搖晃。這是振動週期相同的物體的共振範例。

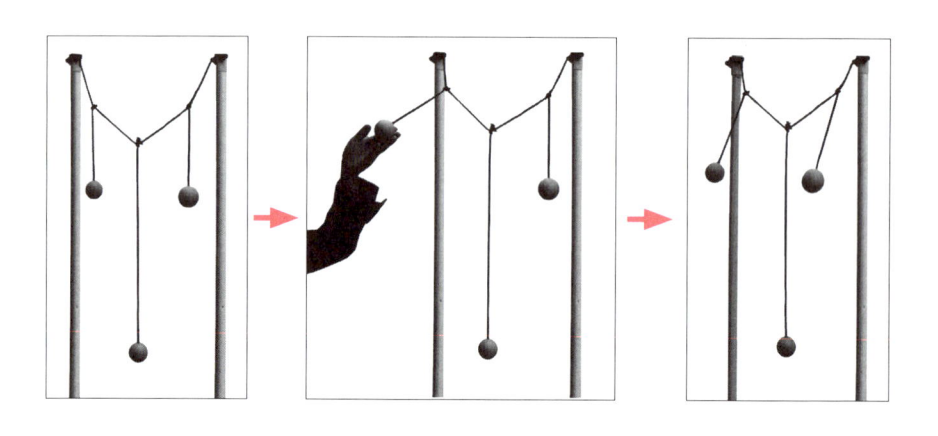

當建築物的自然振動週期與地震的搖晃相同時,就會產生劇烈搖晃!

在透過一條細繩來連接長度不同的鐘擺的實驗中,只要搖晃其中一個鐘擺,長度相同的鐘擺就會大幅搖晃。這就是共振。

掌握建築物的自然振動週期!

乍看之下,地震的搖晃看似不規則,但卻是一種波動。地震時,各種週期的波會混在一起,在地基中傳播。有的地震波的振動幅度很大,有的則很小。

其實建築物也具有容易搖晃的振動週期(自然振動週期)。即使是同一棟建築物,依照方向與部位,會具有不同的自然振動週期,像是容易朝東西方向搖晃的週期,以及容易朝南北方向搖晃的週期。對於建築物的安全性來說,**自然振動週期**是一項非常重要的特性。如果建築物的自然振動

218

何謂週期？

建築物搖晃 1 次的時間就是週期。
建築物的高度愈高，自然振動週期會變得愈長。

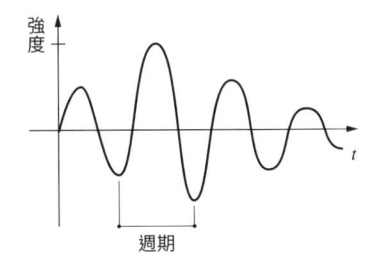

來求出建築的自然振動週期吧！

建築物與地基都有各自的自然振動週期。在計算地震力時，要考慮到這些因素。建築物的自然振動週期（T）可以透過下列公式來求出。

$$T = 2\pi\sqrt{\frac{M}{K}}$$

M：重量
K：水平剛性

由於依照結構種類，建築物的自然振動週期大致上與建築物高度（H）成正比，所以根據建築基準法，當結構為RC結構時，會使用「建築物高度（m）×0.02」來計算，當結構為鋼骨結構時，則會使用「建築物高度（m）×0.03」來計算。
（範例）
　當RC結構建築物的高度為10m時：T＝10×0.02＝0.2秒
　當鋼骨結構建築物的高度為10m時：T＝10×0.03＝0.3秒

不同結構的自然振動週期的差異

①牆壁（堅硬的建築物）　②樑柱（柔軟的建築物）

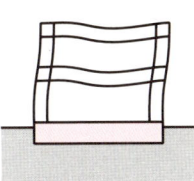

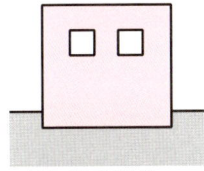

自然振動週期較⼩　　　自然振動週期較⼤

不同地基的自然振動週期的差異

①堅硬的地基　　②柔軟的地基

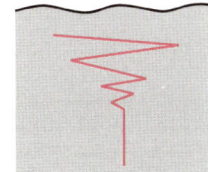

自然振動週期較⼩　　自然振動週期較⼤

自然振動次數（f）會變成自然振動週期（T）的倒數喔！

$$f = \frac{1}{2\pi}\sqrt{\frac{K}{M}}$$

219　何謂把地震和風納入考量的計算方法？

一旦產生共振，就會引發巨大搖晃

當「建築物的自然振動週期與地震的顯著週期」、「地基的自然振動週期與地震的顯著週期」、「建築物的自然振動週期與地基的顯著週期」產生共振時，就會引發巨大搖晃。

建築物與地震波的共振

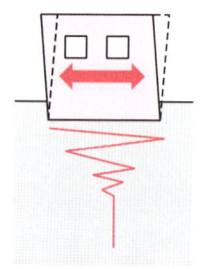

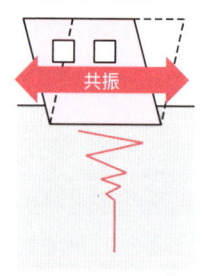

①**不會共振**
（不同的自然振動週期）
自然振動週期較小

②**會共振**
（相同的自然振動週期）
自然振動週期較小

共振

地震的顯著週期較大　　地震的顯著週期較小

地基與地震波的共振

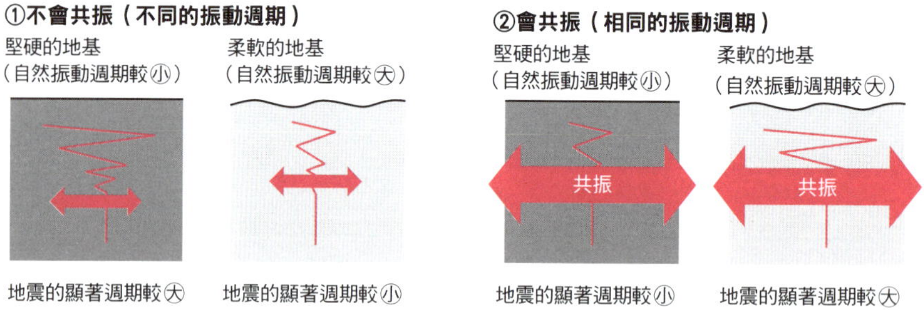

①**不會共振（不同的振動週期）**

堅硬的地基
（自然振動週期較小）

柔軟的地基
（自然振動週期較大）

地震的顯著週期較大　　地震的顯著週期較小

②**會共振（相同的振動週期）**

堅硬的地基
（自然振動週期較小）

柔軟的地基
（自然振動週期較大）

共振　　共振

地震的顯著週期較小　　地震的顯著週期較大

建築物與地基的共振

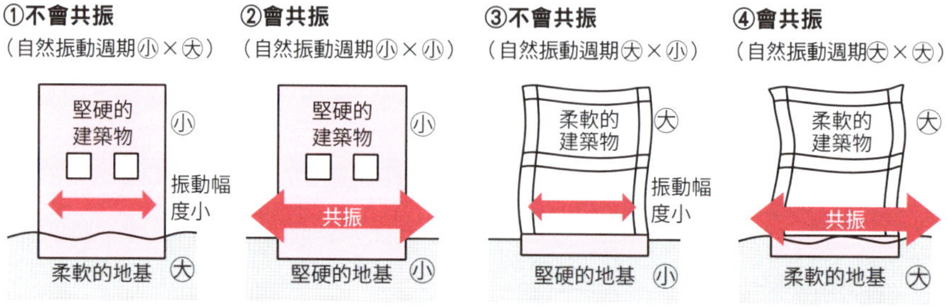

①**不會共振**
（自然振動週期小×大）

堅硬的建築物　小
振動幅度小
柔軟的地基　大

②**會共振**
（自然振動週期小×小）

堅硬的建築物　小
共振
堅硬的地基　小

③**不會共振**
（自然振動週期大×小）

柔軟的建築物　大
振動幅度小
堅硬的地基　小

④**會共振**
（自然振動週期大×大）

柔軟的建築物　大
共振
柔軟的地基　大

220

週期與地震的強烈週期同時，會變得如何呢？

即使面對的是相同的地震，但自然振動週期與地震週期相同的建築物，會產生較大的搖晃（共振），導致建築物損毀。

其實，地基也有這種自然振動週期。在堅硬的地基與柔軟的地基中，週期當然不同。建築物的損害會與「地震的顯著週期‧地基的自然振動週期‧建築物的自然振動週期」有關。

根據建築基準法，在計算地震力時，要考慮到建築物或地基的自然振動週期。雖然實際上的情況有很多種，但要依照結構種類，算出與建築物高度成正比的自然振動週期。嚴格來說，建築物的自然振動週期並非只由高度來決定，而是會依照柱子的尺寸、橫樑的尺寸、地板上所負荷的物體而改變。當計算對象為摩天大樓等時，要個別地計算出建築物的自然振動週期，並在電腦上，使用地震波來討論建築物的安全性。

地板也有自然振動次數，只要配合其自然振動次數來跳躍，就會產生非常大的搖晃。有一個很著名的例子，人們在韓國的辦公大樓內做有氧運動後，建築物便大幅地搖晃，接著那些原本在工作的人就逃出去了。

透過動態歷時分析法，能夠計算出建築物的安全性

動態歷時分析法是一種透過時時刻刻都在變化的地震力，來將建築物的變化情況轉變成數值（回應值），並確認結構安全性的計算方法。

必須使用動態歷時分析法的理由

雖然透過容許應力度計算法等方法，可以把地震力的大小與方向轉換成不會變化的靜態荷重進行計算，但地動原本就是由較強的週期（顯著週期）與較弱的週期等各種週期波所構成。透過動態歷時分析法這種計算方法，可以反映出會變化的地震波，並能確認結構的安全性，所以能夠更加

何謂動態歷時分析法

動態歷時分析法的概念

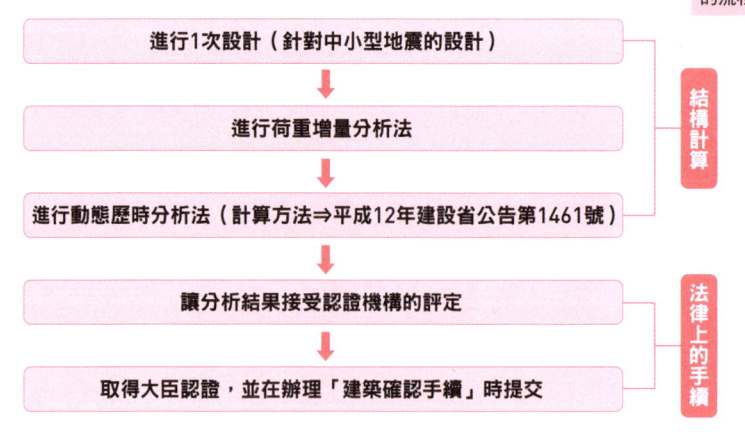

①對已規劃好的建築物進行建模,然後進行結構計算。

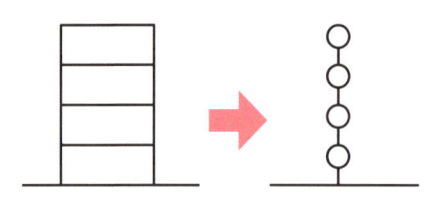

使用了動態歷時分析法的運動方程式（equation of motion）

$$[M]\{\ddot{y}\} + [C]\{\dot{y}\} + [K]\{y\} = -[M]\{\ddot{y}0\}$$

　　　↑　　　　↑　　　　↑　　　　↑
　　加速度　　速度　　位移　　地震波

M：質量。依照建築物的用途來適當地設定
C：阻尼（damping）
　　（例）鋼筋混凝土結構建築物＝0.03%
　　　　　鋼骨結構建築物＝0.02%
K：剛性

②完成結構計算後,對已規劃好的建築物施加地動,進行模擬測試。

把數位化的地動資訊輸入到電腦中,在電腦內搖晃建築物,確認建築物的安全性。

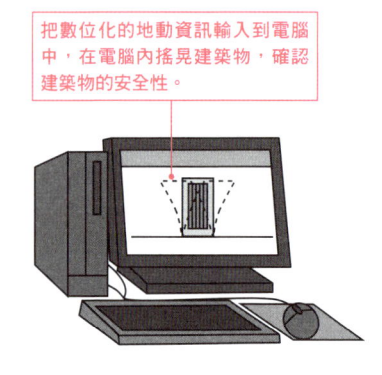

透過上方的方程式來理解「要輸入什麼樣的條件,才能使用動態歷時分析法來計算」吧。

不僅要記住動態歷時分析法的原理和機制,也請事先記住實際進行設計時的流程吧。

動態歷時分析法的流程

進行1次設計（針對中小型地震的設計）
↓
進行荷重增量分析法
↓
進行動態歷時分析法（計算方法⇒平成12年建設省公告第1461號）

⎫ 結構計算

↓
讓分析結果接受認證機構的評定
↓
取得大臣認證,並在辦理「建築確認手續」時提交

⎫ 法律上的手續

地動以外的震動

行走振動

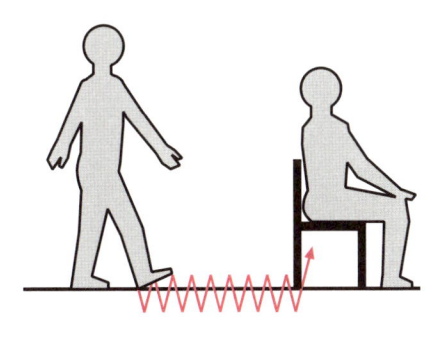

風所造成的振動

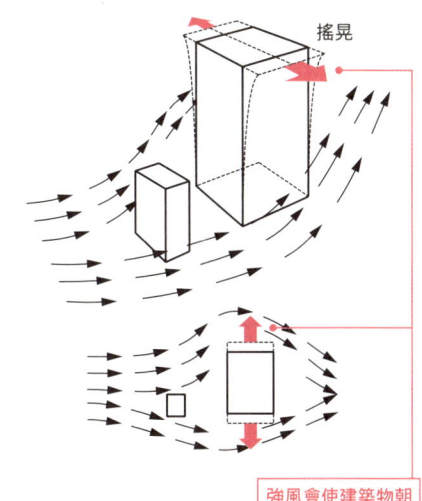

搖晃

行走振動指的是，人在建築物內行走時，地板會朝垂直方向搖晃，也叫做地板振動喔。基礎的沉陷、不適當的地板設計・施工方式、地板材質的選擇等都會引發地板振動。風所造成的振動是強風所造成的水平振動對吧！

強風會使建築物朝水平方向搖晃。

詳細地確認建築物的性質與狀態。地震波會隨著場所而改變，近年來，關於地震波的研究有所進展，專家已建立並採用「能透過地基調查結果來製造出該處的模擬地震波（場地波 site wave）」的方法。

另外，還會使用過去所觀測到的地震波資料。經常被使用的波包含了，埃爾森特羅波（1940年在美國・埃爾森特羅被觀測到的地動），以及塔夫托波（1952年在美國塔夫托被觀測到的地動）。

此外，地震的能量一旦傳遞到建築物中，建築物就會搖晃，使能量被轉換成熱能等。這種現象叫做**阻尼**現象。透過動態歷時分析法來進行分析時，要考慮到阻尼。

在建築基準法中，動態歷時分析法也被認可為一種結構計算方法。舉例來說，在現行的建築基準法中，要確認高度超過60m的摩天大樓的安全性時，光靠容許應力度計算法與極限強度計算法是不夠的。要先透過動態歷時分析法來計算結構，取得「官方認證」後，才能夠興建這種規模的建築物。除了高樓層建築物以外，依照建築基

223　何謂把地震和風納入考量的計算方法？

震源以及都市與震源之間的距離

東北地方太平洋近海地震（311大地震）的震源為太平洋近海，各都市開始搖晃的時間，和「都市與震源之間的距離」有關。

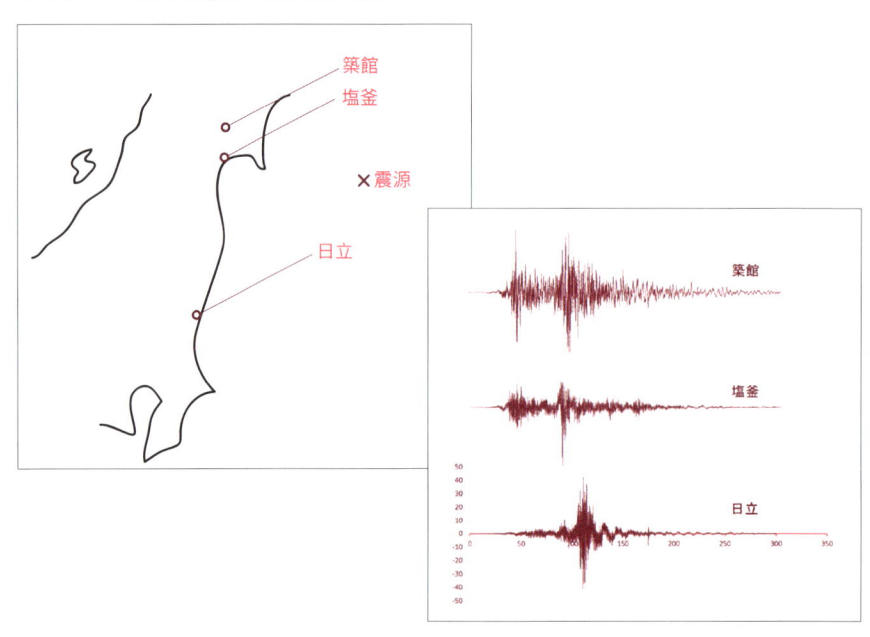

透過速度反應譜來得知地動的搖晃強度

地震發生時，我們經常會聽到震度、地震規模（magnitude）這類用語。成為稍微專業的建築專家後，就會使用「加速度（gal）、速度（kine）」這些用語來談論地震。這些用語都是用來表示地震程度的單位。

準法，在檢查沒有符合建築基準法中的規格規定的建築物等，可以透過動態歷時分析法來確認結構的安全性。

隨著電腦技術的發達，動態歷時分析法等振動分析法迅速地變得很普及。目前，在進行摩天大樓的設計時，只要能夠了解活動斷層的位置與大小，就能以人工方式來製作出該活動斷層的地震波形，進行分析。

地震波反應譜的用法

大家平常會聽到「地震波」這個詞彙嗎？

224

地震波是各種不同週期的波的集合體

地震波是透過斷層而產生的波。依照地基的硬度與波的傳遞路徑，會導致各種變化。建築物會因這些波的複合狀態而產生搖晃。

地震波是由各種不同週期的波重疊而成

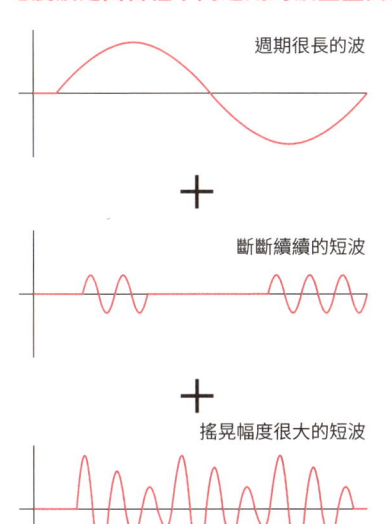

週期很長的波

＋

斷斷續續的短波

＋

搖晃幅度很大的短波

透過反應譜就能確認各個不同週期的地震波

＝

各種不同週期的波的重疊部分就是地震波

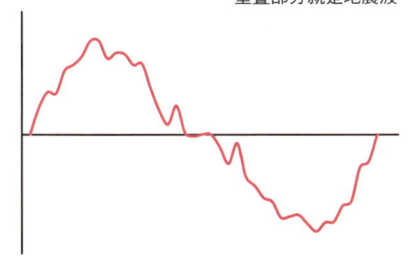

地震波與反應譜

①2011年東北地方太平洋近海地震的地震波速度波形（築館）

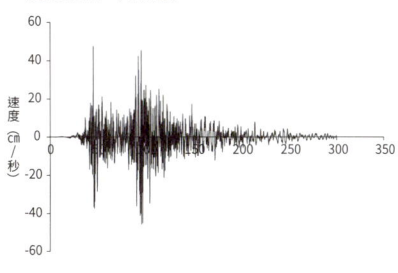

②2004年新潟縣中越地震的地震波的速度波形（川口）

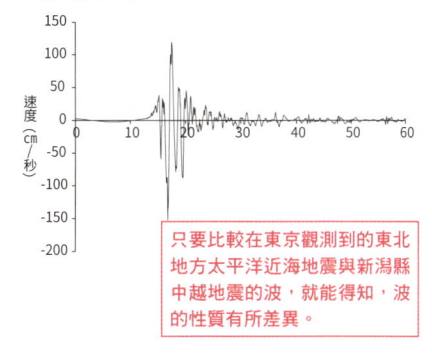

只要比較在東京觀測到的東北地方太平洋近海地震與新潟縣中越地震的波，就能得知，波的性質有所差異。

③3個地震的地震波的速度反應譜

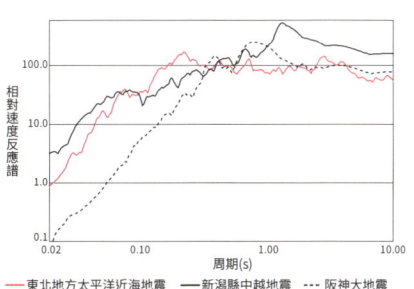

—— 東北地方太平洋近海地震　　—— 新潟縣中越地震　　--- 阪神大地震（兵庫縣南部地震）

速度反應譜與建築物的自然振動週期

三軸圖（三軸反應譜）

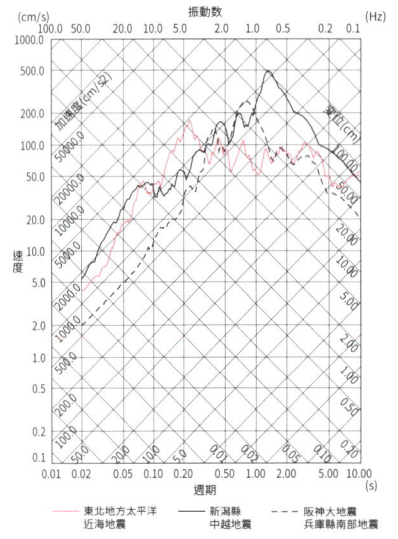

速度反應譜

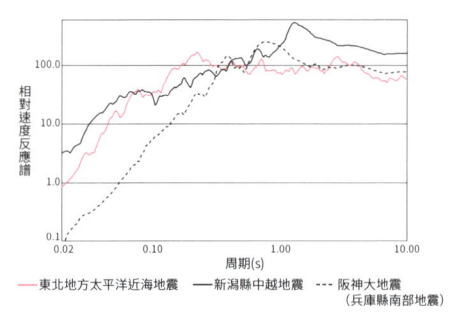

用來表示地震的週期與一般建築物的週期的圖表。當一般建築物的週期與地震的週期相同時，就會引發共振現象，使損害情況變得嚴重。

地震其實是在地層（地基）中傳遞的波動。依照地層的硬度，波的傳遞速度會有所差異，當地層的性質改變時，就會引發折射或反射現象，或是使波產生重疊、變大、變小等各種變化。透過觀測可以得知，地震波是各種週期的波重疊而成的結果（速度反應譜）。

將各種週期的地震波的強度進行分解（傅立葉轉換）與整理，藉此就能得知符合頻率的建築物的最大速度（速度反應譜）。觀看反應譜時，會看到上面記載了**阻尼常數** h。當波的重複部分愈多時，阻尼（搖晃幅度變小）就會變得愈大。

建築物有容易搖晃的週期（**自然振動週期**）。在反應譜中，當建築物的自然振動週期重疊時，就會引發共振。依照建築物的自然振動週期與地震波的組合，建築物所遭受的損害程度會改變。我經常聽到「建築物在什麼樣的震度下才會損壞」這個問題。我認為可以根據上述內容，大家可以充分地了解到，依照建築物的自然振動週期與地震波的特性，損害程度會改變，所以不能一概而論（參閱P 218）。

226

最好先記住的地震用語

震度	用來表示地動強度的單位，正式名稱叫做「計測震度」。以前人們會透過身體感覺或周圍情況來估算，在1996年之後，開始能夠透過計測震度計來自動地進行觀測與測量。
地震規模（magnitude）	用來表示地震規模、大小的指標
加速度	平均每單位時間的速度變化率
速度	平均每單位時間的位移
很少會發生的地動	為了確認摩天大樓等建築的結構強度上的安全性而進行結構計算時，會使用到的地震力之一。以日本氣象廳震度等級來說，指的是震度5左右的地動。
極少會發生的地動	為了確認摩天大樓等建築的結構強度上的安全性而進行結構計算時，會使用到的地震力之一。以日本氣象廳震度等級來說，指的是約為震度6強～7的地動。

最近，人們會使用能夠同時顯示「加速度‧速度‧位移‧週期」這些資訊的**三軸圖**（三軸反應譜）。

column

剛性地板是什麼樣的地板？

地板不僅要承受垂直方向的荷重，還要負責「將水平力傳遞給垂直耐震要素（耐震牆）」這項重要任務。

透過「剛性地板假設」來計算地板強度

骨結構中的混凝土地板，實際上的剛性很大，不會變形。只要是剛性地板的話，就能將地震力傳遞給耐震牆或柱子。雖然剛才有提到，一般的做法為，透過剛性地板假設來計算地板強度，但在規劃設計中，若地板不會成為剛性地板的話，地震力就無法充分地傳遞給耐震要素，所以要多加留意。

雖然在木造結構中，由於材質較柔軟，所以要打造出剛性地板並不容易，不過只要將結構用膠合板直接固定在橫樑、格柵墊木、底部橫木（木基礎樑）上，製作成地板的話，就會成為剛性地板。

地板是一項「用來把力傳遞給耐震要素」的重要耐震要素。不過，近年來，由於電路管線大多會被埋設在混凝土厚板中，所以實際上，有時會無法充分地傳遞水平力。雖然不太受到關注，但設備也是一項會對結構性能產生很大影響的要素。

室內中庭的設計訣竅為何？

室內中庭會對剛性地板造成很大的影響。之所以這樣說，是因為室內中庭是一部分區域被挖空的地板。由於室內中庭區域沒有地板，所以無法傳遞水平力，會成為結構上的弱點。即使朝向室內中庭設置耐震牆，只要沒有和地板相連的話，以耐震要素來說，幾乎沒有任何意義。

要設置室內中庭時，重點在於，要讓面向室內中庭的耐震牆的一部分與地板相連，或是補強室內中庭部分的橫樑，採用能夠交換應力的設計方式。

即使承受了地震力或風壓力等水平力，也完全不會變形的地板叫做剛性地板。一般來說，「剛性地板」這個用語有2種涵義。

第1種為理論上的剛性地板（剛性地板假設）。為了簡化結構計算，無論實際上的地板強度如何，進行計算時，會假設地板為剛性地板。

另1種涵義為，施工時所製作的剛性地板。指的是鋼筋混凝土結構或鋼牆。

228

剛性地板與非剛性地板的差異

建築物在承受水平力時，地板會發揮很重要的作用。

剛性地板（應力計算上的剛性地板）　　**非剛性地板**

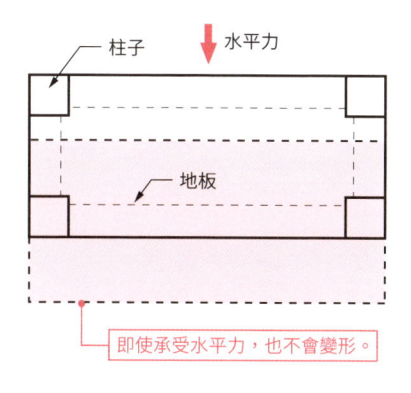

↓水平力　　　　　　　　　　　　　　　　↓水平力

柱子

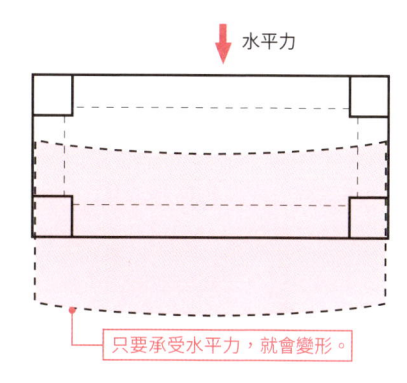

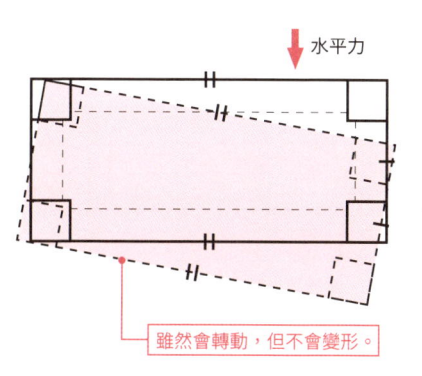

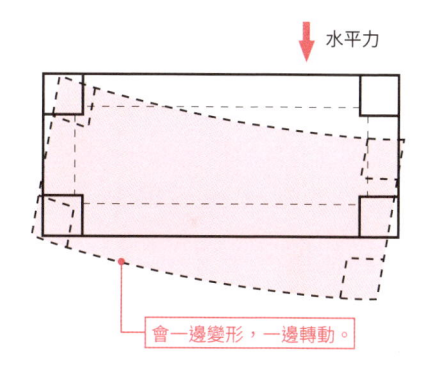

地板

即使承受水平力，也不會變形。　　　　　　只要承受水平力，就會變形。

↓水平力　　　　　　　　　　　　　　　　↓水平力

雖然會轉動，但不會變形。　　　　　　　　會一邊變形，一邊轉動。

「在面對水平力時，完全不會變形」這一點就是剛性地板的特徵。在RC結構的設計中，會以剛性地板作為前提，進行結構計算。若是木造結構的話，由於水平剛性很低，所以要思考構材與工法，盡可能讓地板強度接近剛性地板！

室內中庭的設計方法

由於只要有室內中庭，水平力的傳遞機制就會變得很複雜，所以要設計成能讓力量確實地被傳遞。

室內中庭在結構上的弱點與對策

①承受水平力時的狀態（左：承受水平力前、右：承受水平力後）

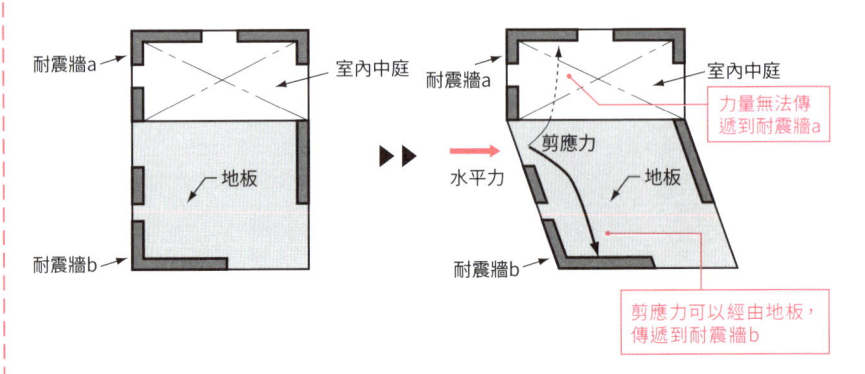

左圖標示：耐震牆a、室內中庭、地板、耐震牆b

右圖標示：耐震牆a、室內中庭、剪應力、水平力、地板、耐震牆b、力量無法傳遞到耐震牆a、剪應力可以經由地板，傳遞到耐震牆b

②連接地板，提昇力的傳遞能力。

標示：地板、耐震牆a、室內中庭、耐震牆b、將地板連接至耐震牆a

③增加橫樑寬度，提昇力的傳遞能力。

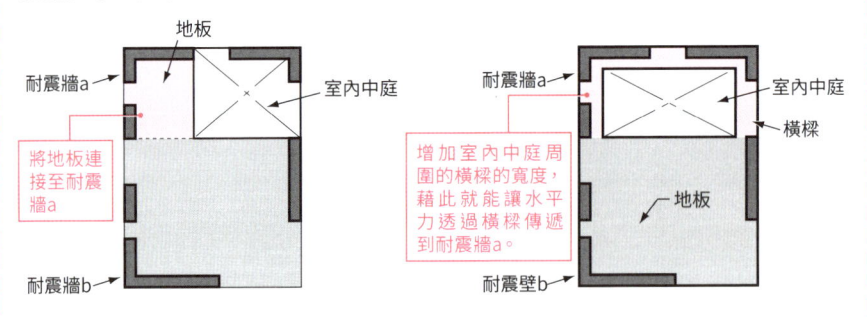

標示：耐震牆a、室內中庭、橫樑、地板、耐震壁b、增加室內中庭周圍的橫樑的寬度，藉此就能讓水平力透過橫樑傳遞到耐震牆a。

> 在地板的設計中，大多會透過一貫性結構計算程式來進行計算。不過，由於此程式基本上會採用「剛性地板假設」，所以當建築內有室內中庭時，若沒有將「剛性地板假設」這項設定解除的話，就無法進行正確的計算。要多留意喔！

230

第3章 結構計算

截面計算

024 什麼是截面計算？

截面計算指的是，計算並確認樑柱等構材的安全性。

藉由計算構材的截面性能來確保安全性！

截面計算基本上指的是，確認樑柱等構材的安全性。由於構材的截面性能會對安全性產生很大的影響，所以被稱作截面計算。透過計算來確認構材「承受多大的荷重才會損壞呢」或是「在面對預計中的荷重時，是否是安全的」。

另外，在本章節中，會說明「構材的安全性＝是否會損壞」。不過，不僅要確保「關於損壞與否的安全性」，也必須確保關於「會對宜居性造成很大影響的撓曲現象」的性能。當構材的撓度很大時，書桌就會傾斜，鉛筆也會滾動，光是有人走動，就會引發搖晃等問題。

截面計算的方法

截面計算的步驟如下所示。首先，要透過應力計算來確認「對象構材的截面會產生什麼程度的

232

不同材料種類的截面計算重點

截面計算指的是，根據作用於截面的應力，來計算樑柱的尺寸、配筋（鋼筋配置）、截面形狀，確認大小與配筋。依照材料種類，截面計算的方法會不同。在截面計算中，會決定以下所提到的項目（規格）。

RC結構的情況
①鋼筋的規格
②鋼筋的直徑・根數
③截面尺寸
④混凝土的規格
⑤構材的長度

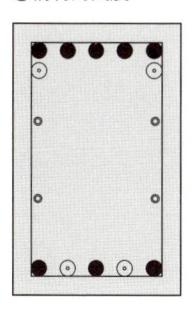

木造結構的情況
①樹種
②截面尺寸
③構材的長度

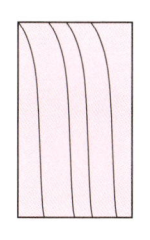

鋼骨結構的情況
①材料種類
②截面尺寸
③構材的長度

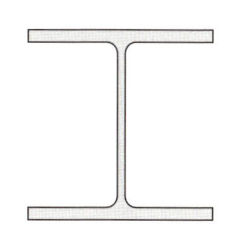

> 應力是構材中所產生的力，應力度則是構材的局部區域中所產生的力。

木材與鋼材與鋼筋混凝土各種材料的截面計算方法的差異

「應力」。接著，要確認構材的截面性能是否有超過計算出來的應力。

詳細內容會在各種材料的截面計算的章節中進行說明，此處會解說各種材料的截面計算方法的差異。結構講請參閱P236、木造結構為P252、鋼骨結構為P260）

在鋼骨結構的截面計算中，由於會以「不會發生挫屈現象」作為前提，所以比較簡單。在面對壓縮應力或拉伸應力時，會使用截面積或截面模量來計算出應力度，確認該數值在容許應力度以下。木造結構的截面計算也一樣。

在鋼筋混凝土結構（RC結構）中，由於混凝土的截面中會有鋼筋，所以計算會變得稍微困難。基本上，壓縮應力會由混凝土來承受，拉伸應力則會讓鋼筋來承受。

233　什麼是截面計算？

木材與鋼材的截面計算方法

必須讓構材截面的彎曲應力度 σ_b 的數值在長期（短期）容許應力度 f_b 以下。

$$\sigma_b = \frac{M}{Z} \leq f_b$$

M：彎曲應力
Z：截面模量
f_b：容許彎曲應力度（下表）

材料種類		長期的容許彎曲應力度	短期的容許彎曲應力度
鋼材	SS400	$f_b = 160$ N/mm² ※	$f_b = 240$ N/mm² ※
木材	花旗松木無等級規範	$f_b = 10.3$ N/mm²	$f_b = 18.8$ N/mm²

※：當材質為鋼鐵時，容許應力度的數值會因裝設防挫屈裝置而改變。

長期與短期所導致的截面計算差異

進行截面計算時，依照日本的基準，要分成長期與短期來確認安全性。採用長期計算法時，主要會確認面對「因重力所形成的垂直荷重而產生的應力」時的安全性。採用短期計算法時，則會確認在面對「如同地震力或風荷重那樣，短期地對建築物施加的荷重」時的安全性。

何謂截面檢定？

在類似截面計算的用語當中，有一個名為「截面檢定」的用語。截面檢定指的是，針對構材性能進行檢查，確認「構材中所產生的應力（存在應力）為何種程度」。要確認檢定值未達1.0。

234

鋼筋混凝土的截面計算方法

在計算承受彎曲力矩 M 的橫樑的截面時,要透過容許拉伸應力度來求出必要鋼筋量 a_t,並決定配筋(參閱 P238)。

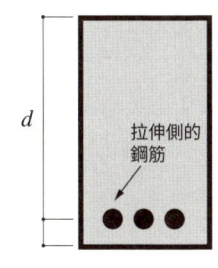

$$a_t = \frac{M}{f_t \cdot 0.875d}$$

應力中心之間的距離 j

a_t:必要鋼筋量
M:彎曲應力
f_t:容許拉伸應力度
d:從最外側邊緣到鋼筋中心的距離

經常使用的鋼筋種類	容許拉伸應力度(長期)	容許拉伸應力度(短期)
D13、D10、SD295A	$f_t = 196$ N/mm²	$f_t = 295$ N/mm²
D22、D19、D16、SD345	$f_t = 215$ N/mm²	$f_t = 345$ N/mm²

主要鋼筋的截面積 (mm²)

D10	D13	D16	D19	D22
71.3	127	199	287	387

用必要鋼筋量來除以主要的截面積,就能求出必要根數。

025 RC結構的樑柱設計重點

RC結構的截面計算

在RC結構中，設計橫樑時要考慮到彎曲應力與彎曲力矩，在設計柱子時，還要多考慮到軸向力。

- 柱子主筋
- 橫樑主筋（上層鋼筋）
- 橫樑主筋（下層鋼筋）
- 肋筋（肋部鋼筋）
- 箍筋
- 橫樑
- 柱子

RC結構橫樑的設計重點為，用來決定鋼筋直徑與根數的截面計算

鋼筋混凝土結構的橫樑（RC結構橫樑）在承受彎曲力矩時，壓縮部分會由混凝土來承受，拉伸部分則會由鋼筋來承受。在計算橫樑的截面時，要考慮到彎曲力矩與剪應力。

用來確認RC結構橫樑安全性的方法

在確認RC結構橫樑的安全性時，基本上要去思考拉伸鋼筋（註：用來承受拉伸應力的鋼筋）的量（截面積）。只要用拉伸鋼筋的截面積來乘以容許應力度（參閱P235），就能求出鋼筋部分的容許拉伸應力度。另一方面，在壓縮側的混凝土中，我認為應力會依照鋼筋的容許應力度，如同下頁中的上圖那樣，在長方形的面積部分中分布。這個壓縮應力所分布的長方形部分的中心，與拉伸鋼筋之間的距離被稱作**應力中心之間的距離**

236

產生彎曲應力的RC橫樑

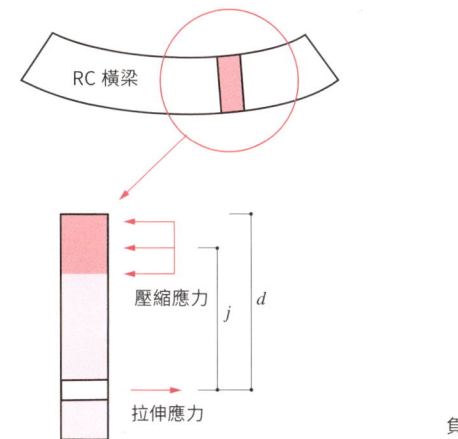

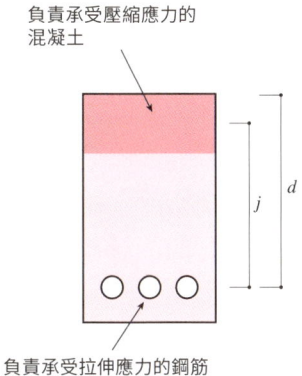

RC 橫梁

壓縮應力

拉伸應力

負責承受壓縮應力的混凝土

負責承受拉伸應力的鋼筋

j：應力中心之間的距離
d：從壓縮側邊緣到鋼筋的距離

透過照片所觀察到的RC橫樑

澆灌混凝土之前的RC橫樑的模樣。可以得知肋筋被捆綁在主筋上。

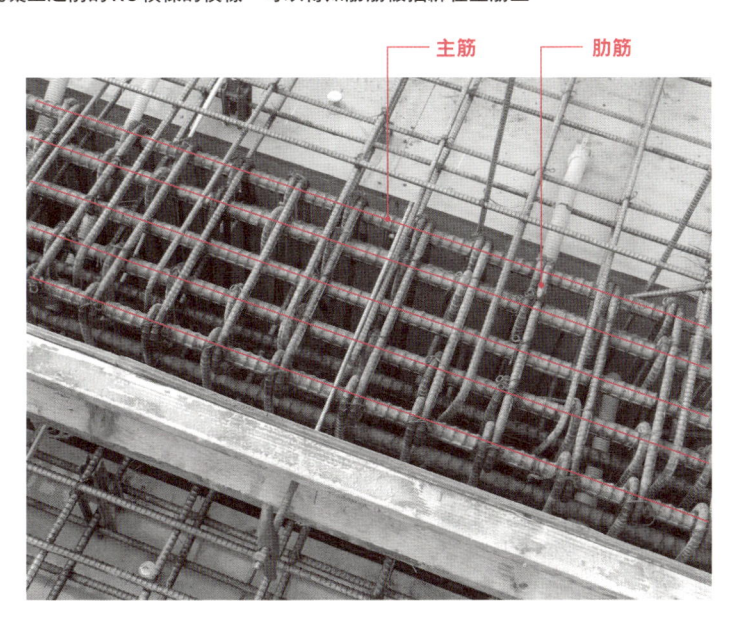

主筋　　肋筋

237　RC結構的樑柱設計重點

RC橫樑的截面計算

當RC橫樑出現彎曲情況時，橫樑的截面內會產生壓縮應力與拉伸應力。壓縮應力會由混凝土‧鋼筋來抵抗，拉伸應力則會由鋼筋來抵抗。因此，橫樑的抗彎強度會由鋼筋位置‧直徑‧根數來決定。

截面計算中的基本假設

①混凝土中沒有抗拉伸力（雖然實際上有，但會忽視）
②當構材變得彎曲後，各截面仍會保持平坦，混凝土的壓縮應力度會與「從中立軸算起的距離」成正比（截面保持平坦的假設）

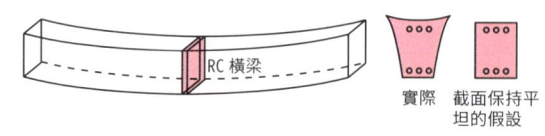

實際　　截面保持平坦的假設

③無論混凝土是什麼種類，也不管荷重為長期或短期，都會將鋼筋與混凝土的楊氏係數的比例（楊氏係數比n）視為相同，並會依照混凝土的設計基準強度FC來採用右表的數值。

鋼筋的楊氏係數比 n

混凝土的設計基準強度 F_c（N/mm²）	楊氏係數比
$F_c \leqq 27$	15
$27 < F_c \leqq 36$	13
$36 < F_c \leqq 48$	11
$48 < F_c \leqq 60$	9

由於依照F_c，混凝土的楊氏係數比會有所差異，所以鋼筋與混凝土的楊氏係數的比例（＝楊氏係數比）會不同。

註：楊氏係數是用來表示材料硬度的數值，鋼筋為固定值。

橫樑的截面計算方法

容許彎曲力矩 M_a 的確認

要透過低於平衡鋼筋比的數值來設計假設的橫樑截面時，要依照下列公式來求出橫樑的容許彎曲力矩，並藉此來求出必要鋼筋量。

$$M_a = a_t \times f_t \times j \qquad j = \frac{7}{8} \times d$$

M_a：橫樑的容許彎曲力矩
a_t：拉伸鋼筋的截面積　f_t：鋼筋的容許拉伸應力度
j：應力中心之間的距離
d：從壓縮側邊緣到拉伸鋼筋重心的距離（有效厚度）

配筋條件的確認

而且，還要讓配筋條件滿足下列條件。
- 拉伸鋼筋比（a_t/bd）應在0.004以上（或者要在存在應力的4／3倍以上。比較這2個數值，大於較小的數值即可）。
- 所有樓層的大樑都應採用複筋樑。
- 主筋的規格應在異形鋼筋D13以上。
- 主筋的最小間距應為25mm以上，而且要在異形鋼筋直徑的1.5倍以上。
- 除了特殊情況以外，主筋的配置方式應為2層以下。
- 設計時應確保保護層厚度。

超過平衡鋼筋比時的必要鋼筋量

當拉伸鋼筋比超過平衡鋼筋比時，就要依照混凝土的容許壓縮應力度來決定必要鋼筋量。

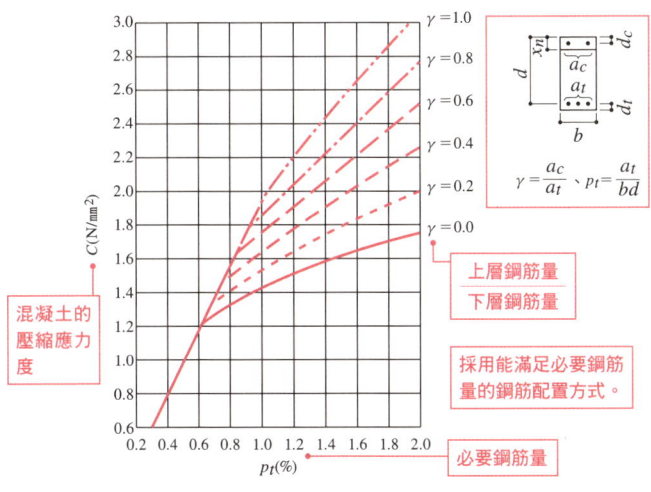

長方形橫樑的必要鋼筋量 p_t
（$F_c = 24 \text{ N/mm}^2$、SD 345、$d_c = 0.1d$、楊氏係數比 $n = 15$）

$\gamma = \dfrac{a_c}{a_t}, \quad p_t = \dfrac{a_t}{bd}$

上層鋼筋量
下層鋼筋量
採用能滿足必要鋼筋量的鋼筋配置方式。
必要鋼筋量
混凝土的壓縮應力度

透過「混凝土截面積與鋼筋截面積的比」來表示會使「混凝土的壓縮側邊緣應力度」與「拉伸鋼筋的應力度」同時達到容許應力度的拉伸鋼筋量的數值，叫做平衡鋼筋比喔。

出處『鋼筋混凝土結構計算標準與解說』（日本建築學會，2018年）
（『鉄筋コンクリート構造計算規準・同解説』（日本建築学会、2018年））

在求取橫樑的**容許彎曲力矩**時，要讓「鋼筋的應力中心之間的距離」（j），且能透過「(7/8)d（d：從壓縮側邊緣到鋼筋的距離）」這個公式來求出。

在對抗此容許彎曲力矩時，若該橫樑所產生的應力很小的話，就能夠確認安全性。雖然是非常簡單的算式，但在進行用來決定配筋的RC橫樑的截面計算時，會經常使用到本公式。雖然實際上，壓縮側的混凝土應力的分布情況並不單純，但只要使用(7/8)d的數值的話，即使不把壓縮應力分布情況納入考量，大致上也沒有問題。

不過，在面對鋼筋的容許拉伸應力時，當壓縮側的混凝土比較強時（數值低於平衡鋼筋比時）才會使用右頁所記載的「橫樑容許彎曲力矩」的計算方法。在混凝土的截面中，由於當鋼筋量變多時，壓縮側的應力度（**壓縮側邊緣應力度**）就會超過混凝土的容許應力度，所以RC橫樑的容許彎曲力矩會取決於混凝土的容許壓縮應力度。在那種情況下，只要運用上圖的圖表，就能算出RC

在RC柱的設計中，要同時考慮到軸向力與彎曲力矩

橫樑與柱子的截面計算方法的差異

橫樑中所產生的應力是剪應力與彎曲力矩。但與橫樑不同，鋼筋混凝土結構（RC結構）柱子的截面計算會變得很複雜。重點在於，進行截面計算（配筋）時，要同時考慮到軸向力與彎曲力矩。

若是柱子的話，除了剪應力與彎曲力矩以外，還會多產生一個由建築物重量所造成的巨大軸向力。這一點就是與橫樑之間的巨大差異。依照此軸向力，截面計算的公式會變得很複雜。雖然在實務上，幾乎不會使用紙筆來計算，而是透過電腦來計算，但以前人們會運用科學計算機或P242上方的圖表來進行計算。在本書中，會省略詳細的公式。

利用M－N曲線來進行RC柱的截面計算

由於最好要先了解混凝土柱子的特性，所以我先把模型化圖表刊載在下頁中。該圖表被稱作**M－N曲線**。如同觀察該圖表後所得知的那樣，在RC結構的柱子中，拉伸側的容許應力度會變小。由於壓縮側的混凝土截面很大，所以容許壓縮應力很大，而且壓縮側的鋼筋也會成為一項抵抗要素，因此壓縮側的容許應力必然會變大。在計算應力時，若柱子的軸向力形成拉伸應力的話，就要多加留意。基本

近年來，混凝土的研發有所進展，也出現了似乎能超越鋼鐵強度的超高強度混凝土。

在現狀中，在大部分的混凝土結構體中，都是讓異形鋼筋來承受拉伸應力。不過，人們也正在研發纖維強化混凝土，在混凝土中混入玻璃纖維或鋼絲來補強用來對抗拉伸應力的性能。

橫樑的必要鋼筋量。

RC柱的截面計算方法

軸向力 N 與彎曲力矩 M 會同時對 RC 柱產生作用。

⇒中立軸的位置會因軸向力的影響而改變。

⇒進行截面計算時,要同時考慮到 N 與 M。

關於 X 方向、Y 方向,要分別地透過長期、短期的方式來進行討論,並決定截面。

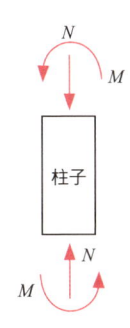

應力的確認

由於柱子會同時承受軸向力與彎曲力矩,所以容許軸向力 N 與容許彎曲力矩 M 會互相影響,並得到如同下圖那樣的 M - N 曲線[※]。

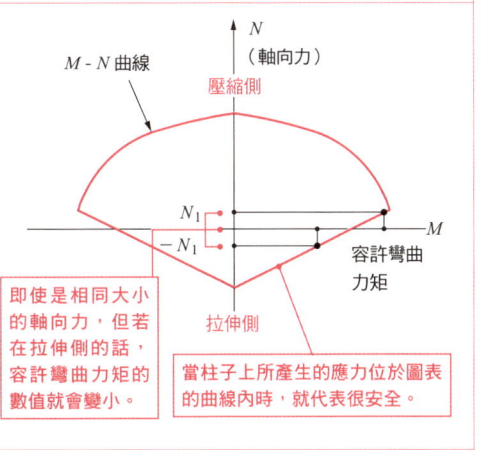

即使是相同大小的軸向力,但若在拉伸側的話,容許彎曲力矩的數值就會變小。

當柱子上所產生的應力位於圖表的曲線內時,就代表很安全。

條件的確認

除了進行截面計算以外,也要滿足以下條件。
- 主筋總截面積與混凝土總截面積的比值應在 0.008 以上。
- 關於材料最小直徑與其主要支點之間的距離的比值,採用普通混凝土時,數值應在 1/15 以上,若是輕質混凝土的話,數值應在 1/10 以上。
（若數值在上述數值以下的話,在設計時,要將應力分配給各處）
- 主筋的規格應在異形鋼筋D13以上,而且要有4根以上。透過箍筋來讓主筋互相連接。
- 主筋的最小間距應為25mm以上,而且要在異形鋼筋的直徑的1.5倍以上。
- 設計時應確保保護層厚度。

※：M - N 曲線包含了,事先規定軸向力來求取容許彎曲力矩的方法、事先規定偏心距離 e（通過原點的直線的斜度）來求出柱子的容許軸向力,再依照「M＝Ne」這個公式來求出容許彎曲力矩的方法等。

以前會透過圖表來進行截面計算

若要使用紙筆來計算RC柱的話，會使用到圖表。同時考慮到「柱子形狀、鋼筋的根數、軸向力、彎曲力矩」這些要素來計算出鋼筋量。

柱子的長期彎曲力矩與軸向力之間的關係

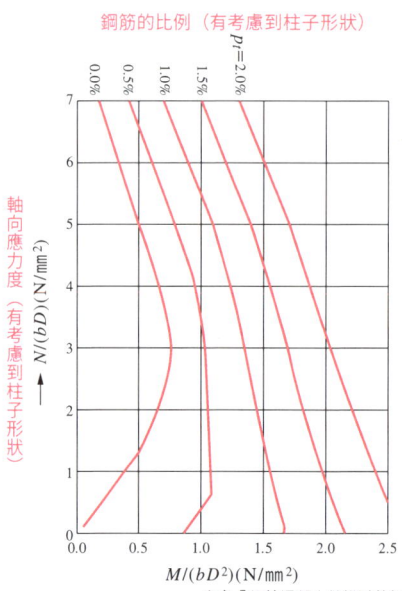

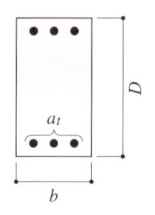

鋼筋的比例（有考慮到柱子形狀）
$p_t = 2.0\%$
1.5%
1.0%
0.5%
0.0%

軸向應力度（有考慮到柱子形狀）
$N/(bD)(N/mm^2)$

$M/(bD^2)(N/mm^2)$

$$pt = \frac{a_t}{bD}$$

> 雖然左側圖表是長期的情況，但也能用來討論短期情況的X・Y方向！

對於壓縮應力很有效的軸向鋼筋

在摩天大樓中，軸向鋼筋能夠有效地對抗壓縮應力。

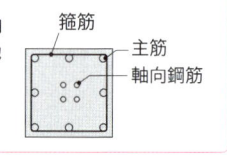

箍筋　主筋　軸向鋼筋

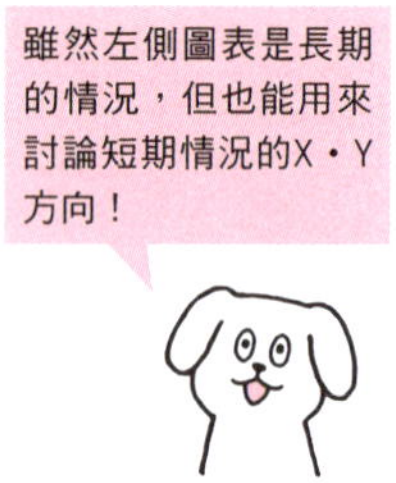

出處『鋼筋混凝土結構計算標準與解說』（『鉄筋コンクリート構造計算規準・同解説』）、『鋼筋混凝土結構計算用資料集』（『鉄筋コンクリート構造計算用資料集』）（皆為日本建築學會，2018年、2002年）

複雜的柱子應力計算

P

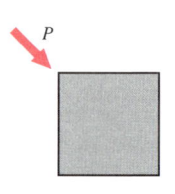

RC柱的截面計算其實會更加複雜。若是橫樑的話，只要考慮垂直方向的力即可，但若是柱子的話，也必須考慮到「地震從45度方向產生的情況」。在設計時，要把應力較大的方向的應力乘以$\sqrt{2}$倍，依照下述公式來估算柱子上所產生的應力。

$$M_s = \sqrt{M_x^2 + M_y^2}$$

RC柱的基本假設

在設計RC結構的柱子時，會根據下列這3個假設來進行計算。

① 混凝土沒有抗拉伸力（雖然實際上有，但先忽視）

上，要設計成讓整個截面都不會產生拉伸應力。雖然前面有說過壓縮側比較安全，但在摩天大樓中，軸向力會變得非常大，壓縮側的安全性會取決於柱子的性能。若無法確保用來對抗軸向力的性能的話，有時也會在柱子中央配置名為「軸向鋼筋」的鋼筋。

242

② 即使材料彎曲後，各截面還是能保持平坦，而且混凝土的壓縮應力度會與「從中立軸算起的距離」成正比（截面保持平坦的假設）

③ 無論混凝土是什麼種類，也不管荷重為長期或短期，都會將鋼筋與混凝土的楊氏係數的比例（楊氏係數比 n）視為相同，並會依照混凝土的設計基準強度 Fc 來採用與橫樑的情況相同的數值。

在RC地板的設計中，會透過四邊固定板來計算應力與撓曲量

「4邊被固定住的物體（四邊固定板）」，計算出應力與變形程度（撓曲量）。透過應力來決定能確保混凝土地板強度的必要鋼筋量。另外，撓曲量可以使用圖表等來求出，在設計截面時，要讓符合跨距的撓曲量在建築基準法中的容許值（1/250）以下。

此外，在計算撓曲量時，**潛變（Creep）**很重要。潛變指的是，撓曲量隨著時間經過而增加的現象。在建築基準法中，計算出來的撓曲量乘以16倍後的數值，就是「把潛變納入考量的地板撓曲量」。在決定此數值時，會使其低於混凝土厚板跨距的1/250。

地板設計的注意事項

由於地板與橫樑的邊界條件（boundary condition）一旦改變，算式也會跟著改變，所以必須多加留意。舉例來說，當混凝土地板的短邊方向與長邊方向的跨距比為1：2以上的情況，以及採用「鋼承板混凝土複合樓板」的情況，不會認為混凝土板的4邊都被固定在橫樑上，而是將

混凝土地板的變形程度（撓曲量）的計算方法

一般來說，會透過橫樑來將RC結構的混凝土地板的4邊圍起來。在大多數的情況下，由於橫樑的剛性比地板高，所以會將混凝土地板視為

混凝土地板的設計方法

求出應力（四邊固定板的公式）

註解：根據「鋼筋混凝土結構計算標準」（日本建築學會）（「鉄筋コンクリート構造計算規準」（日本建築学会））的標準公式

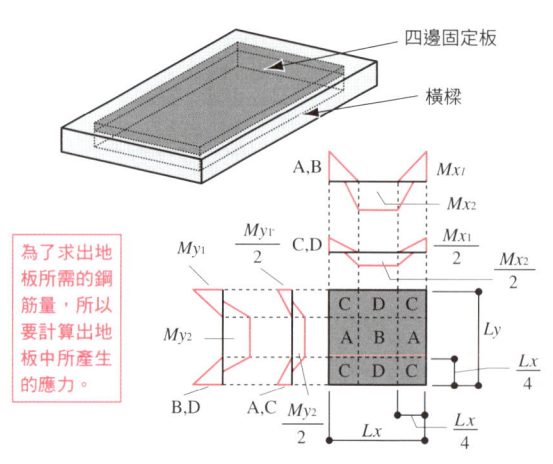

四邊固定板
橫樑

為了求出地板所需的鋼筋量，所以要計算出地板中所產生的應力。

$$M_{x1} = -\frac{1}{12} w_x \times L_x^2$$

$$M_{x2} = \frac{1}{18} w_x \times L_x^2 = -\frac{2}{3} M_{x1}$$

$$M_{y1} = -\frac{1}{24} w \times L_x^2$$

$$M_{y2} = \frac{1}{36} w \times L_x^2 = -\frac{2}{3} M_{y1}$$

$$w_x = \frac{L_y^4}{L_x^4 + L_y^4} w$$

$M(x_1, x_2, y_1, y_2)$：x_1, x_2, y_1, y_2 の彎曲力矩（N・m）
L_x：地板的短邊長度（m）
L_y：地板的長邊長度（m）
w：等分布荷重（N/m²）

確認撓曲量（RC結構的情況）

把潛變現象納入考量，計算出撓曲量，並在設計時，讓 δ/L 低於容許值。

$\delta = 16 \times \delta_e$

$\dfrac{\delta}{L} \leq \dfrac{1}{250}$

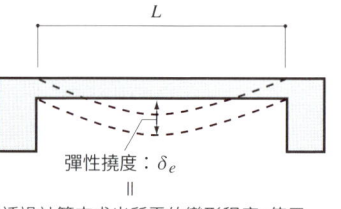

彈性撓度：δ_e

透過計算來求出所需的變形程度。使用圖表或計算程式來進行計算。

在RC地板的設計中，最常見的方法就是四邊固定板對吧。要事先確實地學會如何使用該公式喔。在地板設計中，也有幾個要注意的事項，所以請大家也要事先掌握喔！

不相連的混凝土厚板

混凝土地板幾乎都是透過四邊固定板來進行設計。不過，有一點必須稍微注意。雖然當混凝土厚板相連時，沒有問題，但在建築物邊緣等處，當混凝土厚板沒有相連時，橫樑就會大幅地扭曲，所以必須針對橫樑的扭轉變形情況來進行設計。

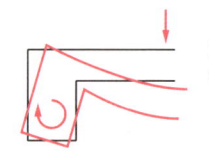

混凝土厚板會使橫樑扭動

單向板（one-way slab）的例子

如同右圖那樣，當跨距比在1：2以上時，就要將其視為單向板，算出應力與撓度。

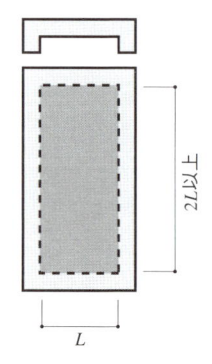

長方形混凝土厚板的應力圖與撓度

以前,由於電腦技術不發達,所以會使用圖表來進行混凝土厚板的應力計算。右圖是四邊固定板的理論解與學會式的圖表。可以得知,當短邊與長邊的比值超過2時,應力就會變得固定。

承受等分布荷重時,四邊固定板的應力圖與中央點的撓度 δ($v = 0$)

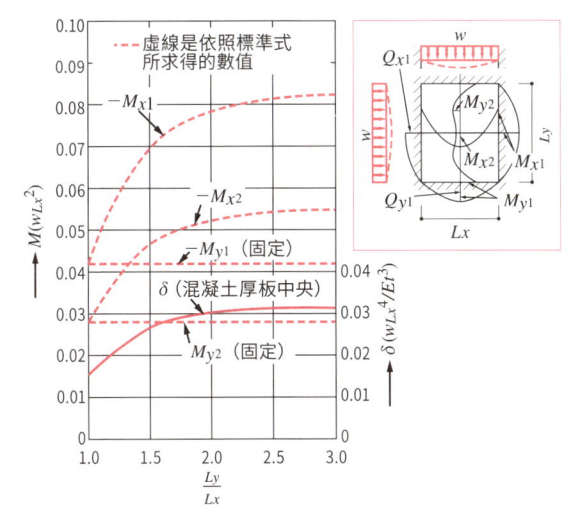

虛線是依照標準式所求得的數值

$-M_{x1}$
$-M_{x2}$
$-M_{y1}$(固定)
δ(混凝土厚板中央)
M_{y2}(固定)

$M(wL_x{}^2)$
$\delta(wL_x{}^4/EI^3)$
$\dfrac{L_y}{L_x}$

出處:『鋼筋混凝土結構計算用資料集』(日本建築學會)
(『鉄筋コンクリート構造計算用資料集』(日本建築学会))

雖然現在能夠透過電腦來進行截面計算,但若是長方形混凝土厚板的話,可以參考如同右圖那樣的「應力圖與撓度」來進行計算喔。

其視為只有其中1邊被固定在橫樑上的混凝土板(單向板),且必須計算出應力與變形(撓曲量)。

另外,採用半預鑄混凝土厚板或鋼承板混凝土複合樓板而使地板的剛性變得比橫樑高時,有時會將地板邊緣部分視為旋轉接點,計算出其應力。而且,若使用這些混凝土厚板的話,由於臨時搭設時,尚未澆灌混凝土,所以剛性會比設計圖中的模擬狀態來得低。因此,要將其用於施工架(工作台)等處時,必須確認臨時搭設時的強度與變形量。

附著力指的是,用來將鋼筋的力傳遞給混凝土的力!

不同設計方法所造成的鋼筋附著力差異

只要對鋼筋進行壓焊(Pressure welding)、焊接,或是透過螺紋接頭來連接鋼筋的話,就能清

245　RC結構的樑柱設計重點

附著強度（bond strength）的設計重點

在作為抗彎構件的拉伸鋼筋中，在跨距內，要確認「用於附著力試驗的部分的附著長度 $\ell\,d$」在「必要附著長度 $\ell\,db$ 加上構材有效厚度後的長度」以上。

$$\ell_d \geqq \ell_{db} + d$$

依照下列公式來求出必要附著長度。

$$\ell_{db} = \frac{\sigma_t \times A_s}{K \times f_b \times \Phi}$$

σ_t ：在用於附著力試驗的截面位置上，將其視為鋼筋承受短期、長期荷重時的存在應力度，當鋼筋邊緣有裝設鉤子時，應視為該數值的 $2/3$。
A_s ：該鋼筋的截面積
Φ ：該鋼筋的周長
f_b ：容許附著應力度（參閱下頁）
K ：透過鋼筋配置與橫向補強筋而產生的修正係數，應為2.5以下。（參閱P248）

透過附著力來傳遞應力

①搭接接頭的情況

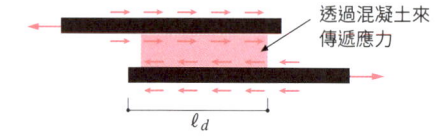

透過混凝土來傳遞應力

ℓ_d

②梁柱連接處的情況

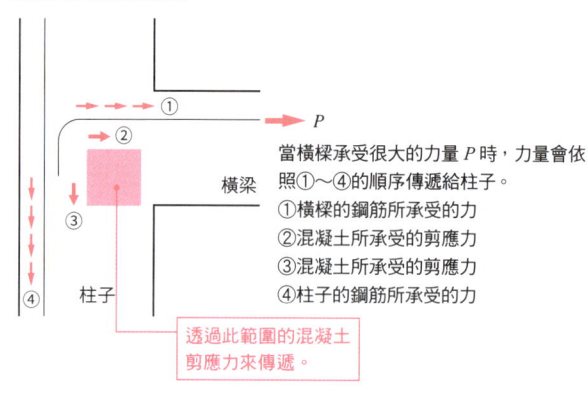

① P
②
③ 橫梁
④ 柱子

當橫梁承受很大的力量 P 時，力量會依照①～④的順序傳遞給柱子。
①橫梁的鋼筋所承受的力
②混凝土所承受的剪應力
③混凝土所承受的剪應力
④柱子的鋼筋所承受的力

透過此範圍的混凝土剪應力來傳遞。

關於附著強度的設計方法，「RC標準（2018年版）」第16條中有提及，所以最好先確認一下喔！

有使用到圓鋼管的情況

在左頁中，會進行關於「異形鋼筋的附著力」的說明。在現代，除了用來防止混凝土落塵區產生裂縫的鋼筋以外，幾乎都是使用異形鋼筋。使用到圓鋼管時，附著機制會更加複雜，力量會以鉤子部分的集中荷重的形式，傳遞給混凝土。

異形鋼筋的容許附著應力度的求法

①RC標準2018年版（日本建築學會）的情況

（N/mm²）

	用來確保安全性的討論	
	上層鋼筋	其他的鋼筋
普通混凝土	$0.8 \times \left(\dfrac{F_c}{40} + 0.9 \right)$	$\dfrac{F_c}{40} + 0.9$
輕質混凝土	鋼筋在對抗普通混凝土時的數值的0.8倍	

②建築基準法施行令第91條

（N/mm²）

	長　期		短　期
	上層鋼筋	其他的鋼筋	
$F_c \leqq 22.5$	$1/15\,F$	$1/10\,F$	長期的2.0倍
$F_c > 22.5$	$0.9 + 2/75\,F$	$1.35 + 1/25\,F$	

$F_c = F = $ 混凝土的設計標準強度。本表格是根據平成12年建設省公告第1450號製作而成。

> 日本建築學會的「RC標準」（鋼筋混凝土結構計算標準與解說）與建築基準法施行令第91條中所規定的容許附著應力度之間，存在差異喔。一般來說，會使用容許附著應力度的數值較小的「RC標準」。

附著強度的計算方法

在設計附著強度時，如同上頁的上方公式（必要附著長度的公式）中所顯示的那樣，使用鋼筋上所產生的力來除以「鋼筋的周長與容許附著應力度相乘後的數值」，就能求出附著長度。有一個名為K的係數，指的是把鋼筋間的最小間距等納入考量的修正係數。雖然不是那麼複雜的公式，但由於在傳遞附著力時，長度是必要的上，實際在進行附著強度的設計時，從壓縮應力轉變為拉伸應力的位置也會變得很重要。由於在

楚地得知力量的傳遞。不過，若要直接連接所有鋼筋的話，施工會很辛苦，所以會把應力較小的混凝土厚板或牆上直徑較小的鋼筋當成「搭接接頭」，藉由混凝土的附著力來進行力量的傳遞。

即使是大樑，在配置鋼筋時，也會依照應力來增減邊緣部分與中央部分的鋼筋數量。當鋼筋相連時，會透過混凝土的附著力來讓應力傳遞給鋼筋。而且，被包覆在柱子內的大樑鋼筋，會藉由混凝土的附著力來把力量傳遞給柱子的鋼筋。

透過鋼筋配置與橫向補強筋來求出修正係數 K 的方法

$$K = 0.3 \times \frac{C+W}{d_b} + 0.4$$

C ：鋼筋的最小間距，或是保護層厚度的3倍。選擇其中較小的數值，該數值應在鋼筋直徑的5倍以下。
d_b ：抗彎鋼筋的直徑
W ：用來表示橫向穿過握裏劈裂面的抗彎鋼筋的效果的換算長度。會透過下列公式來進行分配。應在鋼筋直徑的2.5倍以下。

$$W = 80 \times \frac{A_{ST}}{sN}$$

Asr：1組橫向穿過握裏劈裂面的抗彎鋼筋的總截面積
S ：1組抗彎鋼筋的間隔
N ：握裏劈裂面上的鋼筋根數

關於附著力的結構規定

・拉伸鋼筋的附著長度不能低於300mm。
・在柱子與橫樑（除了基礎樑）的外側轉角以及煙囪部分，鋼筋末端一定要裝設標準掛鉤。

接頭會扮演「把大樑上產生的力傳遞到柱子」的重要角色

對於結構體來說，RC結構的樑柱連接處（**接頭**）是非常重要的部分。接頭會負責把大樑上產生的力傳遞到柱子。雖然柱子主筋為垂直方向，但大樑的上下層鋼筋的方向是水平的。透過接頭部分的剪應力，來讓大樑的鋼筋上所產生的拉伸應力與壓縮區無法傳遞拉伸鋼筋的力，所以必須看得懂應力圖。

另外，在日本建築學會所說的「RC標準」與建築基準法中，容許附著應力度的求法有所差異。由於「RC標準」的數值的安全性較高，所以雖然也要看設計者，但一般會使用該數值。

關於附著機制，不能說是已經完全釐清。已經能解釋大部分機制，但仍有進步空間，關於附著力的檢討式，今後也可能會稍微產生變化。

樑柱連接處的重點

結構規定

① 箍筋要使用D10以上的異形鋼筋。
② 箍筋比應在0.2%以上。
③ 箍筋間距應在150mm以下，而且也要在相鄰柱子的箍筋間距的1.5倍以下。

樑柱接頭腹板區（panel zone）的力量傳遞方式

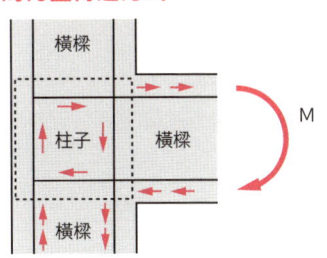

樑柱的鋼筋的錨定

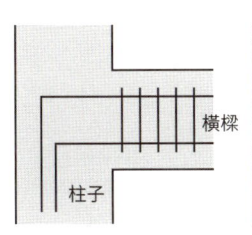

透過此空間來將所有應力傳遞給柱子

RC結構接頭設計的注意事項

發生大地震時，建築物的安全性取決於RC結構大樑的變形能力。橫樑的上下層鋼筋的降伏位置，會成為柱子與大樑的連接面。必須讓被埋在柱子內的部分確實保持原狀，讓降伏部分伸長。

因此，在設計接頭時，必須讓接頭在面對大樑的降伏彎曲力矩時，處於絕對不會損壞的狀態。萬一接頭損壞的話，就可能會導致橫樑主筋脫落，進而使大樑掉落（＝危及人命）。

近年來，只要考慮到大樑降伏時的安全性的話，由於大樑的下層鋼筋也會形成很大的拉伸應力，所以會將下層鋼筋的主筋朝上方錨定（固定）。而且，由於被錨定在柱子上的大樑上下層鋼筋的彎曲部分會產生很大的力，所以在設計錨定長度時，會忽視彎曲部分，只考慮到水平部分。

不過，由於施工很辛苦，而且習慣使用朝下的

力，轉變成柱子主筋方向的拉伸應力。柱子與大樑的力量傳遞能力，會取決於用來對抗混凝土剪應力的性能。

樑柱連接處的短期容許剪應力 Q_{Aj} 的計算

為了確保樑柱連接處的安全性，所以必須讓
連接處的短期容許剪應力 Q_{Aj} ＞ 短期設計剪應力 Q_{Dj}

樑柱連接處的短期容許剪應力 Q_{Aj} 的計算方法

$$Q_{Aj} = \kappa_A (fs - 0.5) bj \times D$$

κ_A：依照連接處的形狀而產生的係數

	十字形	T形	卜字形	L字形
κ_A	10	7	5	3

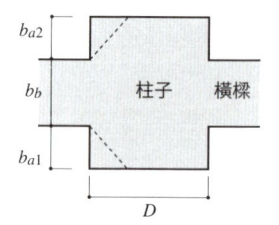

f_S：混凝土的短期容許剪應力度
b_j：連接處的有效寬度（$b_j = b_b + b_{a1} + b_{a2}$）
　　b_b 是橫樑寬度、b_{ai} 是 $b_i/2$ 或 $D/4$，取數值較小者。
　　b_i 是從橫樑兩邊側面到與其平行的柱子側面之間的長度。
D：柱子厚度

樑柱連接處的短期設計剪應力 Q_{Dj} 的計算方法

①**基本公式**

$$Q_{Dj} = \sum \frac{M_y}{j} \times (1 - \xi)$$

②**承受水平荷重時，把剪應力的放大係數設為1.5以上的情況**

$$Q_{Dj} = Q_D \times \frac{1-\xi}{\xi}$$

> 在設計RC結構的接頭部位時，必須具備用來計算樑柱連接處短期容許剪應力的相關知識。一邊確認RC標準第15條，一邊事先學習基本知識吧！

$\sum \frac{M_y}{j}$：把連接處左右兩側橫樑的降伏彎曲力矩的絕對值分別除以 j 後，再加起來的數值。不過，當橫樑的其中一邊的上端有拉伸應力時，就要當成另一邊的下方也有拉伸應力。

j　：橫樑的應力中心距離。求取 ξ 時，要將其視為連接處左右兩側橫樑的平均值。

ξ　：關於骨架結構的係數。

$$\xi = \frac{j}{H \times \left(1 - \frac{D}{L}\right)}$$

H　：連接處上下方的柱子的平均高度，在最上層的連接處，會視為最上層高度的1／2。柱子的高度應為橫樑中心之間的距離。

D　：柱子厚度。

L　：連接處左右兩側橫樑的平均長度。在外端的連接處，會視為外端橫樑的長度。橫樑的長度應為柱子中心之間的距離。

Q_D：柱子的短期設計剪應力，在一般樓層的連接處，指的是連接處上下方的柱子的平均值。在最上層的連接處，會視為連接處正下方柱子的數值。

複雜化的連接處的配筋

近年來，RC結構的柱子與大樑連接處的性能受到重視。由於連接處的配筋隨著這一點而變得複雜，所以現在變得很常使用「機械式錨定工法」。

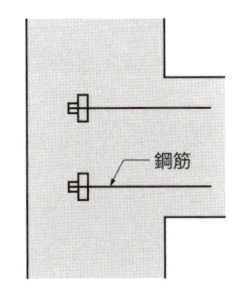

鋼筋

何謂「已降伏部分會伸長」？

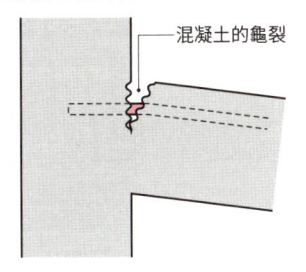

已降伏部分會伸長

混凝土的龜裂

直到鋼筋降伏前，都不會脫落。

已降伏部分不會伸長

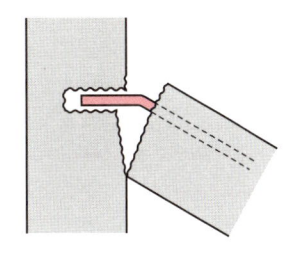

在鋼筋降伏前就會脫落。

錨定鋼筋，所以即使是現在，在配置了許多耐震牆的強度型RC結構建築物內，還是會使用朝下的錨定鋼筋來施工。雖然沒有特別規定，但即使是低樓層建築物，在變形能力受到期待的建築物（純框架結構）內，在設計時，把鋼筋的錨定方向等連接處性能納入考量，會比較能夠提昇安全性。

251　RC結構的樑柱設計重點

026 木造結構的樑柱設計重點

木造結構的截面計算

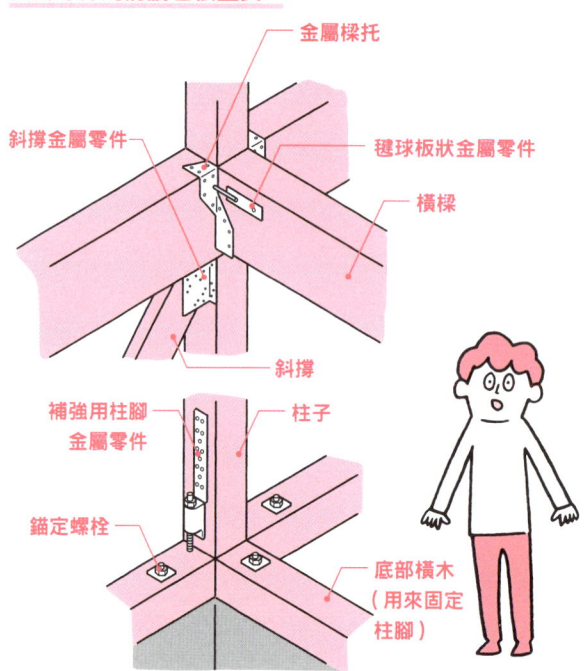

先透過簡支樑來算出應力與撓度，再進行木造結構橫樑的截面計算

在木造結構的設計中，除了應力計算以外，金屬零件的討論也很重要。

- 金屬樑托
- 斜撐金屬零件
- 毽球板狀金屬零件
- 橫樑
- 斜撐
- 補強用柱腳金屬零件
- 柱子
- 錨定螺栓
- 底部橫木（用來固定柱腳）

大部分木造橫樑的兩端都是旋轉接點。雖然也有連接在一起的情況，但由於柱子的榫頭也會出現損壞等情況，所以在習慣上，會將其視為簡支樑，計算出應力與撓度，再藉此來進行截面計算。

木造橫樑截面的計算步驟

在進行截面計算時，首先要先算出應力。雖然在P254的範例中，把設計荷重視為等分布荷重，但有時也會依照地板橫木的間距，將橫樑所承受的荷重視為集中荷重，所以要依照實際情況來思考荷重的模式。

在計算截面性能的同時，也要計算出應力。在求取截面性能時，必須先計算出，與剪應力有關的截面積、與彎曲應力有關的截面模數、與撓度計算有關的面積慣性矩（截面二次軸矩）。

252

應力度與撓度的確認方法

由於木造橫樑的撓度會妨礙建築物的使用，所以根據平成12年建設省公告第1459號的規定，撓度應在 $\frac{1}{250}$ 以下。

應力度的確認

在確認目前所構思的截面是否安全時，要求出橫樑上所產生的最大應力度（彎曲應力・剪應力），比較容許應力度，若數值在這之下的話，就會視為安全。

最大應力度 ≦ 容許應力度

撓度的確認

由於木造橫樑的變形程度會因潛變現象而變得嚴重，所以要透過下列公式，確認數值在1/250以下。

$$\frac{2 \times 彈性撓度}{跨距長度} \leq \frac{1}{250}$$

彈性撓度是透過計算來求出的撓度。把潛變現象納入考量後，其數值會變成2倍。

> 由於目前已建造了很多木造建築，因此想要成為建築設計師的人，最好也要學會木造橫樑這類結構的計算。

> 木造橫樑的截面計算會依照上述步驟來進行喔。

彎曲應力度・剪應力度・撓度的確認方法

由於建築基準法中有關於容許應力度的規定，所以要確認關於採用樹種的容許應力度（下頁表格）。

用來對抗彎曲力矩的應力度的求法為，使用計算出來的彎曲力矩來除以截面模量Z。要確認此應力度在容許彎曲應力度以下。在確認剪應力度時，必須稍微注意。當橫樑的邊緣部分是透過榫頭來連接柱子時，或是在橫樑旁邊挖出溝槽，藉此來連接柱子時，必須事先依照形狀來計算出有效的截面積。

關於撓度，必須考慮到潛變現象會導致撓度增加。一般來說，會先將撓度當成2倍。另外，由於木造住宅經常會採用斜屋頂，即使稍微彎曲也沒有問題，所以只要屋頂不會影響到住宅使用的話，就不必將「1/250的規定」納入摘要中。

由於最近人們會使用拼接板或乾燥木材，所以在計算撓度與應力度時，以長方形截面的形式來

試著進行木造橫樑的截面計算吧

例題

確認如同下圖那樣的花旗松木製橫樑木材的彎曲應力度・剪應力度・撓度是否有問題吧。

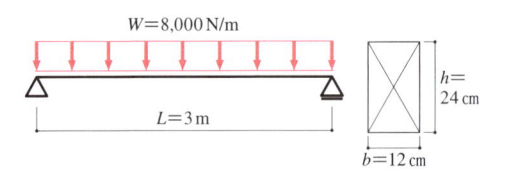

$W = 8,000$ N/m
$L = 3$ m
$h = 24$ cm
$b = 12$ cm

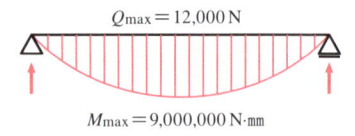

$Q_{max} = 12,000$ N
$M_{max} = 9,000,000$ N·mm

截面積 $A = bh = 28,800$ mm²
截面模量 $Z = bh^2/6 = 1,152,000$ mm³
面積慣性矩 $I = bh^3/12 = 138,240,000$ mm⁴

事先確認剪應力、彎曲應力、截面性能。

木材的容許應力度
〔單位：N/mm²〕

木材類別（無等級規範的情況）	長期 壓縮應力 $1.1 F_c/3$	長期 拉伸應力 $1.1 F_t/3$	長期 彎曲應力 $1.1 F_b/3$	長期 剪應力 $1.1 F_s/3$	短期
針葉樹 赤松木、黑松木、花旗松木	8.14	6.49	10.34	0.88	分別為基準強度數值的2／3倍
針葉樹 日本扁柏（檜木）、羅漢柏、落葉松、美國扁柏	7.59	5.94	9.79	0.77	
針葉樹 日本鐵杉、北美鐵杉	7.04	5.39	9.24	0.77	
針葉樹 杉木、美西側柏、日本冷杉、蝦夷松（魚鱗雲杉）	6.49	4.95	8.14	0.66	
闊葉樹 青剛櫟	9.90	8.80	14.08	1.54	
闊葉樹 栗木、橡樹、山毛櫸、櫸木	7.70	6.60	10.78	1.10	

（註）F_c、F_t、F_b、F_s 分別為關於壓縮應力、拉伸應力、彎曲應力、剪應力的基準強度。數值省略。

解答

①確認彎曲應力度 σ

$\sigma_{max} = \dfrac{M}{Z} = 7.81$ N/mm²
$\leqq 10.34$ N/mm² …OK

容許彎曲應力度 f_b（根據上表）

②確認剪應力度 τ

$\tau = \dfrac{Q}{A_e} = 0.41$
$\leqq 0.88$ N/mm² …OK

容許剪應力度 f_s（根據上表）

實際上，A_e 要考慮到榫頭與凹槽的形狀。

此時，要以 $A_e = A$ 的方式來計算。

③確認撓度 δ

$\delta = \dfrac{5}{384} \times \dfrac{wL^4}{EI}$
$= 5.09$ mm

花旗松木的楊氏模量 $E = 12.0$ kN/mm²

由於在木造橫樑中，要考慮到潛變現象會使撓度增加，所以

$2 \times \dfrac{\delta}{L} = 2 \times \dfrac{5.09}{3000}$

$= \dfrac{1}{295}$

$\leqq \dfrac{1}{250}$ …OK

$\dfrac{2 \times 彈性撓度 \delta}{跨距長度} \leqq \dfrac{1}{250}$

254

柱子最短直徑的相關規定

建築物		柱子：在跨距方向（短邊方向）、長邊方向上，彼此間隔在10m以上的柱子，或是學校・幼兒園・劇院・電影院・演藝場（表演廳）・觀賞場（觀看表演、比賽的場地）・公會堂（公共禮堂）・聚會空間・包含零售業在內的店家（總樓地板面積>10㎡）・用來經營公共澡堂的建築物的柱子		左欄以外的柱子	
		最上層或只有1層樓的建築物的柱子	其他樓層的柱子	最上層或只有1層樓的建築物的柱子	其他樓層的柱子
(1)	牆壁重量特別大的建築物，像是土牆倉庫結構的建築物等。	1/22	1/20	1/25	1/22
(2)	在(1)中所登載的建築物以外的建築物當中，使用金屬板、石板、石棉水泥板、木板等較輕的材料來鋪設屋頂的建築。	1/30	1/25	1/33	1/30
(3)	在(1)・(2)中所登載的建築物以外的建築物	1/25	1/22	1/30	1/28

在確認柱子的長度時，若不仰賴計算的話，就必須遵守上表的規定。

用柱子長度來乘以表格中的數值，確認柱子的最小直徑（例：柱子最小直徑≥柱子長度×（表格中的數值）[mm]）。（建築基準法施行令第43條）

木造柱子的設計基礎為軸向力

木造住宅的柱子的作用為，長期支撐垂直荷重。發生地震時，在作為斜撐與膠合板承重牆的外框的柱子上，會產生很大的壓縮應力或拉伸應力。

另外，當風荷重產生時，外牆側的柱子必須抵抗很大的風壓力。在木造建築的構材當中，

計算也沒有問題，不過使用間伐材或未乾燥木材時，必須多加留意。雖然只要朝橫樑上下表面的軸方向切割即可，但若側面產生裂痕的話，截面性能就會明顯地降低。

255　木造結構的樑柱設計重點

柱子的背面防裂細縫

有時會在柱子上設置背面防裂細縫。雖然在面對垂直荷重時，不會造成那麼大的影響，但在面對「面外彎曲現象（out-of-plane bending）」時，會造成很大的影響。由於在下圖中，雖然對a方向的抵抗力較強，但對b方向的抵抗力卻較弱，所以要把帶有背面防裂細縫的木材用於外牆時，必須多留意。

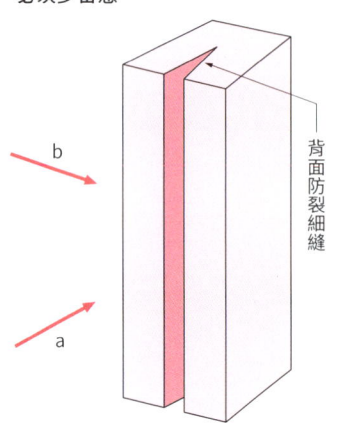

木造柱子會發生挫屈現象

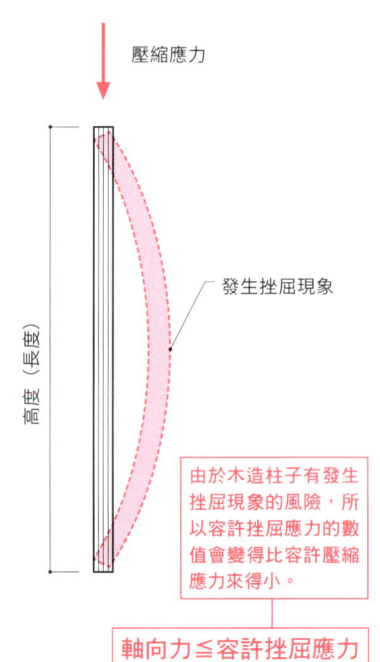

壓縮應力

發生挫屈現象

高度（長度）

由於木造柱子有發生挫屈現象的風險，所以容許挫屈應力的數值會變得比容許壓縮應力來得小。

軸向力≦容許挫屈應力

柱子擔任最為勤奮的角色，所以安全性的確認很重要。

在設計木造柱子時，要考慮到挫屈現象

一般所使用的木造柱子的截面較小，為105㎜見方或120㎜見方。由於當柱子的截面較小時，面對壓縮應力的抵抗能力為比較弱，所以挫屈現象的討論會變得很重要。

挫屈現象指的是，某種程度以上的壓縮應力導致構材的一部分突然變得彎曲的現象。為了防止挫屈現象發生，所以建築基準法中有規定柱子的最短直徑。雖然在一般區域只要依照規定即可，但在室內中庭等區域，會形成非常大的截面。因此，進行截面計算成為有效的方法。

木造柱子的截面計算方法

想要確認現在所構思的截面是否安全時，就要求出柱子所承受的長期軸向力與地震時的軸向力，若該數值在容許挫屈應力度以下的話，就代表是安全的。

256

柱子上所產生的應力的觀點

在內柱與外柱中，柱子上所產生的應力的觀點是不同的。無論是何者，基本上都有「軸向力」。在討論外柱時，除了「軸向力」以外，也要同時討論「風壓所造成的彎曲力矩（風造成的應力）」。

內柱的應力	①柱子的軸向壓縮應力 N N_L：長期的柱子軸向壓縮應力（垂直荷重） N_H：承受水平荷重時的柱子軸向力（因地震力或風壓力而在承重牆的柱子上產生的軸向力） N_S：短期的柱子軸向力　$N_S = N_L + N_H$
外柱的應力	①柱子的軸向壓縮應力 N_L：長期的柱子軸向壓縮應力（垂直荷重） N_H：承受水平荷重時的柱子軸向力（因地震力或風壓力而在承重牆的柱子上產生的軸向力） N_S：短期的柱子軸向力　$N_S = N_L \pm N_H$ ②直接風壓所造成的彎曲力矩 $M_S = \dfrac{W \cdot \ell^2}{8}$ 　M_S：風壓力所造成的彎曲力矩〔kN・mm〕 　W：風壓力〔kN〕 　　　W＝速度壓×風力係數×正面面積 　ℓ：柱子的長度（ℓ_k）〔mm〕

> 由於內柱上所產生的 N_H 是相對較小的力，所以一般來說，會依照長期的力 N_L 來設計內柱。

> 在設計外柱時，則會依照相對短期的軸向力。

> 由於外牆周圍部分的柱子大多為管柱，所以會將兩端視為旋轉接點，計算出應力。

> 在軸向力中，會將壓縮應力視為正數，將拉伸應力視為負數。

柱子上所產生的應力的觀點（只有軸向力產生作用的情況）

透過計算來確認柱子對抗壓縮應力的性能時，要確認柱子的最大應力度 σ 是否在容許壓縮應力度 fc 以下。不過，還要考慮挫屈現象，依照柱子的有效細長比的數值，來減少 fc 的數值（挫屈降低係數）。

應力度的確認

$\sigma = \dfrac{N}{A}$

N：柱子的軸向壓縮力〔N〕
A：柱子的總截面積〔mm²〕

$\sigma \leq \eta \cdot f_c$　　容許挫屈應力度

η：挫屈降低係數
Lf_c：長期容許壓縮應力度〔N/mm²〕
另外，依照上述內容

$\dfrac{N}{A} \cdot \dfrac{1}{\eta \cdot f_c} \leq \begin{array}{l} 1（長期） \\ 2（短期） \end{array}$

柱子截面計算公式

挫屈降低係數 η 的求法

依照材料的細長比 λ（柱子的挫屈長度 ℓk [mm]／斷面二次半徑 i [mm]），透過下列公式來算出挫屈降低係數 η。

細長比 λ 的數值	挫屈降低係數 η
$\lambda \leq 30$	$\eta = 1$
$30 < \lambda \leq 100$	$\eta = 1.3 - 0.01\lambda$
$100 < \lambda$	$\eta = \dfrac{3,000}{\lambda^2}$

> 表格中顯示出，當細長比在 30 以下時，可以不用降低容許壓縮應力度。

「柱子的軸向力＋風壓所造成的彎曲力矩」作用在柱子（外柱）上時的截面計算方法

應力度的確認

$$\left(\frac{sN}{A} \cdot \frac{1}{\eta \cdot sf_c}\right) + \left(\frac{sM}{Z} \cdot \frac{1}{sf_b}\right) \leqq 1.0$$

sN：軸向力
A　：柱子截面積〔mm²〕
η　：挫屈降低係數
sf_c：短期容許壓縮應力度〔N/mm²〕
sM：風壓力所造成的彎曲力矩（短期）〔N・mm〕
Z　：有效截面模量〔mm³〕
sf_b：短期容許彎曲應力度〔N/mm³〕

另外，依照材料的細長比λ，透過上表的公式來算出挫屈降低係數η。

> 使用柱子上實際產生的應力（軸向力・彎曲應力）來分別除以各個容許應力度，確認安全性！

當外牆側在面對風荷重時，風壓力會使外牆的面外方向產生彎曲力矩。雖然在對抗彎曲力矩時的截面計算方法與橫樑相同，但若是風荷重的話，會使用短期的容許應力度。

另外，由於柱腳或柱頭部位有榫頭或榫眼，會形成缺損截面，所以在面對剪應力時，也必須確認其數值在容許剪應力以下。雖然幾乎不會朝垂直方向變形，但出現風荷重時，會朝面外方向變形，所以與橫樑一樣，也必須討論撓度。

此外，雖然詳細內容被省略了，但在木造結構中，除了應力計算以外，用來將力傳遞給其他構材的連接處金屬零件的討論也很重要。

258

挑戰內柱的截面計算吧

例題

在下述條件中，木造結構內柱上的軸向力＝承受20.0Kn。
請確認此情況下的長期安全性吧。

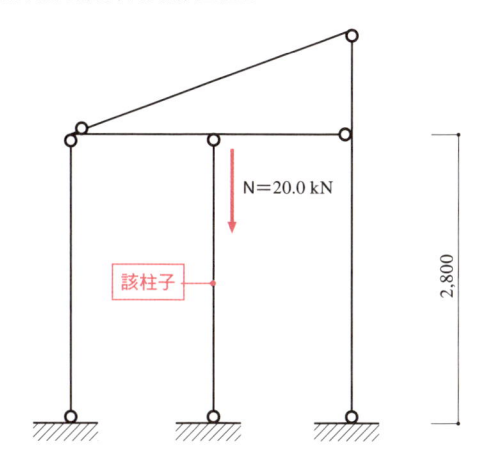

〔條件〕
柱子截面：120×120mm、花旗松木
截面積A：14,400mm^2
斷面二次半徑i：34.7mm
截面模量Z：288×10^{3}mm^3
容許應力度：
　　$_Lf_c$＝8.14 N/mm^2
　　$_Lf_b$＝10.34 N/mm^2
　　$_Lf_s$＝0.88 N/mm^2
楊氏係數E：10×10^3 N/mm^2

解答

柱子截面的計算公式如下

$$\frac{N}{A} \cdot \frac{1}{\eta \cdot {_Lf_c}} \leqq 1.0 \text{（長期）}$$

算出柱子的有效細長比 λ，求出挫屈降低係數 η。

$$\ell_k = 2,800 \qquad \lambda = \frac{\ell_k}{i} = \frac{2,800\,\text{mm}}{34.7\,\text{mm}} = 81$$

依照P257的下表，當30＜λ≦100時，η＝1.3－0.01λ，所以
η＝0.49

只要代入上述的柱子截面計算公式

$$\frac{20,000\,\text{N}}{14,400} \cdot \frac{1}{0.49 \times 8.14\,\text{N/mm}^2} = 0.35 \leqq 1.0 \quad \cdots\text{OK}$$

027 鋼骨結構的樑柱設計重點

鋼骨結構的截面計算

在鋼骨結構中，設計橫樑時要考慮到彎曲力矩與剪應力，在設計柱子時，則要考慮到彎曲力矩、剪應力、軸向力。

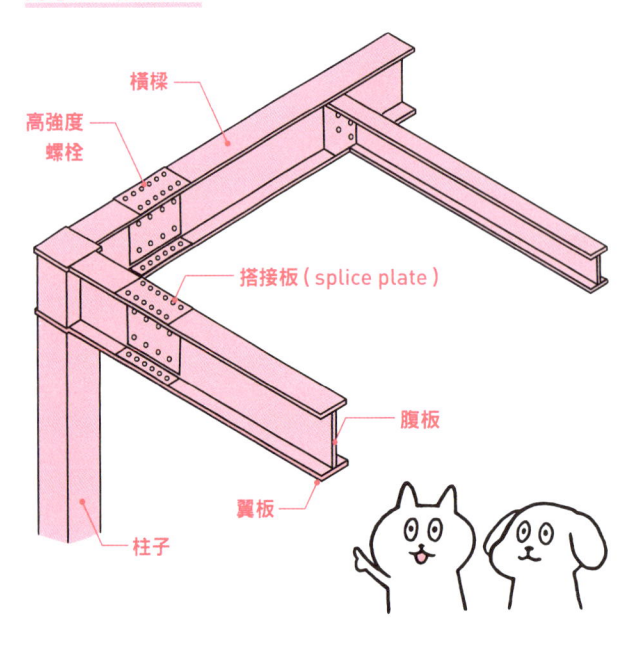

- 橫樑
- 高強度螺栓
- 搭接板（splice plate）
- 腹板
- 翼板
- 柱子

計算鋼骨橫樑的截面，避免其數值超過容許應力度

在鋼骨大樑的截面計算中，首先要透過長期荷重以及地震時的荷重來計算出大樑上的應力，並確認「長期荷重所造成的應力的長期安全性」，以及「由長期荷重所造成的應力與地震時的荷重所造成的應力組合而成的短期安全性」。

在面對彎曲力矩時的容許應力度

接著，要計算出容許應力度。由於鋼骨橫樑是由薄板組合而成的截面，所以寬厚比很大，且容易發生側向挫屈，所以在面對彎曲力矩時，容許應力度的觀點很重要。依照彎曲力矩的分布情況，彎曲力矩所造成的容許挫屈應力度會改變。

在設計時，為了讓彎曲容許應力度變得與拉伸容許應力度相同，所以經常會把混凝土地板固定在橫樑的翼板上，並設置小橫樑來避免大橫樑發生

260

橫樑的截面計算的步驟

應力度的確認

確認橫樑的最大應力度沒有超過構材的容許應力度。

最大應力度 ≦ 容許應力度

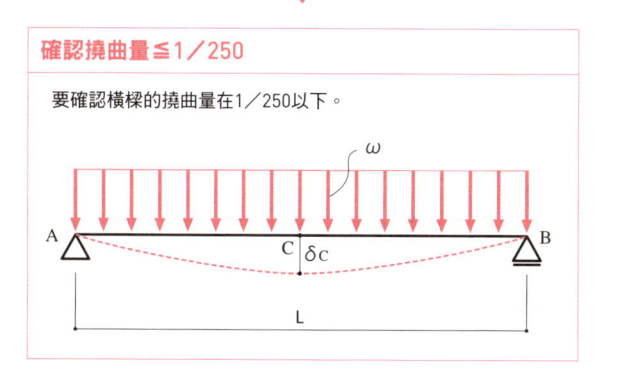

▼

確認撓曲量≦1／250

要確認橫樑的撓曲量在1／250以下。

雖然在木造結構與RC結構中，有很多不確定的要素，但由於在鋼骨結構中，會使用標準化構材，所以能夠獲得如同計算結果的安全性。

面對剪應力時的截面計算方式

在面對H型鋼大樑的剪應力時，若要計算截面的話，一般來說，只會透過大樑腹板的截面積來計算出剪應力度。由於和矩形截面的截面計算方法不同，所以必須多留意。在木造結構與RC結構的橫樑中，都要確認撓度。不過由於鋼骨橫樑不會發生潛變現象，所以只會討論彈性撓度。

另外還有一個重點。由於會將薄板組合成材，所以一旦承受很大的壓縮應力，板材邊緣就會發生挫屈現象。為了讓結構在極限負載狀態下也不會發生挫屈現象，並確保充分的變形能力，

側向挫屈。

在不限制側向挫屈現象發生的情況下，會計算出符合彎曲力矩分布情況的修正係數，並計算出容許應力度。一般來說，短期的容許應力度會透過長期的1.5倍來計算，不過由於彎曲力矩的分布形狀會因長期與短期狀態而改變，挫屈形狀也會改變，所以容許應力度不會單純地變成1.5倍，而是會依照長期與短期狀態而改變。

261　鋼骨結構的樑柱設計重點

挑戰鋼骨橫樑的截面計算吧

> **例題**

請確認在長期與短期狀態下,下述的H型橫樑的彎曲應力度 α、剪應力度 γ 是否都沒有問題。

[條件]
　　長期容許彎曲應力度 f_b = 長期容許拉伸應力度 f_t = 157 N/mm²
　　（假設側向挫屈受到限制）
　　長期容許剪應力度 f_s = 90.5 N/mm²
　　$H-400 \times 200 \times 8 \times 13$
　　　截面積 A_w = 83.37 cm²　　截面模量 Z = 1,170 cm³
　　　η = 8.13　　　　　　　面積慣性矩 I = 1,740 cm⁴

> **解答**

①透過長期彎曲力矩來確認長期的應力度

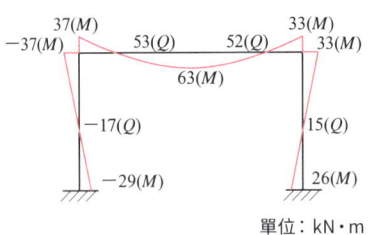

```
       37(M)           33(M)
-37(M) 53(Q)   52(Q)   33(M)
                63(M)
       -17(Q)          15(Q)
       -29(M)          26(M)
```
單位：kN・m
　　　kN

①彎曲應力度 σ 的確認

由於梁中央的長期彎曲力矩 M = 63 kN・m,所以

$$\sigma_b = \frac{M}{Z} = 53.85 \text{ N/mm}^2$$

　　< 157　　…OK　　← 長期容許彎曲應力度 f_b

②剪應力度 τ 的確認

由於橫樑的剪應力 Q = 53 kN,所以

$$\tau = \frac{Q_m}{A_w} = 6.36 \text{ N/mm}^2$$

　　< 90.5　　…OK　　← 長期容許剪應力度 f_s

②透過地震時的彎曲力矩圖與長期彎曲力矩圖來確認短期的應力度

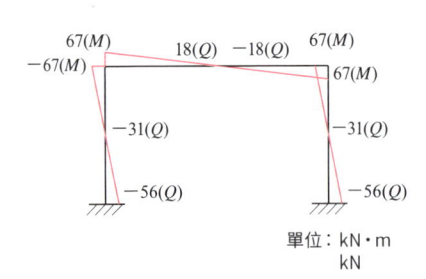

```
       67(M)            67(M)
-67(M) 18(Q)   -18(Q)   67(M)
       -31(Q)           -31(Q)
       -56(M)           -56(M)
```
單位：kN・m
　　　kN

①彎曲應力度 σb 的確認

由於邊緣部分的彎曲力矩 M = 37 + 67 = 104 kN・m,所以

$$\sigma_b = \frac{M}{Z} = 88.9 \text{ N/mm}^2$$

　　< 235.5　　…OK

短期的容許彎曲應力度 = $f_b \times 1.5$

②剪應力度 τ 的確認

由於橫樑的剪應力 Q = 53 + 18 = 71 kN,所以

$$\tau = \frac{Q_m}{A_w} = 8.52$$

　　< 135.75　　…OK

短期的容許剪應力度 = $f_s \times 1.5$

> 此處的容許彎曲應力度會被視為,下頁中所說明的「忽視了彎曲挫屈現象的容許應力度」喔。

抗彎構件的容許挫屈應力度

由於容許彎曲應力度與撓曲挫屈有關,所以數值會變得比容許拉伸應力度來得小。雖然實際的計算方法很複雜,但為了仍有餘力的人,還是先刊載在此。

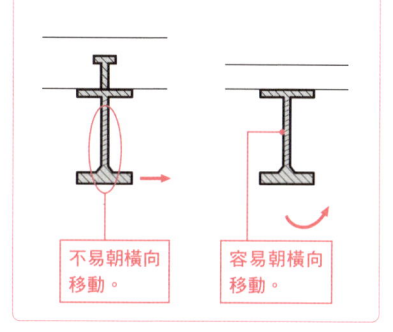

在面對長期應力時,抗彎構件的容許挫屈應力度 f_b 要依照公式(1)來計算。
面對短期應力時的數值,應為面對長期應力時的數值的1.5倍。

$$f_b = \max(f_{b1}, f_{b2})$$

$$f_{b1} = \left\{ \frac{2}{3} - \frac{4}{15} \times \frac{(\ell_b/i)^2}{C\Lambda^2} \right\} f_t \quad \cdots(1)$$

$$f_{b2} = \frac{89,000}{\left(\dfrac{L_b h}{A_f}\right)}$$

$$C = 1.75 - 1.05 \cdot \left(\frac{M_2}{M_1}\right) + 0.3 \cdot \left(\frac{M_2}{M_1}\right)^2 \leqq 2.3 \quad \cdots(2)$$

L_b:壓縮翼板的支點間距離(側向挫屈長度)
h:抗彎構件的厚度
A_f:抗彎構件翼板的截面積
i:由「壓縮翼板的橫樑厚度的1/6」所構成的T形截面的腹板的軸心周圍的斷面二次半徑
C:透過挫屈區段邊緣部分的彎曲力矩而產生的修正係數(M_1, M_2在次頁)
Λ:臨界細長比

不限制側向挫屈現象發生的情況
必須計算出符合彎曲力矩分布情況的修正係數,並求出容許應力度。

不易朝橫向移動。　　容易朝橫向移動。

f_{b1}是由橫樑長度來決定的容許應力,f_{b2}則是由翼板的性能來決定的容許應力喔。

在實務上,現在會透過電腦來進行計算,但在以前,若要依照上述公式使用紙筆來計算的話,會很辛苦,所以會利用圖表來計算出容許應力度。

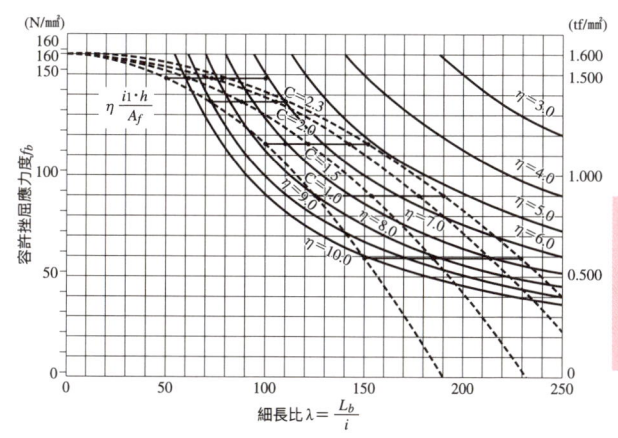

$$\eta = \left(\frac{L_b \cdot h}{A_f}\right)$$

在 ----- 與 —— 的圖表中,較大的數值會成為容許應力度的數值。

透過左側圖表,可以得知下列傾向。
傾向① 當 η 的數值很小時,容許應力度會變大。
傾向② 當細長比 λ 變大時,容許應力度會變小。

$F=235$ N/mm² 鋼材的長期容許彎曲應力度 f_b(N/mm²)
〔SN400、SS400、SM400、SMA400、STK400、STKR400、(SSC400)、BCP235, $t \leqq 40$mm〕

橫樑的彎曲力矩的分布形狀（$M_1 \cdot M_2$）

下圖顯示出了橫樑的彎曲力矩的分布形狀。

透過公式(2)（上頁）來求取 C 的情況　　　　　　　　　　　當 $C = 1$ 時

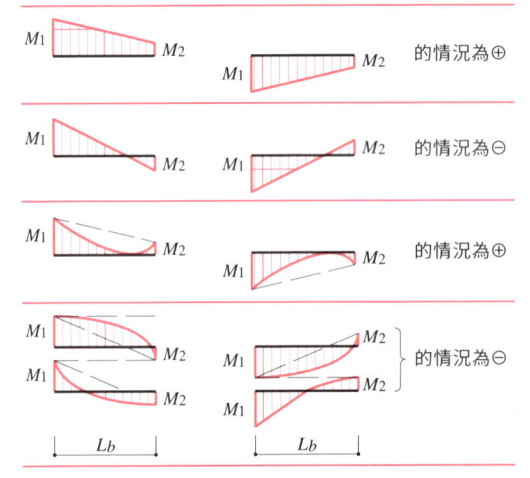

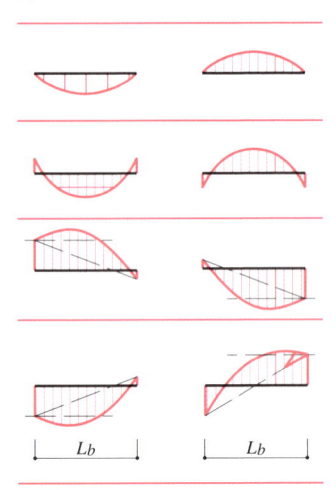

雖然在壓縮翼板中，使其朝橫向變形的力會起作用，但橫向的力會因橫樑彎曲力矩的分布狀態而改變。

確認橫向加勁材的必要根數

彎曲力矩一旦產生，壓縮側的翼板就會朝橫向變形，所以要裝設橫向加勁材來防止翼板朝橫向彎曲。

橫向加勁材的確認方法

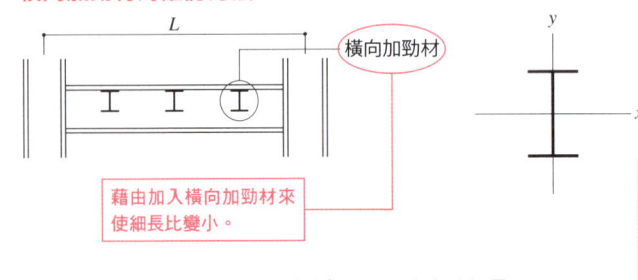

藉由加入橫向加勁材來使細長比變小。

由於建築基準法中有關於細長比限制的規定，所以若不加入橫向加勁材的話，就無法設計出長跨距的橫樑。

決定 n（橫向加勁材的根數），讓大樑的弱軸方向的細長比 λ_y 能滿足下列公式。

$$\lambda_y \leqq 170 + 20n \qquad \lambda_y = \frac{L}{i_y} \quad \text{（鋼材為 SS 400 時）}$$

λ_y：關於橫樑弱軸的細長比　　L：橫樑長度　　i_y：關於弱軸的斷面二次半徑
（均勻地裝設橫向加勁材的情況）

264

柱子截面計算的基本事項

應力度的確認

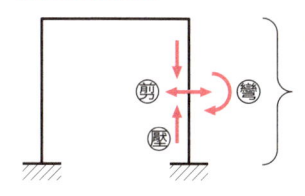

（應力）
在進行柱子的截面計算時，要確認柱子軸向力（壓縮應力）、彎曲力矩、剪應力是否滿足下列的條件①、②。

進行柱子的截面計算時，在確認應力度的同時，為了防止挫屈現象發生，也要確認細長比喔。

① 剪應力度 ≤ 容許剪應力度

② $\dfrac{壓縮應力度}{有考慮到挫屈的容許壓縮應力度} + \dfrac{彎曲應力度}{容許彎曲應力度} \leq 1.0$

（透過長期容許應力度的1.5倍來確認短期容許應力度）

細長比的確認（防止挫屈現象發生）

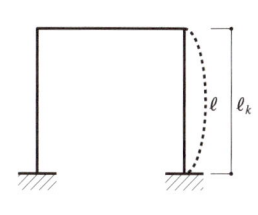

細長比 λ ≤ 200

細長比 $\lambda = \dfrac{挫屈長度\ \ell_k}{斷面二次半徑\ i}$

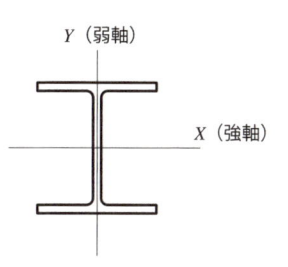

Y（弱軸）
X（強軸）

鋼骨柱子的截面計算方法

在討論柱子構材的截面時，首先要計算出設計荷重所造成的框架結構的應力。接著，要一邊分別地確認「大樑與柱子上所產生的軸向力造成的應力，在容許壓縮應力以下」、「彎曲力矩所造成的應力在容許彎曲應力以下」這2點，一邊確認在面對由軸向力與彎曲力矩組合而成的應力時的

在鋼骨柱子的截面計算中，會針對軸向力、彎曲力矩、剪應力這3種應力來進行計算。彎曲力矩與剪應力的計算方法與大樑相同，不過在面對軸向力時，由於會進行討論，所以計算會變得稍微複雜。

也要針對鋼骨柱子的軸向力來進行截面計算

所以要確認橫向加勁材的必要根數。

承受雙向彎曲力矩的柱子

在設計柱子時,還有一點必須多加留意。雖然位於建築物中央區域的柱子,並不會造成那麼大的問題,但在位於四個角落的柱子上,會產生很大的雙向彎曲力矩。一般來說,會使用下列公式來思考雙向彎曲力矩。

①承受壓縮應力與雙向彎曲力矩的情況

$$\frac{\sigma_c}{f_c} + \frac{c\sigma_{bx}}{f_{bx}} + \frac{c\sigma_{by}}{f_{by}} \leq 1$$

且

$$\frac{c\sigma_{bx} + c\sigma_{by} - \sigma_c}{f_t} \leq 1$$

②承受拉伸應力與雙向彎曲力矩的情況

$$\frac{c\sigma_{bx}}{f_{bx}} + \frac{c\sigma_{by}}{f_{by}} + \frac{\sigma_t}{f_t} \leq 1$$

且

$$\frac{\sigma_t + {}_t\sigma_{bx} - {}_t\sigma_{by}}{f_t} \leq 1$$

$_c\sigma_{bx}, _c\sigma_{by}$:x方向、y方向的彎曲應力所造成的壓縮側彎曲應力度(N/mm²)
$_t\sigma_{bx}, _t\sigma_{by}$:x方向、y方向的彎曲應力所造成的拉伸側彎曲應力度(N/mm²)
f_{bx}, f_{by}:x方向、y方向的容許彎曲應力度(N/mm²)

安全性。在面對軸向力時的容許應力度,與在面對彎曲力矩時的容許應力度,各有差異。在思考組合而成的應力時,要確認「各存在應力度除以容許應力度後的數值加總後的數值,要在1以下」。

嚴格來說,必須透過以下公式來組合剪應力。

$$f_t^2 \geq \sigma_x^2 + \sigma_y^2 - \sigma_x \cdot \sigma_y + 3\tau_{xy}^2$$

(承受垂直應力度與剪應力度的情況)

不過,一般來說,只透過腹板表面來承受剪應力的話,是綽綽有餘的,所以有時會忽視這一點。與剪應力相關的討論方法,與大樑相同。

另外,還會進行關於軸向力的應力度的討論。

由於纖細的柱子容易因施工時的誤差而變得彎曲,所以要將細長比控制在200以下。在計算框架結構的柱子的細長比時,若大樑的剛性特別大的

鋼骨柱子的截面計算方法

應力的確認

①確認壓縮應力度 σ_c

$$\sigma_c = \frac{N}{A} \leq f_c$$

②確認彎曲應力度 σ_{by}

$$\sigma_{by} = \frac{M_y}{Z_x} \leq f_b$$

③確認剪應力度 τ

$$\tau = \frac{Q}{A_w} \leq f_s$$

④確認組合應力度

$$\frac{\sigma_c}{f_c} + \frac{\sigma_{by}}{f_b} \quad \begin{array}{l} \mathbf{1.0} \text{（長期）} \\ \mathbf{1.5} \text{（短期）} \end{array}$$

$$\frac{\sigma_b - \sigma_c}{f_t} \leq 1$$

N ：軸向力
A ：截面積
f_c ：容許壓縮應力度
M_y ：y方向的彎曲力矩
Z_x ：x方向的截面模數
f_b ：容許彎曲應力度
Q ：剪應力
A_w ：用來計算剪應力度的截面積
f_s ：容許剪應力度
f_t ：容許拉伸應力度

F、f_t、f_s 是為各材料的固有值。關於f_b，請參閱P263。

長期容許壓縮應力度的 f_c 計算方法

當 $\lambda \leq \Lambda$ 時

$$f_c = \frac{\left\{1 - \frac{2}{5}\left(\frac{\lambda}{\Lambda}\right)^2\right\} F}{\nu}$$

當 $\lambda > \Lambda$ 時

$$f_c = \frac{\frac{18}{65}F}{\left(\frac{\lambda}{\Lambda}\right)^2}$$

f_c ：容許壓縮應力度
λ ：抗壓構件的細長比
Λ ：臨界細長比

$$\Lambda = \frac{1{,}500}{\sqrt{\frac{F}{1.5}}}$$

E ：楊氏係數
F ：材料強度

$$\nu = \frac{3}{2} + \frac{2}{3}\left(\frac{\lambda}{\Lambda}\right)^2$$

細長比的確認

計算出強軸與弱軸方向這2個方向的細長比，使用數值較大的細長比來進行討論（$\lambda \leq 200$）。

將 $\left(\lambda = \frac{\ell_{kx}}{i_x}\right)$ 視為面內挫屈（強軸）

將 $\left(\lambda = \frac{\ell_{ky}}{i_y}\right)$ 視為面外挫屈（弱軸）

ℓ_{kx}：強軸的挫屈長度
i_x ：強軸的斷面二次半徑
ℓ_{ky}：弱軸的挫屈長度
i_y ：弱軸的斷面二次半徑

實際的挫屈長度會因柱子的變形・形狀而改變。在實務上，思考挫屈長度時，要考慮到轉動面。

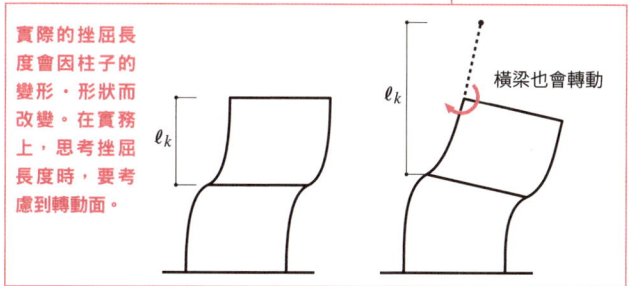

橫梁也會轉動

挑戰鋼骨柱子的截面計算吧！

例題

在鋼骨的門型框架結構中，請確認產生下述條件的彎曲力矩時的截面吧。

〔條件〕

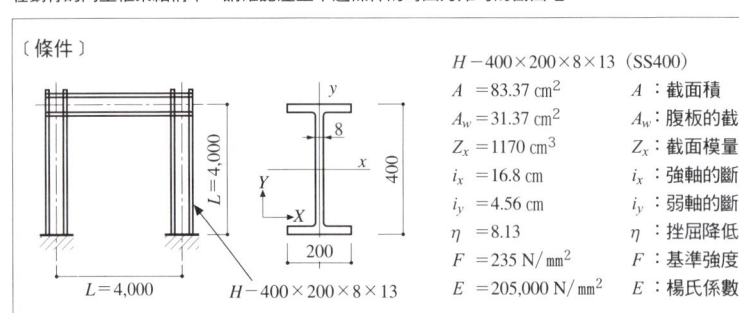

$H-400\times200\times8\times13$（SS400）

A	$=83.37\ cm^2$	A	：截面積
A_w	$=31.37\ cm^2$	A_w	：腹板的截面積
Z_x	$=1170\ cm^3$	Z_x	：截面模量
i_x	$=16.8\ cm$	i_x	：強軸的斷面二次半徑
i_y	$=4.56\ cm$	i_y	：弱軸的斷面二次半徑
η	$=8.13$	η	：挫屈降低係數
F	$=235\ N/mm^2$	F	：基準強度
E	$=205,000\ N/mm^2$	E	：楊氏係數

長期彎曲力矩圖

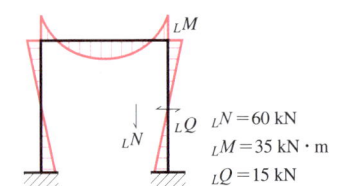

$_LN = 60\ kN$
$_LM = 35\ kN\cdot m$
$_LQ = 15\ kN$

地震時的彎曲力矩圖

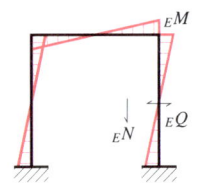

$_sN = 100\ kN\ (=\ _LN +\ _EN)$
$_sM = 70\ kN\cdot m\ (=\ _LM +\ _EM)$
$_sQ = 30\ kN\ (=\ _LQ +\ _EQ)$

將條件設為 $f_b = f_t$
$f_b = 157\ N/mm^2$
$f_S = 90.5\ N/mm^2$

註：彎曲容許應力度是忽視撓曲挫屈現象的數值

解答

①**容許壓縮應力度 f_c 的計算**

臨界細長比 Λ 為、

$$\Lambda = \frac{1,500}{\sqrt{\dfrac{F}{1.5}}} = \frac{1,500}{\sqrt{\dfrac{235}{1.5}}} = 119.84$$

細長比 λ 為

$$\lambda = \frac{\ell_{ky}}{i_y} = \frac{400\ cm}{4.56\ cm} = 87.72$$

所以會變成 $\lambda < \Lambda$

$$f_c = \frac{\left\{1 - \dfrac{2}{5}\left(\dfrac{\lambda}{\Lambda}\right)^2\right\}F}{\nu} = \frac{\left\{1 - \dfrac{2}{5}\left(\dfrac{87.72}{119.84}\right)^2\right\}235}{\dfrac{3}{2} + \dfrac{2}{3}\left(\dfrac{87.72}{119.84}\right)^2} = 99.42\ N/mm^2$$

$$\nu = \frac{3}{2} + \frac{2}{3}\left(\frac{\lambda}{\Lambda}\right)^2$$

因此，$f_c = 99.42\ N/mm^2$

②壓縮應力度σc的計算（長期）

$$_L\sigma_c = \frac{LN}{A} = \frac{60{,}000 \text{ N}}{8{,}337\,\text{mm}^2} = 7.20 \text{ N/mm}^2 < f_c \quad (f_c = 99.42)$$

③彎曲應力度σb的計算（長期）

$$_L\sigma_{bX} = \frac{LM}{Z_X} = \frac{35{,}000{,}000}{1{,}170{,}000} = 29.91 \text{ N/mm}^2 < f_b$$

④組合應力度（長期）的計算

$$\frac{_L\sigma_c}{f_c} + \frac{_L\sigma_{bX}}{f_b} = \frac{7.20}{99.42} + \frac{29.91}{157} = 0.26 < 1.0 \quad \cdots\text{OK}$$

⑤剪應力度τ的計算

$$\tau = \frac{LQ}{A_w} = \frac{15{,}000\,\text{N}}{3137\,\text{mm}^2} = 4.78 \text{ N/mm}^2 < f_s \quad \cdots\text{OK}$$

> 實際上，要討論各種應力組合會比較好。在此處，我要檢驗的是彎曲力矩與壓縮應力的組合。對柱子構材來說，該組合很常形成最不利的狀況。

⑥壓縮應力度σc的計算（短期）

$$_s\sigma_c = \frac{sN}{A} = \frac{100{,}000\,\text{N}}{8337\,\text{mm}^2} = 11.99 \text{ N/mm}^2 < 1.5 \times f_c \quad \cdots\text{OK}$$

⑦彎曲應力度σb的計算（短期）

$$_s\sigma_{bx} = \frac{sM}{Z_X} = \frac{70{,}000{,}000}{1{,}170{,}000} = 59.83 \text{ N/mm}^2 < 1.5\,f_b \quad \cdots\text{OK}$$

⑧組合應力度（短期）的計算

$$\frac{_s\sigma_c}{1.5 f_c} + \frac{_s\sigma_{bx}}{1.5 f_b} = \frac{11.99}{149.13} + \frac{59.83}{235.5} = 0.33 < 1.0 \quad \cdots\text{OK}$$

$$\frac{_s\sigma_c}{f_c} + \frac{_s\sigma_{bx}}{f_b} = \frac{11.99}{99.42} + \frac{59.83}{157} = 0.50 < 1.5$$

⑧的計算也可以採取上述方法。

⑨剪應力度τ的計算

$$\tau = \frac{sQ}{A_w} = \frac{30{,}000\text{ N}}{3137\,\text{mm}^2} = 9.56 \text{ N/mm}^2 < 1.5 f_s \quad \cdots\text{OK}$$

⑩細長比的判定

確認 $\lambda \leq 200$

$$\lambda = \frac{\ell_{ky}}{i_y} = \frac{4{,}000}{45.6} = 87.72 \leq 200 \quad \cdots\text{OK}$$

⑪雖然寬厚比的討論是必要的，但要比照大樑。

拉伸斜撐與壓縮斜撐的差異

①框架結構

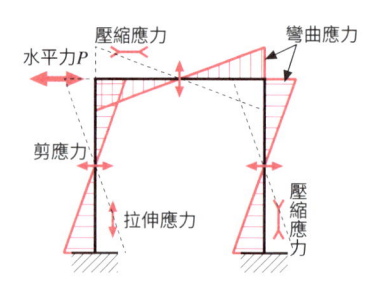

柱子與橫樑上會產生彎曲力矩。

②斜撐結構（拉伸斜撐）

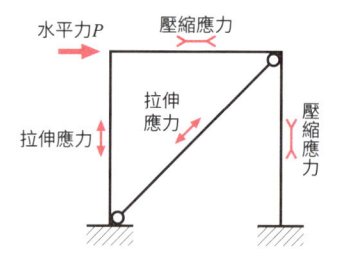

雖然樑柱上不會產生彎曲力矩，但會產生很大的壓縮應力與拉伸應力。斜撐上會產生拉伸應力。

③斜撐結構（壓縮斜撐）

與採用拉伸斜撐時一樣，樑柱上會產生壓縮應力與拉伸應力。另一方面，斜撐能夠承受壓縮應力與拉伸應力。

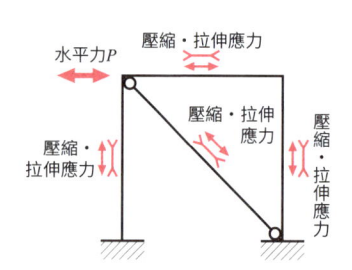

斜撐相當於木造結構中的斜支柱

雖然採用鋼骨斜撐結構時，建築規劃設計會受到限制，但卻是一種較容易確保耐震強度的結構。鋼骨斜撐結構可分成拉伸斜撐與壓縮斜撐，各自的截面計算方法是不同的。

拉伸斜撐的截面計算方法

拉伸斜撐的截面計算方法較為簡單。先計算出話，挫屈長度會變得與樓層高度一樣，不過實際上，由於大樑也會轉動，所以挫屈長度會變得比樓層高度還要大。

在本項的計算中，會以剛性橫樑的假設來計算出挫屈長度。而且，為了確保大地震發生時的變形能力，所以和大樑一樣，也要確認寬厚比（在本項中，省略了計算）。

拉伸斜撐的截面計算

在拉伸斜撐的截面計算中，要確認「拉伸斜撐所承受的拉伸應力度沒有超過斜撐材料的容許應力度」。透過斜撐上所產生的應力（軸向力 N）與截面積 A 來求出拉伸應力度 σ。

①求出斜撐的軸向力和截面積

$$N = \frac{Q}{\cos\theta}$$

N：斜撐的軸向力（kN）
Q：水平力（kN）
θ：斜撐的角度

$$\cos\theta = \frac{L}{\sqrt{H^2 + L^2}}$$

$$A = \pi \left(\frac{D}{2}\right)^2$$

A：斜撐的截面積（mm²）
D：斜撐的直徑（mm）

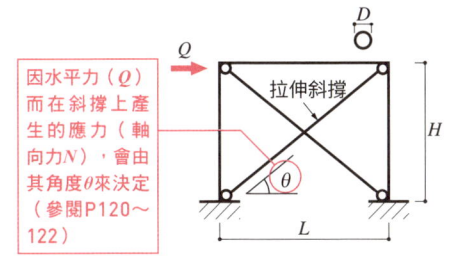

②確認「拉伸應力度 ≤ 容許拉伸應力度」

$$\sigma_t = \frac{1.5 \times N}{A} \leq f_t$$

考慮到安全係數，會以 $1.5 \times N$ 的方式來設計應力。

σ_t：拉伸應力度
N：軸向力
A：截面積
f_t：材料的容許拉伸應力度

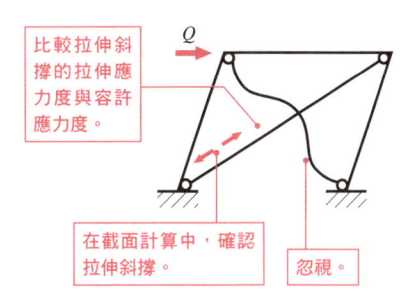

因水平力（Q）而在斜撐上產生的應力（軸向力 N），會由其角度 θ 來決定（參閱 P120～122）

比較拉伸斜撐的拉伸應力度與容許應力度。

在截面計算中，確認拉伸斜撐。

忽視。

壓縮斜撐的截面計算方法

斜撐材上因設計荷重而產生的應力，再使用該應力來除以斜撐材的軸心截面積，算出拉伸應力度。若此拉伸應力度在容許應力度以下的話，就代表是安全的。

不過，即使交叉地設置斜撐，拉伸斜撐還是只會對一個方向起作用。

另外，圓鋼管是拉伸斜撐的主流材料。採用圓鋼管時，會對邊緣部分進行螺紋加工。此螺紋部分較脆弱，一般來說，會透過此部分的截面積來進行截面計算。依照加工方式，螺紋可以分成2種。採用「滾製螺紋（rolled thread）」時，會使用轉軸部分的截面積來進行討論，若採用「車削螺紋（machined thread）」的話，則會使用最小截面部分的截面積或轉軸部分的0.75倍的截面積來進行截面計算。使用螺栓來連接拉伸斜撐時，必須多留意螺栓開孔的缺損情況。

壓縮斜撐的截面計算方法會變得稍微困難一點。由於會發生挫屈現象，所以必須計算出把挫

鋼骨結構的樑柱設計重點

壓縮斜撐的截面計算

在壓縮斜撐的截面計算中,要考慮到挫屈。確認「構材的拉伸應力度在有考慮到挫屈的容許應力度以下(①～④)」後,還要進行寬厚比(⑤)的確認,以避免發生局部挫屈。

①計算出構材上所產生的壓縮應力度σ_c

$$\sigma_c = \frac{1.5 \times N}{A} \leqq f_c$$

N:斜撐的軸向力(kN)

$$N = \frac{Q}{\cos\theta} \qquad \cos\theta = \frac{L}{\sqrt{H^2 + L^2}}$$

A:斜撐的截面積

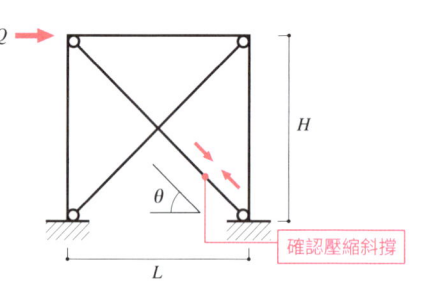

②細長比的確認

在結構鋼等材料中,有強軸和弱軸,材料會朝著與弱軸垂直的方向彎曲(挫屈)。因此,要比較$X \cdot Y$方向的細長比$\lambda_X \cdot \lambda_Y$(挫屈長度/面積慣性矩),釐清數值較大的方向(抗挫屈性能較弱的方向)。

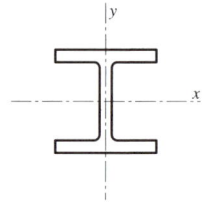

③容許壓縮應力度f_c的確認

$$f_c = \frac{\frac{3}{5}F}{\left(\frac{\lambda}{\Lambda}\right)^2} \qquad 當\lambda > \Lambda 時$$

F:材料強度
λ:(弱軸方向的)細長比
Λ:臨界細長比

$$\Lambda = \frac{1,500}{\sqrt{\frac{F}{1.5}}}$$

E:楊氏係數

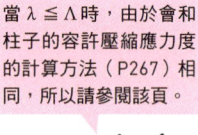

當$\lambda \leqq \Lambda$時,由於會和柱子的容許壓縮應力度的計算方法(P267)相同,所以請參閱該頁。

④確認「壓縮應力度$\sigma_c \leqq$容許壓縮應力度f_c」

比較在①與③中求出的σ_c與f_c的數值,進行確認。

⑤寬厚比(b/tf,h/tw)的確認

當寬厚比沒有滿足下列公式時,就會引發局部挫屈。

翼板　　$9\sqrt{\dfrac{235}{F}}$

腹板　　$60\sqrt{\dfrac{235}{F}}$

F:基準強度

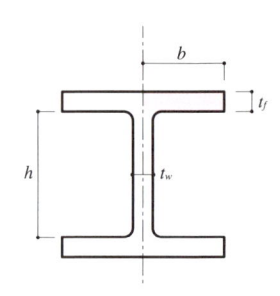

試著挑戰壓縮斜撐的截面計算吧

例題

進行圖中的壓縮斜撐的截面計算（確認「壓縮應力度≦容許壓縮應力度」與細長比）吧。

① 斜撐結構　② 模式圖

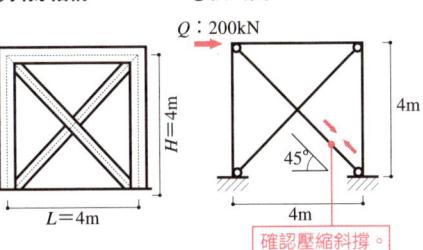

〔條件〕　用於斜撐的鋼材
H－100×100×6×8（SS400）

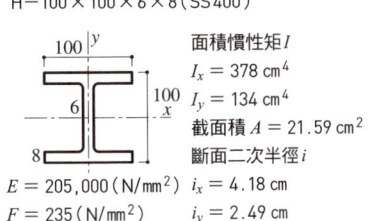

面積慣性矩 I
$I_x = 378 \text{ cm}^4$
$I_y = 134 \text{ cm}^4$
截面積 $A = 21.59 \text{ cm}^2$
斷面二次半徑 i
$E = 205,000 \text{ (N/mm}^2\text{)}$　$i_x = 4.18 \text{ cm}$
$F = 235 \text{ (N/mm}^2\text{)}$　$i_y = 2.49 \text{ cm}$

解答

① 算出構材上所產生的壓縮應力度 σ_c

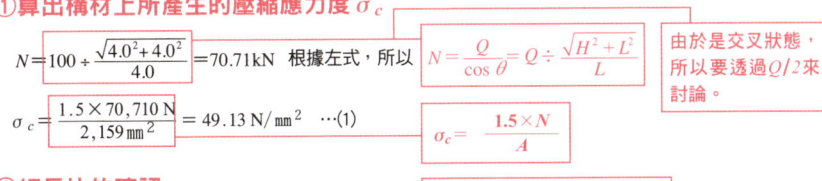

$$N = 100 \div \frac{\sqrt{4.0^2 + 4.0^2}}{4.0} = 70.71 \text{kN}$$

根據左式，所以

$$N = \frac{Q}{\cos\theta} = Q \div \frac{\sqrt{H^2 + L^2}}{L}$$

由於是交叉狀態，所以要透過 $Q/2$ 來討論。

$$\sigma_c = \frac{1.5 \times 70,710 \text{ N}}{2,159 \text{ mm}^2} = 49.13 \text{ N/mm}^2 \quad \cdots(1)$$

$$\sigma_c = \frac{1.5 \times N}{A}$$

② 細長比的確認

$$\lambda_x = \frac{\ell_x}{i_x} = \frac{\sqrt{400^2 + 400^2}\,\text{cm}}{4.18\,\text{cm}} = 135.33$$

$$\lambda_y = \frac{\ell_y}{i_y} = \frac{\ell_x \div 2}{2.49} = 113.59$$

$\ell_x = \ell$

由於斜撐被配置成交叉狀態，所以可以將挫屈長度視為一半。$\ell_y = \ell \div 2$

根據 $\lambda_x > \lambda_y$，所以要確認關於 x 軸的挫屈情況。

③ 容許壓縮應力度 f_c 的確認

$$\Lambda = \frac{1,500}{\sqrt{\frac{F}{1.5}}} = 119.84$$

因此，$\lambda_x > \Lambda$，所以要將數值代入下列公式。

$$f_c = \frac{\frac{3}{5}F}{\left(\frac{\lambda}{\Lambda}\right)^2} = \frac{0.6 \times 235}{\left(\frac{135.33}{119.84}\right)^2} = 110.56 \text{ (N/mm}^2\text{)} \quad \cdots(2)$$

④ 確認「壓縮應力度 σ_c ≦ 容許壓縮應力度 f_c」

根據(1)(2)、$\sigma_c < f_c$　…OK

⑤ 寬厚比（b/t_f, b/t_w）的確認

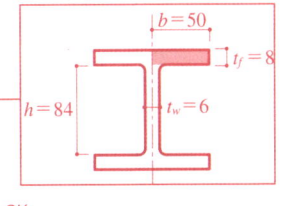

$\frac{b}{t_f} = \frac{50}{8} = 6.25$ …(3)　　$\frac{h}{t_w} = \frac{84}{6} = 14$ …(4)

翼板 $9\sqrt{\frac{235}{F}}$ …(5)　　腹板 $60\sqrt{\frac{235}{F}}$ …(6)

根據(3)(5) $\frac{b}{t_f} < 9\sqrt{\frac{235}{F}} = 9.0$ …OK　　根據(4)(6) $\frac{h}{t_w} < 60\sqrt{\frac{235}{F}} = 60$ …OK

$b = 50$
$t_f = 8$
$h = 84$
$t_w = 6$

樑柱的連接方法

柱子的接頭

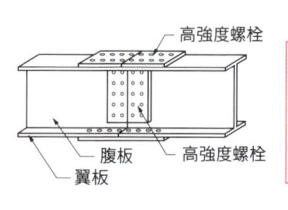

①高強度螺栓的摩擦連接法（friction joint）

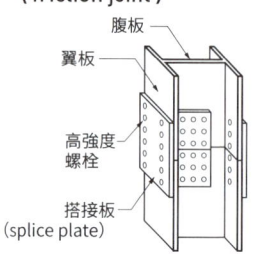

②焊接＋高強度螺栓的連接法

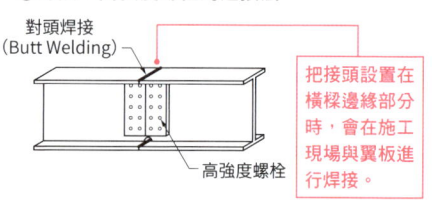

③焊接接合法

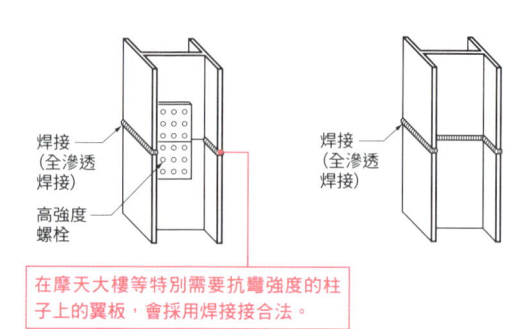

- 腹板
- 翼板
- 高強度螺栓
- 搭接板（splice plate）
- 焊接（全滲透焊接）
- 高強度螺栓
- 焊接（全滲透焊接）

柱子接頭的基本形式。

在摩天大樓等特別需要抗彎強度的柱子上的翼板，會採用焊接接合法。

大樑的接頭

①高強度螺栓的摩擦連接法

- 高強度螺栓
- 腹板
- 高強度螺栓
- 翼板

橫樑的基本連接方法。要把接頭設置在彎曲應力較小的位置

②焊接＋高強度螺栓的連接法

- 對頭焊接（Butt Welding）
- 高強度螺栓

把接頭設置在橫樑邊緣部分時，會在施工現場與翼板進行焊接。

屈曲現象納入考量的容許應力度，並與構材上產生的應力度進行比較。採用結構鋼（型鋼）時，依照方向不同，與挫屈現象相關的斷面二次半徑會有所差異。另外，以交叉的方式來設置時，由於挫屈長度不同，所以必須確認細長比，以及哪個方向的抗挫屈性能較弱。

計算出抗挫屈性能較弱方向的容許壓縮應力度，並與構材上所產生的壓縮應力度進行比較。

而且，不僅可能會發生整體的挫屈現象，也可能會發生局部挫屈的發生情況。此外，要透過寬厚比來確認局部挫屈現象。此外，當壓縮斜撐被設置成交叉狀時，雖然其中一側為壓縮斜撐，但另一側會變成拉伸斜撐。

在本項中，雖然省略了詳細說明，但斜撐結構是透過材料強度來進行抵抗。由於鋼骨斜撐結構的建築物沒有變形能力，所以必須防止連接處的斷裂，並設計成「當剪應力係數為1.0時，連接處不會損壞」。

274

接頭的連接方法的原理

高強度螺栓的摩擦連接法當中的力量傳遞

①高強度螺栓的摩擦連接法
（左：雙面摩擦、右：單面摩擦）

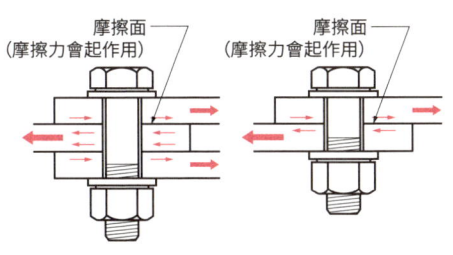

摩擦面（摩擦力會起作用）

②在高強度螺栓的摩擦連接法中，平均1根螺栓的容許強度與最大強度（kN）

強度劃分	螺絲的名稱	長期容許剪力強度 單面摩擦	長期容許剪力強度 雙面摩擦	短期容許剪力強度 單面摩擦	短期容許剪力強度 雙面摩擦
F10T	M12	17.0	33.9	25.4	50.9
	M16	30.2	60.3	45.2	90.5
	M20	47.1	94.2	70.7	141.0
	M22	57.0	114.0	85.5	171.0
	M24	67.9	136.0	102.0	204.0
	M27	85.9	172.0	129.0	258.0
	M30	106.0	212.0	159.0	318.0

其他連接方法當中的力量傳遞

①鉚釘連接法

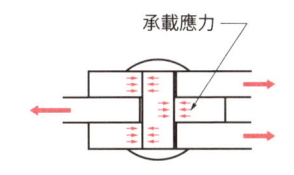

承載應力

②螺栓連接法

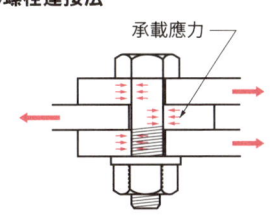

承載應力

最近，在結構體內，幾乎都是使用高強度螺栓的摩擦連接法。

接頭的連接方法的種類

最常被使用的連接方法是摩擦連接法

透過構材的中間部分來連接樑柱的部分叫做接頭。由於鋼骨結構的建築物是先在工廠內加工，再運送到現場組裝而成，所以必定會出現接頭。接頭大致上可以分成焊接接合法與螺栓連接法。雖然焊接接合處的強度與本體金屬（base metal）相同，但在施工現場進行焊接的難度很高，容易產生缺陷。因此，要在施工現場連接構材時，一般會使用，在螺栓連接法當中，透過高強度螺栓或特殊高強度螺栓來進行的**摩擦連接法**（friction joint）。

在其他連接方法當中，還有**鉚釘連接法**、**剪力螺栓**（中強度螺栓）連接法。在現代，幾乎已看不到鉚釘連接法，由於剪力螺栓連接法容易引發脆性破壞，所以也不太會使用，因此在進行解說

275　鋼骨結構的樑柱設計重點

連接處的應力計算方法

如同圖中那樣，當被配置成格子狀的高強度螺栓，承受著彎曲力矩 M、軸向力 N、剪應力 Q 時，要依照以下步驟來求出螺栓上所產生的最大剪應力。

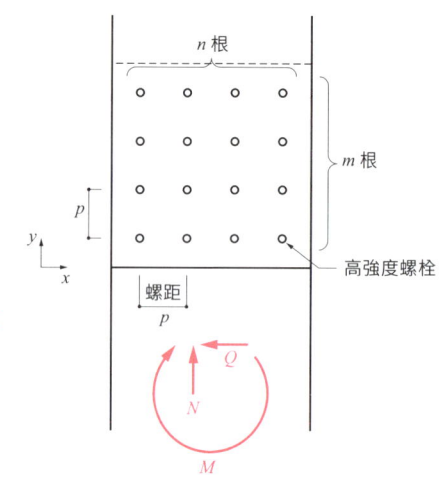

①透過軸向力與剪應力，來求出螺栓上產生的應力（剪應力）

只要假設，軸向力與剪應力會平均地由每根螺栓來承受，軸向力・剪應力所造成的剪應力 R_N、R_Q 就會變得像下列公式（1）、（2）那樣。

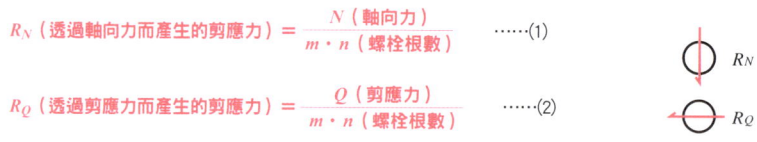

$$R_N（透過軸向力而產生的剪應力）= \frac{N（軸向力）}{m \cdot n（螺栓根數）} \quad \cdots\cdots(1)$$

$$R_Q（透過剪應力而產生的剪應力）= \frac{Q（剪應力）}{m \cdot n（螺栓根數）} \quad \cdots\cdots(2)$$

②求出透過彎曲力矩而產生的應力（剪應力）

藉由下列公式來求出透過彎曲力矩而產生的剪應力 R_{Mx}・R_{My}

$$R_{Mx} = \frac{M}{S_x} \quad \cdots\cdots(3)$$

$$R_{My} = \frac{M}{S_y} \quad \cdots\cdots(4)$$

$$S_x = \frac{mn\{(n^2-1)+a^2(m^2-1)\}}{6(n-1)} p \quad \cdots\cdots(5)$$

$$S_y = \frac{(n-1)}{a(m-1)} \cdot S_x \quad \cdots\cdots(6)$$

$$a = \frac{m}{n} \quad \cdots\cdots(7)$$

a：螺栓的螺距比
R_{Mx}・R_{My}：透過彎曲力矩而產生的剪應力

> 在接頭處，由於螺栓不能斷裂，所以要求出最大剪應力，並確認「該數值在螺栓的容許應力以下」喔。

③根據①②來求出最大剪應力

把在①中求得的應力與在②中求得的應力加起來，思考最大剪應力 R 的數值。
同時承受彎曲力矩・軸向力・剪應力時。

$$R = \sqrt{(R_{Mx}+R_Q)^2 + (R_{My}+R_N)^2} \quad \cdots\cdots(8) \quad R：最大剪應力$$

求出高強度螺栓上所產生的最大剪應力吧

例題

如同右圖那樣,當下述條件的應力施加在高強度螺栓上時,請求出高強度螺栓上所產生的最大剪應力吧。

解答

①求出軸向力與剪應力所造成的應力（剪應力）吧

$$R_N = \frac{N}{m \cdot n} = \frac{40}{16} = 2.5 \text{ kN} \quad \cdots 根據前頁的公式(1)$$

$$R_Q = \frac{Q}{m \cdot n} = \frac{10}{16} = 0.63 \text{ kN} \quad \cdots 根據前頁的公式(2)$$

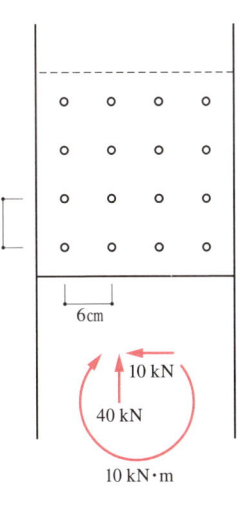

②求出彎曲力矩所造成的應力（剪應力）吧

$$S_x = \frac{mn\{(n^2-1)+\alpha^2(m^2-1)\}}{6(n-1)} p = \frac{16\{(4^2-1)+1(4^2-1)\}}{6(4-1)} \times 6 \quad \cdots 根據前頁的公式(5)$$
$$= 160 \text{ cm}$$

$$S_y = \frac{(n-1)}{\alpha(m-1)} S_x = \frac{(4^2-1)}{1(4^2-1)} \times 160 \quad \cdots 根據前頁的公式(6)$$
$$= 160 \text{ cm}$$

$$\alpha = \frac{m}{n} = \frac{4}{4} = 1$$

$$R_{Mx} = \frac{M}{S_x} = \frac{10 \times 100}{160} = 6.25 \text{ kN} \quad \cdots 根據前頁的公式(3)$$

$$R_{My} = \frac{M}{S_y} = \frac{10 \times 100}{160} = 6.25 \text{ kN} \quad \cdots 根據前頁的公式(4)$$

③根據①②來求出最大剪應力

$$R = \sqrt{(R_{Mx}+R_Q)^2 + (R_{My}+R_N)^2}$$
$$= \sqrt{(6.25+0.63)^2 + (6.25+2.5)^2}$$
$$= 11.13 \text{ kN} \quad \cdots 根據上頁的公式(8)$$

∴ 螺栓上會產生的最大剪應力為 11.13 kN。

全滲透焊接
（full penetration weld）

採用全滲透焊接時，焊接處的強度會變得與本體金屬相同。

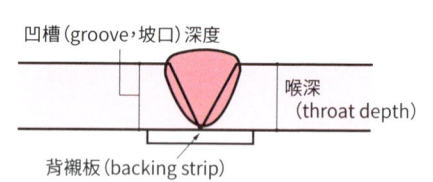

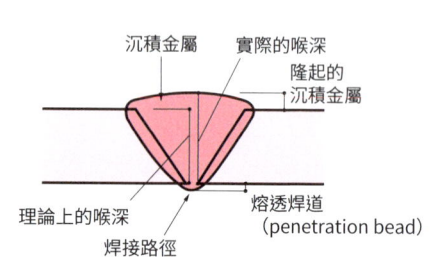

凹槽（groove，坡口）深度
喉深（throat depth）
背襯板（backing strip）

沉積金屬
實際的喉深
隆起的沉積金屬
理論上的喉深
焊接路徑
熔透焊道（penetration bead）

接合法。

在連接橫樑時，主流方法為，盡量在彎曲應力較小的位置，對翼板和腹板都使用摩擦連接法。不過，因施工上的理由，必須在靠近柱子的橫樑邊緣部分設置接頭時，由於接頭部分也需具備較大的塑性變形能力，所以大多會對翼板部分進行焊接。

在高強度螺栓的摩擦連接法中，會利用螺栓的大張力，讓板材之間產生很大的摩擦力，藉由摩擦力來固定構材。板材之間的接觸面不會進行塗裝，為了避免截面出現缺損，所以會讓板材適度地生鏽，以確保摩擦係數。

透過摩擦連接法來連接構材的方法

如同上頁上方圖片那樣，要連接柱子時，經常也會對翼板、腹板使用摩擦連接法，但在彎曲力矩變得很大的摩天大樓內，為了盡量地確保抗彎強度，所以翼板部分會使用焊接，腹板部分則會使用摩擦連接法。

使用方形鋼管時，由於無法把螺栓鎖緊，所以雖然近年也出現了機械式接頭，但主流仍是焊接

時，都是以摩擦連接法為主。

與樑柱相同，在計算連接處的應力時，要將其視為剛性

在鋼骨結構的連接處當中，如同下頁上圖那樣的樑柱連接處，會在結構性能上發揮重要的作

278

鋼骨結構的樑柱連接處（剛性接點）的種類

①方形鋼管柱（左：貫通橫隔板、右：內橫隔板）　　②H型鋼柱

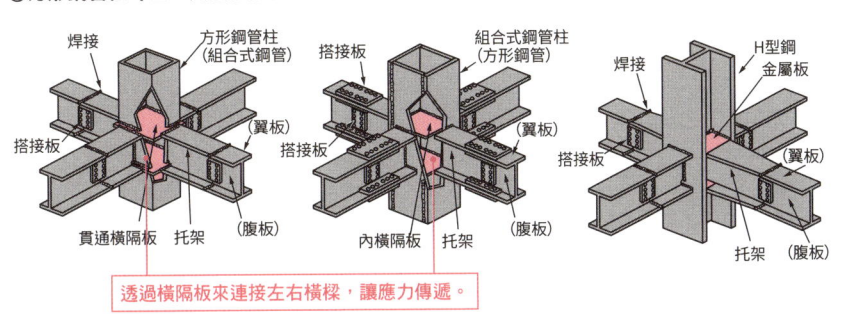

透過橫隔板來連接左右橫樑，讓應力傳遞。

鋼骨結構的連接處包含了「柱子與橫樑」以及「橫樑之間」的連接處。柱子與橫樑的連接處（腹板區。下圖①）會用來傳遞地震力，橫樑之間的連接處主要會用來傳遞長期的力。右圖的②～⑤是大樑與小樑的連接處的範例。

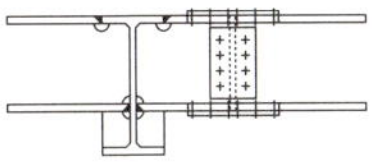

①柱子與橫樑 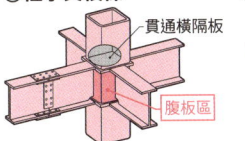　②大樑與小樑1 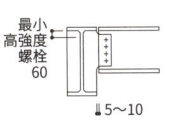　③大樑與小樑2　④大樑與小樑3　⑤大樑與小樑4

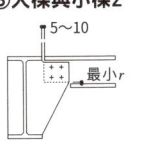

連接處安全性的確認方法

要讓大樑的應力傳遞到柱子上時，細節會變得很重要。H型鋼柱與箱型截面柱一起透過金屬板（橫隔板）來連接左右橫樑。由於會讓很大的應力傳遞，所以要在工廠內進行對頭焊接。此金屬板也能用來限制連接處的腹板。一般來說，只要讓金屬板比大樑翼板的板材厚度大1～2號，就能確保足夠的性能。

為了確認腹板區的安全性，在面對左右大樑上所產生的彎曲力矩所造成的剪應力時，是否能確保足夠的剪應力強度。實際上，柱子上除了彎曲力矩與剪應力以外，還會產生軸向力。不過，若軸向力對於降伏

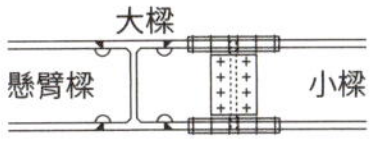

用。這是因為，負責將大樑上產生的力傳遞給柱子的就是連接處。在印象中，即使柱子或大樑會變形，連接部分也必須保持不會變形的「剛性」狀態。另外，由於連接處的剪應力的性能來傳遞應力，所以材（接頭腹板）的剪應力的性能來傳遞應力，所以也被稱作腹板區（panel zone）。

279　鋼骨結構的樑柱設計重點

腹板區的設計方法

要確認連接處腹板（腹板區）上所產生的剪應力度在容許剪應力度以下。藉此，就能得知腹板區的板材厚度是否有問題。

確認「應力度 ≦ 容許應力度」

$$\tau p = \frac{_bM_1 + {_bM_2}}{V_e} \leq 2f_s$$

τ_p：腹板區的剪應力度
V_e：依照下列公式。
  $V_e = h_b \times h_c \times t_w$（採用H型鋼柱時）
  $V_e = \frac{16}{9} \times h_b \times h_c \times t_w$（採用具有中空矩形截面的柱子時）
  $V_e = \frac{\pi}{2} h_b \times h_c \times t_w$（採用具有鑄模鋼管截面的柱子時）
f_s：長期容許剪應力度（N/mm²）
其他請參閱圖中的符號

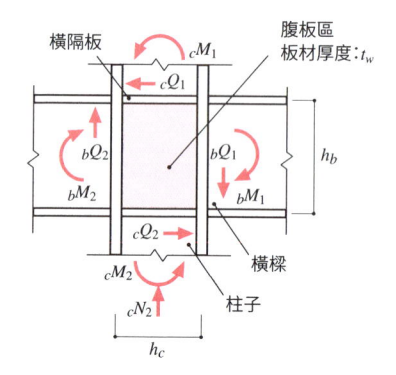

試著實際確認腹板區吧

例題

請證明下圖的腹板區的剪應力度在容許剪應力度以下，並確認板材厚度沒有問題吧。

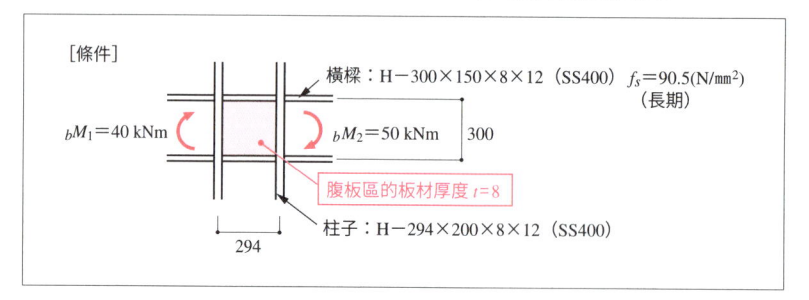

[條件]
橫樑：H－300×150×8×12（SS400） f_s＝90.5(N/mm²)（長期）
$_bM_1$＝40 kNm
$_bM_2$＝50 kNm
300
腹板區的板材厚度 t＝8
294
柱子：H－294×200×8×12（SS400）

解答

$$\tau_p = \frac{_bM_1 + {_bM_2}}{2 2_e} = \frac{_bM_1 + {_bM_2}}{2h_b \cdot h_c \cdot t_w} = \frac{40\ kN\cdot m + 50\ kN\cdot m}{2 \times 300 \times 294 \times 8}$$
$$= \frac{90\ kN\cdot m}{1,411,200\ mm^3}$$
$$\frac{90,000,000\ N\cdot mm}{1,411,200\ mm^3}$$
$$= 63.78\ N/mm^2 < 1.5 \times 90.5 = 135.8\ N/mm^2 \quad \cdots OK$$

因此，8mm的板材厚度是沒問題的。

寬厚比是一項用來防止局部挫屈的指標

透過右方公式來求出各型鋼的寬厚比。
寬厚比應在一定數值以下。

寬厚比 = $\dfrac{b}{t}$ （b：寬度、t：厚度）

b與t的求法

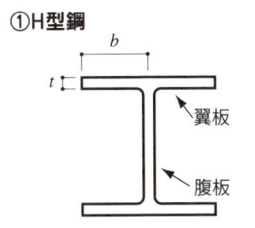

① H型鋼 — 翼板、腹板

② 方形鋼管

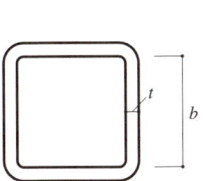

③ 圓形鋼管

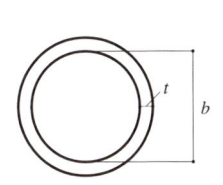

彎曲力矩一旦產生，壓縮側的翼板就會發生挫屈

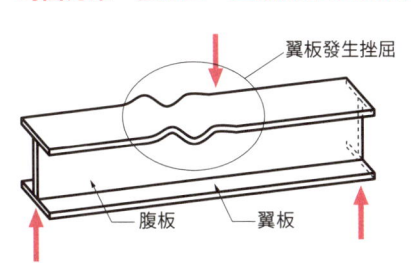

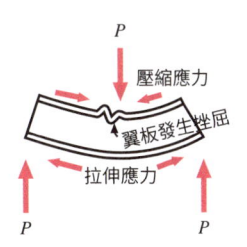

翼板發生挫屈／腹板／翼板

P　壓縮應力　翼板發生挫屈　拉伸應力　P

如同圖片那樣，為了確認沒有發生局部挫屈，所以要確認寬厚比喔。

連接處的應力計算方法

在上述內容中，雖然使用「剛性」來形容連接處，但鋼骨結構與RC結構的截面不同，是由薄板所構成，所以實際上會變形。

因此，在RC結構中，會考慮到剛性區域（rigid zone），但在鋼骨結構中，一般來說，不會去考慮剛性區域，在計算應力時，連柱子與大樑中心位置（節點）的剛性，也會被視為與樑柱相同。另外，由於上頁的計算公式是關於中小型地震（容許應力度計算）的檢討式，而且大地震發生時，可能會發生一些塑性變形的現象，所以會採用較寬裕的設計。

若可能會發生局部挫屈的話，就必須確認寬厚比

軸向力的比例在40％以下的話，由於軸向力造成的影響很小，所以會忽視軸向力。

281　鋼骨結構的樑柱設計重點

寬厚比的差異所造成的變形能力

寬厚比的標準

構材	截面	部位	鋼材種類※	寬厚比	
柱子	H型鋼	翼板	400系列	$9.5\sqrt{235/F}$	9.5
			490系列		8
		腹板	400系列	$43\sqrt{235/F}$	43
			490系列		37
	方形鋼管	—	400系列	$33\sqrt{235/F}$	33
			490系列		27
	圓形鋼管	—	400系列	$50(235/F)$	50
			490系列		36
橫樑	H型鋼	翼板	400系列	$9\sqrt{235/F}$	9
			490系列		7.5
		腹板	400系列	$60\sqrt{235/F}$	60
			490系列		51

※：400系列的F值＝235，490系列的F值＝325

依照強度，寬厚比的標準會改變

H型鋼的寬厚比所造成的差異

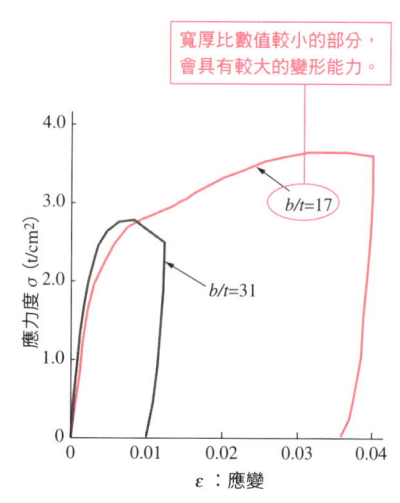

寬厚比數值較小的部分，會具有較大的變形能力。

b/t=17

b/t=31

應力度 σ (t/cm²) ／ ε：應變

出處：『鋼骨結構塑性設計指南』（日本建築學會，2017年）
　　　（『鋼構造塑性設計指針』（日本建築学会、2017年））

寬厚比的特性與變形能力之間的關係

鋼骨結構是由把薄板構材組合在一起的構材所構成。雖然薄板材對於拉伸應力的抵抗性能很強，但在承受壓縮應力時，會變得彎曲，所以只具備比拉伸應力來得小的強度。

只要考慮到鋼骨結構建築物的極限負載狀態，在構材邊緣部分降伏之前，抗壓構件上就會發生局部挫屈。

如此一來，就會變得無法確保計算上的強度。

因此，重點在於，要避免讓局部挫屈發生。

寬厚比指的是，用來確認「沒有發生局部挫屈」這一點的指標。數值愈大，就愈容易發生挫屈。

在樑柱等結構體以及型鋼中，各「部位」的數值都有各自的規定。

只要比較柱子與橫樑，就會發現，同時產生壓縮應力與彎曲力矩的柱子的寬厚比數值很嚴重。

另外，在H型鋼中，翼板部分會變得像從腹板中延伸出來的懸臂樑那樣，所以其前端部分會很容易發生挫屈，寬厚比數值也很嚴重。在方形鋼管

282

將鋼承板與混凝土融為一體的鋼承板混凝土複合樓板

有許多鋼骨結構建築都採用了**鋼承板混凝土複合樓板**。在施工時,使用鋼承板來當作模板,當混凝土凝固時,鋼承板與混凝土就會融為一體,形成混凝土厚板。在以前,人們會在鋼承板上裝設剪力連接器(shear connector),使其與混凝土融為一體。現在所使用的鋼承板的表面幾乎都呈現凹凸不平的形狀,透過此部分就能確保鋼承板與混凝土之間的整體感。

鋼承板混凝土複合樓板的截面計算方法

為了讓薄鋼板具有剛性,所以鋼承板的形狀變成了相連的山形截面。由於新鮮混凝土會被澆灌在其上方,所以混凝土截面的下部也會變成山形。

P285上方刊載了鋼承板混凝土複合樓板的計算公式。首先,要透過鋼承板獨自的剛性與混凝土獨自的剛性來求出中立軸,並計算出混凝土以及鋼承板的合成構材的面積慣性矩。然後,透過合成構材的面積慣性矩與中立軸的位置來求出「用來討論鋼材的面積慣性矩與中立軸」以及「用來討論鋼承板的拉伸側截面模量」以及「用來討

中,由於面材的兩端是相連的,所以與H型鋼相比,此形狀比較能夠抵抗局部挫屈。

除了寬厚比以外,鋼材的種類會與鋼骨結構的**變形能力**產生關聯。SS鋼材的變形能力較低,SN鋼材具有變形能力。

在斜撐結構的高強度型建築中,會使用SS鋼材。在框架結構中,則必須透過SN鋼材來確保變形能力。

另外,透過斜撐結構來設計中高層大樓時,由於當斜撐損壞時,必須透過框架結構來防止建築物倒塌,所以會建議使用SN鋼材。

關於寬厚比,並沒有硬性規定。只要有考慮到「建築物崩塌時的損壞方式」,且能夠確認「沒有發生局部挫屈」這一點的話,寬厚比的規定就能放寬。

鋼承板混凝土複合樓板的基礎知識

鋼承板混凝土複合樓板的應力概念

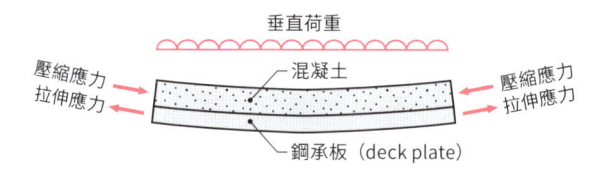

垂直荷重
壓縮應力
拉伸應力
混凝土
壓縮應力
拉伸應力
鋼承板（deck plate）

透過照片來觀察鋼承板混凝土複合樓板

在鋼承板上配置鋼筋後的樣子。之後，澆灌完混凝土，就會形成鋼承板混凝土複合樓板。

鋼承板混凝土複合樓板的各部位名稱

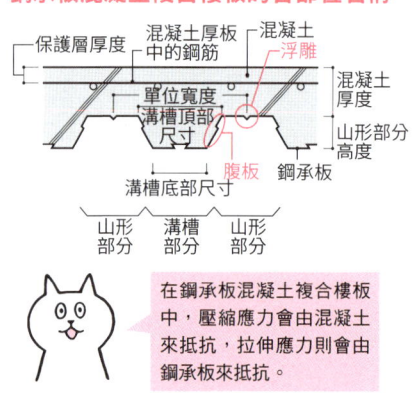

保護層厚度
混凝土厚板中的鋼筋
混凝土
浮雕
單位寬度
溝槽頂部尺寸
混凝土厚度
山形部分高度
腹板
鋼承板
溝槽底部尺寸
山形部分
溝槽部分
山形部分

在鋼承板混凝土複合樓板中，壓縮應力會由混凝土來抵抗，拉伸應力則會由鋼承板來抵抗。

鋼承板的例子之一

EZ50 t＝1.2、1.6
300
175
125
600/900
50

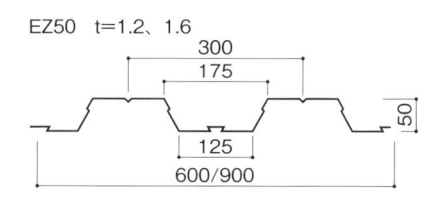

論混凝土截面的截面模量」。

只要計算出鋼承板混凝土複合樓板的截面性能，就能算出在面對設計荷重時，平均每單位寬度的應力，並進行截面的討論。一般來說，會在施工時對鋼承板的設計布局進行調整，所以在設計鋼承板混凝土複合樓板時，會將其視為簡支樑，計算出安全側的應力。另外，在討論撓度時，由於該結構是鋼骨與混凝土的複合結構，所以會用1.5倍的潛變係數來進行討論。

此外，由於在進行鋼承板混凝土複合樓板的施工時，必須單獨透過鋼承板來支撐施工時的荷重與新鮮混凝土的重量，所以施工時的討論也很重要。

把鋼承板混凝土複合樓板用於防火建築物或準防火建築物的地板或屋頂時，只要有使用防火覆材的話，就沒問題，不過，若要讓鋼承板外露的話，就必須確認該產品是否為符合建築基準法防火標準的官方認證產品。

鋼承板混凝土複合樓板的截面設計與設計荷重

把鋼承板視為簡支樑來進行設計,討論鋼承板的應力度與撓度。
(有時也會考慮到鋼承板的設計布局,以連續樑的形式來進行計算)

求出鋼承板的應力度・撓度

①確認 $\sigma_t \leqq F/1.5$

$$\sigma_t = \frac{M}{_cZ_t} \leq \frac{F}{1.5}$$

M :用於設計的彎曲力矩
$_cZ_t$:拉伸側的有效與等效截面模量
　　　(mm^3/B)
F :鋼承板的基準強度

②確認撓曲量 δ

$$\delta = \frac{5wL^4}{384 {_sE} \times \frac{_cI_n}{n}}$$

$$\frac{1.58}{L} \leq \frac{1}{250}$$

$_sE$:鋼承板的楊氏係數
$_cI_n$:有效與等效面積慣性矩(mm^4/B)
n :鋼材對於混凝土的楊氏係數比值 = 15

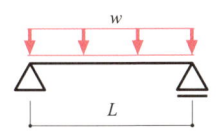

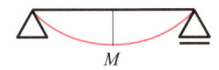

上述的cZt或cIn的數值,也可以使用鋼承板廠商的型錄等資料中所計算出來的數據喔。

複合樑的觀點

透過雙頭螺栓(stud bolt)來讓鋼承板混凝土複合樓板與鋼骨橫樑合為一體,藉此就能讓橫樑的性能提昇(複合樑)。

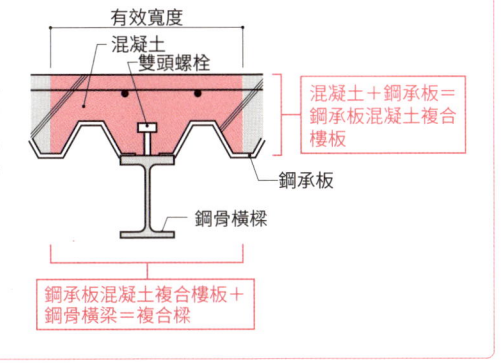

混凝土+鋼承板=鋼承板混凝土複合樓板

鋼承板混凝土複合樓板+鋼骨橫梁=複合樑

column

「樓」與「層」的差異

在日常生活中，說明建築物的高度方向的位置時，會使用「樓」這個詞，但在說明結構模型力時，有時也會使用「層」這個詞。舉例來說，在思考風壓力等的水平力時，施加在1樓（第1層）的水平力，會由2樓的橫樑（第1層的橫樑）來抵抗。由於使用「樓」這個詞的話，會有點容易混淆，所以使用「層」這個詞應該會比較好吧。

「樓」給人的印象
在日常生活中，用來說明建築物的樓層。

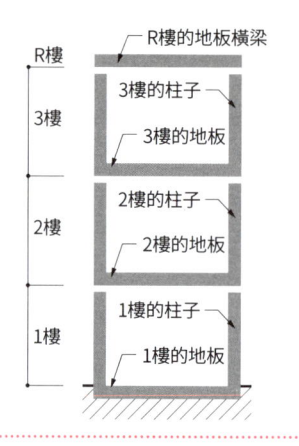

- R樓的地板橫梁
- 3樓的柱子
- 3樓的地板
- 2樓的柱子
- 2樓的地板
- 1樓的柱子
- 1樓的地板

「層」給人的印象
在結構計算中，用來說明建築模型。在面對水平荷重・垂直荷重時，會透過門型的框架結構（柱子與橫樑）來抵抗。

- 第3層的橫梁
- 第3層的柱子
- 第2層的橫梁
- 第2層的柱子
- 第1層的橫梁
- 第1層的柱子

3樓所承受的水平力
2樓所承受的水平力
1樓所承受的水平力

動態歷時分析法的模型
在思考荷重時，樓層的觀點會稍有差異。

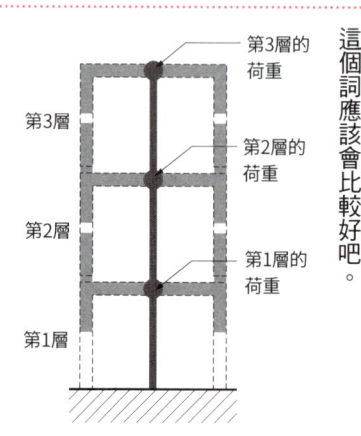

- 第3層的荷重
- 第2層的荷重
- 第1層的荷重

286

第4章 地基

地基的種類

028 需要注意的脆弱地基中，有什麼東西？

當地基很新時，黏性土會有沉陷的風險。

地震時，砂質土會有液化的風險。

地基的種類大致上可以分成砂土、黏土、岩石地基

依照地基的種類與狀況，建築物能夠使用的基礎形式與地基改良工法會有所差異。因此，在確認建築物安全性的層面上，掌握地基的種類與性質是非常重要的。

主要的地基為**砂土地基、黏土地基、岩石地基**這3種。岩石地基是既堅固又穩定的地基。若地基是砂土地基或黏土地基的話，就必須多加留意。

依照砂質土（砂土地基）中混入的礫石、沙粒，地基的強度會有很大差異。當沙子很細（細沙）時，或是砂質土性質均勻，且含有很多水分時，地震時就會有液化的風險。

若是古老地層的話，黏土（黏土地基）會很堅固，地基強度很大，但在較新的地層中，地基會較柔軟，不夠緊實，所以依照土壤與建築物的荷重，土壤之間的水（間隙水）會被慢慢地排出，引發體積會

288

土壤的名稱與地基的土壤承載力

依照土壤的顆粒形狀來分類的土壤名稱

土壤名稱	黏土	淤泥 (Silt)	沙子		礫石			石頭	
			細沙	粗沙	細礫	中礫	粗礫	粗石(碎石)	巨石
粒徑(mm)	～0.005	～0.075	～0.425	～2	～4.75	～19	～75	～300	300～

『地盤工學用語辭典』（社團法人 地盤工學會、2006年）編撰而成
『地盤工学用語辞典』（社団法人 地盤工学会、2006年）

地基的土壤承載力（建築基準法施行令第93條）

根據建築基準法施行令第93條的規定，要依照國土交通大臣所規定的方法來進行地基調查，並根據該調查結果來規定地基的容許應力度。只要知道地基種類的話，就可以採用下表的數值。

地基	長期容許應力度（kN/m²）	短期容許應力度（kN/m²）
岩石地基	1,000	長期的2倍
固結後的沙子	500	
硬黏土（hardpan）地基	300	
密實的礫石層	300	
密實的砂質地基	200	
砂質地基（沒有液化風險）	50	
堅硬的黏土地基	100	
黏土地基	20	
堅硬的壤土（loam）層	100	
壤土層	50	

也要留意地下水位

除了地基種類、性質以外，也必須留意**地下水位**。在有地下空間的建築物內，由於當地下水位很高時，就會產生上浮力，所以會導致建築物內產生過大的力。

另外，即使是乍看之下似乎沒有問題的土地，由於原本可能是將河川、懸崖、地下孔洞填平而成的土地，所以透過古地圖來了解地基的經歷也很重要。

依照地基種類、性質，地震時的搖晃方式會產生很大變化。建築基準法施行令第88條當中也有提到，「地基的種類」是決定建築物振動特性的主要因素之一。一般的傾向為，地基愈柔軟，搖晃速度愈緩慢，地基堅硬，振動次數會愈多。在施行令第93條中，規定了各種地基的容許應力度。

地基。
淤泥（Silt）層這種性質介於黏性土與砂質土之間的壤土層地基的性質也很接近黏性土。此外，還有減少的「**壓密**（consolidation）」現象，長期下來，就會有地基沉陷的風險。

會造成問題的地基

①軟弱地基

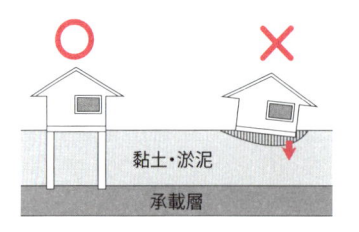

由含有許多黏土或淤泥的沖積層所構成的地基等，大多為軟弱地基，有發生差異沉陷的風險。

②土堤地基

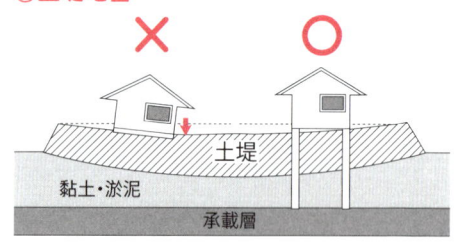

由土堤所構成的地基大多不穩定。土堤的重量會使下層的軟弱地基出現沉陷的風險。

③混合型地基

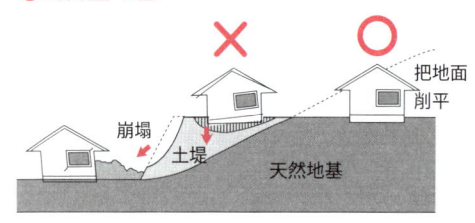

在將山地或丘陵地整理而成的建地內，會包含土堤區和削平區，土堤區可能會發生沉陷現象。

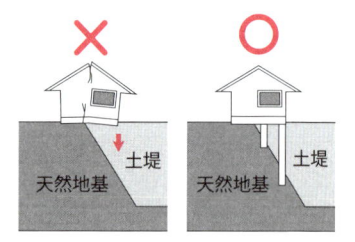

由於土堤區與天然地基區的性質與狀態不同，所以有可能會發生差異沉陷。

④懸崖・陡坡

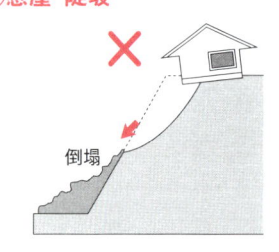

地震或集中性的豪雨，可能會造成土石塌方或擋土牆倒塌。

⑤砂質地基

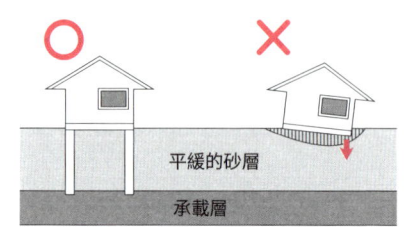

在顆粒大小一致的細沙質地基中，當地下水處於飽和狀態時，土壤就會有液化的風險。

根據『以小規模建築物作為對象的地基・基礎』（日本建築學會出版）編撰而成
『小規模建築物を対象とした地盤・基礎』（（社）日本建築学会刊）

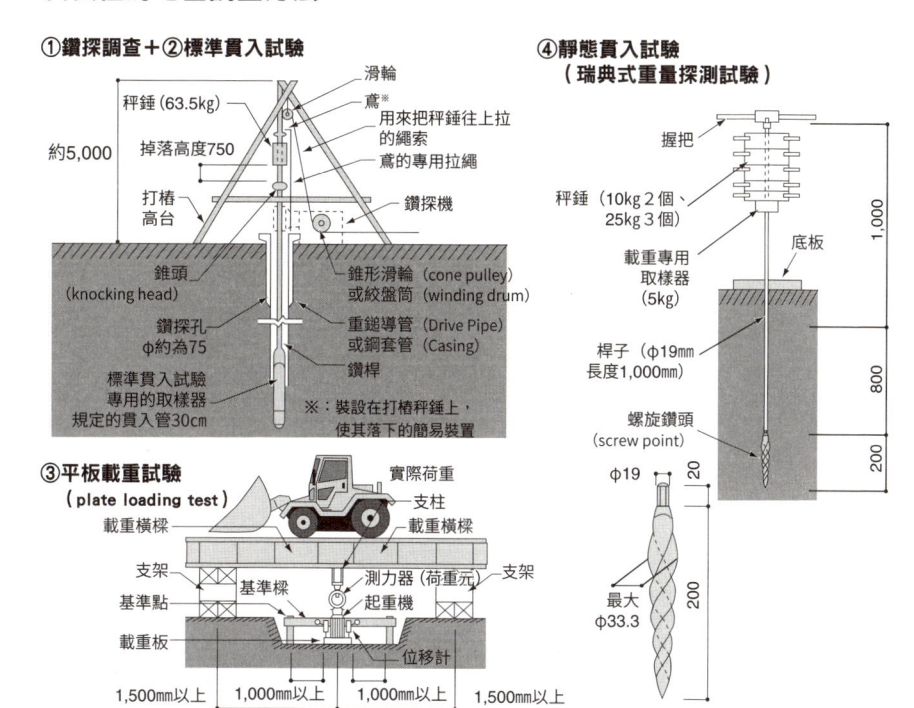

代表性的地基調查方法

①鑽探調查＋②標準貫入試驗

- 滑輪
- 秤錘（63.5kg）
- 鳶※ 用來把秤錘往上拉的繩索
- 約5,000
- 掉落高度750
- 鳶的專用拉繩
- 打樁高台
- 鑽探機
- 錐頭（knocking head）
- 錐形滑輪（cone pulley）或絞盤筒（winding drum）
- 鑽探孔 φ約為75
- 重錘導管或鋼套管（Drive Pipe）（Casing）
- 標準貫入試驗專用的取樣器 規定的貫入管30cm
- 鑽桿
- ※：裝設在打樁秤錘上，使其落下的簡易裝置

④靜態貫入試驗（瑞典式重量探測試驗）

- 握把
- 秤錘（10kg 2個、25kg 3個）
- 載重專用取樣器（5kg）
- 底板
- 桿子（φ19mm 長度1,000mm）
- 螺旋鑽頭（screw point）
- φ19
- 最у φ33.5
- 1,000 / 800 / 200 / 20 / 200

③平板載重試驗（plate loading test）

- 實際荷重
- 支柱
- 載重橫樑
- 支架
- 基準樑
- 基準點
- 載重板
- 測力器（荷重元）
- 起重機
- 位移計
- 1,500mm以上｜1,000mm以上｜1,000mm以上｜1,500mm以上

代表性的地基調查方法為鑽探調查等4種方法

依照場所與深度，地基會具有各種不同性質。因此，在建地內，必須進行地基調查，確認地基是否能夠支撐目前所規劃設計的建築物的重量。地基調查方法包含了，**鑽探調查、標準貫入試驗、平板載重試驗、靜態貫入試驗、孔內水平載重試驗、現場透水性試驗、地球物理探勘、土壤液化判定**等各種方法。其中，經常被使用的是①鑽探調查、②標準貫入試驗、③平板載重試驗、④靜態貫入試驗這4種。

①鑽探調查

在此方法中，會透過帶有刀尖的鋼管，從地表進行開採，確認地基的組成與地下水位等。大多會與②標準貫入試驗同時進行，一般來說，說到鑽探調查時，指的是也包含標準貫入試驗在內的調查方法。

②標準貫入試驗

在此調查方法中，會讓秤錘（調查）的鐵管敲進地基中掉落，把名為取樣器（sampler）的鐵管敲進地基中30 ㎝。透過完成此動作所需的敲擊次數來確認地基的承載力。該敲擊次數叫做「N值」。

③平板載重試驗

透過方形或圓板狀的構材，來對地基施加靜態荷重，確認地基承載力（強度）等的調查方法。會開採到基礎底板所設置的深度，測量出地基的承載力。雖然能夠得知地基表層的強度，但無法確認深層部分的強度。

④靜態貫入試驗

此調查方法被廣泛地運用在獨棟住宅等小規模的建築物中。螺桿重量貫入試驗（舊稱為瑞典式重量探測試驗（SWS試驗）也是其中之一。把秤錘（總計95 kg）和載重專用取樣器裝設在前端呈現螺旋狀的桿子上，讓取樣器鑽進地基深度1 m處。透過完成此動作所需的半旋轉（180度）次數來對地基進行評估。

當地基強度不足時，會進行地基改良，或是採用樁基礎

依照地基調查的結果，無法對地基強度有所期待時，會選擇樁基礎（參閱P301）。不過，雖然表層部分是軟弱地基，但在比較淺的位置，若有良好地基的話，也可以藉由進行地基改良來選擇直接基礎。

地基改良大致上可以分成「只對表層進行改良」與「連深層部分都改良」這2種

地基改良指的是，把水泥類固化材混入土壤中，使其變得堅固，藉此來提昇地基強度的工法。以前人們採用的工法為，把使用大砂礫作為粗骨材（粗粒料）的混凝土（粗石混凝土）澆灌至承載層來進行改良，但現在一般所採用的工法為，透過水泥類固化材來改良地基表層部分的①淺層混合處理工法，以及連深層部分都進行改良的②深層混合處理工法。

292

代表性的地基改良方法

①淺層混合處理工法

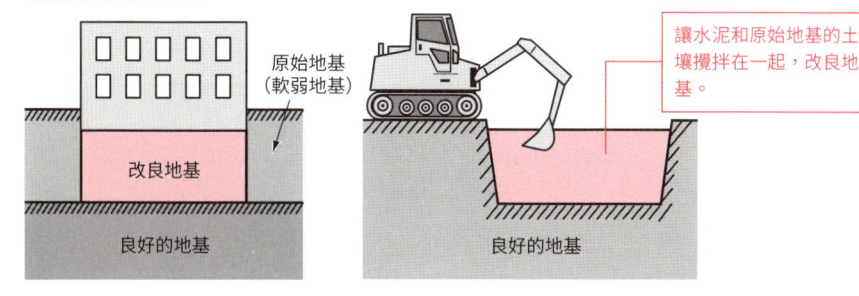

- 原始地基（軟弱地基）
- 改良地基
- 良好的地基

讓水泥和原始地基的土壤攪拌在一起，改良地基。

②深層混合處理工法

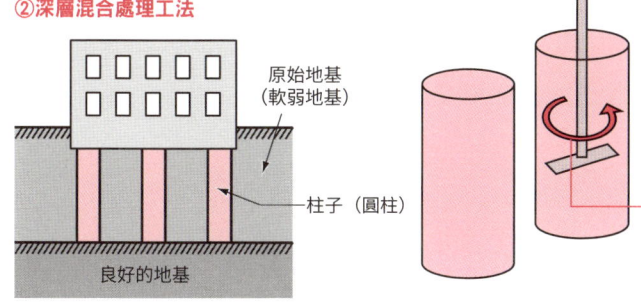

- 原始地基（軟弱地基）
- 柱子（圓柱）
- 良好的地基

讓水泥和原始地基的土壤攪拌在一起，製作出柱子（圓柱），並讓柱子抵達穩定的地基。

①淺層混合處理工法

把水泥類固化材混入地基表層部分的土壤中，然後進行碾壓（rolling）來使其變得堅固的工法。由於只會改良地基的表層部分，所以也被稱作「表層改良工法」。藉由大範圍地鞏固地基，來防止建築物發生差異沉陷。能夠改良的地基深度，會以距離地表約2m的深度為標準。

②深層混合處理工法

將水泥類固化材（地基改良用水泥）與原本的地基（原始地基）的土壤混合，製作出柱子（圓柱），使其抵達穩定的地基，藉此來提昇地基強度的工法。也被稱作「柱狀改良工法」。圓柱的配置方法包含了基樁形式、壁形式、塊狀形式這3種。

除此之外，專家們還想出了各種改良工法，像是透過地基的承載力與導管的承載力之間的交互作用，來達到提昇承載力與降低沉陷量的「RES-P工法」，以及使用「小直徑鋼管樁」的改良方法等。在小直徑鋼管樁工法中，會一邊讓鋼管樁轉動，一邊使其貫穿到堅固地基中，藉此來支撐建築物。

代表性的基礎工程（foundation work）種類

①割栗石基礎

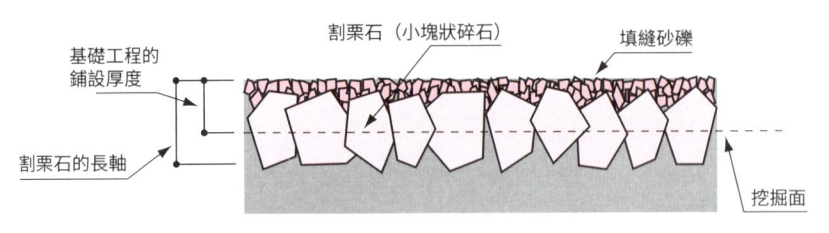

- 基礎工程的鋪設厚度
- 割栗石的長軸
- 割栗石（小塊狀碎石）
- 填縫砂礫
- 挖掘面

②砂礫基礎

- 打底混凝土
- 50～100mm
- 沙子・砂礫・碎石

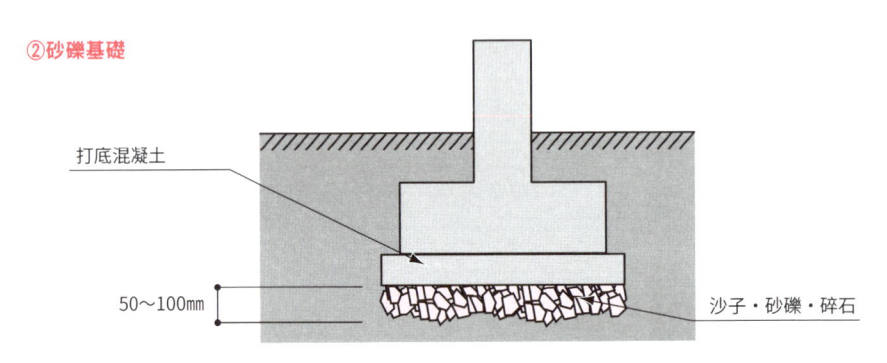

使用基礎所需的鋪設用砂礫與打底混凝土來進行基礎工程

在建造建築物時，完成地面的挖掘工作後，要鋪上砂礫，然後在其上方澆灌一層較薄的混凝土。此砂礫叫做**鋪設用砂礫**，該混凝土叫做**打底混凝土**。對於建築物的結構來說，基礎工程非常重要。在基礎與地樑變得堅固之前，基礎工程會一邊成為重要的承載地基，一邊幫基礎的位置做記號。在直接基礎中，基礎工程本身會成為用來支撐上方建築物的部分。

依照地基的地質，能夠選擇的基礎工程種類會有所差異。一般來說，有①割栗石基礎、②砂礫基礎、③直接基礎工程這3種。

①割栗石基礎

在此基礎工程中，會以立砌的方式，把直徑200～300㎜左右的硬質石頭（割栗石）緊密地鋪設在一起，然後使用填縫砂礫來填滿縫隙，使基礎變得堅固。

294

標準的基礎工程

地基的地質		基礎工程		打底混凝土厚度（mm）
		類別	厚度（mm）	
直接基礎混凝土厚板下方	岩石地基・硬黏土（hardpan）	地面	—	50
	砂礫・沙子	碎石	100	50
		碎石	60	
	淤泥（Silt）黏土 壤土（loam）	碎石	150	50
		碎石	60	
樁基礎混凝土厚板下方	—	碎石	60	50

根據『建築結構設計基準與解說平成16年版』（建設省大臣官房長官營繕部整備課監修）編撰而成
（『建築構造設計基準及び同解説 平成16年版』（建設省大臣官房長官營繕部整備課監修）

② 砂礫基礎

在此基礎工程中，會一邊均勻地鋪滿最大直徑約45㎜的碎石或砂礫，一邊確保厚度在60㎜以上，使基礎變得堅固。由於不需要像割栗石基礎那樣以人工方式來擺放石頭，所以近年來經常被採用。由於碎石的大小很不均勻，所以必須充分地進行碾壓。砂礫基礎會用於地質較為良好的情況，不適合用於黏土地基或砂土地基等軟弱地基。

③ 直接基礎工程

在此基礎工程中，不使用割栗石或碎石，而是直接對基礎的接地地基進行搗實（tamping）。此方法只能用於，地基是由密度非常高的砂礫所構成，排水良好，且能充分確保土壤承載力的情況。

295　需要注意的脆弱地基中，有什麼東西？

基礎的種類

029 基礎的種類應如何挑選？

透過地基表層部分的強度、建築物的規模、結構形式等，來做出綜合性的判斷。

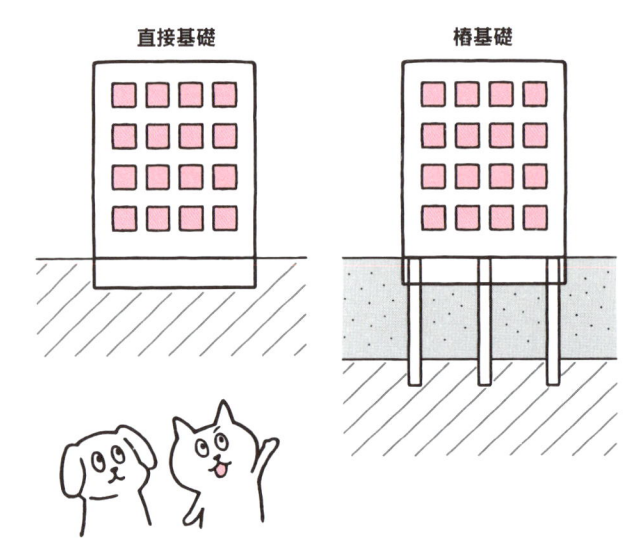

直接基礎

樁基礎

基礎的種類大致上可以分成「直接基礎」與「樁基礎」這2種

基礎大致上可以分成**直接基礎**與**樁基礎**這2種。在面對建築物的重量時，若地基表層部分具有足夠強度的話，就會採用直接基礎。當表層較柔軟時，會透過樁基礎來支撐建築物。即使表層具有某種程度的強度，但底層可能發生液化現象時，大多會採用樁基礎。此外，在選擇基礎的形式時，也必須考慮到建築物的高度與結構形式等。

採用直接基礎時，要讓接地壓力在地基的容許應力度以下。

直接基礎包含了，**連續基礎**與**筏式基礎**。連續基礎指的是，呈現倒T字形（或是L字形）

296

基礎的種類與構造

基礎的形式

①直接基礎

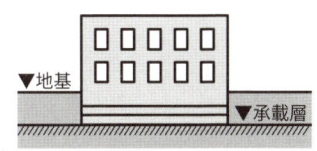

▼地基
▼承載層

②樁基礎

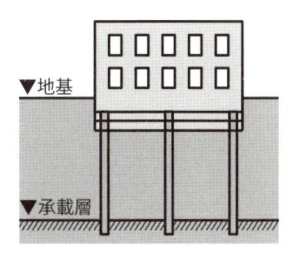

▼地基
▼承載層

> 基礎的形式大致上可以分成直接基礎與樁基礎。直接基礎的種類包含了，連續基礎、筏式基礎、獨立基礎。樁基礎的種類包含了，現場澆鑄混凝土樁、預鑄混凝土樁、鋼管樁等。

直接基礎的種類

①連續基礎

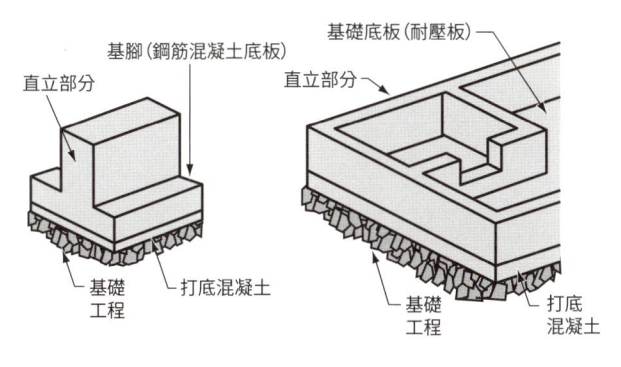

- 基腳（鋼筋混凝土底板）
- 直立部分
- 基礎工程
- 打底混凝土

②筏式基礎

- 基礎底板（耐壓板）
- 直立部分
- 基礎工程
- 打底混凝土

③獨立基礎

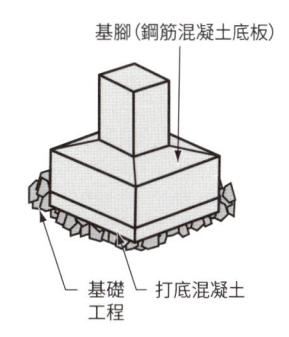

- 基腳（鋼筋混凝土底板）
- 基礎工程
- 打底混凝土

樁基礎的主要種類

①現場澆鑄混凝土樁

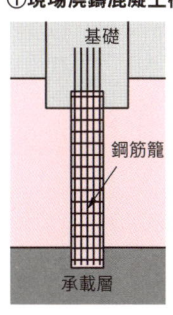

- 基礎
- 鋼筋籠
- 承載層

在施工現場澆灌混凝土

②預鑄混凝土樁

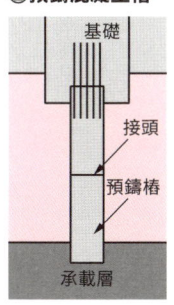

- 基礎
- 接頭
- 預鑄樁
- 承載層

③鋼管樁

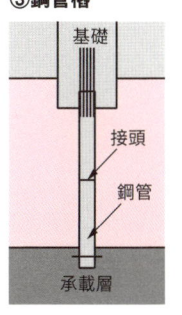

- 基礎
- 接頭
- 鋼管
- 承載層

> 在樁基礎的樁當中，經常被使用的是木樁、混凝土樁、鋼管樁。其中，混凝土樁還可分成，現場澆鑄混凝土樁與預鑄混凝土樁，採用前者時，會把混凝土澆灌到挖掘出來的鑽探孔中。

的基礎，會透過基腳（鋼筋混凝土底板）來將建築物的荷重傳遞給地基。由於基腳是相連的，所以也叫做**連續基腳基礎**。

另一方面，在筏式基礎中，會透過裝設在整個建築物底部的基礎底板，來將荷重傳遞給地基。雖然混凝土量較多，成本會變得比連續基礎來得高，但由於對抗差異沉陷的性能很強，所以最近變得很常被使用。

此外，基腳不相連，而是被單獨地裝設在各個柱子上的基礎，叫做**獨立基腳基礎**或**獨立基礎**。採用獨立基礎時，由於容易發生差異沉陷，所以必須透過沉陷量計算等來確認安全性。

直接基礎的設計重點

為了對採用直接基礎的建築物的安全性進行判定，所以必須確認地基是否能夠支撐建築物重量。透過平板載重試驗等的地基調查結果，可以得知地基的承載力（**容許土壤承載力**）。建築物重量除以底重力所造成的建築物重量，會從基礎的底板被傳遞到地平面（ground level）。建築物重量除以底

板面積後所得到的每單位面積的重量叫做接地壓力。若此**接地壓力**在地基的容許土壤承載力（容許應力度）以下的話，就代表地基能夠支撐建築物。

另一方面，底板本身會受到地基推擠的狀態。由於此推擠力會使底板上產生彎曲力矩，所以要和混凝土地板一樣，計算出必要鋼筋量，配置大於必要鋼筋量的鋼筋。

在計算底板的應力時，雖然會由下往上地產生來自地基的反作用力，但底板的自重是透過重力由上往下產生的，所以能夠抵銷該力量。

此外，採用筏式基礎時，要假設混凝土厚板與周圍之間是採用旋轉連接法或剛性連接法，並計算出被地樑圍起來的範圍的板材（混凝土厚板）的應力。另一方面，採用連續基礎時，則要計算從地樑側延伸出來的懸臂混凝土板的應力。

298

筏式基礎的設計步驟

①計算建築物重量 W（包含基礎重量）

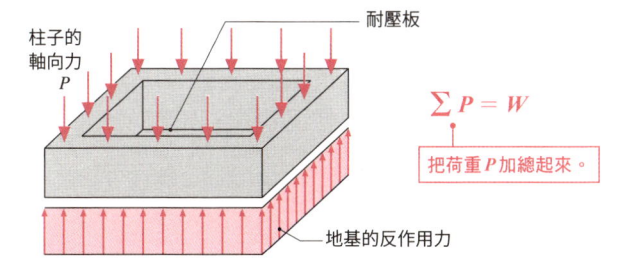

柱子的軸向力 P
耐壓板
地基的反作用力

$$\sum P = W$$

把荷重 P 加總起來。

②計算接地壓力 σ

用建築物重量除以基礎底板的底面積。

$$\sigma = \frac{W}{A}$$

σ：接地壓力
A：基礎的底面積

在本項中，會把簡支地樑的位置作為支點，進行計算，但實際的地基與彈簧相同，在地樑附近，會產生很大的接地壓力，在混凝土厚板中央，接地壓力會變得較小。雖然在比較小型的建築中，本算式沒有問題，但當底板很大時，就要製作地基的彈簧模式，討論接地壓力，進行底板的設計。

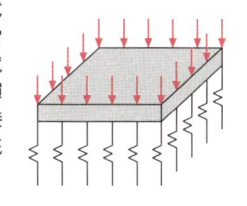

③比較接地壓力 σ 與容許土壤承載力 f_e

$$\sigma \leq f_e$$

f_e：容許土壤承載力

只要接地壓力在容許土壤承載力以下的話，就沒問題。

④耐壓板的設計（計算出必要鋼筋量）

耐壓板
柱子

$$w = \sigma - 耐壓板自重$$

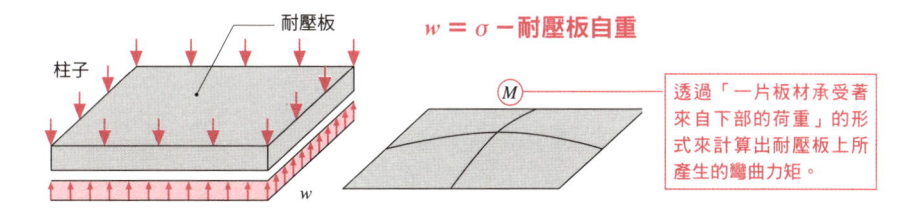

透過「一片板材承受著來自下部的荷重」的形式來計算出耐壓板上所產生的彎曲力矩。

$$a_t = \frac{M}{f_t} \times j \; (\text{mm}^2)$$

$$j = \frac{7}{8} d$$

a_t：必要鋼筋量（mm^2）
f_t：鋼筋的容許應力度

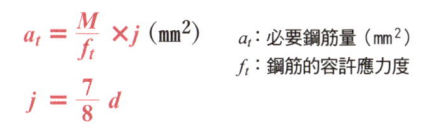

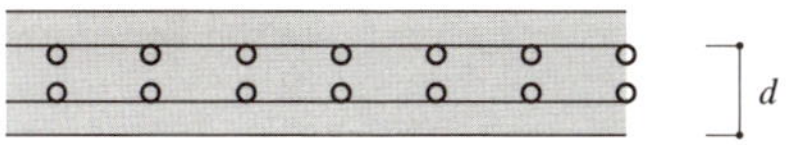

澆灌混凝土前

筏式基礎的耐壓板與直立部分的配筋情況。直立部分的模板已搭建好。

耐壓板的截面

d

299 基礎的種類應如何挑選？

基礎出現偏心現象時的接地壓力 σ 的計算表

基礎中一旦產生彎曲力矩，接地壓力的分布情況就會變得不一樣。計算出偏心距離，運用算式或右圖來求出最大接地壓力。

接地壓力係數 a、a'
（採用長方形基礎時）

偏心量一旦變大，接地壓力就會變大。

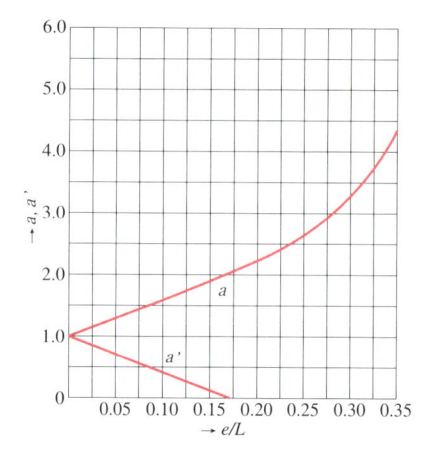

$a\dfrac{P}{A}$ $a'\dfrac{P}{A}$

最大接地壓力 σ

接地壓力是耐壓板傳遞給地基的每單位面積的荷重。當建築物的荷重相同時，底板面積愈大的話，接地壓力就會變得愈小喔。

出處：『鋼筋混凝土結構計算標準與解說2018』（日本建築學會）
『鉄筋コンクリート構造計算基準・同解説2018』（日本建築学会）

連續基礎的設計重點

①接地壓力的討論方式與筏式基礎相同（筏式基礎的設計步驟①〜③）

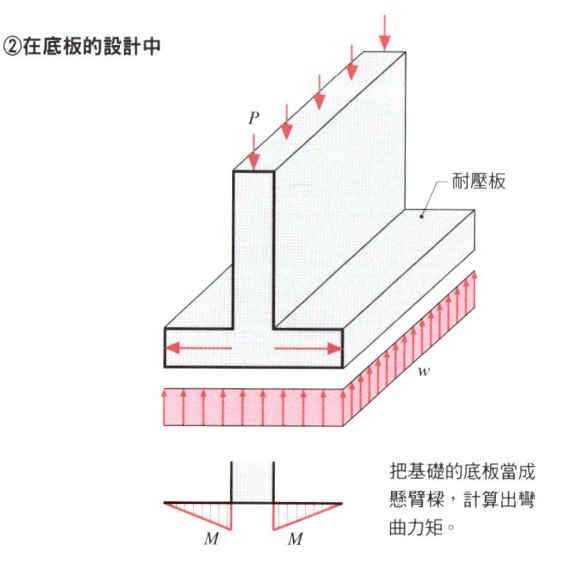

②在底板的設計中

耐壓板

把基礎的底板當成懸臂樑，計算出彎曲力矩。

300

樁基礎有許多種類

樁基礎是當地基的表層部分為軟弱地基時會採用的基礎形式。藉由讓樁延伸到強度足以支撐建築物荷重的地基層（承載層），來支撐建築物。樁的種類與工法有很多種，依照施工方法，可以分成**現場澆鑄混凝土樁**與**預鑄混凝土樁**，依照承載力的確保方法，可以分成**支承樁**與**摩擦樁**。

平成12年建設省公告第1347號中規定了，可以依照地基的長期容許應力度來選擇的基礎形式。在設計基礎時，必須調查預計興建地點的地基的容許應力度。根據地基調查結果和平成13年國土交通省公告第1113號，就能計算出地基的承載力。

樁基礎的設計重點

可以依照施工方法來對樁進行分類。先在地面挖掘孔洞，設置鋼筋籠後，再澆灌新鮮混凝土的

現場澆鑄混凝土樁，是大型建築物所採用的標準基礎形式。樁的直徑很大，具備很大的承載力。在液化地基中，當土壤液化時，由於地基無法抵抗水平方向的力，所以有時也會在樁的頭部使用鋼管來提昇耐震性能。另外，為了有效率地獲得高承載力，所以人們也經常會使用讓樁的底部擴大的**擴底樁**。

在小規模建築物中，較常見的是**預鑄樁**。樁體大多會採用**離心法高強度預力混凝土基樁**（**PHC樁**）。雖然以前的主流工法為，透過打樁錘（monkey）來把樁敲進地面的打樁工法，不過打樁會發出噪音，所以近年來，把水泥漿和樁一起固定在地基上的水泥漿工法等成為了主流。另外，最近，即使是木造住宅，也變得會進行基礎設計，而且經常會使用在狹小建地內也能施工的**鋼管樁**。

在計算用來支撐建築物的樁的垂直承載力時，要把「基樁前端地基的承載力」與「樁體周圍的摩擦力」兩者的效果估算在內。由於要在看不到地基的部分進行施工，所以與鋼骨或混凝土不

樁基礎的種類與結構

依照施工方法與支撐結構的差異，樁基礎大致上可以分成2類。

依照施工方法來分類

①現場澆鑄混凝土樁

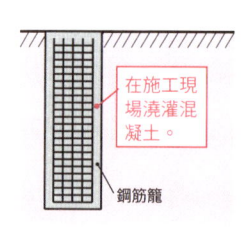

在施工現場澆灌混凝土。
鋼筋籠

適合大規模建築。

②植入式基樁（預鑄樁）
（左：預鑄混凝土樁、右：鋼管樁）

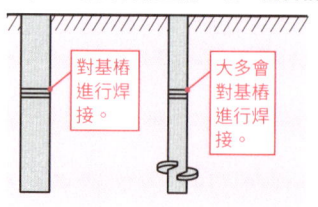

對基樁進行焊接。
大多會對基樁進行焊接。

適合小規模建築。　適合小規模建築。能夠在狹小建地內施工。

③打擊式基樁（預鑄樁）

由於樁基礎包含許多種類，所以請事先學習相關知識，依照地基、用途、施工費用等來選擇適當的方法吧！

依照支撐結構來分類

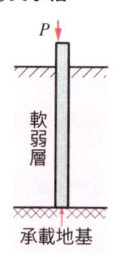

①支承樁

P
軟弱層
承載地基

②摩擦樁

P
柔軟土壤層或硬度中等的

③樁筏基礎（piled raft foundation）

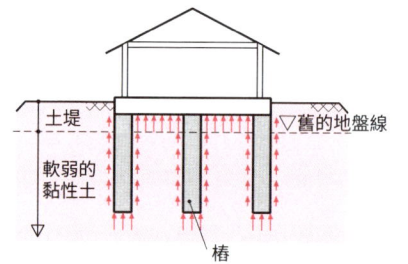

土堤
▽舊的地盤線
軟弱的黏性土
樁

④抗拔樁

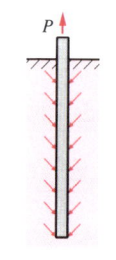

P

樁與基礎的固定

雖然會讓樁延伸到承載層來支撐建築物，但實際上，也會抵抗水平力。

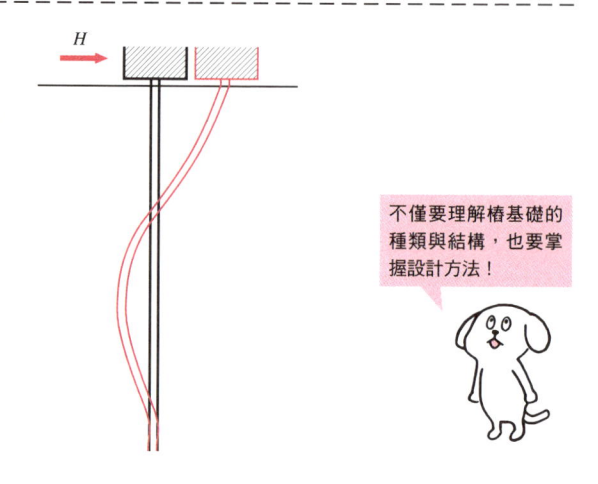

H

不僅要理解樁基礎的種類與結構，也要掌握設計方法！

樁的垂直承載力的計算方法

樁的容許垂直承載力 R_a = 前端承載力 R_P + 周圍的表面摩擦力 R_F

長期：$_LR_a = \dfrac{1}{3}(R_P + R_F)$

短期：$_SR_a = \dfrac{2}{3}(R_P + R_F)$

R_a：樁的容許垂直承載力 [kN]
R_P：樁的前端承載力 [kN]
R_F：樁周圍的表面摩擦力 [kN]

> 要求出樁的容許垂直承載力，並和軸向力或建築物的重量進行比較喔。

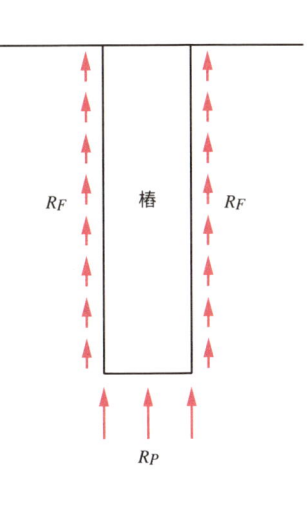

R_P 的計算

- 打擊式基樁：$R_P = 300\overline{N}A_P$
- 植入式基樁：$R_P = 200\overline{N}A_P$
- 現場澆鑄混凝土樁：$R_P = 150\overline{N}A_P$

$\overline{N}$：承載層的平均 N 值（≤ 50）
A_P：樁的前端面積 [m²]

R_F 的計算

$$R_F = \dfrac{10}{3}\overline{N}_S L_S \varphi + \dfrac{1}{2}q_u L_c \varphi$$

$\overline{N}_S$：砂質土地基的平均 N 值
L_S：樁與砂質土地基的接觸長度 [m]
φ：樁的周長 [m]
q_u：黏土地基的單軸抗壓強度的平均值 [kN/m²]
L_c：樁與黏土地基的接觸長度 [m]

同，會更加注重安全係數。長期垂直承載力應為極限承載力的1/3，短期則應為2/3。

關於樁的水平力的討論也很重要。建築物上所產生的水平力，會經由樁傳遞給地基。當地基較柔軟時，樁上所產生的彎曲力矩就會變大。在進行關於水平方向的設計時，要考慮到地基的橫向彈簧效果。

樁頭部要固定在基礎上。雖然以前也有把基礎設置在樁上方的建築物，但由於發生大地震時，樁頭會損壞，所以後來的作法為，將樁頭視為固定，進行應力計算，然後配置鋼筋，確實地將樁頭固定在基礎上，把樁體本身埋進基礎中。

不同種基礎的併用

依照建築基準法，原則上，併用不同結構的基礎（不同種類的基礎）是被禁止的。不過，因為地基的情況而不得不併用不同種類的基礎時，必須透過建築基準法中所規定的結構計算來確認結構強度上的安全性。

303　基礎的種類應如何挑選？

030 沉陷的建築物與土壤液化的地基很危險？

差異沉陷

會產生不均勻沉陷現象的差異沉陷特別危險！

由於可能發生危險，所以也必須考慮到沉陷與土壤液化現象。

比薩斜塔是世界最知名的沉陷實例。

雖然建築物會受到地基的支撐，但是當地基較柔軟時，建築物就會下陷。對建築物來說，影響較大的是**差異沉陷**。指的是，依照建築物的位置而產生不均勻的沉陷現象的狀態，而且基礎或建築物會產生裂縫。第2種沉陷方式是**傾斜沉陷**，雖然對於建築物本身的影響沒有那麼大，但會對宜居性造成影響。雖然建築物上不會產生很大的應力，但建築物整體會以傾斜的方式產生沉陷現象。

沉陷的原因與對策

地基內有時候會埋藏著混凝土瓦礫之類的地下障礙物。當採用直接基礎的建築物的地基中有地下障礙物時，由於發生差異沉陷的可能性很高，所以必須先撤除所有障礙物後，再回填土壤。撤除完後，

304

最好先掌握的沉陷相關基礎知識

沉陷的種類

正常

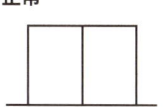

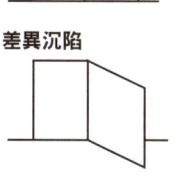

差異沉陷

傾斜沉陷

沉陷的原因有很多種喔。

沉陷的原因

①土堤沉陷

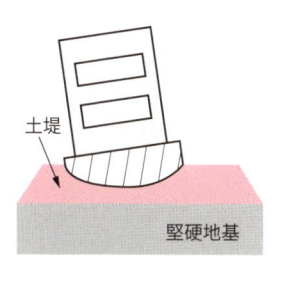

土堤　　堅硬地基

②因為是柔軟地基，所以會引發沉陷下

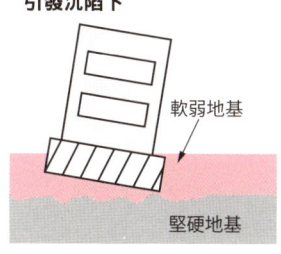

軟弱地基　　堅硬地基

③因為樁沒有抵達承載地基，所以會引發沉陷

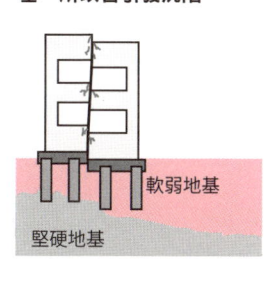

軟弱地基　　堅硬地基

④因為地下埋藏著瓦礫，所以會引發沉陷

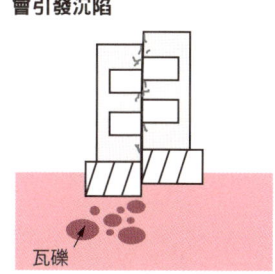

瓦礫

當地基不易搗實時，有時也必須進行地基補強。其中也包含了，要等到差異沉陷發生後，才會察覺到地下障礙物的情況。若基礎下方有樹根的話，遲早會腐朽，使該部分變得軟弱。即使是在性質均勻的地基上採用直接地基的情況，只要上方建築物的荷重不均勻的話，就容易引發差異沉陷，所以必須多加留意。

另外，沉陷不僅會發生於直接基礎，也會發生於樁基礎。當樁沒有抵達承載層，或是地震等導致樁出現破損時，也會產生差異沉陷。即使沉陷量很小，也可能會導致樁出現嚴重破損，所以要多加留意。

在沉陷對策中，也包含了「增設基樁」的方法。當部分區域發生差異沉陷時，也會採用的對策為，注入聚氨酯樹脂等來填滿地下所產生的空隙。不過，當地區整體都發生沉陷時，有時也無法採取完整的對策。

在建地的地下，有時會存在防空洞、礦坑遺址、鐘乳石洞等洞穴。在這類場所中，土壤可能會流進洞穴部分，引發沉陷。

305　沉陷的建築物與土壤液化的地基很危險？

各種結構的沉陷量的臨界值（例）

差異沉陷的種類與原因有很多種。在確認差異沉陷時，要先測量建築物的高度，然後再和相對沉陷量或總沉陷量的臨界值進行比較。

① 相對沉陷量的臨界值（cm）

承載地基	構造種別	混凝土塊結構		RC結構・壁式RC結構	
	基礎形式	連續基礎	獨立基礎	連續基礎	筏式基礎
壓密層	標準值 最大值	1.0 2.0	1.5 3.0	2.0 4.0	2.0～3.0 4.0～6.0
風化花崗岩 （真砂土）	標準值 最大值	—	1.0 2.0	1.2 2.4	—
砂土層	標準值 最大值	0.5 1.0	0.8 1.5	—	—
洪積黏土	標準值 最大值	—	0.7 1.5	—	—

承載地基	結構種類	飾面材料	標準值	最大值
所有地基	鋼骨結構	非可撓性飾面材料	1.5	3.0
	木造結構	非可撓性飾面材料	0.5	1.0

（註）關於壓密層，會使用壓密結束時的沉陷量（忽視建築物剛性的計算值），此外還有即時沉陷量。在括號內，當雙層混凝土厚板等構材的剛性足夠大時，關於木造結構的整體傾斜角，標準值為1/1000以下，最大值則為2/1000～3/1000以下。

② 總沉陷量的臨界值（cm）

承載地基	結構種類	混凝土塊結構		RC結構・壁式RC結構	
	基礎形式	連續基礎	獨立基礎	連續基礎	筏式基礎
壓密層	標準值 最大值	2 4	5 10	10 20	10～(15) 20～(30)
風化花崗岩 （真砂土）	標準值 最大值	—	1.5 2.5	2.5 4.0	—
砂土層	標準值 最大值	1.0 2.0	2.0 3.5	—	—
洪積黏土	標準值 最大值	—	1.5～ 2.5 2.0～ 4.0	—	—

結構種類	基礎形式	標準值	最大值
壓密層 木造結構	連續基礎 筏式基礎	2.5 2.5～ (5.0)	5.0 5.0～ (10.0)
即時沉陷 木造結構	連續基礎	1.5	2.5

根據『建築基礎結構設計指南』（日本建築學會，2019年）
（『建築基礎構造設計指針』（日本建築学会、2019年））
編撰而成

為了防止土壤液化，減輕地基壓力與強化基礎都是有效的方法

每當大地震發生時，土壤液化所造成的影響就會成為新話題。在東日本大震災（311大地震）時，千葉縣沿岸地區的土壤液化所造成的損害很嚴重。應採取差異沉陷對策，使用高流動性混凝土來填滿洞穴，或是採用跨越洞穴的大型基礎。

當地下有洞穴時

只要透過鑽探試驗來釐清洞穴的存在的話，就能

洞穴區

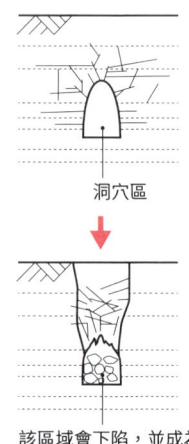

該區域會下陷，並成為差異沉陷的原因。

地下障礙物所引發的沉陷現象的對策

當地下有混凝土瓦礫等障礙物時，在長久的歲月中，有可能會產生差異沉陷。

沉陷對策

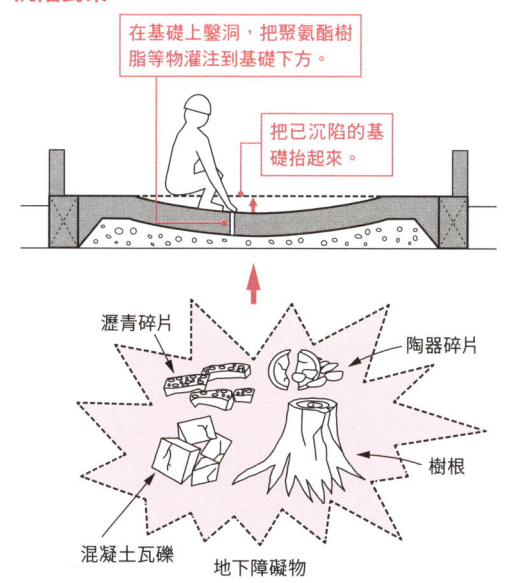

在基礎上鑿洞，把聚氨酯樹脂等物灌注到基礎下方。

把已沉陷的基礎抬起來。

瀝青碎片
陶器碎片
混凝土瓦礫
樹根
地下障礙物

樹根埋藏在地下的實例

挖出混凝土瓦礫的實例

土壤液化造成的損害與基準

該有很多人都看過住家被埋在沙土中的影像吧。

土壤液化指的是，在地震中，地基搖晃導致砂土變成液狀的現象，容易發生在黏土成分較少的沙土中。地基的土壤一旦液化，砂土就會噴到地面上，地基會沉陷，失去橫向阻力的樁會變得彎曲。即使建築物本身沒有受損，但道路的土壤一旦液化，就會變得無法讓車子通行，而且水管和瓦斯管線會斷裂，造成很大損害。另外，一旦發生土壤液化，就會導致地層下陷，所以採用樁基礎的建築物的1樓部分的位置會變得較高，也會產生功能上的障礙。

地震時可能會引發土壤液化的地基，是符合下頁①～④情況的砂土地基（根據『建築結構設計指南2019』（東京建築師事務所協會，2019年『建築構造設計指針2019』（東京建築士事務所協会，2019年）編撰而成）。

① 屬於砂質土，且位於距離地表20m以內的深度。

② 屬於砂質土，由粒徑比較平均的中砂（medium

307　沉陷的建築物與土壤液化的地基很危險？

土壤液化的發生過程與原理

下述內容是地震所引發的土壤液化的過程。可以得知，砂土地基的沙粒與水會因地震而產生變化。

①平常狀態

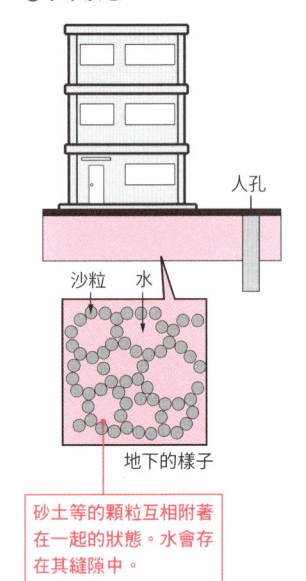

人孔

沙粒　水

地下的樣子

砂土等的顆粒互相附著在一起的狀態。水會存在其縫隙中。

②地震發生時

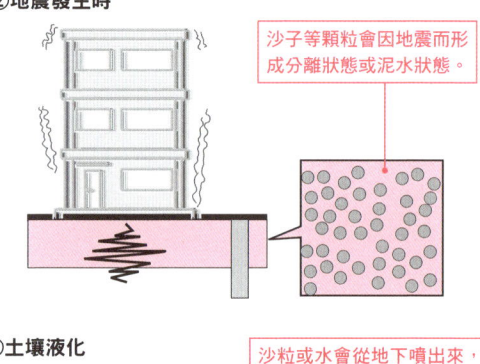

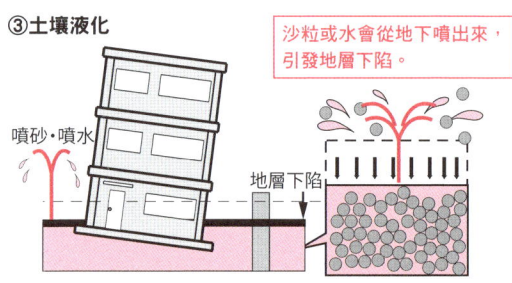

沙子等顆粒會因地震而形成分離狀態或泥水狀態。

③土壤液化

噴砂・噴水

地層下陷

沙粒或水會從地下噴出來，引發地層下陷。

何謂橫向阻力

因為周圍土壤的橫向阻力，樁不會產生挫屈，不過一旦發生土壤液化現象，就會失去橫向阻力，樁會因挫屈而變得彎曲。

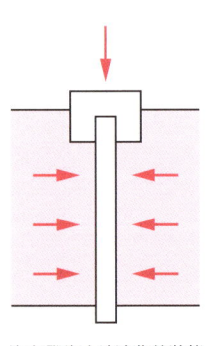

沒有發生土壤液化的狀態

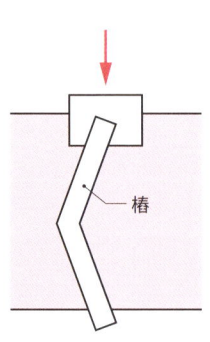

椿

土壤液化

在東日本大震災（311大地震）中，許多場所都出現了土壤液化現象。尤其是河川區與海洋附近，更要多加留意。

308

土壤液化預測圖的活用方法

近年來，各地方政府會調查附近的活動斷層與地基的情況，製作出把「地震造成的損害」與「土壤液化所導致的風險」標示在地圖上的資料。

只要確認自己居住場所的危險度，就能夠事先制定對策。即使無法制定對策，也能得知要逃往哪個方向才安全，所以在防災層面上，會成為有效的方法。

川崎市正下方的地震土壤液化危險度的分布情況

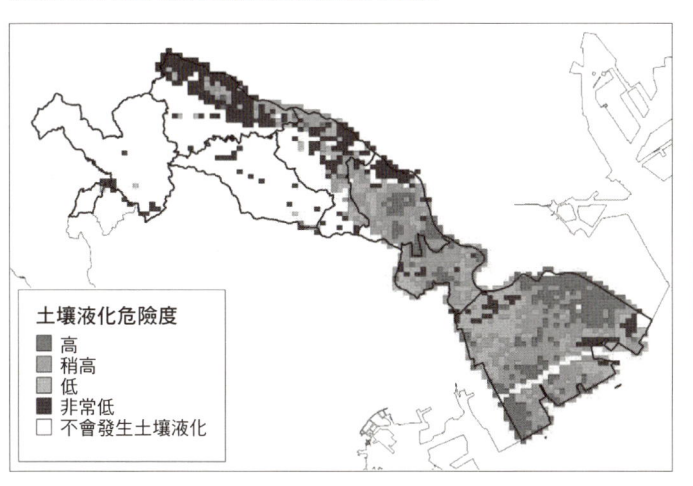

土壤液化危險度
- ■ 高
- ■ 稍高
- ■ 低
- ■ 非常低
- □ 不會發生土壤液化

由於地方政府會製作、公布這類預測圖，所以請試著到當地政府的網站上查詢看看吧。

出處：「川崎市地震損害預估調查報告書」（「川崎市地震被害想定調查報告書」）（平成25年3月）

土壤液化的有效對策為何？

在面對土壤液化時，能減輕地震發生時的地基壓力的砂樁排水法（sand drain method），以及透過鋼管樁來強化基礎的方法都很有效。當個人住宅難以負擔施工金額時，就必須採取地區性的土壤液化對策。

雖然也要看土壤液化的程度，但據說在獨棟住宅中，筏式基礎是有效的對策。在此對策中，可以期待類似「浮在地基上的船」那樣的效果。

雖然在新聞報導中，土壤液化被視為一種危險現象，但出乎意料的是，土壤液化也具備減輕巨大地震力的效果。土壤一旦液化，地震就無法傳遞到其前方，所以也有許多土壤液化地區周圍的建築物得救的實例。不過，透過現代的技術，還無法有效地將土壤液化現象運用在地震對策上。

③ 因地下水而處於飽和狀態。
④ N值大概在15以下。

sand）所組成。

column 日本結構設計的歷史

真島健三郎
（1873〜1941）
柔性結構。在剛柔爭論中，支持柔性結構。

佐野利器
（1880〜1956）
提出了水平震度的理論，奠定了地震相關設計法的基礎。

內藤多仲
（1886〜1970）
二次大戰後，設計了許多電波塔與觀光塔的結構。代表作：東京鐵塔。

橫山不學
（1902〜1989）
擔任了建築師前川國男的許多建築作品的結構設計師。
代表作：東京文化會館

武藤清
（1903〜1989）
雖然當初是剛性結構的提倡者，但後來卻根據柔性結構的理論，設計出日本第一座摩天大樓。代表作：霞關大樓（日本第一座摩天大樓）

坪井善勝
（1907〜1990）
讓結構設計與外觀設計並存的結構設計師。代表作：國立室內綜合競技場

松井源吾
（1920〜1996）
參與過包含中空制音樓板（void slab）工法在內的許多研究開發。代表作：早稻田大學理工學部51號館

木村俊彥
（1926〜2009）
參與過許多能代表日本的建築作品的結構設計。代表作：幕張展覽館、京都車站

青木繁
（1927〜）
讓結構設計與外觀設計並存的結構設計師。代表作：沖繩會議中心

> 結構設計的發展包含了許多前人的努力。

第5章 耐震設計

耐震補強

031

老舊建築能夠安全地使用嗎?

進行耐震性能評估,若 Iso 值在 0.6 以上的話,基本上就可以說是安全的。

首先要調查建築物,從評估耐震性能做起

並非所有老舊建築物的耐震性能都很差。一般來說,在進行耐震補強前,會透過**耐震性能評估**來掌握建築物的耐震性能。

為了進行耐震性能評估,所以必須事先收集設計圖等關於建築物結構的資料。不過,在必須進行耐震補強的建築物中,也經常出現沒有留下資料的情況。因此要事先調查建築物,整理耐震性能評估所需的資訊。

舉例來說,當建築物採用鋼筋混凝土結構(RC結構)時,要先鑿除混凝土表面,確認鋼筋的直徑與生鏽狀態,並使用鋼筋探測儀來確認間距。在調查混凝土時,要在各樓層鑿出混凝土圓柱試體(圓筒狀的混凝土),測量強度。即使設計圖有被保留下來,設計圖與現狀也未必會一致。以前的施工沒有現在這麼嚴謹,設計圖可能會在施工現場遭

312

耐震性能評估的種類

評估方法	特徵
第1次評估	透過柱子與牆壁的量與平衡等來評估建築物的耐震性能。是最簡單的評估方法，也叫做簡易評估。由於沒有確認實際的構材強度，所以評估結果較為籠統。尤其是在牆壁較少的建築物內，由於牆壁強度會影響實際的耐震性能，所以最好避免只透過第1次評估來進行耐震補強。
第2次評估	除了第1次評估的內容以外，還會調查柱子與牆壁的強度與韌性，一邊思考破壞型態，一邊確認耐震性能。這是最被廣泛使用的評估方法。
第3次評估	精準度最高的評估方法。除了第2次評估的內容以外，還會透過橫樑或基礎的強度或韌性來評估耐震性能。雖然能夠詳細地確認耐震性能，但需花費較多時間與成本，所以最好先考慮成本效益，再決定是否要進行第3次評估。

依照評估內容，可以分成第1次～第3次。依照事先所收集到的資料的內容、追求的安全性、成本等來決定評估方法吧！

到修改。

另外，在不必辦理建築確認手續的範圍內，也能夠進行增建與改建。建築物的劣化程度也會影響耐震性能。進行裂縫的調查，並使用酚酞液來檢測材質的中性化反應。

在調查中收集到資料後，接著要進行耐震評估。在耐震評估中，會比較結構耐震判定指標（建築物必須具備的數值）與結構耐震指標（透過計算來求出的建築物強度指標），透過計算來求出建築物耐震補強的必要性。

耐震性能評估包含了第1次評估、第2次評估、第3次評估這3種方法。要透過能夠事先收集到的資料的內容、追求的安全性、成本、建築物的特性等來決定評估方法。**第1次評估**是透過較少的資料來進行的簡易評估，與第2次、第3次評估相比，結構耐震判定指標會被設定在安全側。在**第2次評估**中，會掌握柱子或牆壁在地震發生時的性能，一邊思考破壞型態，一邊計算出耐震性能。**第3次評估**是最嚴謹的評估方法，在計算耐震性能時，不僅會考慮到柱子與牆壁的性

有助於耐震性能評估的事前調查

事前調查與各種試驗

①實地調查

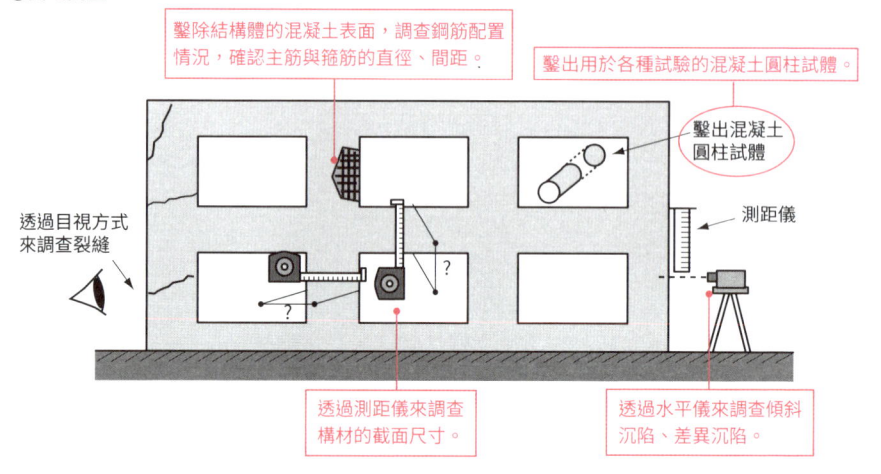

鑿除結構體的混凝土表面,調查鋼筋配置情況,確認主筋與箍筋的直徑、間距。

鑿出用於各種試驗的混凝土圓柱試體。

透過目視方式來調查裂縫

鑿出混凝土圓柱試體

測距儀

透過測距儀來調查構材的截面尺寸。

透過水平儀來調查傾斜沉陷、差異沉陷。

②使用混凝土圓柱試體來進行試驗(RC結構的情況)

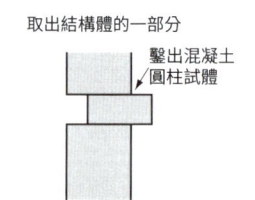

取出結構體的一部分

鑿出混凝土圓柱試體

使用酚酞來確認混凝土圓柱試體的中性化反應

中性化深度

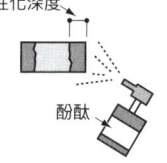

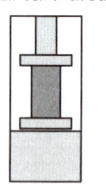

酚酞

透過壓縮試驗來確認強度

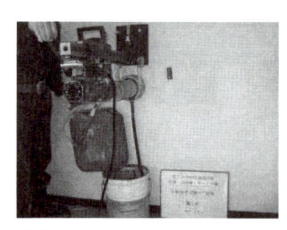

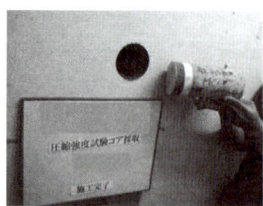

鑿出混凝土圓柱試體的情況。施工中(左)與施工後(右)。

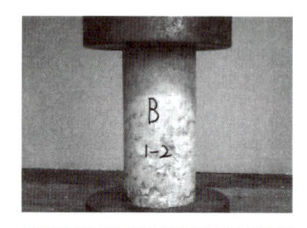

使用混凝土圓柱試體來進行壓縮試驗的情況。

314

能，也會考慮到橫樑的性能。

新耐震基準與舊耐震基準

在阪神・淡路大地震中，有許多老舊建築物倒塌。據說，大部分的建築物都是新耐震基準（1981年，昭和56年）實施前所興建的建築物（舊耐震基準）。

在現行的建築基準法（新耐震基準）實施前與實施後，建築物有很大差異。在新耐震基準實施後，即使建築物的劣化程度變得有點嚴重，但只要進行耐震性能評估，基本上，大多還是能夠確保安全性。不過，由於也會進行增建與改建，所以必須依照需求來進行耐震性能評估。

在東日本大震災（311大地震）中，海嘯造成的損害很嚴重，許多建築物都遭受損害。在最近的新聞報導中，在東海・東南海區域，很有可能會發生巨大的海溝型地震，東京也很有可能會發生直下型地震，耐震補強已成為當務之急。

進行新建房屋的增建與改建時，也必須進行調查？

在進行新建房屋的增建與改建時，有時會需要進行調查。

當屋主有「建築確認」手續的相關資料與建築物完工證明書時，會被判斷為，設計圖與現狀一致，但若沒有這些文件的話，就必須證明現狀與設計圖一致。雖然在各個例子中，情況會有所差異，但還是必須進行與耐震性能評估相同的調查。

進行耐震性能評估後，要比較 Is 值與 Iso 值，做出判定

進行耐震性能評估後，要藉由比較**結構耐震指標 Is 與結構耐震判定指標 Iso** 來做出最終判定。Is（seismic index of structure）是用來表示結構體的耐震性能的指標，當建築物用來對抗水平力的極限強度或韌性愈大時，此 Is 值就會變得愈大。Iso 則是用來表示「建築物在面對預估的地震等級時，維持安全所需的必要抗震性能」的指標。

一般來說，Iso 值會因評估等級而產生差異。

耐震性能的評估方法（I_s與I_{so}的計算方法）

對建築物的安全性進行最終判定時，要比較結構耐震指標I_s的數值與結構耐震判定指標I_{so}的數值。由於I_{so}值會因評估等級而產生差異，所以必須多留意。

I_s值〔結構耐震指標〕的計算方法

①計算公式

$$I_s = E_o \times S_D \times T$$

E_o：基本耐震性能指標
S_D：形狀指標（符合建築物形狀等要素的係數）
T：長期變化指標（符合長期變化等要素的係數）

②何謂S_D：形狀指標

指的是把形狀納入考量的指標，以1.0作為基準，當建築物形狀或耐震牆的配置平衡愈差，此數值就會變得愈小。

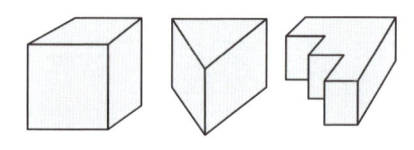

③何謂T：長期變化指標

用數值來表示建築物有多老舊的指標。

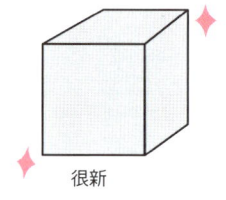

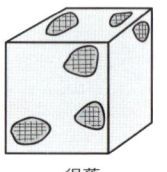

很新　　　　　很舊

I_{so}值〔結構耐震判定指標〕的計算方法

$$I_{so} = E_s \times Z \times G \times U$$

E_s：耐震性能判定基本指標
　　（第1次評估：0.8、第2次評估・第3次評估：0.6）
Z：地區指標（符合該地區的地震活動等要素的係數）
G：地基指標（符合地基的增幅特性等要素的係數）
U：用途指標（符合建築物用途等要素的係數）

進行綜合評估

$I_s \geqq I_{so}$　「安全」

$I_s < I_{so}$　「安全性存疑」

> 為了計算出I_s或I_{so}，所以必須使用許多指標。不僅要記住計算公式，也要實際進行計算，學會指標的求法吧！

> 在對建築物的安全性進行最終判定時，要比較I_s與I_{so}。由於I_s值與I_{so}值的計算方法是必要事項，所以請先確實地掌握吧！

耐震性能的標準（日本建築防災協會基準）

$I_s \geqq 0.8$（第1次評估）
$I_s \geqq 0.6$（第2・3次評估）

具備與現行的建築基準法相同的耐震性能。

> 耐震性能的標準有許多種。一般來說，採用日本建築防災協會的基準即可。學校的體育館等文化施設，會採用文部科學省的基準。

316

從基礎到牆壁或連接處的補強等各種耐震補強

當新建的建築物採用制振結構或耐震結構時，基本上會與木造或鋼骨結構關於地震力的觀點，基本上會與木造或鋼骨結構的耐震補強方法相同。

木造結構・鋼骨結構的耐震補強方法

在採用木造軸組工法的木造住宅中，首先要增加用來連接柱子與底部橫木・基礎的金屬零件，像是補強用柱腳金屬零件等。然後，透過「使用結構用膠合板來鞏固牆壁、裝設新的斜支柱」等方法來讓各構材的耐震性能提昇。最近也有人採用「把木造結構專用的制震阻尼器裝設在牆壁內」等補強方法。

在老舊的木造住宅內，基礎大多是採用無鋼筋混凝土，在那種情況下，必須事先藉由「增設基礎」與「貼上碳纖維膜」來進行補強。

在鋼骨結構中，會藉由「增設斜撐」、「在建築物外部裝設扶壁（buttress）」來對建築物進行補強。採用鋼骨結構時，柱腳的本體金屬或錨定螺栓經常會因腐蝕而出現缺損，在調查時必須事先確認這一點。

日本有很多木造住宅，在個人住宅中，會因資金問題而沒有進行耐震補強。日本建築防災協會（參閱P321）也提出了，即使不是專家也能使用的簡易型耐震性能評估方法。

RC結構的耐震補強方法

另一方面，在RC結構中，依照建築的建造年代，耐震性能會有很大差異。新耐震基準在1981年實施，在那之前，依照建築基準法來建造的建築物，在對抗剪應力時，大多不具備足夠的強度。在那樣的建築物中，為了防止剪切破壞發生，所以採取的方法為，把芳香族聚醯胺纖維（Aramid fiber）或碳纖維纏繞在柱子上來進行補強。另外，當柱子上有裝設垂壁等時，要藉由細縫來將牆壁變更為非耐震要素，避免力量集中

317　老舊建築能夠安全地使用嗎？

耐震補強的方法

耐震補強的主要方法包含了：
① 增設牆壁（增設耐震牆或外部的扶壁）、
② 透過鋼骨斜撐來補強、
③ 補強柱子或橫樑（透過鋼板、碳纖維、玻璃纖維等來補強）、
④ 設置細縫（slit）
——等方法。

在木造結構中，會透過金屬零件或結構用膠合板來補強。在鋼骨結構中，會透過斜撐來補強。在RC結構中，會透過纖維膜、鋼骨斜撐等來補強！

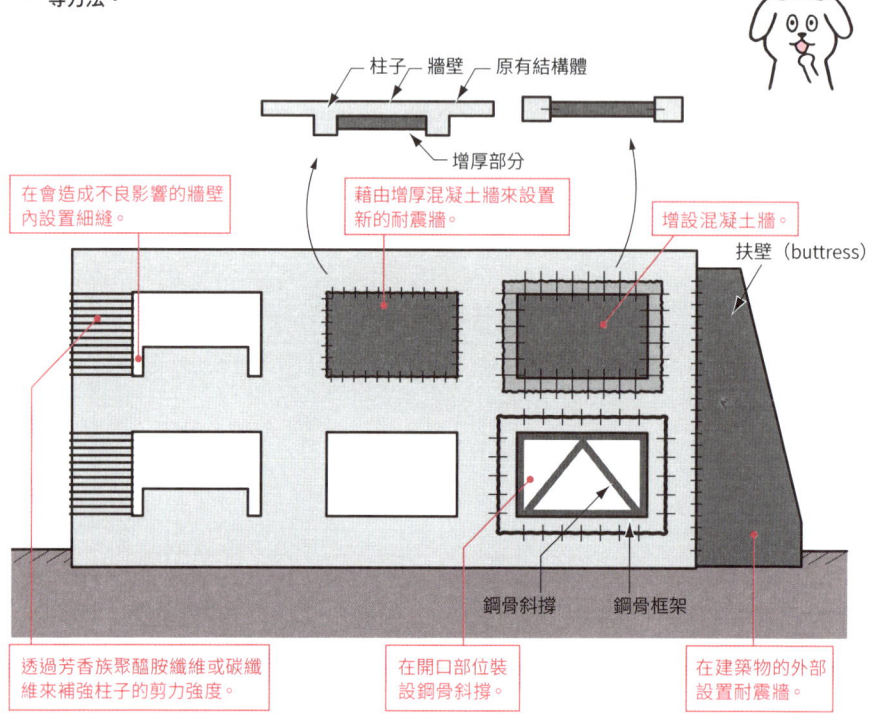

柱子 — 牆壁 — 原有結構體
增厚部分

在會造成不良影響的牆壁內設置細縫。

藉由增厚混凝土牆來設置新的耐震牆。

增設混凝土牆。

扶壁（buttress）

鋼骨斜撐　鋼骨框架

透過芳香族聚醯胺纖維或碳纖維來補強柱子的剪力強度。

在開口部位裝設鋼骨斜撐。

在建築物的外部設置耐震牆。

透過照片來觀察耐震補強

鋼骨斜撐

在RC結構中使用鋼骨斜撐來補強的實例。

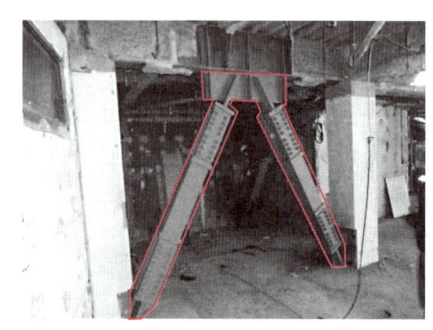

在RC結構中使用鋼骨斜撐來補強的實例。

318

何謂免震裝置翻新法（seismic isolation retrofit）

免震裝置翻新法指的是，當老舊建築物或歷史建築物等現存建築物在設計上或功能上無法裝設阻尼器或斜撐時，會藉由裝設免震裝置來讓建築物的耐震性能提昇。

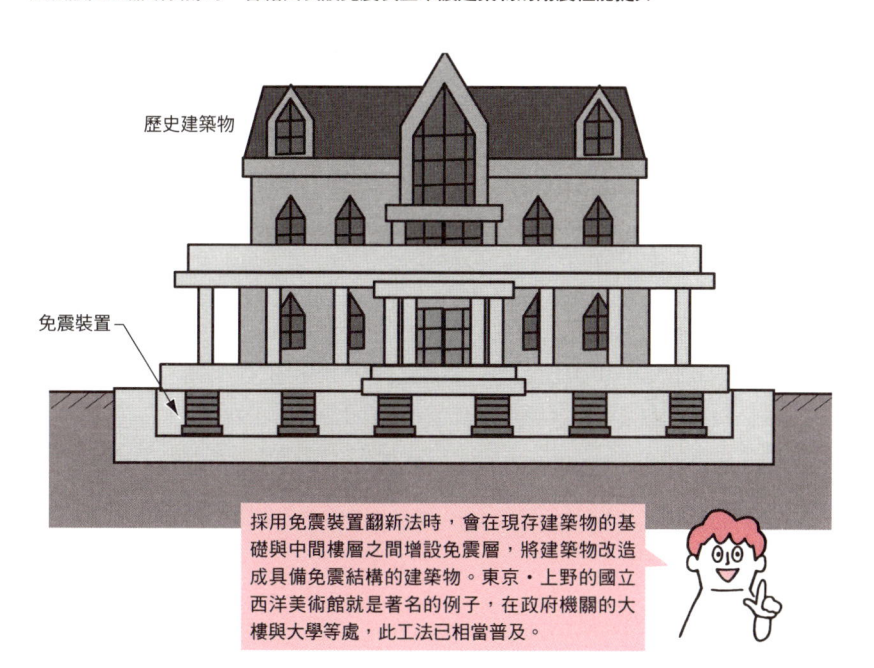

歷史建築物

免震裝置

採用免震裝置翻新法時，會在現存建築物的基礎與中間樓層之間增設免震層，將建築物改造成具備免震結構的建築物。東京・上野的國立西洋美術館就是著名的例子，在政府機關的大樓與大學等處，此工法已相當普及。

歷史建築物的耐震補強

歷史建築物等與一般建築物不同，在進行耐震補強時，必須要考慮到歷史・藝術價值。

具體來說，會採用免震裝置翻新法，不補強結構體，而是使用免震裝置，或是透過極限強度計算法來進行嚴格的評估，在耐震補強措施中，需要補強的部分控制在最少。

另外，在進行耐震補強設計時，也會嚴格地評估附近的活動斷層與預想中的地震。

032 何謂適合木造結構的耐震補強措施？

木造結構的耐震補強

在木造結構的耐震補強措施中，重點在於耐震性能提昇與宜居性之間的平衡。

使用木造斜撐來補強的實例。這面牆是承重牆，能夠抵抗水平力。

木造結構的耐震性能評估方法包含了，一般評估法與精確評估法這2種

木造住宅的耐震性能評估是當務之急。在許多區域內，木造住宅很密集，住宅倒塌可能會導致瓦斯外洩，並引發嚴重火災。與鋼骨結構或鋼筋混凝土結構（RC結構）的住宅相比，木造住宅比較容易因腐朽等因素而劣化，在老舊建築中，經常會出現「瓦片屋頂很重，壁量不足的情況」，或是「底部橫木與柱子沒有確實地和基礎緊密地連接的情況」。

木造住宅的耐震性能評估方法

木造住宅的耐震性能評估方法，包含了一般評估法與精確評估法。

一般評估法與建築基準法的壁量計算方法大致相同，要透過樓地板面積來計算出必要強度。而且，還要考慮到劣化程度與牆壁的配置，計算出

320

木造住宅的耐震性能評估的基礎知識

在木造住宅當中,也有許多沒有確保耐震性能的建築物。在日本建築防災協會的官網(http://www.kenchiku-bosai.or.jp/)上,有能夠簡單地確認耐震性能的資料,所以請大家試著使用看看吧。

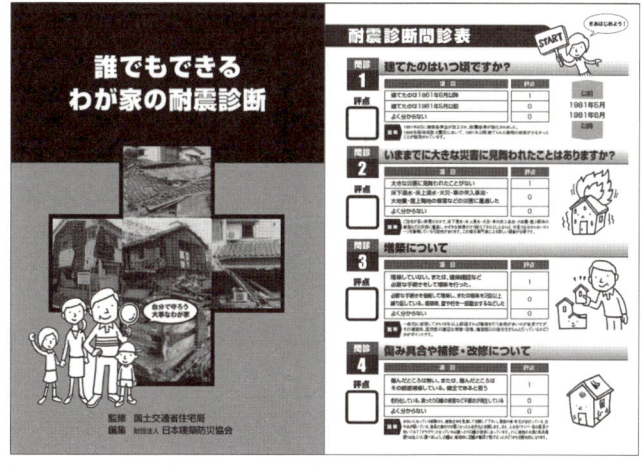

試著檢查看看自家住宅的耐震性能吧。

(一般財團法人)日本建築防災協會的「任何人都會的自宅耐震性能評估方法」。

承載力,比較兩者,確認安全性。與建築基準法稍微不同,要把腰壁板或垂壁的框架結構效果(柱子的強度)計算在內。在討論偏心現象時,與建築基準法的壁量計算方法相同,要透過4分割法來進行確認。

在**精確評估法**中,會透過計算水平承載力來確認安全性。有時也會採用極限強度計算法或動態歷時分析法。

與RC結構或鋼骨結構的耐震性能評估的較大差異之處在於,必須考慮到基礎造成的影響。在RC結構或鋼骨結構中,進行耐震性能評估時,大多會忽視基礎,但若是木造結構的話,由於基礎會對上部的強度造成很大影響,所以必須要考慮到基礎造成的影響。

另外,在木造結構中,一般來說,會在調查階段進行差異沉陷等的測量,確認基礎是否有問題。在木造住宅中,由於差異沉陷的測量很困難,而且大多採用簡易的卵石基礎(boulder foundation),所以必須要考慮到基礎造成的影響。

耐震補強的觀點與補強方法

必須要事先理解，補強的目的為何。耐震補強的基本概念以及對應的木造結構補強技術如下所述。

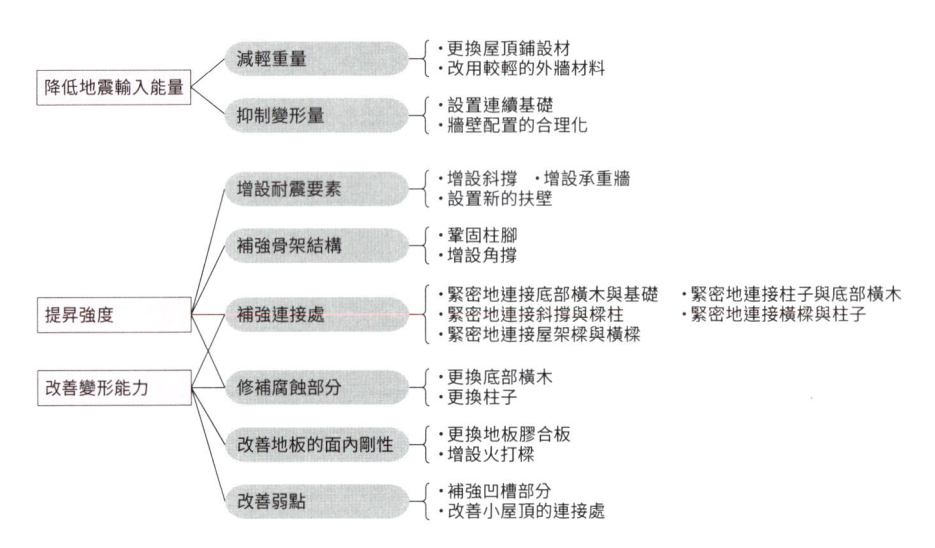

降低地震輸入能量	減輕重量	・更換屋頂鋪設材 ・改用較輕的外牆材料	
	抑制變形量	・設置連續基礎 ・牆壁配置的合理化	
提昇強度	增設耐震要素	・增設斜撐　・增設承重牆 ・設置新的扶壁	
	補強骨架結構	・鞏固柱腳 ・增設角撐	
	補強連接處	・緊密地連接底部橫木與基礎 ・緊密地連接斜撐與樑柱 ・緊密地連接屋架樑與橫樑	・緊密地連接柱子與底部橫木 ・緊密地連接橫樑與柱子
改善變形能力	修補腐蝕部分	・更換底部橫木 ・更換柱子	
	改善地板的面內剛性	・更換地板膠合板 ・增設火打樑	
	改善弱點	・補強凹槽部分 ・改善小屋頂的連接處	

（資料出處為日本建築結構技師協會『木造住宅的補強指南』（『木造住宅の補強マニュアル』））

何謂適合木造住宅的耐震補強？

日本有很多木造住宅。在木造住宅當中，也有很多耐震性能較差的建築物，考慮到高齡化社會的話，耐震補強工作是當務之急。由於高齡者很難迅速地逃走，所以建築物本身必須是安全的。

在木造住宅的耐震性能評估結果中，若強度嚴重不足的話，就要增設斜撐或面材承重牆。在老舊建築物中，大多沒有使用金屬零件來將斜撐材緊密地固定在柱子或橫樑上，在那種情況下，只要裝設金屬零件，強度就會提昇。

上部結構的耐震補強方法

最近，建築師與結構設計師變得會去參與木造建築的補強工作。另外，由於預鑄住宅的數量也很多，所以能夠確保耐震性能。不過，在老舊建築物中，也有很多木匠依照自己的感覺來建造的

322

木造結構的耐震補強方法

基礎的補強

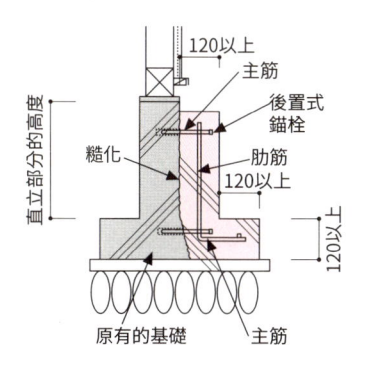

- 120以上
- 主筋
- 後置式錨栓
- 糙化
- 肋筋
- 120以上
- 120以上
- 直立部分的高度
- 原有的基礎
- 主筋

在原有的斜撐上加裝金屬零件

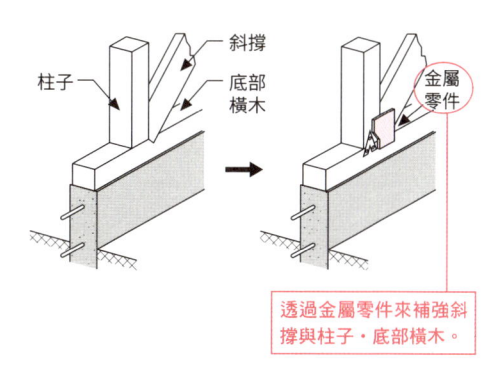

- 柱子
- 斜撐
- 底部橫木
- 金屬零件

透過金屬零件來補強斜撐與柱子・底部橫木。

增設承重牆

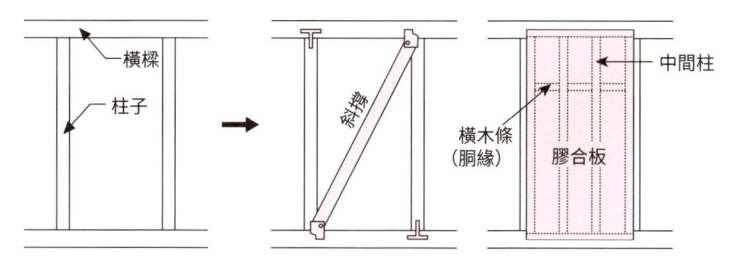

- 橫樑
- 柱子
- 斜撐
- 中間柱
- 橫木條（胴緣）
- 膠合板

修補腐朽的底部橫木

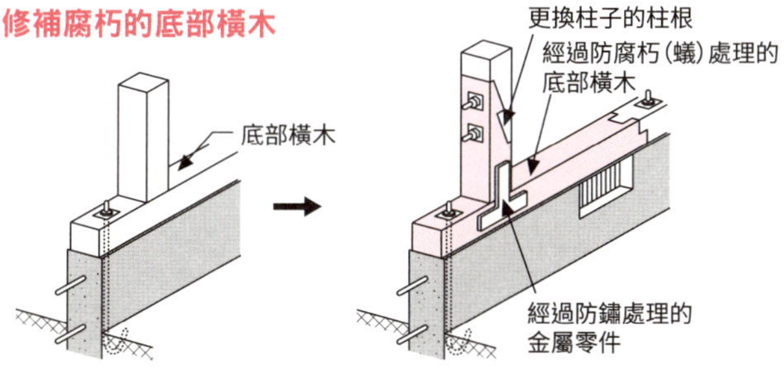

- 底部橫木
- 更換柱子的柱根
- 經過防腐朽(蟻)處理的底部橫木
- 經過防鏽處理的金屬零件

在原有柱子・橫樑的連接處加裝新的金屬零件

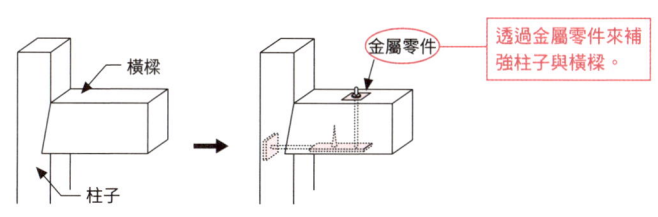

- 橫樑
- 柱子
- 金屬零件

透過金屬零件來補強柱子與橫樑。

建築，而且也有採用無鋼筋基礎的建築。

323　何謂適合木造結構的耐震補強措施？

在木造結構中,使用鋼骨框架來進行補強

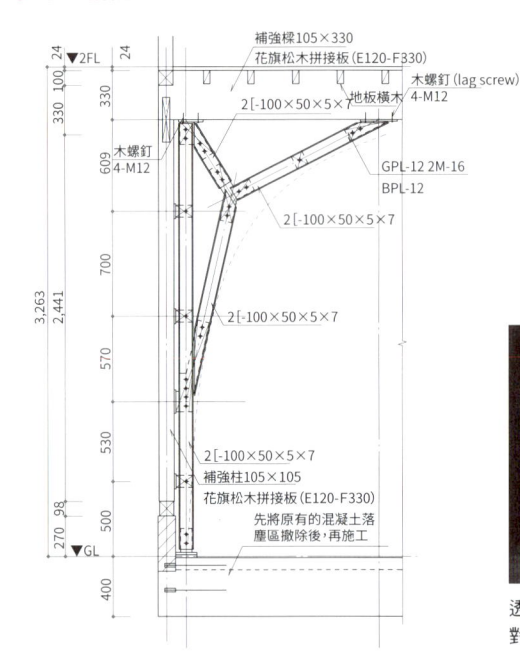

透過鋼骨框架結構來補強木造結構,以減少對建築物正面造成的影響。

基礎的耐震補強方法

在木造住宅的耐震補強工作中,較困難的部分是基礎的補強。雖然採用無鋼筋的基礎時,只要設置新的基礎即可,但若考慮到預算,以及要一邊居住,一邊進行補強的話,大多會很難著手進行基礎的補強。不過,即使很難進行基礎補強,還是能夠只透過上部結構來讓耐震性能提昇。

另外,在木造住宅中,木材的性能經常會因蟲

在傳統木造建築中,若不考慮宜居性的話,上部結構體的耐震補強工作會較為簡單。只要黏上所需分量的結構用膠合板,就能確保耐震性能。

不過,在補強時,若想要盡量不犧牲宜居性的話,就會變得非常困難。

在不減少開口部位的情況下進行補強時,必須使用各種方法,像是設置鋼骨框架、利用腰壁板、垂壁來讓耐震性能提昇。在以前的瓦片屋頂木造住宅中,大多會在屋頂上鋪設土壤,有時候只要將土壤去除掉,換成較輕的瓦片,耐震性能就會提昇。

木造結構的耐震補強實例

透過鋼骨桁架樑來補強木造結構

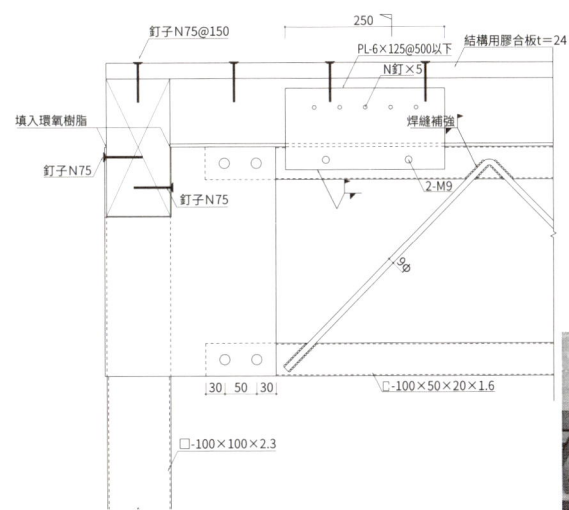

釘子N75@150
250
PL-6×125@500以下
結構用膠合板 t=24
N釘×5
填入環氧樹脂
焊縫補強
釘子N75
釘子N75
2-M9
30 50 30
□-100×50×20×1.6
□-100×100×2.3

從下部使用鋼骨桁架樑來補強木橫樑。由於跨距很大的部分也會受到垂直震動的影響，所以要多加留意。

傳統木造結構的耐震性能評估與補強方法

在東日本大震災（311大地震）中，包含文化財建築物在內的許多傳統木造建築倒塌了。在阪神・淡路大地震之後，雖然人們對傳統木造建築物進行了耐震性能評估與補強措施，但仍有許多沒有進行補強的建築物。

尤其是文化財等傳統建築，與一般住宅不同，會受到許多限制。由於必須保存建造時的歷史，所以不能隨意地黏上膠合板。

害或腐朽而降低，所以必須多加留意。

最近，由於簡易型制震裝置也正在研發中，所以如果能將制震裝置裝設在牆壁中的話，耐震性能也許就能大幅提昇。

325　何謂適合木造結構的耐震補強措施？

傳統建築物的耐震性能評估

在評估傳統建築物的耐震性能時，大多會容許較大的變形，與一般建築物相比，判定標準（要求水準）會稍有差異。

製作成模型

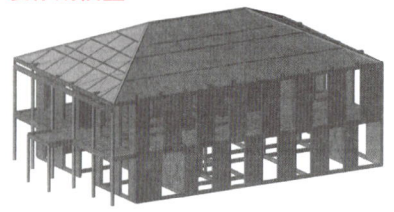

透過荷重增量分析法與等效線性化法來進行分析

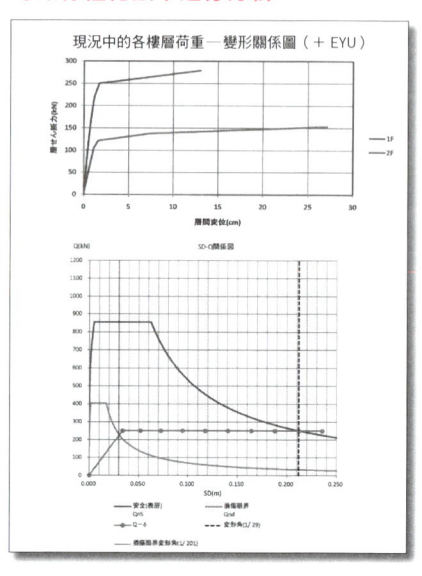

確認接頭部分

在接頭部分，會出現榫頭或鳩尾榫的凹槽所造成的缺損。由於在傳統建築中，大多會仰賴柱子與橫樑的性能，所以確認接頭部分是非常重要的。

一般來說，由於壁量會不足，框架結構時，要考慮到貫（補強用橫木，用來連接柱子）與榫頭在對抗彎曲力矩時的性能。雖然只要沒有人進入建築物內，就能稍微減輕地震力，並進行討論，但在大多數的情況下，許多各式各樣的人會來參觀該建築物。必須一邊確保安全性，一邊盡量用較少的補強量來提昇耐震性能。

因此，為了盡量地將地震力也設定為適當大小，所以大多會透過能依照建築物剛性來對地震力進行某種程度調整的極限強度計算法來進行討論。而且，有時也要和摩天大樓一樣，透過將活動斷層納入考量的地動分析法來進行討論。

在傳統建築物中，如同前述那樣，必須盡量地減少補強量。而且，也不能像傳統木造結構工法那樣，使用金屬零件來補強。因此，有時也要調整榫頭的大小，鞏固柱子底下的部分，讓框架結構的效果提昇。由於地板表面的剛性大多會較小，所以要討論各部分在面對地震力時的安全性，在看不到的部分增設隅撐材（火打材）等來確保地板表面的剛性。

326

耐震補強的實例

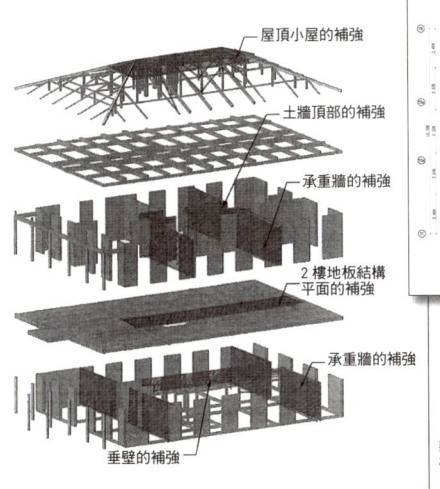

- 屋頂小屋的補強
- 土牆頂部的補強
- 承重牆的補強
- 2樓地板結構平面的補強
- 承重牆的補強
- 垂壁的補強

利用牆壁或地板結構平面來進行補強的實例。
要繪製用於補強工作的平面圖或詳細設計圖等。

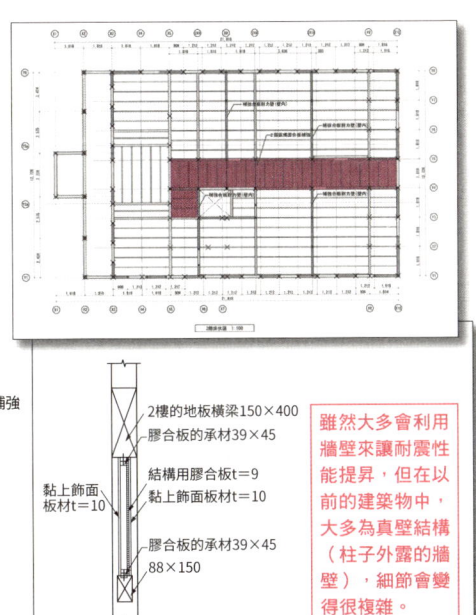

- 2樓的地板橫梁150×400
- 膠合板的承材39×45
- 黏土飾面板材t=10
- 結構用膠合板t=9
- 黏土飾面板材t=10
- 膠合板的承材39×45
- 88×150

雖然大多會利用牆壁來讓耐震性能提昇，但在以前的建築物中，大多為真壁結構（柱子外露的牆壁），細節會變得很複雜。

由於日本人大多抱持著「拆除再建（scrap and build）」的觀點，所以儘管傳統建築有其價值，但許多建築物都是先被拆卸後，再進行大幅度的改建。在日本，從事建築業的工匠的人數也在變少，從「技術傳承」的觀點來看，今後我們必須去思考「一邊保留，一邊運用技術」這一點。

327 何謂適合木造結構的耐震補強措施？

033 何謂適合RC結構的耐震補強？

RC結構的耐震補強

RC結構的耐震補強方法可分成強度型與韌性型。在補強時，有時也會使用到鋼骨或碳纖維膜等。

透過鋼骨斜撐來補強RC結構建築物的例子。

RC結構大多會進行第2次評估，藉由比較 Is 與 Iso 來判定耐震性能

鋼筋混凝土結構（RC結構）的耐震性能評估可以分成第1次評估到第3次評估這3種方法。

在第1次評估中，會透過牆壁或柱子的截面積來計算出耐震性能。在第2次評估中，會考慮到柱子或牆壁的強度，對建築物的耐震性能做出判定。在第3次評估中，會考慮到柱子或牆壁，以及裝設在柱子上的大樑的強度，對建築物的耐震性能做出判定。

在大部分的情況下，會透過第2次評估來進行評估。

RC結構耐震性能的判定方法

藉由比較結構耐震指標 Is 與結構耐震判定指標 I_{so} 來判定耐震性能（計算公式請參閱P316）。在求取 Is 值時，基本上需要基本耐震性能指標 E_0。 E_0

RC結構耐震性能評估的基礎知識

透過柱子或牆壁的強度與破壞型態（損壞方式）來求出建築物的強度。透過強度來計算出基本耐震性能指標E_o，然後再考慮到形狀S_D與長期劣化指標T來算出Is值（$Is = E_o \cdot S_D \cdot T$）。

確認破壞型態（簡略的構架立面圖）

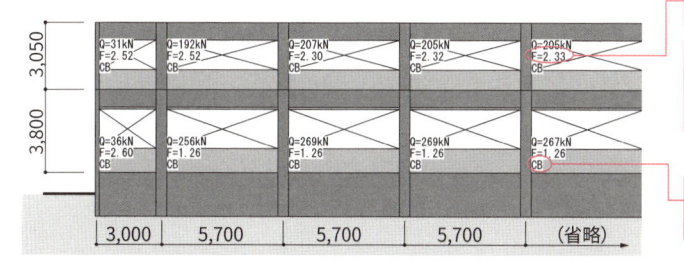

Q=31kN	Q=192kN	Q=207kN	Q=205kN	Q=205kN
F=2.52	F=2.52	F=2.30	F=2.32	F=2.33
CB	CB	CB	CB	CB

Q=36kN	Q=256kN	Q=269kN	Q=269kN	Q=267kN
F=2.60	F=1.26	F=1.26	F=1.26	F=1.26
CB	CB	CB	CB	CB

3,050 / 3,800
3,000　5,700　5,700　5,700　（省略）

- F值愈大，抗彎強度愈高。
- 首先要確認，在承受水平力時，建築會以什麼樣的方式損壞。
- 把出現彎曲破壞現象的柱子標示出來。

透過C-F圖表來進行比較

C值圖：補強後、補強前曲線

確認並比較建築物在補強前與補強後的耐震性能。

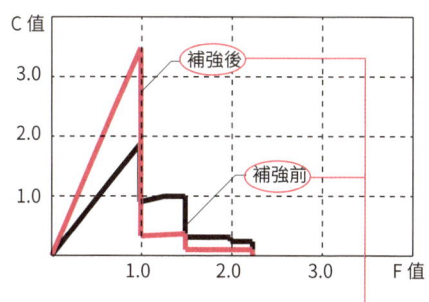

根據耐震評估結果來進行判斷

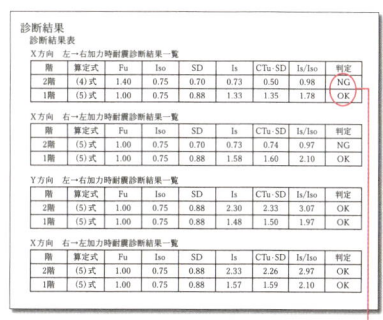

診斷結果表

X方向　左→右加力時耐震診斷結果一覽

階	算定式	Fu	Iso	SD	Is	CTu·SD	Is/Iso	判定
2階	(4)式	1.40	0.75	0.70	0.73	0.50	0.98	NG
1階	(5)式	1.00	0.75	0.88	1.33	1.35	1.78	OK

X方向　右→左加力時耐震診斷結果一覽

階	算定式	Fu	Iso	SD	Is	CTu·SD	Is/Iso	判定
2階	(5)式	1.00	0.75	0.70	0.73	0.74	0.97	NG
1階	(5)式	1.00	0.75	0.88	1.58	1.62	2.10	OK

Y方向　左→右加力時耐震診斷結果一覽

階	算定式	Fu	Iso	SD	Is	CTu·SD	Is/Iso	判定
2階	(5)式	1.00	0.75	0.88	2.30	2.33	3.07	OK
1階	(5)式	1.00	0.75	0.88	1.48	1.50	1.97	OK

Y方向　右→左加力時耐震診斷結果一覽

階	算定式	Fu	Iso	SD	Is	CTu·SD	Is/Iso	判定
2階	(5)式	1.00	0.75	0.88	2.33	2.26	2.97	OK
1階	(5)式	1.00	0.75	0.88	1.57	1.59	2.10	OK

最後要確認是否有必要進行補強。

鋼筋的腐蝕程度

雖然沒有關於鋼筋腐蝕程度的規定，但只要把「修補指南手冊」與「鋼筋的長期劣化影響的判定」當作參考即可。

級別	評估標準
I	表面有出現黑皮（mill scale），或是沒有生鏽，或者整體表面有一層又薄又細密的鐵鏽。鐵鏽沒有附著在混凝土表面。
II	部分區域有浮鏽，形成小面積的斑點狀態。
III	雖然以目視的方式看不出斷面缺損情況，但在鋼筋周圍，或是整條鋼筋上，有出現浮鏽。
IV	出現斷面缺損情況。

等級 I
等級 II
等級 III
等級 IV

本表是依照『混凝土的裂縫調查・修補・補強指南2013』（日本混凝土協會編寫）
（『コンクリートのひび割れ調査、補修・補強指針2013』（日本コンクリート協　編））製作而成。

RC結構的耐震調查方法

耐震性能評估會根據耐震調查的結果來進行。在 RC 結構的耐震調查中，會進行關於混凝土與鋼筋的試驗。

耐震調查的主要內容

- 混凝土圓柱試體壓縮試驗
- 透過混凝土圓柱試體來進行中性化反應試驗
- 透過混凝土圓柱試體來進行含鹽量測試
- 檢測鋼筋的腐蝕程度
- 透過施密特錘（Schmidt Hammer）來進行混凝土強度試驗
- 鹼骨料反應試驗
- 調查裂縫

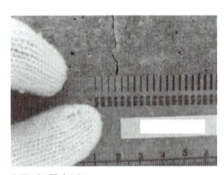

調查裂縫

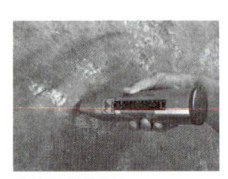

壓縮試驗

施密特錘試驗

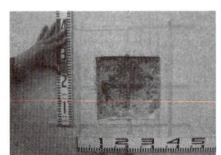

鑿除混凝土表面

中性化反應試驗

鋼筋探測

則會透過強度指標C與韌性指標F來計算出來。在韌性指標F愈大，韌性就愈大的結構中，當F值在1.0以下時，就可以說是強度型結構。此韌性指標或強度指標的數值，必須由設計者來進行判斷。

在耐震性能評估中，無法傳遞垂直荷重的構材叫做**第2類結構構件**。一旦有不具備垂直承載力的構材的話，建築物就會倒塌，所以在判斷C或F值時，直到此時間點為止，都必須確認是否存在第2類結構構件。

另外，**第1類結構構件**指的是，不單具備垂直承載力，也具備水平抗力，一旦失去水平抵抗力，就會導致建築物倒塌的重要構材。**第3類結構構件**指的是，即使同時失去垂直承載力與水平抵抗力，也不會導致建築物倒塌的構材。在決定進行耐震性能的最終判定時，在第1次評估中，會採用「I_{SO}＝0.8」，在第2次以及第3次評估中，會採用「I_{SO}＝0.6」，請確認各樓層・各方向的I_s值是否在該數值以下吧。

330

不增設牆壁的話，能夠補強RC結構的建築物嗎？

在都市地區，有很多RC結構的建築物。發生較大型的地震時，鋼骨鋼筋混凝土結構（SRC結構）建築的受災實例較少，但採用RC結構當中的有附帶耐震牆的框架結構的受災實例很多，耐震補強成為當務之急。

另外，建築基準法在1981年（昭和56年）進行了修訂，由於在這之前興建的建築物的耐震性能特別低，所以最好盡快進行補強。

RC結構建築物的耐震補強方法大致上可以分成，盡量地確保較大強度的「強度型」補強方法，以及讓建築物具備較大變形能力的「韌性型」補強方法。

有附帶耐震牆的框架結構的補強方法

由於有附帶耐震牆的框架結構的建築原本大多都是強度型建築物，所以多半會採用「強度型」補強方法。「強度型」補強方法包含了，在原本的框架結構內增設耐震牆的方法，以及設置鋼骨框架結構的方法。一旦增設耐震牆的話，開口部位就會消失，會對宜居性產生很大影響，所以能藉由形狀的設計來考慮到宜居性的斜撐補強法成了主流。在集合住宅等現存建築物內，若無法進行補強的話，有時也會採用在建築物外部增設耐震牆的「**外部耐震補強法**」。

純框架結構的耐震補強

結構與純框架結構很相近的建築物，也能稱作韌性型建築物，樑柱一旦因翼牆或垂壁而引發剪切破壞的話，就會導致建築物倒塌，很危險。在那種情況下所採用的應對方法為，藉由在翼牆或垂壁與柱子之間設置細縫，來讓結構的韌性提升。在道路或高架鐵路下方的柱子上，經常會採用這種補強方法。

不過，實際上，也有很多介於強度型與韌性型

RC結構建築物的3種耐震補強方法

RC結構建築物的補強方法大致上可以分成
①強度抵抗型
②韌性抵抗型
③強度・韌性抵抗型
這3種。

補強方法的差異

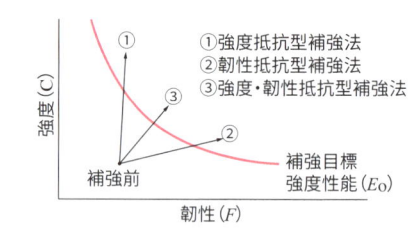

①強度抵抗型補強法
②韌性抵抗型補強法
③強度・韌性抵抗型補強法

縱軸：強度(C)
橫軸：韌性(F)
補強前 → 補強目標強度性能(E_0)

在①～③的補強方法中，各自的目標強度性能值都不同。

事先掌握3種耐震補強方法的差異吧。

強度抵抗型補強法的特徵

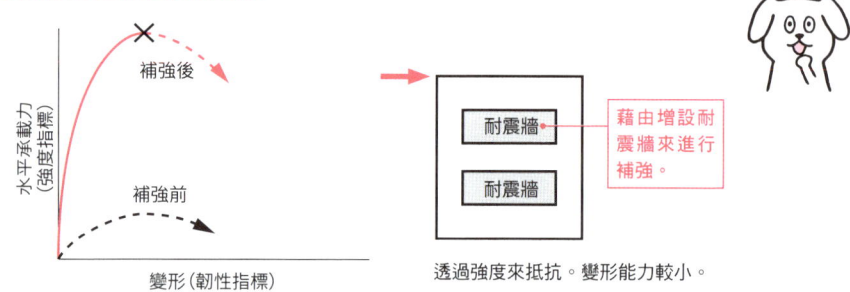

縱軸：水平承載力（強度指標）
橫軸：變形（韌性指標）
補強後／補強前

藉由增設耐震牆來進行補強。

透過強度來抵抗。變形能力較小。

韌性抵抗型補強法的特徵

縱軸：水平承載力（強度指標）
橫軸：變形（韌性指標）
補強後／補強前

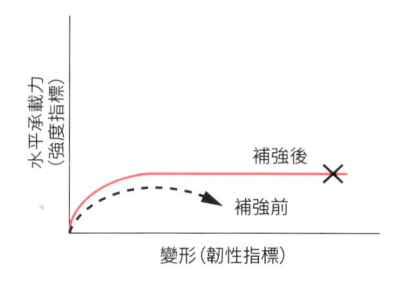

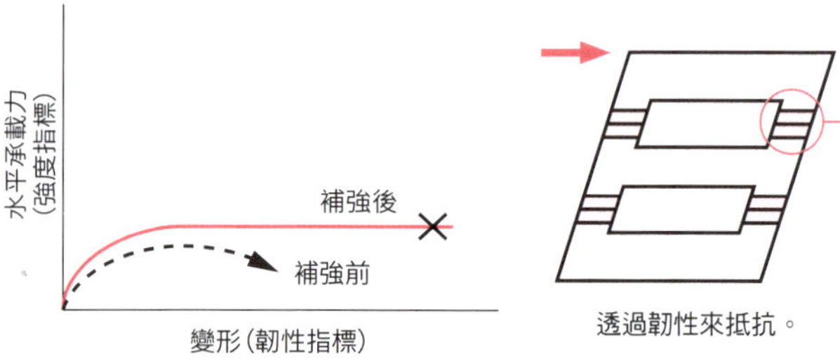

透過鋼板等來進行補強。

透過韌性來抵抗。

災害發生時，建築物一旦倒塌，將道路堵塞的話，就會對避難與災後重建工作造成影響。透過耐震補強措施來保護建築物，也有助於讓避難與災後重建工作順利進行。

強度・韌性抵抗型補強法的特徵

縱軸：水平承載力（強度指標）
橫軸：變形（韌性指標）
補強後／補強前

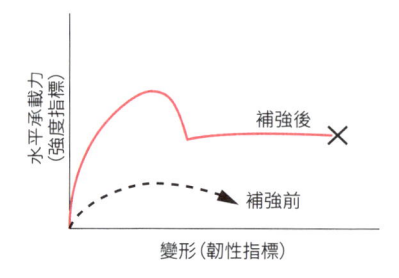

最初是透過強度來抵抗，之後則會透過韌性來抵抗。

332

RC結構建築物的補強實例

韌性型的補強實例

① 使用鋼板或碳纖維膜來包覆

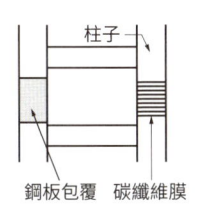

　　柱子
　　鋼板包覆　　碳纖維膜

② 設置細縫

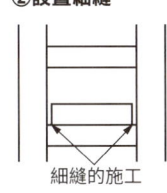

　　細縫的施工

強度型的補強實例

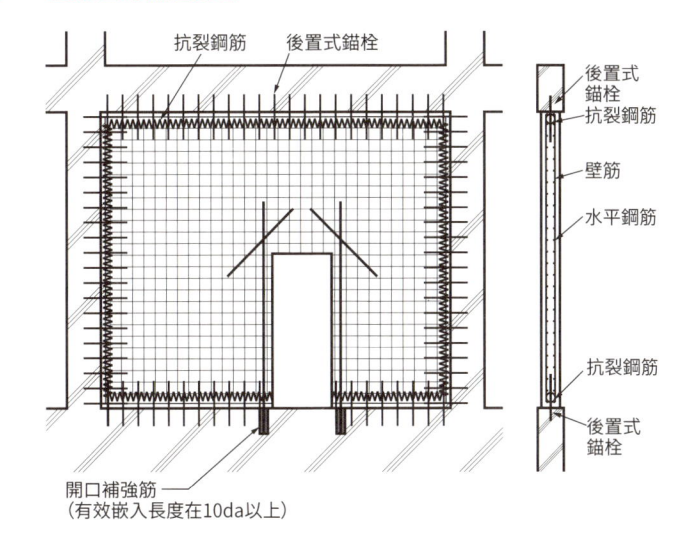

抗裂鋼筋　　後置式錨栓

開口補強筋
（有效嵌入長度在10da以上）

後置式錨栓
抗裂鋼筋
壁筋
水平鋼筋
抗裂鋼筋
後置式錨栓

後置式錨栓

在進行耐震補強時，由於必須連接原有結構體與補強結構體，所以後置式錨栓會成為很重要的構材。後置式錨栓包含了，黏結式錨栓與膨脹錨栓。黏結式錨栓所使用的接著劑還可以再分成無機接著劑與有機接著劑，所以必須依照用途來選擇。

之間的建築物。我們要搭配使用這些方法，讓耐震性能提昇。

034 何謂適合鋼骨結構的耐震補強？

鋼骨結構的耐震補強

在鋼骨結構中，必須削除防火被覆材，進行補強。

在鋼骨框架結構中，會藉由再加裝一個鋼骨框架來補強耐震性能。

> 在鋼骨結構中，要透過水平承載力來算出 I_s 值，進行判定

與鋼筋混凝土結構（RC結構）的耐震性能評估方法沒有等級區分。基本上，會計算出水平承載力來判定耐震性能。在RC結構中，即使不清楚大樑構材的截面性能，還是能夠進行耐震評估，但在鋼骨結構的耐震性能評估中，必須弄清楚所有與結構性能相關的構材截面的性能。

鋼骨結構耐震性能的判定方法

基本上，會如同下頁的算式那樣，透過水平承載力來算出 I_s 值，與新造建築物較大的差異之處在於焊接部分。在新造建築物中，進行計算時，會假設「已確保焊接部分的強度在本體金屬的強度之上」。

另一方面，在老舊建築物中，焊接部分會有缺

334

鋼骨結構的耐震性能評估的基本知識

在鋼骨結構建築物的耐震性能評估中，與新造建築物一樣，要先求出「水平承載力」，再計算出「I_s」值。

水平承載力的計算

塑性鉸的位置

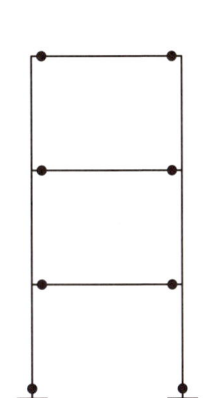

各切點的抗彎強度（kN・m）

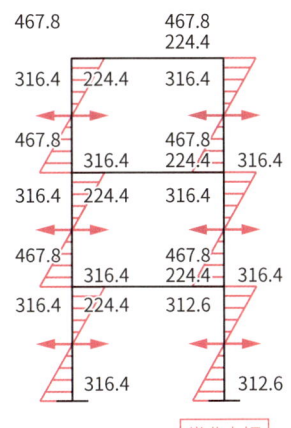

467.8　　　467.8
　　　　　　224.4
316.4　224.4　316.4
467.8　　　467.8
　　316.4　224.4　316.4
316.4　224.4　316.4
467.8　　　467.8
　　316.4　224.4　316.4
316.4　224.4　312.6

316.4　　　312.6

彎曲力矩

「各切點的抗彎強度」加上「塑性鉸產生時的剪應力」後所得到的數值，會成為水平承載力 Q_{ui}（左側圖片）。使用左下方的公式，透過 Q_{ui} 來求出 Is 值。

把建築物畫成模式圖後，確認「抗彎強度」與「塑性鉸的位置」，計算出各樓層的水平承載力 Q_{ui}。

結構耐震指標 I_{si} 與 q_i 的求法

透過下列公式來求出各樓層的結構耐震指標 I_{si}，以及與水平承載力相關的指標 q_i。

$$I_{si} = \frac{E_{0i}}{F_{esi} Z R_t}$$

$$E_{0i} = \frac{Q_{ui} F_i}{W_i A_i}$$

$$q_i = \frac{Q_{ui}}{0.25 F_{esi} W_i Z R_t A_i}$$

I_{si} ：i 樓的結構耐震指標
E_{oi} ：用來表示 i 樓耐震性能的指標
F_{esi} ：依照 i 樓的剛性模數或偏心率來決定的係數 $F_{esi} = F_{si} F_{ei}$
F_{si} ：依照「透過 i 樓的層間變形角來求出的剛性模數」來決定的係數
F_{ei} ：依照「當 i 樓的強度以及質量分布在平面上的非對稱性較大時的偏心率」來決定的係數
Z ：地震地區係數，依照建築基準法施行令
R_t ：振動特性係數，依照建築基準法施行令
Q_{ui} ：i 樓的水平承載力
F_i ：依照構材・連接處的塑性變形能力來決定的各樓層與各方向的韌性指標
A_i ：樓層剪應力的垂直方向分布情況，依照建築基準法施行令
W_i ：i 樓所支撐的質量
q_i ：與 i 樓水平承載力相關的指標

鋼骨結構的耐震調查方法

在鋼骨結構的調查中,確認鋼骨構材的狀態與焊接工程是否有被確實執行,是非常重要的事。

耐震調查的主要內容

- 超音波探傷檢測
- 焊接形狀
- 焊接尺寸
- 構材的生鏽情況

透過超音波探傷檢測來檢查無法透過目視方式來確認的焊接不良情況。

由於生鏽會導致鋼鐵的性能降低,所以要透過目視方式來確認生鏽情況。

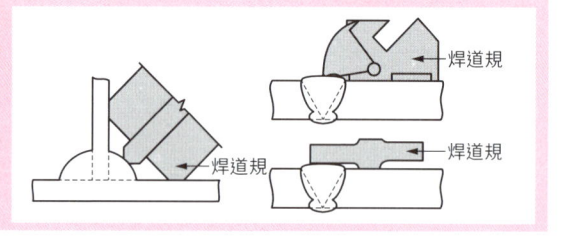

在確認焊接形狀與尺寸時,會使用焊道規!

焊道規

焊道規

焊道規

陷,在現代的建築物中,被設計成對頭焊接的部分,會變成填角銲道(fillet weld)。

所以,強度大多會取決於接頭部分。在這種情況下,計算水平承載力時,應將承載力視為接頭部分的承載力,而非本體金屬的承載力。

因此,在評估前的調查中,重點在於接頭部分等處的焊接調查。由於調查時要先去除防火被覆材,所以有時會因石棉的問題而非常難處理。另外,由於細節也各不相同,所以要同時記錄下來。而且,因為調查時的限制,所以焊接部分中也有許多沒有弄清楚的事。在那種情況下,要將其視為填角銲道,進行耐震性能評估。

在計算耐震指標時,雖然不會造成直接影響,但由於在鋼骨結構建築物中,也有很多像體育館之類的大跨距結構建築,所以確認「地震力是否能透過屋頂表面來傳遞」也很重要。難以傳遞時,就不要考慮框架整體的交互作用,而是要計算出各結構平面的耐震指標。

進行耐震性能的最終判定時,各樓層的結構耐震指標 I_s 值,以及與水平承載力相關的指標 q_i 值

補強鋼骨結構的柱子與橫樑

想要讓鋼骨截面的性能提昇的話，就要從外側焊接金屬板。

柱子的補強

①透過鋼板來補強

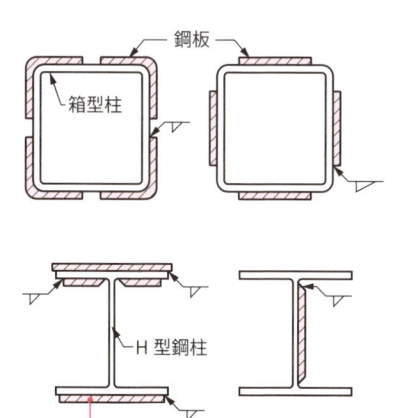

鋼板／箱型柱／H型鋼柱

焊接鋼板，進行補強。

②透過H型鋼・CT型鋼來補強

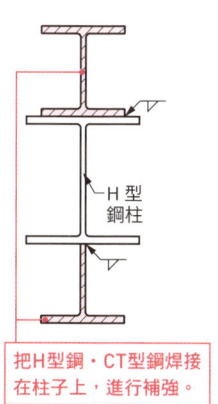

H型鋼柱

把H型鋼・CT型鋼焊接在柱子上，進行補強。

橫樑的補強

①透過蓋板來補強

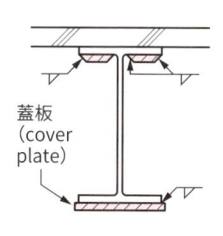

蓋板（cover plate）

②透過增設腹板來補強

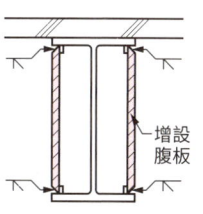

增設腹板

藉由補強抗挫屈性能等，就能提昇鋼骨結構建築物的耐震性能

與RC結構相比，鋼骨結構建築物的耐震補強有比較困難的部分。在需要進行耐震補強的案例中，最常見的場所是體育館。體育館也常被當作災害發生時的避難場所，確認其耐震性能是很重要的事。體育館大多是由RC結構與鋼骨結構組合而成，進行耐震性能評估時，必須具備較高的技術力。

q_i值是關於鋼骨結構韌性的指標，在計算時，要依照建築基準法，以D_s（結構特性係數）值0.25作為基準。進行判定時，要確認I_s值在0.6以上，q_i值在1.0以上。是必要的。

337　何謂適合鋼骨結構的耐震補強？

補強評估的實例

透過鋼骨壓縮斜撐來補強

為了讓人能夠通過，所以設置斜撐來補強的實例。

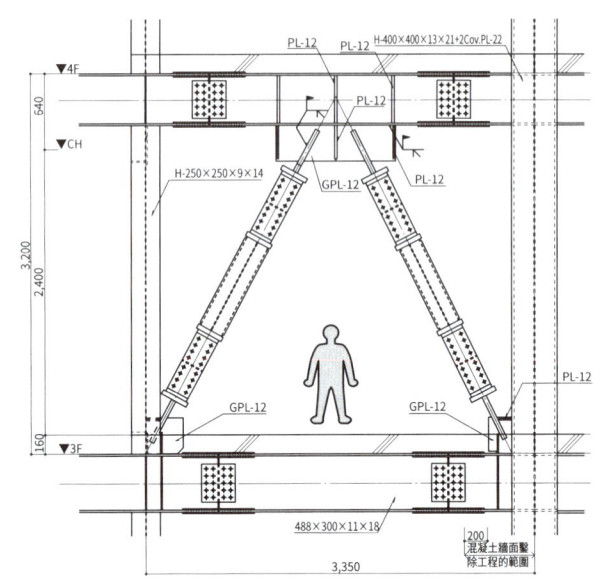

透過鋼骨拉伸斜撐來補強

設置拉伸斜撐來補強的實例。

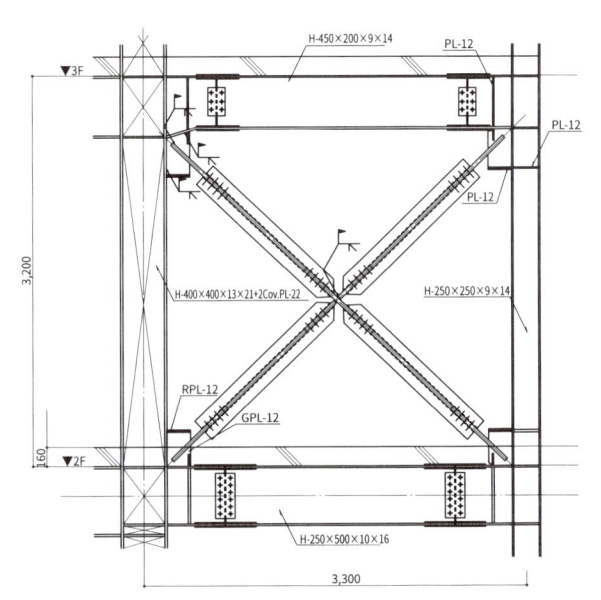

338

體育館的骨架結構

體育館的鋼骨結構種類包含了下列類型。

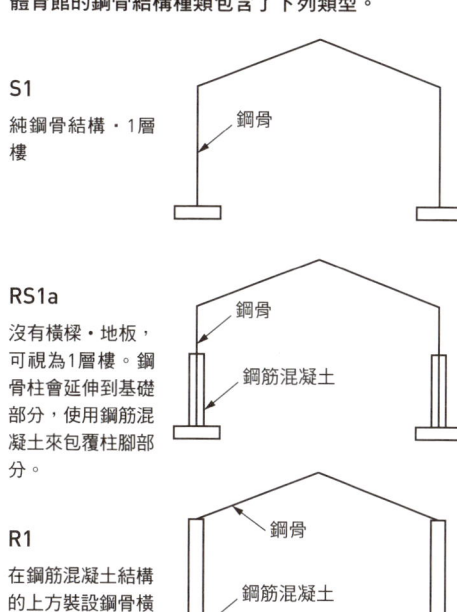

S1
純鋼骨結構・1層樓
→鋼骨

RS1a
沒有橫樑・地板，可視為1層樓。鋼骨柱會延伸到基礎部分，使用鋼筋混凝土來包覆柱腳部分。
→鋼骨
→鋼筋混凝土

R1
在鋼筋混凝土結構的上方裝設鋼骨橫樑・屋頂。
→鋼骨
→鋼筋混凝土

老舊鋼骨結構的問題所在

在老舊鋼骨結構中，較常發生問題的部位是連接處的細節。當構材無法傳遞預計的應力時，或是構材邊緣的邊界條件與實際情況不同時，壓縮應力就可能會造成挫屈等現象。

另外，也有無法確保基本耐震性能的實例。在現代，柱腳部分會使用具有延展能力的錨定螺栓，在設計時也會考量到柱腳的剛性，但在較久以前，進行設計時，會透過旋轉接點或剛性接點來單純地將建築畫成模式圖，所以柱腳部分經常會發生問題。在面對連接處細節的狀況時，由於只能個別地確認，進行修正，所以在本書中將其省略。

鋼骨結構的耐震補強方法

容易發生挫屈時，會採用的補強方法為，把補強板材焊接在翼板表面上，或是使用蓋板來進行補強。必須讓強度提昇時，一般會採用的方法為，與RC結構相同，在框架結構內裝設金屬板。不過，由於必須在施工現場進行焊接，所以比起結構計算，細節的設計會更加辛苦。在設計細節時，由於朝向上方的焊接方式很難確保焊接部分的性能，所以基本上會採用朝向側面或下方的焊接方式。

在施工時，由於必須先去除防火被覆材，再進行焊接，所以也會牽涉到石棉的問題。

339　何謂適合鋼骨結構的耐震補強？

column

將歷史建築連接到未來
——耐震性能評估與保存・運用的方法——

「**歷**史建築」指的是，除了被指定為國寶或重要文化財的建築以外，具備該地區特有的歷史・文化價值的建築物（國土交通省「關於歷史建築運用的條例修訂方針」（平成30年3月））。以前，關於歷史建築保存的主流觀點為，將其修復成原本樣貌，並保存下來，但近年來，「保存・繼承」到未來，以及在現代進行「運用」的趨勢也變得很流行。

依照建築基準法，只要滿足條件的話，歷史建築就能不受到現行建築基準法的限制。話雖如此，也並非想怎麼做都行，有時候在對小型歷史建築進行結構設計時，要採用極限強度計算法或動態歷時分析法等，條件會比一般建築更加嚴格。

要將什麼「保存・繼承」到下一代，會依照文化財的種類而有所差異。「運用」也是一樣，重點在於，考慮到「相關人士的想法、運用方法、地區的環境」等各種因素，逐一仔細進行設計。在這裡，我要介紹的是，一邊保留內外的原本模樣，一邊進行耐震補強的清水寺正殿與善光寺藏經閣，以及把重點放在運用上，進行了耐震補強與改建的富岡製絲廠西置繭所。

日清水寺正殿

清水寺從2008年開始進行「平成大改建」，作為改建工程壓軸的是，正殿的大改建。筆者們參與結構調查的時間約為改建開始的6年前。結構調查的主要目的在於，進行耐震性能評估，制定必要的補強計畫。

我們進行的調查工作包含了，確認構材的尺寸與劣化情況、地基調查、用於耐震性能評估的各荷重的設定、用於耐震性能評估的地動的討論、靜態彈塑性分析、特徵值分析、動態彈塑性分析等。尤其是在動態彈塑性分析中，由於正殿是蓋在斜坡上，所以我們採用的方法並不是「重要文化財（建築）」耐震性能評估指南」中所記載的能量法或等效線性化法，而是透過3D立體模型來採用動態歷時分析法。

在評估結果中，我們得知，由於正殿的大部分水平力是由柱子、貫（補強用橫木，用來連接柱子）所構成的框架結構來承擔，所以也能充分地追隨到

340

清水寺正殿（京都，1693年重建，國寶，世界文化遺產）

清水寺正殿截面圖

水平斜撐
在舞台地板的背面裝設用碳纖維紋線製成的水平斜撐。碳纖維紋線也是輕巧強韌且柔軟的材料，施工難易度也比鋼材斜撐來得簡單。

更換柱根
在用來支撐舞台的柱子當中，內部的柱根會因腐朽或蟲害而變成中空狀。將該部分切除，使用新的木材來更換柱根。此時，為了絕緣，所以會在柱根與基石之間鋪設鈦薄膜。

善光寺藏經閣（長野，1759年完工，重要文化財）

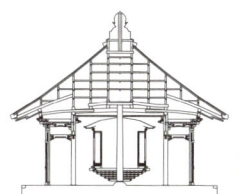

善光寺藏經閣的截面圖
中央部分有可以轉動的輪藏（轉動式書架）。

屋頂大樑的補強
使用鈦薄膜來包覆大樑的根部。透過鈦薄膜的層疊數量來控制強度，由於既輕巧又柔軟，而且熱傳導率也很低，所以即使纏繞在原有的木材上，也很少會對木材造成傷害。

天花板上方的水平斜撐
水平斜撐採用的是碳纖維紋線。碳纖維紋線也是輕巧強韌且柔軟的材料，施工難易度也比剛材斜撐來得簡單。

©善光寺

日 善光寺藏經閣

建築物為大約11.5 m見方的平房，採用檜皮葺金字塔形屋頂，透過柱貫工法建成的木造建築，內部有一座轉動式輪藏（轉動式書架）。進行保存修復工作時，要依照「重要文化財（建築）耐震性能評估指南」來進行耐震性能評估（機能維持水準：1／20）。在評估結果中，可以得知「中型地震發生時，不會倒塌，但大地震時，恐怕會倒塌」。

為了讓建築能夠耐震，所以要盡量避免對要保留的建築物造成負擔，尋找輕巧的高強度材料，最後我們選擇了鈦薄膜與碳纖維紋線等新材料來作為補強材料。

超過層間變形角1／15的變形。

不過，考慮到恢復能力，以及大地震發生時的判定標準，所以要目標值設定在最大變形角1／30以下。

富岡製絲廠西置繭所（群馬，1872年完工，國寶，世界文化遺產）

外觀
保留外牆的磚頭，把接縫鑿除，嵌入芳綸纖維桿來提昇強度。

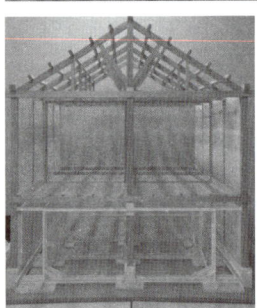

結構工法（模型照片）

House in house（雙重結構）
為了盡量保存原有建築物的地板、牆壁、天花板，所以要變更1樓與2樓的補強方法。1樓採用兼具「功能運用、保護建築物、耐震補強」這些功能的鋼骨框架來支撐玻璃箱。在2樓，朝著樑間方向使用了由碳纖維絞線製成的垂直斜撐。在屋頂表面也設置了水平斜撐。使用鈦薄膜來補強屋頂的合掌材。

富岡製絲廠西置繭所

此建築物是興建於1872年的木骨架磚造結構建築，用來當作倉庫，以及讓繭乾燥。1987年停工後，被保存管理至今。進入本世紀後，政府以富岡市為中心，制定了將其當成文化財來保存與運用的計畫。作為計畫的一環，專家們對此建築進行了耐震性能評估。

透過評估結果，人們得知「發生大地震時可能會倒塌」。經過許多討論與試驗後，決定並非只是單純恢復成剛建造時的模樣，而是要透過「能讓人了解後來的變化經過」的方法來進行耐震改建。

1樓採用把玻璃箱包覆在內的雙重結構，保留了創建時的磚牆與格狀天花板。2020年，此處煥然一新，轉變成了會堂與展覽室。

342

第6章 結構實務

035 建築確認手續

在「建築確認手續」中，結構設計師的職責是什麼？

製作結構圖與結構計算書，並在辦理「建築確認手續」時提交。依照建築物規模與計算方法，有時也必須接受「結構計算符合度判定」。

提交結構計算書等資料，辦理用來證明安全性的「建築確認手續」

建築物要經過設計與施工的過程，才會興建完成。在設計完成，進入施工階段前，必須確認「該建築物是否符合法律規定」。這項工作就是「建築確認手續」。「建築確認手續」要由屋主（通常委託給設計師來辦理）向政府的建築主管機關，或是民間的指定驗收機關（以下稱作「驗收機關等」）進行申請，並接受審查。通過審查後，就會取得**確認檢查合格證**。如此一來，總算可以開始施工了。

並非所有建築都有辦理「建築確認手續」的義務。建築基準法第6條中有規定必須辦理「建築確認手續」的建築物。提出申請時，在必要文件中，與建築結構有關的是設計圖和結構計算書。

一般來說，被稱作「4號建築物」的較小規模住宅等建築，有時會不需要接受結構審查。

344

必須辦理「建築確認手續」的建築物（建築基準法第6條）

適用區域	用途・結構	規模	工程類別	審查時間
全國	①特殊建築物［※1］ （1號建築物）	提供給用途的樓地板面積超過200㎡	・建築（新建、增建、改建、遷移） ・大規模的修繕 ・大規模的外觀變更（包含進行增建後才達到該規模的情況） ・將用途變更為①	35日以內
	②木造建築物 （2號建築物）	符合下列其中一項 ・樓層數量在3層以上 ・總樓地板面積超過500㎡ ・高度超過13m ・屋簷高度超過9m		
	③木造以外的建築物 （3號建築物）	符合下列其中一項 ・樓層數量在2層以上 ・總樓地板面積超過200㎡		
都市計畫區 準都市計畫區 準景觀地區 知事指定區域［※2］	④4號建築物	上述①②③以外的建築物	・建築（新建、增建、改建、遷移）	7日以內

註：除了防火地區・準防火地區以外，10㎡以內的增建、改建、遷移不需要辦理「建築確認手續」。審查時間要依照法令規定。
※1建築基準法附表第一欄的用途的特殊建築物※2在都市計畫區・準都市計畫區中，要排除都道府縣知事聽取都道府縣都市計畫審議會的意見後所指定的區域。在準景觀地區中，要排除市町村長所指定的區域。知事指定區域指的是，都道府縣知事聽取相關市町村的意見後所指定的區域。

依照規模與結構計算方法，來做出必要的結構計算符合度判定

工程完成後，必須接受完工檢查。另外，包含「屬於RC結構，樓層數在3層樓以上的公寓住宅等」的特定工程在內的建築，在施工中，必須接受中期檢查。到場見證這些檢查，並說明申請文件與施工內容一致，也是結構設計師的義務之一。只要通過完工檢查，就能取得**建築物完工證明書**，該建築會變得能夠使用。

高度在60m以下，且具備一定規模以上的建築、結構很複雜的建築、結構計算途徑2・途徑3、使用極限強度計算法等進階計算方法（參閱P.212）的情況時，除了「建築確認手續」以外，還必須接受名為「**結構計算符合度判定**」的審查。這項審查會由都道府縣知事所指定的結構計算符合度判定機構來進行。在結構計算符合度判定

345　在「建築確認手續」中，結構設計師的職責是什麼？

需要接受結構計算符合度判定的建築物的必要條件

依照規模來分類	木造結構	高度＞13m、屋簷高度＞9m	判定時間：14天 最長49天（依照法令規定）
	鋼骨結構	①地上樓層數≧4 ②地上樓層數≦3 ・高度＞13m、屋簷高度＞9m	
	鋼筋混凝土結構	①高度＞20m ②高度≦20m ・承重牆或結構上的主要柱子的數值未達標準	
依照計算方法來分類	①進行容許應力度計算（途徑2） ②進行水平承載力的計算（途徑3） ③進行極限強度的計算 ④透過大臣認證計算程式來進行結構計算		

需要大臣認證的建築物・建造物

高度超過60m的高層建築物・建造物 高度在60m以下，且採用動態歷時分析法的隔震式・制振結構建築物	審查時間： 2〜3個月

無論是辦理「建築確認手續」，還是接受「結構計算符合度判定」制度的關聯性

「建築確認手續」與「結構計算符合度判定」制度的關聯性

這項結構計算符合度判定制度是從2006年開始採用，算是比較新的制度。此制度的誕生背景是2005年被揭發的結構計算書偽造事件（參閱P.358）。

結構計算符合度判定的手續要由屋主（一般來說，會由建築師代為辦理）向各都道府縣知事所指定的「結構計算符合度判定指定機關」提出申請。結構計算符合度判定指定機關會審查符合度，只要判定為合格的話，就會發放**「符合度合格判定通知書」**給屋主。

結構計算符合度判定的手續要由屋主，指的是①依照工程學上的判斷製作而成的模式圖（模型）的有效性、②適用於結構計算的分析方法・計算公式的有效性、③運算的合理性（運算結果的可靠度）這3點。

具體來說，指的是①依照工程學上的判斷製作而成的模式圖（模型）的有效性、②適用於結構計算的分析方法・計算公式的有效性、③運算的合理性（運算結果的可靠度）這3點。

中，專家們會對包含高階工程學層面上的判斷在內的結構計算符合度做出判定。

346

計算符合度判定」的審查，審查一旦開始，設計師就要面對審查機關的許多質疑，並進行說明。用來回應質疑的文件，以及補充・修正資料，會由屋主、受理「建築確認手續」的機關、結構計算符合度判定指定機關這三者共同持有，且應附在各申請書中。

在審查過程中，設計師方與審查員方之間對於結構設計的見解不同的情況並不少見。為了在規定的期間內順利地進行審查，在正式審查前，事先與審查機關進行商量，並與負責「建築確認手續」的審查機關，以及符合度判定機關互相訊問、通知，也很重要。申請「結構計算符合度判定」的建築，若沒有「符合度合格判定通知書」的話，就無法取得「確認檢查合格證」。另外，「建築確認手續」與「結構計算符合度判定」的相關文件，最後必須要相同才行。

「官方認證」這項方法是透過高階技術來確認結構安全性

高度超過60m的高層建築、採用隔震式結構的建築等，必須透過國土交通大臣所規定的結構計算方法來確認安全性，並取得官方的認證。該計算方法就是**動態歷時分析法**（參閱P221）。動態歷時分析法是一種需要極高技術的計算方法，負責審查此方法的是，具備高度專業知識的評定委員會。評定委員會被設置在國土交通省所指定的「**指定性能評估機構**」中，在該處進行關於結構安全性能的評估，並發放**性能評估書**。然後，要申請「**官方認證**」，取得官方認證書。取得官方認證的建築，不必接受「結構計算符合度判定」，在「建築確認手續」中，也不用提交結構計算書。

036 只有結構設計一級建築師才能設計的建築物

結構設計一級建築師

只有取得一級建築師證照，並累積5年實務經驗的「結構設計一級建築師」，才能進行「高度超過60m的建築物」或「高度超過20m的RC結構建築物」等建築的結構設計。

要累積5年實務經驗後，才能取得。

從舊耐震基準轉變為新耐震基準的建築結構規定

大正8（1919）年，作為建築基準法前身的「**市街地建築物法**」被制定出來後，建築基準法相關規定伴隨著地震損害的歷史與電腦技術的發達而有所進步。以關東大震災為契機，專家採用了水平震度的觀點，昭和22（1947）年，預估水平震度的數值被調高，昭和25（1950）年，建築基準法（舊耐震基準）中出現關於水平震度的規定。而且，透過新潟地震與十勝近海地震的經驗，專家開始採用關於剪力牆補強的概念。

後來，建築基準法在昭和56（1981）年進行大幅度的修訂，採用了地震力的Ai分布、水平承載力的概念。修訂後的建築基準法也被稱作**新耐震設計法**（新耐震基準）。新耐震基準制定後所建造的建築物，即使接受耐震性能評估，也能得到「大致上能夠確保耐震性能」的結果。在後來的大

348

建築結構規定的變遷

西元（年）	結構規定的變遷	變更內容	主要事件
1919	市街地建築物法		
1924	市街地建築物法施行規則中的結構規定修訂	新制定關於地震力的規定（水平震度0.1）水平震度 0.1　$k=0.1$	關東大地震（1923）
1932	市街地建築物法施行規則中的結構規定修訂	混凝土的容許應力度（透過水灰比進行計算的強度公式）、鋼骨結構的連接方法（鉚釘連接法以外的方法獲得認可）	柔剛爭論（1925〜1935）
1937	市街地建築物法施行規則中的結構規定修訂	長期・短期容許應力度的採用	室戶颱風（1934）
1943〜44	臨時日本標準規格	地震力　一般地基0.15　軟弱地基0.20 長期・短期應力的搭配	帝國谷地震（1940）（埃爾森特羅地震波的觀測）
1947	日本建築規格 建築三〇〇一	地震力：一般地基0.2　水平震度 0.2　$k=0.2$ 軟弱地基0.3	P223的埃爾森特羅波就是當時的地震波對吧。
1950	建築基準法制定（舊耐震基準）		
1959	建築基準法修訂	新制定關於「加強型混凝土磚結構」的規定等	
			新潟地震（土壤液化）（1964） 霞關大樓完工（1968） 十勝近海地震（脆性破壞）（1968）
1971	建築基準法修訂	韌性與剪應力的確保	
1981	建築基準法修訂（新耐震基準）	新耐震設計法（採用水平承載力計算法）　A_i：地震樓層剪應力係數的分布係數	新耐震基準可以說是因為新潟地震與十勝近海地震而誕生的呢。
1987	建築基準法修訂	新制定木造結構建築物的規定	
1995	關於「促進建築物進行耐震改建」的法律		阪神大地震（兵庫縣南部地震，1995年1月）
2001	建築基準法修訂	極限強度設計法的採用　動態歷時分析法　地動	
			耐震強度偽造事件（2005）
2007	建築基準法修訂	新設置「符合度判定機關」	
2008	建築師法修訂	新設置「結構設計一級建築師」	
2010	關於「促進公共建築物等建築中的木材利用」的法律（制定）		
			東北地方太平洋近海地震（311大地震，2011） 笹子隧道天花板坍塌事故（2012）
2013	建築基準法修訂	特定天花板（防止天花板坍塌）	
			隔震材料・制震構材偽造事件（2015） 熊本地震（2016） 大阪北部地震（2018）
2019	建築基準法修訂	直交式集成板材（CLT）基準強度的擴充	
2020	建築基準法修訂	強化隔震材料・制震構材的品質管理	

349　只有結構設計一級建築師才能設計的建築物

何謂結構設計一級建築師？

取得一級建築師證照後，要累積5年以上的結構設計實務經驗，才能成為結構設計一級建築師。

資格條件與業務內容

必須由結構設計一級建築師來執行的業務內容
（建築師法第20條之2）
建築基準法第20條第1號或第2號中所規定的建築物（P352圖中的①～⑤），應由結構設計一級建築師來負責結構設計工作。要由結構設計一級建築師以外的一級建築師來負責結構設計工作時，需由結構設計一級建築師來確認法律合規性。

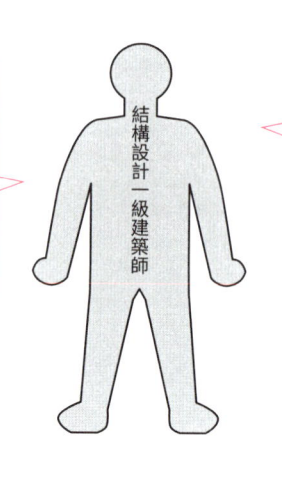

結構設計一級建築師

資格條件
（建築師法第10條之2）
取得一級建築師證照，累績5年以上的結構設計實務工作經驗，且修完註冊培訓機構所規劃的培訓課程。

在設計具備一定規模以上的建築物時，必須具備結構設計一級建築師的資格

在新耐震設計法中，雖然計算非常困難，但隨著電腦技術的快速發展，計算程式的研發也有所進步，現在任何人都能運用程式來處理困難的計算。不僅應力計算，也能夠進行截面計算、設計圖繪製，近年已進入了「連在施工過程中都會運用到該資訊」的時代（BIM）。

平成17（2005）年所發生的耐震性能偽造事件，也和「透過程式來進行計算」有關。在該事件中，犯人刻意變更了計算程式的輸出設定。遭受此事件的影響後，政府新設置「結構計算符合度判定機關」，並採用「結構設計一級建築師制度」。

型地震中，以「確保人命安全」的標準來看，幾乎沒有出現損害。

350

建築師法當中關於建築結構的規定

為了進行建築物的結構設計‧監督管理工作，所以建築師法中規定了各種資格。看了下圖後，大家就能了解到，等級愈高的建築師資格，能夠參與的設計‧監管業務的範圍會愈廣。

一級建築師
〔能夠參與的設計‧監管業務〕
① 所有結構
- 特定用途（學校、醫院、電影院等）
  →總樓地板面積＞500㎡
- 其他用途
  →樓層數≧2
  而且總樓地板面積＞1000㎡
② 木造結構
- 高度＞13m、屋簷高度＞9m
③ 其他結構
- 總樓地板面積＞300㎡
  高度＞13m、屋簷高度＞9m

二級建築師
〔能夠參與的設計‧監管業務〕
① 木造結構
- 總樓地板面積＞300㎡
  樓層數≧3
② 其他結構
- 總樓地板面積＞30㎡
  樓層數≧3

木造結構建築師
〔能夠參與的設計‧監管業務〕
① 木造結構
- 100㎡＜總樓地板面積≦300㎡
  高度≦13m、屋簷高度≦9m，
  而且樓層數≦2

現在，結構計算書必須附上安全證明書。安全證明書是由具備資格者發放給業務的委託者。

註：等級較高的建築師，能夠從事等級較低的建築師的業務。

何謂「結構設計一級建築師」？

訂定了結構設計一級建築師相關規定的建築師法，與建築基準法一樣，是1950年所制定的法律，其目的在於「規定執行建築物設計、工程監督管理等業務的技術人員的資格，謀求該業務的合理性，並使其對提昇建築物品質做出貢獻」（建築師法第一條）。

在建築師法所定義的建築師資格中，包含了取得國土交通大臣認證後才能執行業務的一級建築師、取得都道府縣認證後才能執行業務的二級建築師‧木造建築師。依照資格不同，能夠建造的建築物的規模與用途會受到限制。

受到2005年被揭發的耐震強度偽造事件的影響，建築師法在2007年進行了大幅度的修訂。在修訂前，只要是一級建築師的話，即便不是結構專家，也能進行包含「透過結構計算來確認安全性」在內的行政手續，但在修訂後，一定規模以上的建築物，變得必須具備「結構設計一級建築師」的資格。另外，辦理「建築確認手續

351　只有結構設計一級建築師才能設計的建築物

進行結構計算時，必須具備「結構設計一級建築師」資格的建築物

① 高度超過60m的建築物

② 屬於木造結構的建築物，高度超過13m，或是屋簷高度超過9m

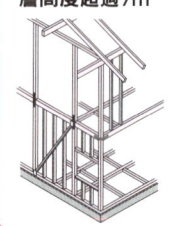

③ 屬於鋼骨結構建築物，除了地下樓層以外，樓層數在4層以上

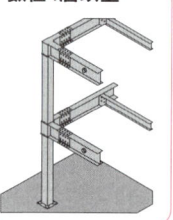

雖然結構設計一級建築師能夠參與國內所有建築的設計・監督管理業務，但想要取得資格是一件很辛苦的事。若要成為結構設計一級建築師的話，首先必須取得一級建築師的資格。

④ 屬於RC結構或SRC結構的建築物，高度超過20m

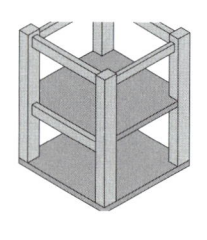

⑤ 其他※

※：關於其他混合結構、砌體結構等的規定，請參閱建築基準法施行令第36條之2。

建築設計師與結構設計師之間的關係

以前，建築設計師與結構設計師並沒有被明確時，應附上用來表示「已透過結構計算來確認建築物安全性」的證明書，證明書的撰寫格式也被規定在建築師法施行規則第17條之14之2中。

在創設結構設計一級建築師的同時，也創設了「設備設計一級建築師」。

在關於結構的資格中，除了結構設計一級建築師以外，並沒有其他官方資格，但有一種名為「JSCA結構師」的資格。這項資格是更加進階的資格，取得結構設計一級建築師資格後，以負責人的立場，從事結構設計業務或結構監督管理業務，累積2年以上的實務經驗後，就能取得報考資格，只要合格的話，就能取得「JSCA結構師」的資格。

建築設計師與結構設計師在工作中扮演的角色

從基本設計階段開始,建築設計師與結構設計師就會扮演各種角色,
互相合作,讓工作能順利進行。

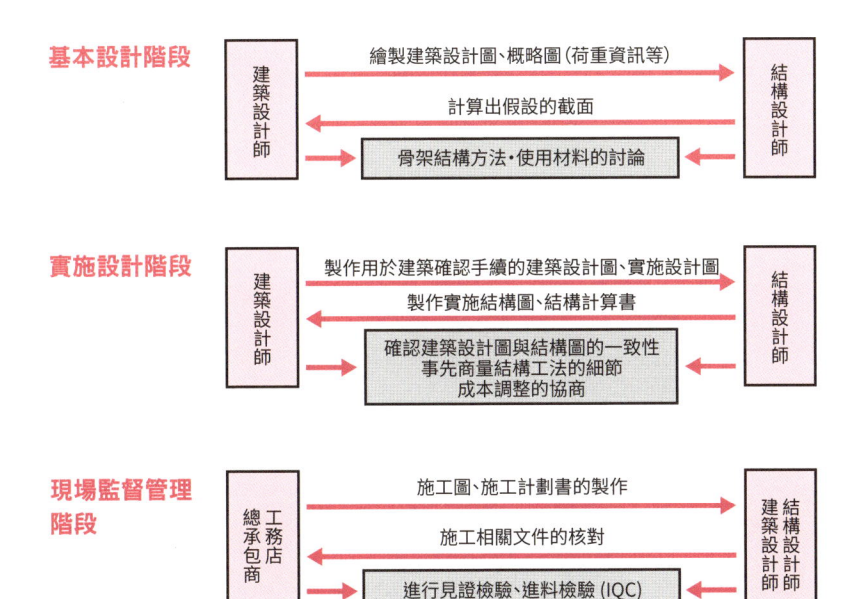

基本設計階段

建築設計師 → 繪製建築設計圖、概略圖(荷重資訊等) → 結構設計師
建築設計師 ← 計算出假設的截面 ← 結構設計師
骨架結構方法・使用材料的討論

實施設計階段

建築設計師 → 製作用於建築確認手續的建築設計圖、實施設計圖 → 結構設計師
建築設計師 ← 製作實施結構圖、結構計算書 ← 結構設計師
確認建築設計圖與結構圖的一致性
事先商量結構工法的細節
成本調整的協商

現場監督管理階段

工務店總承包商 → 施工圖、施工計劃書的製作 → 建築設計師、結構設計師
工務店總承包商 ← 施工相關文件的核對 ← 建築設計師、結構設計師
進行見證檢驗、進料檢驗 (IQC)

從基本計畫到施工為止,各自扮演的角色

地區分開來。隨著經濟高度成長,巨大建築物變多,技術也大幅進步,所以設計師變得很難單獨進行設計,設計師開始被明確地分成建築設計師與結構設計師。

從設立過程中可以得知,建築設計師在進行建築設計的同時,還要以專案經理的身分,扮演統籌設計業務的角色。另一方面,結構設計師則會以技術人員的身分參與設計業務。

在從設計階段到施工時為止的各種場合中,結構設計師要與建築設計師進行商量。舉例來說,進行基本設計時,雙方主要會針對骨架結構的想法來進行討論,決定基本的結構形式。建築設計師要將設計圖的概要告訴結構設計師,並聽結構設計師說明設計圖中的柱子、橫樑、地板(混凝土厚板)在結構上的作用等。建築設計師要一邊考慮動線、房間的使用方法、視覺表現、環境,一邊決定結構構材的大致配置。然而,實際上,只要

353　只有結構設計一級建築師才能設計的建築物

與建築有關的職業

在實際的建築中，必須要有更多各種職業的人互相合作。

設計
- 房地產公司
- 建築設計師
- 結構設計師
- 設備設計建築師（電力設備・供排水設備）
- 照明設計師
- 室內設計師
- 家具設計師
- 景觀設計師
- 標示規劃設計師
- 建築物正面外觀設計師
- 色彩設計師

建築

施工
- 總承包商（general contractor）
- 工務店
- 鋼筋工
- 模板工
- 地基調查業者
- 地基改良業者
- 鷹架工人
- 土方工人
- 基樁業者
- 測量業者
- 室內裝潢施工業者
- 電信工程業者
- 自來水管線工程業者
- 下水道工程業者
- 電力工程業者
- 警衛
- 新鮮混凝土業者
- 工業廢棄物處理業者
- 運輸業者
- 鋼骨業者
- 預鑄混凝土業者
- 預鑄工程業者　等等

試著把各樓層的平面圖堆疊起來，就經常會出現「柱子沒有穿過」、「地板浮在空中」的情況。在這種情況下，建築設計師要一邊向結構設計師確認，一邊進行關於「變更各構材的配置」等事項的討論。

結構設計師也要在此階段，把構材的概略截面尺寸（假設的截面）等關於結構工法的資訊告知對方，讓建築・設備的設計能夠順利進行。

一旦進入實施設計階段後，由於構材的位置與尺寸就會變得明確，所以結構設計師要一邊讓設計圖與設備圖中的結構達到一致，一邊進行計算。近年來，由於在建築確認手續中，變得很重視結構計算書與設計圖的一致性，所以在辦理建築確認手續前，建築設計師與結構設計師互相確認「結構設計書中所使用的截面尺寸等數值或規格、結構圖與設計圖的一致性」，成為了重要的工作。

建築確認手續被受理，進入施工階段後，施工業者就要根據設計圖來製作施工圖與施工計畫書。為了讓施工圖・施工要領能被正確地製作出來，所以建築設計師（監督管理者）必須一邊向結

354

樑穿孔的規定

	RC結構的情況	S造の場合
樑穿孔的直徑（ø）	橫樑厚度的1/3以下	橫樑厚度的1/2以下
樑穿孔的間隔（ℓ）	2個直徑的平均值的3倍以上	2個直徑的平均值的2倍以上
位置	橫樑厚度的中央1/3的範圍內	除了「從橫樑頂部・底部算起的100mm」以外的範圍
能夠省略補強的情況	穿孔的直徑在橫樑厚度的1/10以下，且不到150mm	―
補強實例	（圖：橫樑主筋、穿孔、橫向補強筋、開孔補強筋）	（圖：鋼製套筒、補強板，50mm、20mm、20mm、50mm）

設備設計師與結構設計師之間的關係

設備設計師要根據建築設計師所繪製的平面圖或立面圖，討論會使用到的機器設備與管線配置，製作設備圖。由於設備管線會使結構體出現缺損（斷面缺損），所以必須調整結構與設備。

會造成斷面缺損的設備，包含了空調的通風管與排水管等。由於穿孔的位置與大小有很多種，所以要制定一般的規範來因應。在慣例上，大致上會將鋼筋混凝土（RC）橫樑的穿孔設定在橫樑厚度的1／3以下。一旦設置穿孔後，RC橫樑

構設計師確認規格與各種形狀、尺寸，一邊告知施工業者。另一方面，結構設計師也要以監督管理者的身分，比較施工圖、施工計劃書、結構圖，若與設計圖之間有差異的話，就要與建築設計師或施工業者協商，進行修正。

355 只有結構設計一級建築師才能設計的建築物

必須進行詳細調整的部分

在設備設計圖與結構設計圖中，結構與設備相連的部分，必須進行詳細的調整。尤其是如同下圖那樣的部分，必須仔細檢查。

①橫樑與管線的相連部分

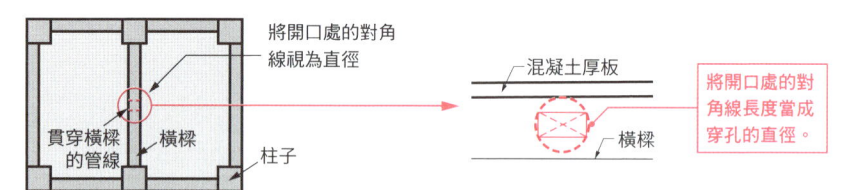

將開口處的對角線視為直徑

貫穿橫樑的管線　橫樑　柱子

混凝土厚板
橫樑

將開口處的對角線長度當成穿孔的直徑。

②電路管線集中處

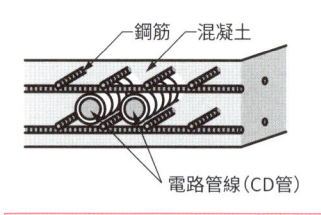

鋼筋　混凝土
電路管線（CD管）

雖然管線數量並沒有特別規定，但當管線數量較多時，要確認管線所造成的缺損部分是否會形成問題。

③開口處有2個以上時

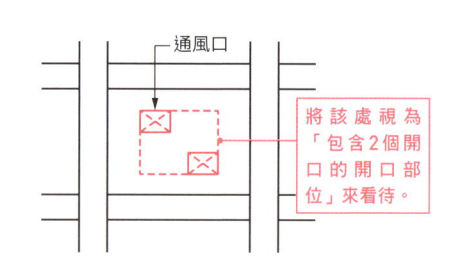

通風口

將該處視為「包含2個開口的開口部位」來看待。

鋼骨橫樑在面對剪應力時，性能上會較有餘裕，所以在慣例上，其穿孔會設定在橫樑厚度的1/2以下，並焊接上金屬板或鋼管來補強。

設置方形開口時，要將其視為「以對角線長度作為直徑的圓形」，討論補強方法。

在耐震牆上設置開口時，其尺寸必須在建築基準法（平成19年國交省公告594號）中所規定的開口尺寸以下（參閱P84）。透過「牆壁面積與開口面積的比值的正平方根」與「長度比」來進行確認。

當開口處有2個以上時，雖然也可以選擇「把開口面積加總起來，進行討論」的方法，但由於可能也會成為危險側，所以進行討論時，似乎大多會將其視為「包含2個開口的開口部位」。

另一方面，由於電路管線很細小，所以在一般規定中，不會納入考量。話雖如此，近年來，在家中設置區域網路或IH調理爐的情況也很常見，電路管線的量也在增加中。「工程開始後，才發現結構計算上沒有預料到的斷面缺損」這種情況也不少。

的肋筋間距就會變大，用來對抗剪應力的性能降低，所以要透過鋼筋來進行補強。

356

會使結構體出現缺損的其他設備

只要把廣義的設備納入考量，如同下圖那樣，有很多設備都會使結構體出現缺損。

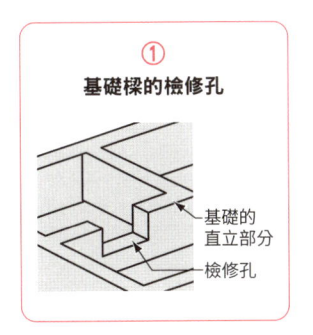

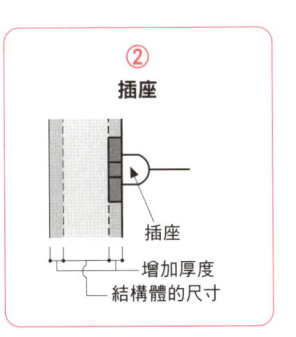

① 基礎梁的檢修孔
- 基礎的直立部分
- 檢修孔

② 插座
- 插座
- 增加厚度
- 結構體的尺寸

在設計階段，設備設計師與結構設計師必須調整「管線是否會使結構體產生貫穿部分」等事項！

③ 電燈開關

④ 配電盤

⑤ 排水口（drain）

這些設備對宜居性、結構強度沒有影響，尺寸很小的設備可以忽視，應對方法為增加結構體的厚度，將設備裝設在牆壁內。

即使在結構計算上，混凝土板厚度與牆壁厚度是安全的，但只要考慮到電路管線的話，有時會覺得厚度不足，在設計階段，對建築設計、設備、結構設計進行調整，會變得更加重要。

> 為了消除偽造事件，嚴格的道德觀是必要的

結構技術人員會陷入很嚴峻的狀況。為了設計工期、建築物的經濟效益，以及讓自己能夠生活下去，所以必須確保等價報酬。若用過少的金額來承攬工作的話，就必須用較少的時間來進行設計，變得容易出錯。另外，若承攬的建築設計工作超過自己技術能力的話，也可能會犯下連自己都沒有察覺的錯誤。

在更複雜的情況中，雖說是屋主自己的建築物，但屋主也可能逼迫技術人員進行違法行為。雖然屋主同意，但技術人員可以進行違法行為

會牽扯到結構設計師的狀況

為了確保安全，結構設計師必須面對各種問題。

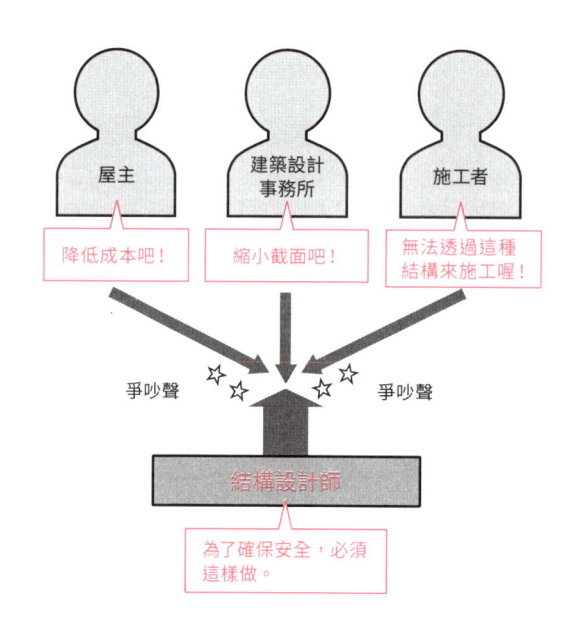

```
 屋主          建築設計        施工者
              事務所
   ↓             ↓              ↓
 降低成本吧！   縮小截面吧！   無法透過這種
                              結構來施工喔！

   爭吵聲   ☆        ☆   爭吵聲
              ↓
         結構設計師
              ↑
         為了確保安全，必須
         這樣做。
```

結構計算書偽造事件
①概要

2005年11月國土交通省公開說明，位於千葉縣的一級建築師設計事務所在為建築物進行結構計算時，偽造了結構計算書。在這之後，一連串的耐震性能偽造事件被揭發。

②對社會造成的影響
- 對於結構技術人員的信賴度下降
- 建築基準法的修訂（根據性惡論來制定更加嚴格的規定）
- 結構設計一級建築師的設立
- 符合度判定機關的設立

嗎？屋主說不定會立刻賣掉蓋好的建築物，想要購買的當然是，性能符合建築基準法規定的建築物。買家

另外，即使沒有賣掉，屋主的朋友也可能會造訪該建築物。雖然沒付錢的人是屋主，但由於該建築物屬於半公共建築，所以其設計工作會牽涉到不特定多數人的生命。

與建築物荷重相關的安全性，既會受到技術人員的技術力很大的影響，也非常依賴技術人員的道德觀念。無論建築基準法的規定有多麼嚴格，只要技術人員暗中變更計算位數、或是變更電腦的輸出內容，就無法確保蓋好的建築物的安全性。

在被稱作人類最古老法典的漢摩拉比法典中，也有明確記載建築物建造者的責任。

「住宅建造者若因沒有妥善地建造建築而導致住宅倒塌、居民死亡的話，會被判處死刑」（漢摩拉比法典第229條）無論以前還是現在，技術人員都必須對自己所建造的建築物負責。由於參與建築設計的技術人員，有時也會被迫做出違反自己利益的決定，所以必須具備嚴格的道德觀。

358

日本建築學會的倫理綱領・行為規範

日本建築學會的技術人員的倫理觀念如下所示。

日本建築學會的倫理綱領

日本建築學會的使命為,尊重各地區的特有歷史、文化、傳統,讓培育出來的智慧和技術,與整個地球自然環境一起共生,對有意識到「建築的社會角色與責任」的人們做出貢獻,奠定豐饒的人類生活的基礎。

日本建築學會的行為規範(1999年6月1日實施)

1. 為了人類的福祉,要奉獻自身的才智與培養出來的學問、技術、藝術才華,懷抱著勇氣與熱情,以創造建築與都市環境作為目標。
2. 帶著深奧的知識與傑出的判斷能力,全力以赴,以提昇社會生活的安全與人類的生活價值。
3. 以永續發展為目標,在理解資源有限性的同時,為了自然與地球環境,要將廢棄物與汙染的產生機率降到最低。
4. 自我評估建築會對周遭與社會造成的影響,為了充實優質社會資本與公共利益而努力。
5. 將任何可能會對社會造成不當損害的因素公開,並努力消除那些因素。
6. 尊重基本人權,不侵犯他人的創作、智慧財產權。
7. 在自己的專業領域中發布資訊,會員之間當然不用說,也要尊重其他職業協會,並積極地合作。

column 何謂「結構計算途徑」？

「結構計算途徑」這個用語有2種用法。
1種是指的是，建築基準法中所認可的計算方法（容許應力度計算法、水平承載力計算法、極限強度計算法、動態歷時分析法）。另1種則會用於，名為耐震計算的一連串結構計算的過程。一般來說，說到計算途徑時，指的是耐震計算途徑（下圖）。

耐震計算途徑指的是，由容許應力度計算法（1次設計）與水平承載力計算法（2次設計）這2個階段所構成的計算方法。在計算過程中，除了建築基準法施行令第82條中所規定的計算方法以外，還包含了用來確保耐震安全性的規定。依照安全性確認項目的差異，途徑可以分成3種，分別被稱作「途徑1」、「途徑2」、「途徑3」。

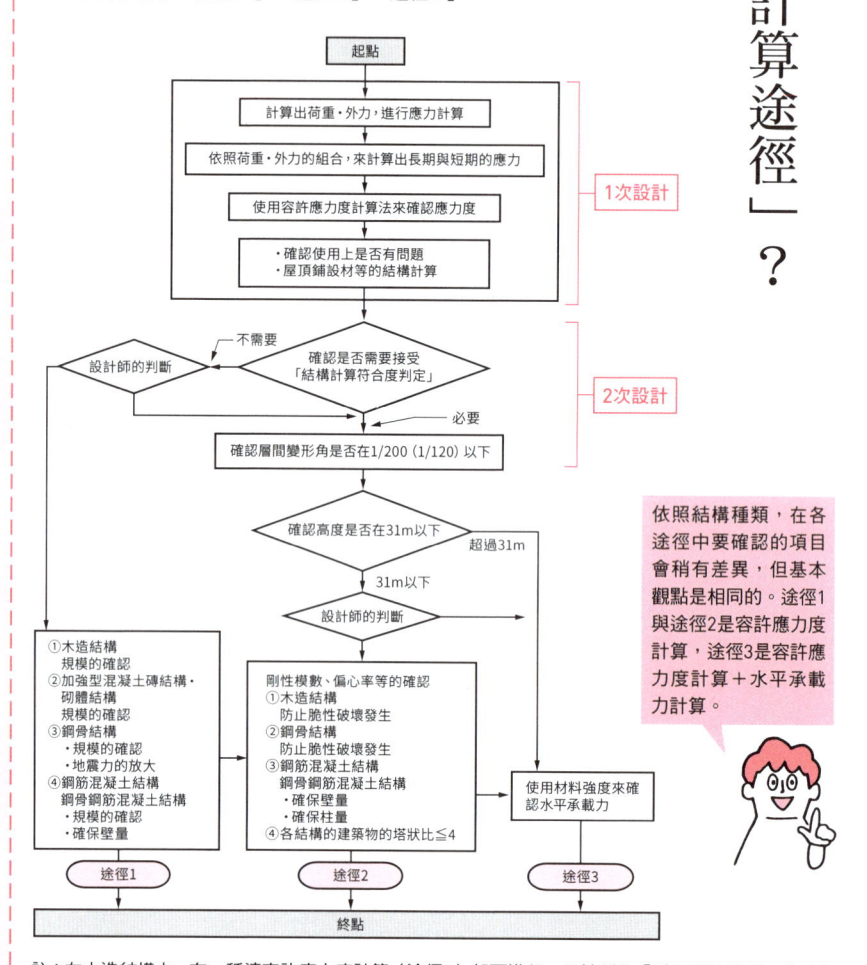

```
起點
  ↓
計算出荷重・外力，進行應力計算
  ↓
依照荷重・外力的組合，來計算出長期與短期的應力     ┐
  ↓                                              │ 1次設計
使用容許應力度計算法來確認應力度                    │
  ↓                                              │
・確認使用上是否有問題                              │
・屋頂鋪設材等的結構計算                            ┘
  ↓
確認是否需要接受「結構計算符合度判定」   ─不需要→ 設計師的判斷   ┐
  ↓必要                                                        │
確認層間變形角是否在1/200（1/120）以下                          │ 2次設計
  ↓                                                            │
確認高度是否在31m以下 ─超過31m→                                │
  ↓31m以下                                                     │
設計師的判斷                                                    ┘
```

①木造結構
　規模的確認
②加強型混凝土磚結構・砌體結構
　規模的確認
③鋼骨結構
　・規模的確認
　・地震力的放大
④鋼筋混凝土結構
　鋼骨鋼筋混凝土結構
　・規模的確認
　・確保壁量

剛性模數、偏心率等的確認
①木造結構
　防止脆性破壞發生
②鋼骨結構
　防止脆性破壞發生
③鋼筋混凝土結構
　鋼骨鋼筋混凝土結構
　・確保壁量
　・確保柱量
④各結構的建築物的塔狀比≤4

使用材料強度來確認水平承載力

(途徑1)　　(途徑2)　　(途徑3)
　　　　　　　↓
　　　　　　 終點

> 依照結構種類，在各途徑中要確認的項目會稍有差異，但基本觀點是相同的。途徑1與途徑2是容許應力度計算，途徑3是容許應力度計算＋水平承載力計算。

註：在木造結構中，有一種連容許應力度計算（途徑1）都不進行，且被稱作「壁量計算途徑」的計算方法。透過以此方法作為標準的規格規定來計算的方法，是被認可的。

工作人員在東京的事務所內檢查沖繩施工現場的配筋情況

結語

在持續了將近2年的新冠疫情期間，我親自撰寫了這本書。會議當然是在線上進行，連配筋檢查也變成透過網路來進行。不僅是建築業，整個社會都出現了顯著變化。在這15年間，在名為「建築結構」這個很有限的世界中，伴隨著高度分工化，技術水準有所進步，但在另一方面，從整體來看，我卻時時刻刻感受到技術力的低落。讓我想要以簡單易懂的方式來撰寫關於各種建築知識與結構的解說書的契機是，耐震性能偽造事件。雖然當初我著重在「讓建築設計師了解結構」這一點，但由於我開始感受到高度分工化與技術力的低落，所以在不知不覺中，目標轉變為，能讓人簡單地俯瞰「建築結構」的世界的書。

乍看之下，條目看起來很凌亂，但從「透過結構的觀點來完成一個作品」這一點來看，各條目之間有很大的關聯。

為了培養出俯瞰觀點，我希望以結構設計為目標的初學者，務必要將本書概略看過一遍。為了讓建築設計師可以當成辭典來使用，而且閱讀必要時後就能理解，所以我把各條目都寫得很簡潔。由於我想要項目後以簡單的方式來呈現，所以若有「好像不太一樣」的部分，請多包涵。我在日本全國各地，與各式各樣的人一起工作過。透過這些經驗，我深刻地體會到，依照相關技術人員的技能與不同地區的特色等，解釋或回答也會有所差異。若覺得「好像不太一樣」的話，我希望大家可以反過來將其當成一個契機，去調查文獻或資料，加深相關知識。

雖然在疫情期間，結構設計工作這兩者追著跑的我，卻過得很忙碌，但被學校工作與結構內容時，我延期了好幾次。X-Knowledge編輯部的筒井美穗，與本事務所的山村泉，對於每次都讓你們感到很擔心，我要在此表達歉意與感謝之意。

2021年11月 江尻憲泰

INDEX 索引

三軸圖 …………………………… 227
下限定理 ………………………… 202
土壤液化 ……………… 288, 301, 306

四劃
不穩定 …………………………… 176
中立軸 …………………… 130, 165
中樓層壁式扁平樑結構 …………… 87
反曲點高度比 …………………… 184
反作用力 ………………………… 123
尤拉公式 ………………………… 141
支承樁 …………………………… 301
木材 ………………………… 19, 32
木造建築師 ……………………… 351
木造框架結構工法（2x4工法）…… 72
水平承載力 ……………… 195, 203
水平承載力計算法 ……… 177, 196
水平荷重 …………………… 15, 38

五劃
主動式制震 ……………………… 107
外部耐震補強 …………………… 331
平板載重試驗 …………………… 292
平衡鋼筋比 ……………………… 239
必要水平承載力 ………………… 195
打底混凝土 ……………………… 294
正面面積 ………………………… 54

六劃
合力 ……………………………… 121
向量 ……………………………… 120
地下水位 ………………………… 289
地基改良 ………………………… 292

123/ABC
4分割法 ………………………… 321
4號建築物 ……………………… 344
D值法 …………………… 173, 184
JAS標準 ………………………… 21
JIS標準 …………………… 21, 24
JSCA結構師 …………………… 352
N值 ……………………………… 292
SI單位 …………………… 65, 114
SM鋼材 …參閱「焊接結構用軋延鋼材」
SN鋼材 …參閱「建築結構用軋延鋼材」
SRC結構 …參閱「鋼骨鋼筋混凝土結構」
SS鋼材 …參閱「一般結構用軋延鋼材」
STKN鋼材 …參閱「建築結構用碳鋼管」
STK鋼材 ……參閱「一般結構用碳鋼管」

一劃
一級建築師 ……………………… 351
一般結構用軋延鋼材（SS鋼材）24, 282
一般結構用碳鋼管（STK鋼材）…… 24
一般評估法 ……………………… 320

二劃
二級建築師 ……………………… 351
力矩 ……………………………… 119

三劃

362

拉伸應力	126, 135
拉伸應力度	165, 270
直接基礎	52, 294, 296, 304
直接基礎工程	295
虎克定律	156
長期荷重	38
長週期地動	109
阻尼常數	226
阻尼器	106
阻尼導致的能量	217
附著力	245
附著強度	247

九劃

勁度比	181
勁度矩陣法	172
厚殼結構	89
垂直反作用力	125
垂直荷重	15, 38
建築物完工證明書	345
建築結構用軋延鋼材（SN鋼材）	24, 282
建築結構用碳鋼管（STKN鋼材）	24
建築確認手續	68, 344, 354
後置式錨栓	333
指定性能評估機構	347
指定驗收機關	344
砂土地基	288
砂礫基礎	295
砌體結構	73, 96
耐震性能評估	312
耐震結構	87, 104
耐震補強	212, 322, 331, 337
耐震牆（剪力牆）	82

地基調查	291
地基類別	50
地震力	41, 47
地震波	49, 224
地震規模（magnitude）	224
地震樓層剪應力	47
地震樓層剪應力係數	47
多雪區域	59
安全極限強度	213
有附帶耐震牆的框架結構	75, 87, 331
有限元素法	175
有效勁度比	181
自然振動週期	48, 50, 218, 226

七劃

克雷莫納圖解法	189
扭應力	138
沉陷	304
角撐	153
防火被覆材（防火包覆材）	23, 284

八劃

兩端固定樑	146, 150
制振結構	106
官方認證	347
固定力矩法	173, 180
固定荷重	38, 42
岩石地基（基岩）	288
底層挑空建築	206
延展性	193
性能設計	212
承載層	301
拉伸斜撐	270

十一劃

偏心	209
剪力螺栓連接法	275
剪應力	126, 132
剪應力分離係數	184
剪應力度	164
動態歷時分析法	221, 347
區域係數	48
基本耐震性能指標	328
基本設計	353
基礎工程	294
基礎免震	108
崩壞荷重	200
張弦樑結構	94
接地壓力	298
接頭	275
接頭（連接處）	248, 278
斜撐結構	73, 77
旋轉反作用力	125
旋轉接點（hinge）	177, 195
旋轉移動端	123, 125
旋轉端	123, 125, 146
深層混合處理工法	293
混凝土	19, 27
混凝土的設計基準強度	238
淺層混合處理工法	293
焊接接合法	275
焊接結構用軋延鋼材（SM鋼材）	24
現場澆鑄混凝土樁	301
現場澆鑄樁	301
移動端（滾輪支點）	146
符合度合格判定通知書	346

降伏	192
降伏點	192
面積慣性矩（截面二次軸矩）	168
風力係數	54, 56
風荷重	41, 53
風壓力	41, 53

十劃

剛床工法	228
剛性地板假設	210, 228
剛性模數	206
容許土壤承載力	298
容許附著應力度	248
容許應力度	21
容許應力度計算法（1次設計）	177, 196
容許彎曲力矩	239
差異沉陷	304
挫屈	140, 256
挫屈降低係數	257
振動特性係數	48
桁架樑	80
桁架結構	73, 79
框架結構	70, 74
純框架結構	251, 331
純剪應力度	165
能量法	215
脆性	193
脆性破壞	82
衰減	223
馬貝二氏互換定理	161
骨架膜結構	93

軸應力度	164	第1次評估	313, 328
開口補強筋	82	第1類結構構件	330
集中荷重（集中負載）	147, 150	第2次評估	313, 328
韌性	193	第2類結構構件	330
		第3次評估	313, 328
		第3類結構構件	330

十三劃

傳統木造結構工法	73, 317
傾斜沉陷	304
塑性	192
塑性範圍（塑性區）	192
損害極限	213
新耐震基準	315, 348
新耐震設計法	348
楊氏係數	158, 192
楊氏係數比	243
極限強度計算法	212
溫度荷重	62
溫度應力	40, 62
節點分配法	196
節點法	189
腹板區	278
補強用柱腳金屬零件	153
裝載荷重	41, 45
鉚釘連接法	275
隔震式結構	107
預鑄樁	301
實施設計圖	353
截面法	189
截面計算	232
截面模量	168
截面檢定	234
精確評估法	320

累積塑性應變能量	217
莫爾定理	159
被動式制震結構	107
速度反應譜	226
速度壓	53
連續基腳基礎	298
連續基礎	296

十二劃

割栗石基礎	294
最大彎曲應力度	165
殼體結構	88
短期荷重	38
等分布荷重（均布負載）	147, 150
筏式基礎	296
結構耐震判定指標	313, 315
結構耐震指標	313, 315, 335
結構計算	12
結構計算書	344
結構計算符合度判定	345, 346
結構計算符合度判定機關	350
結構特性係數	196
結構設計一級建築師	350, 351
虛功法	200
虛擬荷重	60
軸向力	126, 135
軸向鋼筋	242

鋼鐵⋯⋯⋯⋯⋯⋯⋯⋯⋯⋯⋯⋯⋯	18, 22
靜不定⋯⋯⋯⋯⋯⋯⋯⋯⋯⋯⋯⋯	176
靜不定次數⋯⋯⋯⋯⋯⋯⋯⋯⋯	176
靜定⋯⋯⋯⋯⋯⋯⋯⋯⋯⋯⋯⋯⋯	176
靜定結構⋯⋯⋯⋯⋯⋯⋯⋯⋯⋯	147
靜態貫入試驗⋯⋯⋯⋯⋯⋯⋯⋯	292
靜態增量分析法⋯⋯⋯⋯⋯⋯⋯	217
壓密（consolidation）⋯⋯⋯⋯	289
壓縮側邊緣應力度⋯⋯⋯⋯⋯⋯	239
壓縮斜撐⋯⋯⋯⋯⋯⋯⋯⋯⋯⋯	270
壓縮應力⋯⋯⋯⋯⋯⋯⋯⋯	126, 135
壓縮應力度⋯⋯⋯⋯⋯⋯⋯	165, 166
應力⋯⋯⋯⋯⋯⋯⋯⋯⋯⋯⋯⋯	126
應力中心之間的距離⋯⋯⋯	235, 236
應力度⋯⋯⋯⋯⋯⋯⋯⋯⋯⋯⋯	164
螺栓連接法⋯⋯⋯⋯⋯⋯⋯⋯⋯	275
螺桿重量貫入試驗⋯⋯⋯⋯⋯⋯	292
黏土地基⋯⋯⋯⋯⋯⋯⋯⋯⋯⋯	288
擴底樁⋯⋯⋯⋯⋯⋯⋯⋯⋯⋯⋯	301
斷面二次半徑（旋轉半徑）⋯⋯	143, 168
斷面缺損⋯⋯⋯⋯⋯⋯⋯⋯⋯⋯	355
簡支樑⋯⋯⋯⋯⋯⋯⋯⋯⋯	144, 147
舊耐震基準⋯⋯⋯⋯⋯⋯⋯	315, 348
穩定⋯⋯⋯⋯⋯⋯⋯⋯⋯⋯⋯⋯	176
邊緣應力度⋯⋯⋯⋯⋯⋯⋯⋯⋯	165
懸吊式膜結構⋯⋯⋯⋯⋯⋯⋯⋯	91
懸吊結構⋯⋯⋯⋯⋯⋯⋯⋯⋯⋯	94
懸臂樑⋯⋯⋯⋯⋯⋯⋯⋯⋯⋯⋯	152
彎曲力矩⋯⋯⋯⋯⋯⋯	119, 126, 129
彎曲應力度⋯⋯⋯⋯⋯⋯⋯⋯⋯	164
變形能力⋯⋯⋯⋯⋯⋯⋯⋯⋯⋯	282
顯著週期⋯⋯⋯⋯⋯⋯⋯⋯	107, 218
鑽探調查⋯⋯⋯⋯⋯⋯⋯⋯⋯⋯	291

十五劃以上

寬厚比⋯⋯⋯⋯⋯⋯⋯⋯⋯⋯	168, 281
層間變形角⋯⋯⋯⋯⋯⋯⋯	204, 213
彈性⋯⋯⋯⋯⋯⋯⋯⋯⋯⋯⋯⋯	192
彈性係數⋯⋯⋯⋯⋯⋯⋯⋯⋯⋯	157
彈性振動能量⋯⋯⋯⋯⋯⋯⋯⋯	217
彈性荷重⋯⋯⋯⋯⋯⋯⋯⋯⋯⋯	160
彈性範圍（彈性區）⋯⋯⋯⋯⋯	192
摩擦連接法⋯⋯⋯⋯⋯⋯⋯⋯⋯	275
摩擦樁⋯⋯⋯⋯⋯⋯⋯⋯⋯⋯⋯	301
撓曲角法⋯⋯⋯⋯⋯⋯⋯⋯	172, 181
樁基礎⋯⋯⋯⋯⋯⋯	52, 296, 301, 305
樓層崩塌⋯⋯⋯⋯⋯⋯⋯⋯⋯⋯	206
標準貫入試驗⋯⋯⋯⋯⋯⋯⋯⋯	292
潛變⋯⋯⋯⋯⋯⋯⋯⋯⋯⋯⋯⋯	243
確認檢查合格證⋯⋯⋯⋯⋯⋯⋯	344
膜結構⋯⋯⋯⋯⋯⋯⋯⋯⋯⋯⋯	91
鋪設用砂礫⋯⋯⋯⋯⋯⋯⋯⋯⋯	294
震度⋯⋯⋯⋯⋯⋯⋯⋯⋯⋯⋯⋯	224
壁式框架結構⋯⋯⋯⋯⋯⋯⋯⋯	87
壁式結構⋯⋯⋯⋯⋯⋯⋯⋯⋯ 71, 85
壁式預鑄鋼筋混凝土結構⋯⋯⋯	87
壁量計算⋯⋯⋯⋯⋯⋯⋯⋯⋯⋯	320
橫向加勁材⋯⋯⋯⋯⋯⋯⋯⋯⋯	264
橫隔板⋯⋯⋯⋯⋯⋯⋯⋯⋯⋯⋯	279
歷史建築⋯⋯⋯⋯⋯⋯⋯⋯	319, 340
獨立基礎（獨立基腳基礎）⋯⋯	298
磚造結構⋯⋯⋯⋯⋯⋯⋯⋯⋯⋯	99
積雪荷重⋯⋯⋯⋯⋯⋯⋯⋯⋯ 41, 59
鋼材⋯⋯⋯⋯⋯⋯⋯⋯⋯⋯⋯ 19, 24
鋼承板混凝土複合樓板⋯⋯⋯⋯	283
鋼骨鋼筋混凝土結構⋯⋯⋯⋯⋯	68
鋼管樁⋯⋯⋯⋯⋯⋯⋯⋯⋯	297, 301

PROFILE

江尻憲泰（Ejiri・Norihiro）

1962年出生於東京都。1986年畢業於千葉大學工學院建築工學系。1988修完同大學研究所工學研究科的碩士課程。同年進入青木繁研究室任職。1996年設立江尻憲泰建築結構設計事務所。2021年現在擔任日本女子大學家政學院住居學系教授，以及長岡造型大學・千葉大學的兼任講師。參與過的專案包含了、Aore長岡、富岡市政府的新辦公大樓、清水寺修復工程等。著作包含了『世界上最好懂的建築結構　最新修訂版』、『世界上最詳細的建築結構』（皆為X-Knowledge）等。

TITLE

精細圖解！建築結構學

STAFF

出版	瑞昇文化事業股份有限公司
作者	江尻憲泰
譯者	李明穎
創辦人/董事長	駱東墻
CEO/行銷	陳冠偉
總編輯	郭湘齡
文字主編	張聿雯
美術主編	朱哲宏
校對編輯	于忠勤
國際版權	駱念德　張聿雯
排版	洪伊珊
製版	明宏彩色照相製版有限公司
印刷	龍岡數位文化股份有限公司
	紘億彩色印刷有限公司
法律顧問	立勤國際法律事務所　黃沛聲律師
戶名	瑞昇文化事業股份有限公司
劃撥帳號	19598343
地址	新北市中和區景平路464巷2弄1-4號
電話	(02)2945-3191
傳真	(02)2945-3190
網址	www.rising-books.com.tw
Mail	deepblue@rising-books.com.tw
初版日期	2025年8月
定價	NT$800／HK$250

ORIGINAL JAPANESE EDITION STAFF

メインイラスト	キタハラケンタ
ブックデザイン	米倉英弘（細山田デザイン事務所）
DTP	TKクリエイト（竹下隆雄）
印刷	シナノ書籍印刷

國家圖書館出版品預行編目資料

精細圖解!建築結構學/江尻憲泰作; 李明穎譯.
-- 初版. -- 新北市: 瑞昇文化事業股份有限公司,
2025.07
　368面 ; 14.8 X 21公分
　ISBN 978-986-401-836-9(平裝)

1.CST: 結構工程 2.CST: 結構力學

441.21　　　　　　　　　　　　　114008505

國內著作權保障，請勿翻印／如有破損或裝訂錯誤請寄回更換
ZUKAI DE YOKUWAKARU KENCHIKU KOZO NYUMON
© NORIHIRO EJIRI 2021
Originally published in Japan in 2021 by X-Knowledge Co., Ltd. Chinese (in complex character only) translation rights arranged with X-Knowledge Co., Ltd. TOKYO,
through g-Agency Co., Ltd, TOKYO.